2023年版全国二级建造师执业资格考试用书

矿业工程管理与实务

全国二级建造师执业资格考试用书编写委员会　编写

中国建筑工业出版社

图书在版编目（CIP）数据

矿业工程管理与实务 / 全国二级建造师执业资格考
试用书编写委员会编写 . —北京：中国建筑工业出版社，
2022.11

2023 年版全国二级建造师执业资格考试用书

ISBN 978-7-112-27931-9

Ⅰ . ①矿… Ⅱ . ①全… Ⅲ . ①矿业工程—工程管理—
资格考试—自学参考资料 Ⅳ . ① TD

中国版本图书馆 CIP 数据核字（2022）第 174330 号

责任编辑：蔡文胜
责任校对：姜小莲

2023 年版全国二级建造师执业资格考试用书

矿业工程管理与实务

全国二级建造师执业资格考试用书编写委员会　编写

*

中国建筑工业出版社出版、发行（北京海淀三里河路 9 号）

各地新华书店、建筑书店经销

北京君升印刷有限公司印刷

*

开本：787 毫米 ×1092 毫米　1/16　印张：$19\frac{1}{4}$　字数：479 千字

2022 年 12 月第一版　　2022 年 12 月第一次印刷

定价：75.00 元（含增值服务）

ISBN 978-7-112-27931-9

（39977）

如有印装质量问题，可寄本社图书出版中心退换

（质量联系电话：010-58337318，QQ：1193032487）

（邮政编码 100037）

全国二级建造师执业资格考试用书

审定委员会

（按姓氏笔画排序）

丁士昭　　毛志兵　　任　虹　　李　强　　杨存成

张　锋　　张祥彤　　徐永田　　陶汉祥

编写委员会

主　　编：丁士昭

委　　员：王清训　毛志兵　刘志强　吴进良

张鲁风　唐　涛　潘名先

序

为了加强建设工程项目管理，提高工程项目总承包及施工管理专业技术人员素质，规范施工管理行为，保证工程质量和施工安全，根据《中华人民共和国建筑法》《建设工程质量管理条例》《建设工程安全生产管理条例》和国家有关执业资格考试制度的规定，2002 年原人事部和建设部联合颁发了《建造师执业资格制度暂行规定》（人发〔2002〕111 号），对从事建设工程项目总承包及施工管理的专业技术人员实行建造师执业资格制度。

注册建造师是以专业技术为依托、以工程项目管理为主业的注册执业人士。注册建造师可以担任建设工程总承包或施工管理的项目负责人，从事法律、行政法规或标准规范规定的相关业务。实行建造师执业资格制度后，我国大中型工程施工项目负责人由取得注册建造师资格的人士担任，以提高工程施工管理水平，保证工程质量和安全。建造师执业资格制度的建立，将为我国拓展国际建筑市场开辟广阔的道路。

按照原人事部和建设部印发的《建造师执业资格制度暂行规定》（人发〔2002〕111 号）、《建造师执业资格考试实施办法》（国人部发〔2004〕16 号）和《关于建造师资格考试相关科目专业类别调整有关问题的通知》（国人厅发〔2006〕213 号）的规定，本编委会组织全国具有较高理论水平和丰富实践经验的专家、学者，编写了"2023 年版全国二级建造师执业资格考试用书"（以下简称"考试用书"）。在编撰过程中，编写人员按照"二级建造师执业资格考试大纲"（2019 年版）要求，遵循"以素质测试为基础、以工程实践内容为主导"的指导思想，坚持"与工程实践相结合，与考试命题工作相结合，与考生反馈意见相结合"的修订原则，力求在素质测试的基础上，进一步加强对考生实践能力的考核，切实选拔出具有较好理论水平和施工现场实际管理能力的人才。

本套考试用书共 9 册，书名分别为《建设工程施工管理》《建设工程法规及相关知识》《建筑工程管理与实务》《公路工程管理与实务》《水利水电工程管理与实务》《矿业工程管理与实务》《机电工程管理与实务》《市政公用工程管理与实务》《建设工程法律法规选编》。本套考试用书既可作为全国二级建造师执业资格考试学习用书，也可供其他从事工程管理的人员使用和高等学校相关专业师生教学参考。

考试用书编撰者为高等学校、行政管理、行业协会和施工企业等方面的专家和学者。在此，谨向他们表示衷心感谢。

在考试用书编写过程中，虽经反复推敲核证，仍难免有不妥甚至疏漏之处，恳请广大读者提出宝贵意见。

全国二级建造师执业资格考试用书编写委员会

2022 年 12 月

《矿业工程管理与实务》
编　写　组

组　　　长：刘志强

副　组　长：贺永年　胡长明

编　委　会：（按姓氏笔画排序）

王　博　　王文顺　　王鹏越　　石晓波

吕建青　　刘长安　　李艮桥　　李慧民

张振昊　　陈坤福　　邵　鹏　　钟兴润

施云峰　　袁春燕　　黄　莺　　曾凡伟

前　言

　　全国二级建造师执业资格考试已实施多年，为进一步推动建造师执业制度的发展，人力资源和社会保障部、住房和城乡建设部于2018年组织对二级注册建造师执业资格考试大纲（矿业工程）进行了全面修订。矿业工程专业建造师的执业内容以完整的矿业工程项目为主体，突出了矿井工程，涵盖了露天矿山、矿场地面建筑、矿物加工以及冶炼工程等相关内容。

　　中国煤炭建设协会、中国冶金建设协会、中国有色金属建设协会、中国建材工程建设协会、中国核工业建设集团公司、中国化学工程集团公司、中国黄金协会等七家行业协会（集团公司），为了方便广大工程技术人员的学习和复习，组织了富有工程实践经验的行业专家、工程管理人员、高等学校教师等，依据2019年版的《二级注册建造师执业资格考试大纲（矿业工程）》的内容和要求，编写了该考试用书。

　　为了方便考生对照考试大纲进行学习和复习，本书依照考试大纲的条目进行编写，内容丰富，知识点明确，重点突出。全书共分为三大部分，第一部分为矿业工程施工技术，以工程测量、工程地质、水文地质、工程材料、矿山岩土工程稳定为基础，以爆破工程、矿场地面建筑工程和矿山井巷工程为主体；第二部分为矿业工程项目施工管理，涉及矿业工程的质量、进度、成本、安全等主要内容，通过列举案例以方便理解和掌握；第三部分为矿业工程项目施工相关法规与标准，包含了工程建设中必须遵守的法律、法规及相关规范和标准。本书的编写是在原《矿业工程管理与实务》的基础上进行修订而成，修订工作听取了矿业工程专业相关管理部门和施工企业的意见，本次修订主要涉及爆破工程设计技术、混凝土工程质量要求及验收内容、基坑支护的质量要求及验收以及《煤矿安全规程》2022版有关井巷安全施工的相关内容等。本书作为全国二级建造师（矿业工程专业）执业资格的考试用书，也可供矿业工程专业管理人员与技术人员参考使用，以及高等学校相关专业的师生教学参考。

　　本书在编写过程中，得到了中国煤炭建设协会、中国冶金建设协会、中国有色金属建设协会、中国建材工程建设协会、中国核工业建设集团公司、中国化学工程集团公司、中国黄金协会等单位领导与管理、技术负责人的支持和具体指导，在此一并表示感谢！特别是在完成本书的全过程中，中国煤炭建设协会和中国矿业大学力学与土木工程学院为此提供了大量的人力物力支持和帮助，在此特别致谢！

　　本书虽然经过了反复论证、修改和征求意见，但错误在所难免，恳请各位读者提出宝贵意见，以待进一步完善。

网上免费增值服务说明

为了给二级建造师考试人员提供更优质、持续的服务，我社为购买正版考试图书的读者免费提供网上增值服务，增值服务分为文档增值服务和全程精讲课程，具体内容如下：

☞ **文档增值服务**：主要包括各科目的备考指导、学习规划、考试复习方法、重点难点内容解析、应试技巧、在线答疑，每本图书都会提供相应内容的增值服务。

☞ **全程精讲课程**：由权威老师进行网络在线授课，对考试用书重点难点内容进行全面讲解，旨在帮助考生掌握重点内容，提高应试水平。2023年涵盖**全部考试科目**。

更多免费增值服务内容敬请关注"建工社微课程"微信服务号，网上免费增值服务使用方法如下：

1. 计算机用户

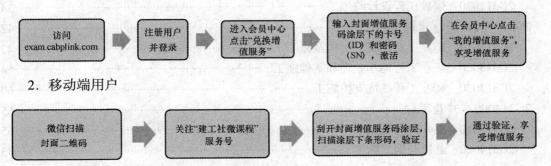

访问 exam.cabplink.com → 注册用户并登录 → 进入会员中心点击"兑换增值服务" → 输入封面增值服务码涂层下的卡号（ID）和密码（SN），激活 → 在会员中心点击"我的增值服务"，享受增值服务

2. 移动端用户

微信扫描封面二维码 → 关注"建工社微课程"服务号 → 刮开封面增值服务码涂层，扫描涂层下条形码，验证 → 通过验证，享受增值服务

注：增值服务从本书发行之日起开始提供，至次年新版图书上市时结束，提供形式为在线阅读、观看。如果输入卡号和密码或扫码后无法通过验证，请及时与我社联系。

客服电话：4008-188-688（周一至周五9：00—17：00）

Email：jzs@cabp.com.cn

防盗版举报电话：010-58337026，举报查实重奖。

网上增值服务如有不完善之处，敬请广大读者谅解。欢迎提出宝贵意见和建议，谢谢！

读者如果对图书中的内容有疑问或问题，可关注微信公众号【建造师应试与执业】，与图书编辑团队直接交流。

建造师应试与执业

目　　录

2G310000　矿业工程施工技术

矿业工程建设项目包括矿建、土建和机电安装三类工程项目，涉及地面和地下两大工程内容，工程建设施工条件复杂，安全要求高，环境条件差，必须重视矿业工程施工技术。矿业工程施工技术的基础是工程测量、工程地质与水文地质、工程材料以及围岩分类与工程稳定等，其中工程稳定要求一定的理论基础，同时这些内容也是其他相关工程的技术基础。矿业工程施工技术的专业内容包括爆破工程、地面建筑与安装工程以及矿山井巷工程。爆破工程是矿山地下工程开挖技术的主要内容，涉及爆破器材的知识和爆破工程设计与施工等内容。地面建筑与安装工程涉及工业建筑的施工、地基加固与基础的施工、主要结构的施工和设备安装。矿山井巷工程则涉及井筒、巷道和硐室等工程的施工，是矿业工程施工的主体和重点内容。

2G311000　矿业工程施工相关技术

2G311010　矿业工程测量

2G311011　测量的要素与要求

一、土木工程测量施工控制网的基本知识

（一）施工测量工作的内容与基本原则

1. 施工测量工作内容

矿山施工测量工作是矿山建设的重要环节，也是矿山生产及后续改造与编制长远发展规划等工作的基础。施工测量工作是按设计图纸的要求，将建（构）筑物的位置、形状、大小与高程在实地进行标定，给工程项目施工提供基本条件。当项目建设完成后，还应进行竣工测量，提供最终的项目测量报告。施工测量的数据是检查施工质量、工程安全以及竣工验收的重要评价依据，是项目施工完成后应完整移交的重要技术文件。此外，施工测量可为矿山安全工作提供相关信息，测量成果还将成为项目在生产阶段的重要资料。

2. 施工测量工作的基本原则

施工测量是一个区域性的工作，因此它必须从涉及范围的整体出发，逐步传递进行。为满足施工测量工作的整体一致性，并能克服因误差的传播和累积而对测量成果造成的影响，施工测量工作一般应遵循以下原则：

（1）程序上符合"由整体到局部"的要求；

（2）实施的步骤是"先控制后细部"；

（3）精度上要求"由高级到低级"。

（二）施工控制网和施工放样

1. 施工控制网的概念

施工控制网就是一个在工程建设范围内的统一测量框架，为施工及其相关工作的各项测量提供基准，为各项具体的工程测量提供起算数据。施工控制网应具有控制全局、提供基准、控制测量误差累积的作用。

2. 施工控制网的布设原则

（1）施工控制网的布置一般要求分级布网逐级控制、具有足够的精度、布网应有足够的密度，并符合相应的规范要求。

（2）施工控制网通常采用二级布置，首级为整体控制，其等级应根据工程规模、控制网的用途与进度要求确定，次级直接为放样测量服务。施工控制网的精度是由工程性质、结构形式、建筑材料、施工方法等因素确定，最终应满足建（构）筑物的建筑限差要求。施工控制网的密度应适应施工放样的要求，如桥梁的两端必定要有控制点等。

（3）各种不同领域的控制网虽然有各自的要求和特点，但也是相互交叉的。为相互协调，利用在工程领域中的不同控制网，除应遵循自身相应的规范外，还应遵守《工程测量标准》GB 50026—2020 相关规定。

3. 施工测量控制网的形式和基本程序

地面平面控制网可以采用三角网、边角网、测边网、导线网、GPS 网及其他形式；高程控制网一般采用水准网或三角高程网。

施工控制网布设的基本程序：

（1）确定等级和精度要求；

（2）确定布网形式；

（3）确定测量仪器和操作规范；

（4）通过图上选点构网到实地探勘；

（5）埋点；

（6）外业观测；

（7）内业处理；

（8）形成成果。

施工控制网主要应用于工程的施工阶段，为施工提供放样基础，也为后续的施工监测服务，因此它服务范围及目的明确，与施工直接联系，使用频率高。

4. 施工放样工作

施工放样就是在施工控制网的基础上进行的定点定位工作。它通过施工控制网的测点（位置和方位），导入建（构）筑物及其各部分的位置，把设计图纸上的建（构）筑物的位置、形状、大小和高程，按照施工的要求在实地完成标定工作，从而作为施工的依据。

二、矿山（区）控制网及其基本要素

（一）矿山（区）测量控制网

1. 矿山施工测量工作基本内容及其特点

矿山施工测量有许多自身特殊的内容。矿山测量除有相应的地面区域性工程测量外，通常矿山测量还要完成符合要求的井下的测量控制网，并要将井下的控制网和地面控制网联系起来，形成统一的系统；矿山测量也同样要正确标定各工程的位置，另外还要测绘各种矿图；受井下条件的限制，控制网的形式也比较单一，一般都是采用导线沿巷道布设，难以实现像测角网等其他形式。同时，现在地面广泛利用卫星设备建立的 GPS 网在地下不能采用。因为矿山井下控制测量是沿巷道推进而延伸的，所以它不能像地面那样，在工程施工前建立，而是一个边施工边延伸的过程。这些都构成了矿山施工测量控制网的特点。

2. 近井网

矿井控制网就是适应矿井生产和建设需要的测量控制网，包括平面控制网和高程控制网。矿井测量控制网被称为近井网。其目的是将整个矿区或矿山测量系统纳入统一的平面坐标系统和高程系统之中，并控制矿井的各项细部及相关的测量工作。它可以是国家等级控制网的一部分，也可以根据需要单独布设。

3. 近井点和井口高程基点

在矿业工程建设和生产过程中，须按设计和工程要求进行各种工程测量，如：井口位置、十字中线点和工业广场建筑物的标定，工业广场平面图的测绘，井下基本控制导线的施测以及井巷贯通。所有这些工程测量都必须依据建立在井口附近的平面控制点和高程控制点来进行。在矿业工程测量中，称这类控制点为近井点和井口高程基点。近井点和井口高程基点是矿山测量的基准点。

（二）矿井联系测量

1. 矿井联系测量的概念与基本要求

将矿区地面平面坐标系统和高程系统传递到井下的测量，称为联系测量；将地面平面坐标系统传递到井下的测量称平面联系测量，简称定向。将地面高程系统传递到井下的测量称高程联系测量，简称导入高程。矿井联系测量的目的是使地面和井下测量控制网采用同一坐标系统。

在进行联系测量前，必须先在井口附近建立近井点、高程基点以及连测导线点。

联系测量应至少独立进行两次，在误差不超过限差时，采用加权平均值或者算术平均值作为测量成果。

2. 矿井定向

矿井定向可分为两大类：一类是从几何原理出发的几何定向，主要有通过平硐或斜井的几何定向，通过一个立井的几何定向（一井定向），以及通过两个立井的几何定向（两井定向）；另一类则是以物理特性为基础的物理定向，主要有精密磁性仪器定向、投向仪定向、陀螺经纬仪定向。

3. 高程联系测量

导入高程的方法随开拓方法不同分为通过平硐导入高程、通过斜井导入高程和通过立井导入高程。通过平硐导入高程，可以用一般井下几何水准测量来完成。其测量方法和精度与井下水准相同。通过斜井导入高程，可以用一般三角高程测量来完成。其测量方法和精度与井下基本控制三角高程测量相同。通过立井导入高程的实质，就是如何来求得井上下两水准仪水平视线间的长度，其方法有长钢尺导入高程、长钢丝导入高程和光电测距仪导入高程。

（三）井下控制测量

1. 井下平面控制测量

井下平面控制包括基本控制与采区控制两类。两类控制都应敷设为闭合导线或者附合导线、复测支导线。

基本控制导线应沿主要巷道布设，包括井底车场、硐室、水平运输巷道、总回风道、集中运输石门等。采区控制布设在采区主要巷道，包括上、下山等。

2. 井下高程控制测量

井下高程点或经纬仪导线点的高程，在主要巷道中应用水准测量法确定，在其他巷道中可以采用水准测量方法或三角高程测量方法确定。

2G311012　测量的内容与方法

一、立井与巷道的施工测量工作

（一）井筒与立井施工测量

1. 井筒中心和井筒中心线，由井口附近的测量控制点标定。井筒十字中线点的设定应在建井初期完成。

2. 对于有提升设备的立井井筒的十字中线点的设置，井筒每侧一般均不得少于3个，点间距离一般不应小于20m，离井口边缘最近的十字中线点距井筒以不小于15m为宜。

3. 圆形井筒施工应以悬挂井筒中心垂线作为掘砌的依据。测量井壁竖直程度及控制预留梁窝位置则还应采用悬挂边垂线。悬挂垂线点固定后应对其进行定期检查，每段砌壁施工前也应检查一次。悬挂垂线点的位置偏差超过5mm时，应立即更正。井筒砌壁时，至少每隔15m要用中心垂线检查一次边垂线或井壁的竖直程度。

4. 煤矿井筒施工采用激光指向时，应经常检查仪器设备，并每隔100m用悬挂垂线等方法对光束进行一次检查和校正。有色金属矿山井筒采用激光指向时，每掘进20～30m应采用井筒中心线校核，其偏差不得大于15mm，砌筑时则应每隔10～20m进行校核，偏差不得大于5mm。

5. 按井筒内两垂线方向掘进的井底车场巷道超过15m时，应进行初次定向；当车场巷道掘进到40～50m时，应按联系测量的规定进行定向测量。

6. 井筒掘砌完毕后，须测量全井筒的井壁竖直程度。测量应按要求布放垂线，沿每层梁窝或每隔5～10m测量一次，精确测定垂线与井口十字中线相互位置关系。根据井壁竖直程度的资料，绘制相应的断面图，并附有井筒的水平截面图。

7. 用冻结法施工时，应在地表标定冻结孔、温度检查孔、水文检查孔的位置；并在冻结孔钻进过程中进行偏斜测量，及时建议和配合施工部门进行纠偏。

（二）巷道掘砌施工测量

1. 巷道施工均应标设中线和腰线，最前面一个中、腰线点至掘进工作面的距离一般应不超过30～40m。同一矿井的腰线距离底板（轨面）的高度宜设为定值。

2. 主要巷道中线应用经纬仪标定，主要运输巷道腰线应用水准仪、经纬仪或连通管水准器标定。新开口的巷道中腰线，掘进到4～8m时，应检查或重新标定中腰线。

3. 采用激光指向仪指示巷道方向和高程时，指向仪距离工作面的距离不宜小于70m；每组中、腰线点不应少于3个，点之间的距离不应小于3m。

二、矿井贯通工程的测量方法

（一）贯通测量的基本知识

1. 井巷贯通及其类型

采用两个或多个相向或同向掘进的工作面掘进同一井巷时，为了使其按照设计要求在预定地点正确接通而进行的测量工作，称为贯通测量。

井巷贯通一般分为一井内巷道贯通、两井之间的巷道贯通和立井贯通三种类型。

2. 井巷贯通的几何要素

不论何种贯通，均需事先确定贯通井巷中心线的坐标方位角和贯通距离，巷道贯通还要求标定其腰线及其倾角（坡度）等，这些统称为贯通测量的几何要素。

根据巷道特点、用途及其对贯通的精度要求等内容的不同，这些几何要素（例如，巷道的中、腰线）的确定方法和要求是不同的。

（二）贯通测量的工作步骤

1. 准备工作

调查了解待贯通井巷的实际情况，根据贯通的容许偏差，选择合理的测量方案与测量方法。对重要的贯通工程，要编制贯通测量设计措施，进行贯通测量误差预计，以验证所选择的测量方案、测量仪器和方法的合理性。

2. 施测和计算

依据选定的方案和方法进行施测和计算，每一施测和计算环节均须有独立可靠的检核，并要将施测的实际测量精度与原设计的要求精度进行比较，不符合要求应当返工重测。

3. 根据有关数据计算贯通巷道的标定几何要素，并实地标定巷道的中线和腰线。

4. 根据掘进巷道的需要，及时延长巷道的中线和腰线，定期进行检查测量和填图，并按照测量结果及时调整中线和腰线。

5. 巷道贯通之后，应立即测量出实际的贯通偏差值，并将两端的导线连接起来，计算各项闭合差。此外，还应对最后一段巷道的中腰线进行调整。

6. 重大贯通工程完成后，应对测量工作进行精度分析与评定，写出总结。

（三）贯通测量的施测技术要求

贯通测量是井下测量的一项重要工作。贯通结果的好坏，很大程度上取决于贯通测量方案和测量方法是否正确，以及施测工作的结果。为保证井巷施工能按设计要求准确贯通，贯通测量施测应做好下述工作：

1. 注意原始资料的可靠性，起算数据应当准确无误。各项测量工作都要有可靠的独立检核。精度要求很高的重要贯通，要采取提高精度的相应措施。

2. 随贯通巷道的掘进，要及时进行测量和填图，并将测量成果及时通报施工部门，调整巷道掘进的方向和坡度。

3. 对施测成果要及时进行精度分析，必要时要进行返工重测。施测过程中，要进一步完善和充实预定的方案。

4. 贯通测量至少应独立进行两次，取平均值作为最终值，最后一次标定贯通方向时，未掘的巷道长度不得小于50m。

5. 贯通工程剩余巷道距离在岩巷中剩余15～20m时，测量负责人应以书面形式报告有关领导，并通知安检施工区队长。

2G311013   测量仪器及使用方法

一、常用测量仪器和一般使用方法

（一）常用测量仪器

常用测量仪器通常指经纬仪、水准仪、钢尺、光电测距仪及全站仪等。

1. 经纬仪是用来测量水平角和垂直角的仪器，有光学经纬仪和电子经纬仪。测量时首先要在测站上安置经纬仪，并对中整平，通过望远镜瞄准前、后视目标，在读数窗中读取读数，即可计算出水平角和垂直角。

2. 水准仪是测量两点之间高差的常用仪器，通常使用光学水准仪。测定时将水准仪整平安置于两点之间，瞄准前、后测点上的水准尺，并精确整平水准仪，通过望远镜读取水准尺上读数，然后计算两点间高差。

3. 测量两点之间距离常用仪器是钢尺和光电测距仪。井下钢尺量边一般用比长过的钢尺悬空丈量，边长丈量后应根据尺长、温度、拉力、垂曲等修正读数；用光电测距仪测距时，应将测距头安置在经纬仪上方，通过前后视测站安置反光棱镜，直接测定出两点之间距离。

4. 全站仪是一种集光、机、电为一体的高技术测量仪器，是集水平角、垂直角、距离（斜距、平距）、高差测量功能于一体的测绘仪器系统。全站仪具有角度测量、距离（斜距、平距、高差）测量、三维坐标测量、导线测量、交会定点测量和放样测量等多种用途。内置专用软件后，功能还可进一步拓展。

（二）全球卫星定位系统（GPS）

利用全球定位系统进行定位测量的技术和方法称全球定位系统测量。全球定位系统是导航卫星测时和测距的简称，通常简写为 GPS。GPS 系统由卫星星座、地面监控系统和用户接收机三部分组成。

二、矿业工程测量专用仪器

在矿业工程测量领域，除使用通用的测量技术和仪器外，还往往要运用一些特殊的技术和仪器设备。

1. 激光扫平仪

激光扫平仪是指利用激光束绕轴旋转扫出平面的仪器，它是在传统的光学扫描仪的基础上发展起来的一种激光扫描仪器。激光扫平仪具有更高的扫平精度和更远的作用距离，而且使用起来更方便、更灵活，工作效率高。

2. 激光垂线仪

激光垂线仪又叫激光铅垂仪。它是将激光束置于铅直方向以进行竖向准直的仪器。广泛运用于高层建筑、烟囱、电梯等施工过程中的垂直定位及以后的倾斜观测，精度可达 0.5×10^{-4}m。

3. 陀螺经纬仪

陀螺经纬仪是将陀螺仪和经纬仪组合在一起，用以测定地理方位角的仪器。在地球上南北纬度 75° 范围内均可使用。陀螺马达高速旋转时，由于受地球自转影响，其轴围绕子午面做往复摆动。通过观测，可测定出地理北方向。陀螺经纬仪的主要作用是将地面坐标方位角传递到矿山井下巷道或隧道内，使矿山井下或隧道与地面采用统一的坐标系统。在

井下导线中加测一定数量的陀螺定向边，可以提高导线测量的精度。激光陀螺经纬仪则具有精度较高、稳定和成本低的特点。

2G311020　矿业工程地质和水文地质

2G311021　矿山地质条件的分析与评价

一、土的物理力学性质及工程性质

1. 土的工程分类

（1）土按堆积年代可划分为老堆积土、一般堆积土、新近堆积土三类。

（2）根据地质成因可划分为残积土、坡积土、洪积土、冲积土、淤积土、冰积土和风积土等。

（3）根据土中的有机质含量可将土分为无机土、有机土、泥质炭土和泥炭。

（4）按颗粒级配和塑性指数可将土分为碎石土、砂土、粉土和黏性土。

碎石土：粒径大于 2mm 的颗粒含量超过全重 50% 的土。根据颗粒级配和形状可分为漂石、块石、卵石、碎石、圆砾、角砾。

砂土：粒径大于 2mm 的颗粒含量不超过全重 50%，且粒径大于 0.075mm 的颗粒含量超过全重 50% 的土。根据颗粒级配可分为：砾砂、粗砂、中砂、细砂和粉砂。

粉土：粒径大于 0.075mm 的颗粒含量超过全重 50%，且塑性指数小于或等于 10 的土。根据颗粒级配可分为砂质粉土和黏质粉土。

黏性土：塑性指数大于 10 的土。按塑性指数可分为黏土和粉质黏土。

（5）特殊土及其分类

在特定的地理环境或人为条件下形成的特殊性质的土称特殊土，其分布有明显的区域性，并具有特殊的工程特性。特殊土包括软土、湿陷性黄土、红黏土、膨胀土、多年冻土、混合土、人工填土、盐渍土等。

2. 土的物理性能指标

（1）土的基本物理性质指标

土的基本物理性质指标有密度、重度、相对密度、干密度、干重度等，此外尚有含水量、饱和度等重要指标。

（2）黏性土的状态指标

塑性指数（I_p）：土的塑性指数是指土体液限和塑限的差值（用无百分符号的百分数表示）。塑性指数越大，表示土处于塑性状态的含水量范围越大。一般情况下，土颗粒能结合的水越多（如细颗粒黏土成分多），其塑性指数越大。

液性指数（I_L）：土的液性指数是指黏性土的天然含水量和土的塑限的差值与塑性指数之比。液性指数 I_L 在 0～1 之间。液性指数越大，则土中天然含水量越高，土质越软。

3. 土的工程性质

土的工程性质对土方工程的施工有直接影响。土的工程性质包括土的可松性、压缩性和休止角。

4. 土的抗剪强度

土的抗剪强度是指土具有的抵抗剪切破坏的极限强度。它是评价地基承载力、边坡稳定性、计算土压力的重要指标。影响土体抗剪强度的因素,对于无黏性土,土的抗剪强度和剪切面上的正压力(即摩擦阻力)成正比,黏性土和粉土的抗剪强度不仅与摩擦阻力有关,还与土颗粒间的黏聚力有关。

5. 特殊土的工程地质

(1)淤泥类土

淤泥类土又称软土类土或有机类土,主要由黏粒和粉粒等细颗粒组成,颗粒表面带有大量负电荷,与水分子作用非常强烈,因而在其颗粒外围形成很厚的结合水膜,且在沉淀过程中由于粒间静电引力和分子引力作用,形成絮状和蜂窝状结构,含大量的结合水,并由于存在一定强度的粒间联结而具有显著的结构性。淤泥类土具有高含水量和高孔隙比、渗透性低、高压缩性、抗剪强度低、较显著的触变性和蠕变性。淤泥质类土地基的不均匀沉降,是造成建筑物开裂损坏或严重影响使用等工程事故的主要原因。

(2)黄土与湿陷性黄土

黄土按成因分为原生黄土和次生黄土。原生黄土又称老黄土,是干旱、半干旱气候条件下形成的一种特殊的第四纪陆相沉积物。原生黄土经水流冲刷、搬运和重新沉积而形成的为次生黄土,次生黄土的结构强度较原生黄土低,而湿陷性较高并含较多的砂粒以及细砾。

原生黄土在上覆土的自重压力作用下,或在上覆土的自重压力与附加压力共同作用下,受水浸湿后土的结构迅速破坏而发生显著附加下沉的为湿陷性黄土。

黄土的湿陷性根据湿陷系数 δ_s 判定。当 $\delta_s < 0.015$ 时,为非湿陷性黄土;当 $\delta_s \geqslant 0.015$ 时,为湿陷性黄土。

湿陷性黄土分为自重湿陷性和非自重湿陷性黄土,在两种不同湿陷性黄土地区的建筑工程,采取的地基设计、地基处理、防护措施及施工要求等方面均有很大差别。

(3)膨胀土

土中黏粒成分主要由亲水矿物组成,同时具有显著的吸水膨胀和失水收缩两种变形特性的黏性土,称为膨胀土。膨胀土在天然条件下一般处于硬塑或坚硬状态,强度较高,压缩性低,当受水浸湿和失水干燥后,土体具有膨胀和收缩特性。膨胀土的自由膨胀量一般超过40%,影响其胀缩变形的主要因素包括土的黏粒含量、蒙脱石含量、天然含水量等。黏粒含量及蒙脱石含量越多,土的膨胀性和收缩性越大;土的结构强度越大,其抵抗胀缩变形的能力越强,当其结构遭破坏,土的胀缩性随之增强。膨胀土还会因温度的变化出现不均匀胀缩使上述特性更为明显,所以在矿井采用冻结法施工通过该段土层时,须采取特殊施工措施。

(4)红黏土

红黏土具有高塑性、天然含水量高、孔隙比大等特性,一般呈现较高的强度和较低的压缩性,不具湿陷性。红黏土的强度一般随深度增加而大幅降低。

二、岩石的物理力学性质及工程性质

1. 岩石的工程分类

岩石按其成因可分为岩浆岩、沉积岩、变质岩三大类;按软硬程度可分为硬质岩、软质岩和极软岩三类;按岩体完整程度可划分为完整岩体、较完整岩体、较破碎岩体、破碎岩体和极破碎岩体。

岩浆岩通常具有均质且各向同性的特性（除部分喷出类岩石），力学性能指标通常也比较高，其中以深成岩的强度和抗风化能力为最高，然后依次是浅成岩、火山喷出岩。岩浆岩在金属矿山中遇到较多。

变质岩由母岩变质而来，有石英岩、板岩、大理岩等。变质岩的岩性与变质程度有关，变质越深则其岩性越稳定。沉积岩经变质后的力学性质一般会更好些。

沉积岩包括砾岩、各种砂岩和黏土岩。沉积岩的性质主要与成分、胶结性质有关，一般沉积岩的岩性比较弱，甚至可以和土相近。沉积岩是煤炭矿山遇到的主要岩层，也常会成为煤矿施工的一个难题。

2. 岩石的物理性质

（1）孔隙性

岩石的孔隙性是指岩石中各种孔隙（包括毛细管、洞隙、空隙、细裂隙以及岩溶溶洞和粗裂隙）的发育程度，可用孔隙率与孔隙比表示。孔隙率即岩石中孔隙总体积与包括孔隙在内的岩石总体积之比。孔隙比是指岩石孔隙总体积与岩石固体部分体积之比。砾岩、砂岩等沉积岩类岩石经常具有较大的孔隙率。岩石随着孔隙率的增大，其透水性增大，强度降低。

（2）吸水性

岩石的吸水性指岩石在一定条件下的吸水能力。一般用自然吸水率、饱和吸水率及饱和系数表示。岩石的吸水率、饱和系数大，表明岩石的吸水能力强，水对岩石颗粒间结合物的浸湿、软化作用就强，岩石强度和稳定性受水作用的影响就越显著。

（3）软化性

岩石的软化性用软化系数表示，是指水饱和状态下的试件与干燥状态下的试件（或自然含水状态下）单向抗压强度之比。它是判定岩石耐风化、耐水浸能力的指标之一。软化系数小于 0.75 的岩石，其抗水、抗风化和抗冻性较差。

（4）抗冻性

岩石的抗冻性是指它抵抗冻融破坏的性能。抗冻性主要取决于岩石开型孔隙的发育程度、亲水性和可溶性矿物含量及矿物颗粒间联结强度。吸水率、饱和系数和软化系数等指标可以作为判定岩石抗冻性的间接指标。一般认为吸水率小于 0.5%，饱和系数小于 0.8，软化系数大于 0.75 的岩石，为抗冻岩石。

3. 岩石的力学性质

（1）岩石的强度特性

岩石的强度为抵抗外载整体破坏的能力，分抗拉、抗压、抗剪等几种强度，其大小取决于其内聚力和内摩擦力。岩石的抗压强度最高，抗剪强度居中，抗拉强度最小，且压、拉强度相差很大。

（2）岩石的变形特性

岩石压缩变形伴随有裂隙开裂的过程，并最终形成断裂。由于有裂隙张开，变形过程中有体积膨胀现象，称为扩容。岩石在断裂的瞬间，其压缩过程中所积蓄的能量会突然释放，造成岩石爆裂和冲击荷载，是地下岩爆等突发性灾害的基本原因。

围压（约束作用）与岩石破坏后剩下的残余强度的高低有重要关系，随围压的提高，岩石的脆性减小、峰值强度和残余强度提高。在较高围压作用下，岩石甚至不出现软化现象。对破坏面（或节理面）的约束，可以保持岩体具有一定的承载能力，因此充分利用岩石承载能力是地下岩石工程的重要原则。

（3）节理面的影响和岩体力学特性

岩体内存在有节理面（弱面）是影响岩体力学性质的重要因素。节理面的影响因素包括节理面本身的（强度、变形、结构形式等）性质、节理面的分布（密度和朝向）等。

节理面是岩体的弱结构，一般会使岩石的强度降低，变形模量降低。节理面还会导致岩体的变形和强度具有各向异性的特性。

节理面的抗剪强度可以用库仑准则表示。影响节理面抗剪强度的因素包括节理面的接触形式、剪胀角大小、节理面粗糙度以及节理面充填情况（充填度、充填材料性质、干燥和风化程度）等。

三、矿井地质类型划分

根据《煤矿地质工作规定》（安监总煤调〔2013〕135号），井工煤矿地质类型分为简单、中等、复杂、极复杂四种类型。

2G311022　地质构造及其对矿山工程的影响

一、地层赋存特点与地质构造的主要形式

（一）地层单位

地层单位是地质上对地层演化过程的一种划分，是根据岩性和岩相划分的岩石地层单位、根据化石划分的生物地层单位、根据地质时代划分的时间地层单位（年代地层单位）等的统称。因为地层的演化往往和地质事件有关，因此地层单位常和地质年代的划分对应。国际上通用的地层划分单位分界、系、统三级，地层对应的地质年代单位为代、纪、世三级。

因为矿产资源的形成常常和特定的构造运动过程有关，因此资源的赋存和地层单位会有一定的联系。

（二）岩层产状

岩层产状指岩层的空间几何关系，其主要参数有走向、倾向和倾角。走向是倾斜岩层面与水平面的交线，构成岩层走向线方向。倾向通常指岩层倾斜向下且与走向正交的方向，用其在水平面上投影所指的方向表示。倾角是岩层层面与水平面的交角。

（三）地质构造主要形式

1．地质构造形式

（1）单斜构造

在一定范围内，岩层或矿体大致向一个方向倾斜的构造形态。

（2）褶皱构造

岩层或矿体受水平挤压后弯曲，但仍保持连续性的构造形态。

褶皱构造的基本单位是褶曲，褶曲是岩层的一个弯曲。褶皱构造分为背斜和向斜。背斜是岩层层面凸起的弯曲构造，向斜是岩层层面凹下的弯曲构造。

（3）断裂构造

岩层或矿体受力后产生断裂，失去连续性和完整性的构造形态。断裂面两侧岩层或矿体没有明显位移的叫裂隙，断裂面两侧岩层或矿体发生明显位移的叫断层。

2. 断层的要素与分类

（1）断层的要素

断层的要素包括断层面、断层线、交面线、断盘、断距、落差以及断层的走向、倾向和倾角。

（2）断层的分类

按断层上下盘相对移动的方向的分类：

1）正断层

上盘相对下降，下盘相对上升的断层。

2）逆断层

上盘相对上升，下盘相对下降的断层。

3）平推断层

两盘沿近直立的断层面作水平移动的断层。

根据断层走向与岩层走向的关系分类：

1）走向断层

断层走向与岩层走向平行的断层。

2）倾向断层

断层走向与岩层走向垂直的断层。

3）斜交断层

断层走向与岩层走向斜交的断层。

二、地质构造对矿山工程的影响

（一）构造应力特点及其分析方法

构造应力一般以水平应力为主；由于有构造应力存在，原岩应力的水平侧应力系数 λ 往往变得大于 1，尤其是在 1500m 以上的浅部。构造应力虽然分布是局域性的，但因为其作用大，经常会造成岩层破坏严重，成为矿山井巷工程破坏和严重灾害的重要因素。

分析地质构造形态与地质作用的关系，可以确定构造应力的主作用方向。这些关系有：

1. 褶曲

主作用方向和褶曲轴垂直；褶皱受扭剪作用而呈斜列式排列时，褶曲轴与剪作用斜交。

2. 断层

正断层（张性断裂）的最大主作用方向与岩层面正交且与上盘下滑（或下盘上滑）方向一致，最小作用方向平行岩层。逆断层（压性断裂）的最大主作用方向与岩层面平行且与上盘上滑（或下盘下滑）方向一致，最小作用方向垂直岩层。平移断层（扭性断裂）的最大主作用方向与岩层面平行，一般与断层面成小角度（$45° - \varphi/2$，φ 为岩石内摩擦角，下同），最小作用方向平行岩层。

3. 节理

岩层内"X"状节理的最大主作用方向平分 X 的夹角，并与一个节理面成（$45° - \varphi/2$）；最大主作用方向与纵张节理平行，与横张节理垂直。

（二）地质构造对矿山工程的影响

1. 断层的影响

断层是构造影响的一项重要内容。断层的影响主要表现在：

（1）断层截断岩层，可能会改变矿层位置，甚至使原有的岩层失落，给矿层开采、巷道布设及其运输、施工等工作带来许多困难。

（2）断层使围岩破碎，强度降低，破坏岩层稳定性，从而容易引起顶板冒落、围岩严重变形甚至垮塌，给支护造成严重困难。

（3）断层存在还可能严重改变岩层的透水条件，一方面是围岩破碎使岩层的透水系数增加，尤其是小断层成群或较密集、造成裂隙严重发育；另一方面是岩层间破碎容易发生层间错动而形成良好的透水条件。断层容易引起大涌水，甚至出现突水危害。

（4）井田内的大断层往往成为井田或者采区、盘区边界，影响巷道布置，增加巷道施工工程量，限制生产设备功能甚至影响开采效率。

2．褶曲的影响

褶曲轴部顶板压力常有增大现象，巷道容易变形，难于维护，该处开采需加强支护；向斜轴部是煤矿瓦斯突出的危险区域；一般情况下，井田内阶段或水平运输大巷、总回风巷沿走向布置。褶曲使沿层布置的巷道发生弯曲。

2G311023　矿井水文地质条件分析及应用

一、地下水的分类

地下水在岩石中的存在形式主要是结合水和自由水，地下水根据其埋藏条件和含水层性质进行分类的情况见表 2G311023。

地下水的基本类型　　　　　　　　　　　表 2G311023

埋藏条件	含水岩层空隙性质			
	孔隙水	裂隙水	岩溶水	多年冻土带水
上层滞水	饱气带中局部隔水层上的水，主要是季节性存在	基岩风化壳中季节性存在的水	垂直渗入带中的水（降落水）	融冻层水
潜水	冲积、洪积、坡积；湖积层水；冰碛和冰水沉积层水	基岩上部裂隙和构造裂隙中的水	裸露岩溶化岩层中的水	冻结层上部的水；冻结层间的水
承压水	松散岩层构成的自流盆地、单斜和山前平原自流斜地中的水	构造盆地和单斜岩层中的层状裂隙水；构造断裂带及不规则裂隙中的深部水	构造盆地和向斜、单斜岩溶化岩层中的水	冻结层下部的水

二、井巷涌水及预测

1．井巷涌水的主要来源

（1）地表水

1）地表水冲破地势低洼处的井口围堤，或因泄洪道被堵塞，而造成水位高出拦洪坝，使其直接灌入井巷。这种涌水的特点是：水量大，来势猛，并伴有泥沙，常造成淹井事故。

2）地表水体与第四纪松散砂、砾层有密切水力联系，当井筒揭露砂、砾含水层时，地表水以孔隙为通道进入井筒。地表水通过第四纪松散物和基岩裂隙水发生水力联系，或通过隔水层缺失的"天窗"渗入矿井。

3）当地表水体与矿层顶底板的强含水层接触，或地表水体与导水断层相连，地表水成为井巷的直接水源。井下涌水后，往往造成河流中断或倒灌现象。

4）当矿层上部导水裂隙带贯通地表水体时，地表水可直接进入井巷。

（2）地下水

1）松散层孔隙水。在松散层中进行井巷施工时，若事先未对松散层进行特殊处理，则当井巷通过含水丰富的松散砂、砾层时，不仅涌水且常伴有泥沙涌出，造成井壁坍塌、井架歪斜淹井等事故。

2）基岩裂隙水。因裂隙的成因不同，基岩裂隙水的富水特征也不尽相同，对井巷施工威胁较大的多为脆性岩层中的构造裂隙水，尤其是张性断裂，它不仅本身富水性较好，且常能沟通其他水源（地表水或强含水层）造成淹井事故。

3）可溶岩溶洞水。在井巷施工中，常受矿层下伏灰岩溶洞水的威胁，其特点是：水量大、水压高、来势猛、危害大，容易造成淹井事故。

（3）大气降水

大气降水的渗入是井巷施工时常见的补给水源之一。当井巷位于低洼处或靠近地表时，大气降水是直接或间接进入井巷的主要水源。若井巷位于分水岭处，它往往是唯一水源。

（4）老窑水

当井巷施工接近老窑、古井及积水废巷时，常发生突然涌水，其特点是：

1）短时间可有大量水进入井巷，来势猛，破坏性大，易造成淹井事故。

2）因水中含有硫酸根离子，对井下设备具有一定的腐蚀。

3）当这种水源和其他水源无联系时，很容易疏干；否则，可造成大量而稳定的涌水，危害性也大。

2．井巷涌水量预测方法

（1）水文地质比拟法

该方法建立在相似地质、水文地质条件比较的基础上，利用已生产矿井涌水量的资料对新设计井巷的涌水量进行预测。

水文地质比拟法的实质是寻找现有生产矿井影响涌水量的变化的有关因素建立相关方程，用以计算新设计井巷的涌水量。

（2）涌水量与水位降深曲线法

涌水量与水位降深曲线法的实质是根据三次抽（或放）水试验资料来推测相似水文地质条件地段新设计井巷的涌水量。

（3）地下水动力学法

地下水流向集水建筑物的涌水量计算公式也适用于井巷涌水量的预测，只要搞清了计算地段的地质、水文地质和开采条件，取得的参数较精确，选择相适应的公式，一般能得到较好的效果。

3．矿井水文地质工作的基本任务

矿井建设和生产过程中的水文地质工作，是在水文地质勘探工作的基础上进行的，其主要任务包括以下内容：

（1）井筒施工、巷道掘进、回采工作面的水文地质观测工作；

（2）进一步查明影响矿井充水的因素，对矿井突水、涌水量的预测；

（3）提供矿井防水、探水及疏水方案和措施的有关水文地质资料；

（4）水文地质长期观测工作；

（5）研究和解决矿区（井）供水水源及矿井水的综合利用。

4. 矿井水文地质类型划分

根据《煤矿防治水细则》，井工煤矿水文地质类型分为简单、中等、复杂、极复杂四种类型。

5. 矿井水的综合防治

矿井防治水工作的基本原则为坚持"预测预报、有疑必探、先探后掘、先治后采"。"预测预报"是水害防治的基础，是指在查清矿井水文地质条件基础上，运用先进、实用的水害预测预报理论和方法，对矿井水害做出科学的分析、判断和评价；"有疑必探"是指根据水害预测预报评价结论，对可能构成水害威胁的区域，采用物探、化探和钻探等综合探测技术手段，查明或排除水害；"先探后掘"是指先综合探查，确定巷道掘进没有水害威胁后再掘进施工；"先治后采"是指根据查明的水害情况，采取有针对性的治理措施排除水害隐患后，再安排采掘工程。

矿井水害治理的基本技术方法是采取"探、防、堵、疏、排、截、监"综合防治措施。"探"主要是采用超前勘探方法，查明采掘工作面周围水体的具体位置和贮存状态等情况，为有效地防治矿井水害做好必要的准备，其在水害防治措施中具有核心地位并起先导作用；"防"主要指合理留设各类防隔水煤（岩）柱和修建各类防水闸门或防水墙等，防隔水煤（岩）柱一旦确定后，不得随意开采破坏；"堵"主要指注浆封堵具有突水威胁的含水层或导水断层、裂隙和陷落柱等导水通道；"疏"主要指探放老空水和对承压含水层进行疏水降压；"排"主要指完善矿井排水系统，排水管路、水泵、水仓和供电系统等必须配套；"截"主要指截断水源和加强对地表水（河流、水库、洪水等）的截流治理；"监"主要是指建立矿井地下水动态监测系统，必要时建立突水监测预警系统，及时掌握地下水的动态变化。

目前常用的矿井水防治方法有地面防水、井下防水、疏干降压、矿井排水和注浆堵水等。

2G311030　矿业工程材料

2G311031　建筑钢材的基本性能及使用要求

一、建筑钢材的力学性能

建筑钢材作为主要的受力结构材料，其主要的力学性能有抗拉性能、抗冲击性能、耐疲劳性能及硬度。

1. 抗拉性能

抗拉性能是钢筋最主要的技术性能之一。抗拉性能是反映建筑钢材品质的最基本技术指标，包括强度、弹性模量、伸长率等，一般通过拉伸试验获得。

钢材的强度主要指其抵抗断裂或抵抗出现塑性变形的能力，分别称为极限强度和屈服强度。弹性模量表示钢材在弹性范围内抵抗变形的能力，即产生单位弹性变形所需要的应力大小。超过弹性范围后，钢材出现不可恢复的变形，即塑性变形。钢材的塑性大小，用试件拉断时的相对伸长率与断面相对收缩率表示。

2. 抗冲击性能

钢材的抗冲击性能用冲击韧性指标表示。冲击韧性是指钢材抵抗冲击荷载而不被破坏的能力，它通过标准试件的弯曲冲击韧性试验确定。钢材的化学成分、组织状态、冶炼和轧制质量、温度和时效等因素，对钢材的冲击韧性都有明显的影响。

3. 耐疲劳性能

钢材在交变荷载反复作用下，在远小于抗拉强度时发生突然破坏，称为疲劳破坏。耐疲劳性能对于承受反复荷载的结构是一种很重要的性质。可用疲劳极限或疲劳强度表示钢材的耐疲劳性能，它是指钢材在交变荷载下，于规定的周期基数内不发生断裂所能承受的最大应力。钢材的疲劳极限与其抗拉强度有关，一般抗拉强度高，其疲劳极限也高。

4. 硬度

硬度是金属材料抵抗硬的物体压陷表面的能力，是评价部件承受磨损作用的重要参数。

二、矿用特种钢材

矿用特种钢材主要为矿用工字钢、矿用特殊型钢（U型钢、Π型钢和特殊槽钢）、轻便钢轨等。矿用工字钢是专门设计的翼缘宽、高度小、腹板厚的工字钢，它的几何特性既适于作梁，也适于作腿。U型钢、Π型钢和特殊槽钢等是专门用于巷道支护（可缩支架）。U型钢的两个截面系数接近相等，横向稳定性较好；矿用工字钢和U型钢的高度较一般型钢小，可减少巷道开挖量。而轻便钢轨是专为井下1～3t矿车运输提供的，并可在巷道支护中用于制作轻型支架，但受力性能较差。

三、常用钢材加工方法及对钢材性能的影响

常用钢材的加工包括钢材的冷加工强化、时效强化、热处理和焊接等几种方法。钢材加工不仅用于改变尺寸，而且可以改善如强度、韧度、硬度等性质。

冷加工强化是将建筑钢材在常温下进行冷拉、冷拔和冷轧，提高其屈服强度，相应降低了塑性和韧性。

时效强化是指钢材经冷加工后，屈服强度和极限强度随着时间的延长而逐渐提高，塑性和韧性逐渐降低的现象。因此，可将经过冷拉的钢筋在常温下或加热到100～200℃并保持一定时间，实现时效处理。

钢材热处理的方法有退火、正火、淬火和回火。在施工现场，有时需对焊接件进行热处理。

焊接方法主要用于钢筋。钢筋的焊接方法有电阻电焊、闪光对焊、电弧焊、电渣压力焊、气压焊、预埋件埋弧焊等。

2G311032 水泥的主要性能及其工程应用

一、水泥的基本组成

水泥属于水硬性胶凝材料，由水泥熟料、石膏和混合料组成。水泥的性能主要决定于熟料组成与质量，与水发生反应凝结硬化形成强度的主要矿物均由熟料提供。水泥中掺加混合料可起到提高水泥产量，降低水泥强度等级，减少水化热，改善水泥性能等作用。掺入适量石膏可调节凝结时间，提高早期强度，降低干缩变形，改善耐久性、抗渗性等一系列性能。对于掺混合料的水泥，石膏还对混合料起活性激发剂作用。

二、水泥品种

水泥品种按其组成可分为两大类，即：常用水泥和特种水泥。

常用水泥主要指用于一般土木建筑工程的水泥，如硅酸盐水泥、普通硅酸盐水泥、矿渣硅酸盐水泥等，它们均是以硅酸盐水泥熟料为主要组分的一类水泥。

特种水泥泛指水泥熟料为非硅酸盐类的其他品种水泥，如高铝水泥、硫铝酸盐水泥等。

三、水泥的性能指标

与水泥有关的性能指标包括细度、凝结时间、体积安定性、强度和水化热等方面。

1. 细度

水泥颗粒的粗细对水泥的性质有很大的影响。水泥颗粒粒径愈细，与水起反应的表面积愈大，水化愈快，其早期强度和后期强度都较高。国标规定，硅酸盐水泥细度采用透气式比表面积仪检验，要求其比表面积大于 $300m^2/kg$；其他五类水泥细度用筛析法检验，要求在 $80\mu m$ 标准筛上的筛余量不得超过 10%。

2. 凝结时间

凝结时间分初凝和终凝。初凝为水泥加水拌合始至标准稠度净浆开始失去可塑性所经历的时间；终凝则为浆体完全失去可塑性并开始产生强度所经历的时间。水泥初凝时间不宜过短；当施工完毕则要求尽快硬化并具有强度，故终凝时间不宜太长。国家标准规定：硅酸盐水泥初凝时间不得早于 45min，终凝时间不得迟于 6.5h。

3. 体积安定性（水泥安定性）

体积安定性是指水泥净浆体硬化后体积稳定的能力。水泥体积安定性不良的原因，一般是由于熟料中存在游离氧化钙和氧化镁或掺入石膏过量而造成的。熟料中的游离氧化钙及氧化镁，在水泥浆硬化后开始水化，水化后体积较原体积增大 2 倍以上，造成弯曲和裂纹。过量的石膏形成的水泥杆菌同样会使水泥石产生裂纹或弯曲。

4. 强度

强度是指按水泥强度检验标准的规定所配制的水泥胶砂试件，经一定龄期（硅酸盐水泥的龄期为 3d、28d）标准养护后所测得的强度。

根据受力形式的不同，水泥强度通常分为抗压强度、抗折强度和抗拉强度三种。水泥胶砂硬化试件承受压缩破坏时的最大应力，称为水泥的抗压强度；水泥胶砂硬化试件承受弯曲破坏时的最大应力，称为水泥的抗折强度；水泥胶砂硬化试件承受拉伸破坏时的最大应力，称为水泥的抗拉强度。

水泥强度是表示水泥力学性能的一种量度，是划分水泥强度等级的技术依据。水泥强度等级根据 3d 和 28d 的强度划分为 32.5、42.5、52.5 和 62.5 四个等级。

5. 水化热

水泥的水化反应是放热反应，其水化过程放出的热称为水泥的水化热。大体积混凝土由于水化热积蓄在内部，造成内外温差，可形成不均匀应力的开裂。但水化热对冬期混凝土施工是有益的，水化热可促进水泥水化进程。

四、矿业工程对水泥品种的要求

由于矿业工程包含地面和井下，工程和所处环境条件较复杂，因此应根据具体情况选择合适的水泥品种。选择水泥品种时可参考表2G311032。

水泥品种性能及适用范围表　　　　　　　　表2G311032

	硅酸盐水泥	普通硅酸盐水泥	矿渣硅酸盐水泥	火山灰质硅酸盐水泥	粉煤灰硅酸盐水泥
主要性能	1. 快硬早强； 2. 水化热较高； 3. 抗冻性较好； 4. 耐热性较差； 5. 耐腐蚀性较差； 6. 干缩性较小	1. 早期强度较高； 2. 水化热较大； 3. 抗冻性较好； 4. 耐热性较差； 5. 耐腐蚀性较差； 6. 干缩性较小	1. 早期强度低，后期增长快； 2. 水化热较低； 3. 耐热性较好； 4. 耐硫酸盐腐蚀性较好； 5. 抗冻性较差； 6. 干缩性较大； 7. 抗渗性差； 8. 抗碳化能力差	1. 早期强度低，后期增长快； 2. 水化热较低； 3. 耐热性较差； 4. 耐腐蚀性较好； 5. 抗冻性较差； 6. 干缩性较大； 7. 抗渗性较好	1. 早期强度低，后期增长快； 2. 水化热较低； 3. 耐热性较差； 4. 耐腐蚀性较好； 5. 抗冻性较差； 6. 干缩性较小； 7. 抗碳化能力差
适用范围	1. 制造地上、地下及水中的各种混凝土结构，包括受冻融循环的结构及早期强度要求较高的工程； 2. 配制建筑砂浆	与硅酸盐水泥基本相同	1. 大体积工程； 2. 有耐热要求的工程； 3. 蒸汽养护构件； 4. 一般的地上、地下及水中工程； 5. 有硫酸盐侵蚀的工程； 6. 配制建筑砂浆	1. 大体积工程； 2. 有抗渗要求的工程； 3. 蒸汽养护构件； 4. 一般的地上、地下及水中工程； 5. 有硫酸盐侵蚀的工程； 6. 配制建筑砂浆	1. 大体积工程； 2. 抗裂性要求较高的构件； 3. 蒸汽养护构件； 4. 一般的地上、地下及水中工程； 5. 有硫酸盐侵蚀的工程； 6. 配制建筑砂浆
不适用工程	1. 大体积混凝土工程； 2. 受化学及海水侵蚀的工程	同硅酸盐水泥	1. 早期强度要求较高的工程； 2. 有抗冻要求的工程	1. 早期强度要求较高的工程； 2. 有抗冻要求的工程； 3. 干燥环境的混凝土； 4. 耐磨性要求的工程	1. 早期强度要求较高的工程； 2. 有抗冻要求的工程； 3. 抗碳化要求的工程

2G311033 混凝土的组成和技术要求

一、混凝土的基本性能

（一）混凝土的基本组成

混凝土由水泥、砂、石子和水拌合而成。其中，水泥为胶结材料，砂、石为骨料。在水泥浆凝结硬化前，混凝土拌合物应具有一定的工作性能（和易性）。

在混凝土拌合时或拌合前可掺入一定量的外加剂，如减水剂、早强剂、速凝剂、防水剂、抗冻剂、缓凝剂等，以改善混凝土的性能，满足施工设计要求，如提高最终强度或初期强度（早强）、改善和易性、提高耐久性、节约水泥等。

（二）混凝土的性能及技术要求

常用混凝土的基本性能和施工中的技术要求包括以下四项内容：

1. 各组成材料经拌合后形成的拌合物应具有一定的和易性，以满足拌合、浇筑等工作要求；

2. 混凝土应在规定龄期达到设计要求的强度；

3. 硬化后的混凝土应具有适应其所处环境的耐久性；

4. 经济合理，在保证质量前提下，降低造价。

二、混凝土的强度及配合比

1. 混凝土的强度

混凝土的强度等级是通过标准养护条件下（温度为 $20\pm2℃$，周围介质的相对湿度大于 95%）的 28d 边长 150mm 立方体抗压强度值确定的。

混凝土强度等级采用符号 C 与立方体抗压强度表示。例如：C40 表示混凝土立方体抗压强度 $f_{cu,k}=40MPa$。混凝土强度等级一般有 C15、C20、C25……C80 等。

2. 混凝土的配合比

混凝土配合比是指混凝土各组成材料数量之间的比例关系。常用的表示方法有两种：一种是以 $1m^3$ 混凝土中各组成材料的质量表示，如水泥 336kg、砂 654kg、石子 1215kg、水 195kg；另一种方法是以水泥为基数 1，用各项材料相互间的质量比来表示。将上述配合比换算成水泥：砂子：石子：水，即是 1：1.95：3.62：0.58。

混凝土水胶比（用水量与胶凝材料用量的质量比）是决定混凝土强度及其和易性的重要指标。

三、矿业工程对混凝土性能的要求

混凝土均应满足强度、工作性能（和易性）的要求，以及根据不同工程条件提出的抗渗性、抗冻性、抗侵蚀性等要求。

根据不同矿业工程的施工特点，矿业工程施工还应考虑对混凝土的一些特殊要求，如：地面拌制混凝土向井下输运时的流动性、均匀性要求，冻结法施工混凝土的抗冻、早强要求，对于锚喷网支护的喷混凝土骨料与拌合物的要求，以及在井下有严重腐蚀性（如酸性地下水）环境采用的水泥等原材料的要求等。

四、提高混凝土性能的方法

提高混凝土性能包括强度、变形和耐久性几个方面。

1. 提高混凝土强度

提高混凝土强度的方法可采用提高水泥的强度等级；尽量降低水胶比（如掺加减水剂，采用级配和质地良好的砂、石等）；以及采用高强度石子；加强养护，保证有适宜的温度和较高的湿度，也可采用湿热处理（蒸汽养护）来提高早期强度；加强搅拌和振捣成型；添加增强材料，如硅粉、钢纤维等。

2. 提高混凝土抗变形性能

混凝土变形控制主要包括对干缩变形、温度变形控制等，掺入一定量的钢纤维可以较大幅度提高混凝土的抗变形能力。控制过大的干缩变形可通过限制水泥用量、保持一定骨料用量的方法，以及选择合适的水泥品种，减小水胶比，充分捣实，加强早期养护，利用钢筋的作用限制混凝土的变形过分发展等。考虑混凝土的变形影响，混凝土结构中常留有伸缩缝。

混凝土中内外温差可造成内胀外缩，使外表面产生很大拉力而导致开裂。因此，对大体积混凝土工程，应选择低热水泥，减小水泥用量以降低水化热；对一般纵向较长的混凝土工程应采取设置伸缩缝，并在施工中采取特殊措施；在结构物中设置温度钢筋等措施。

3. 提高混凝土耐久性

根据工程所处环境和工程性质不同选用合适的水泥品种，并选择适宜的混合材料和填料；采用较小的水胶比，并限制最大水胶比和最小水泥用量；采用级配好且干净的砂、石骨料，并选用粒径适中的砂、石骨料；掺加减水剂或引气剂，或根据工程特性，掺加其他适宜的外加剂；加强养护；改善施工方法等。

2G311034　其他相关材料的性能及其应用

一、石材

石材具有比较高的强度、良好的耐磨性和耐久性，并且资源丰富，易于就地取材，因此，石材的使用仍然相当普遍。石材有两种：一种是指采得大块岩石后，经锯解、劈凿、磨光等机械加工制成各种形状和尺寸的石料制品；另一种是直接采得的各种块状和粒状的石料。矿用石材主要为经过简单粗加工后形成的石料，作为砌墙、拱和基础等用途的材料。

二、竹、木材料

1. 木材

木材轻质高强，加工方便，导电和导热性能低，有很好的弹性和塑性，能承受冲击和振动等作用。木材作为工程材料有以下缺点，如构造不均匀，各向异性，容易吸湿、吸水而导致力学和物理性能上的变化，容易腐朽、虫蛀和燃烧，天然疵病较多，且耐久性较差。目前，矿用木材主要作为矿井支护材料、枕木、背板等，但因井下环境较差，对服务时间较长的木材需进行防腐处理。

2. 竹材

竹材可以作为木材的部分替代品，具有抗拉性能好、价低、易加工等优点，但存在抗弯性能差、易腐朽、易燃烧等缺陷。为克服这些缺陷，可以对竹材进行热压预处理。

三、石膏

建筑石膏是一种气硬性胶凝材料，其凝结硬化速度快，凝结时间可调；凝结硬化过程中，体积微有膨胀，硬化时不出现裂缝；硬化后，强度较低，表观密度小，隔热、吸声性好；具有良好的装饰性和抗火性，另外，建筑石膏的热容量和吸湿性大，可均衡室内环境的温度和湿度。但石膏具有很强的吸湿性和吸水性，易造成粘结力削弱，强度明显降低；石膏的耐水性和抗冻性均较差；二水石膏易脱水分解，也造成强度降低，因此，建筑石膏不宜用于潮湿和温度过高的环境。

四、石灰

生石灰熟化后形成的石灰浆，具有良好的可塑性，用来配制建筑砂浆可显著提高砂浆的和易性。石灰也是一种硬化缓慢的气硬性胶凝材料，硬化后的强度不高，在潮湿环境中强度会更低，遇水还会溶解溃散。因此，石灰不宜在长期潮湿环境中或在有水的环境中使用。建筑工程中所用的石灰，分成三个品种：建筑生石灰、建筑生石灰粉和建筑消石灰粉。

五、其他矿用材料

矿用建筑材料还有菱苦土、水玻璃、建筑塑料等。

1. 菱苦土

菱苦土是一种气硬性无机胶凝材料，主要成分是氧化镁（MgO），属镁质胶凝材料。用氯化镁溶液调和菱苦土，硬化后其抗压强度可达 40～60MPa，但其吸湿性较大，耐水性较差；用硫酸镁、铁矾等作调和剂，可降低吸湿性，提高耐水性。

2. 水玻璃

水玻璃又称泡花碱，是一种碱金属硅酸盐。根据其碱金属氧化物种类的不同，又分为硅酸钠水玻璃和硅酸钾水玻璃等，其中以硅酸钠水玻璃最为常用。水玻璃具有良好的粘结性能和很强的耐酸腐蚀性；水玻璃硬化时析出的硅酸凝胶还能堵塞材料的毛细孔隙，有阻止水分渗透的作用。另外，水玻璃还具有良好的耐热性能，高温不分解，强度不降低（甚至有增加），因此常用于工程中注浆堵水和岩土体加固。

3. 建筑塑料

建筑塑料是以合成树脂为主要原料，加入填充剂、增塑剂、稳定剂等添加剂，在一定温度和压力下制成的一种有机高分子材料。具有重量轻、强度高、绝缘性能好、减振、吸声和隔热性好、成本低、加工方便，以及具有出色的装饰性能和优良的抗化学腐蚀性等特点。

2G311040　围岩分类与工程稳定

2G311041　围岩的工程分类方法

一、岩体工程分类方法

（一）岩体工程分类概况

岩体分类有许多不同的用途，因此岩体有许多种分类形式。有从工程地质角度的分类，有为隧道工程施工或水利工程的分类，以及为矿山工程的分类等；矿山工程还分煤矿、冶金等不同类型的分类。不同的岩体工程分类有不同的分类方法和依据，针对工程地质的岩体分类按岩体结构分类，针对岩石钻眼爆破施工的岩石分类，则按岩石坚固性，即俄罗斯的普氏系数（f）分类的方法进行。对于矿业工程的井巷施工，通常要采用对围岩稳定性评价的分类方法进行。

（二）围岩稳定性分类的主要参数

对围岩稳定性分类，通常采取的主要依据的是：岩体结构、岩石种类、岩石强度指标、围岩稳定状态描述等。

1. 岩体结构

岩体结构对围岩稳定性有重要影响，破碎岩层的稳定性显然要比完整岩石差。对岩层稳定性有影响的岩体结构形式还有很多，这在工程地质岩体结构分类中有较详细的划分，有：

（1）整体块状结构。整体块状是一种完整性强的大块结构，包括整体（断续）结构、块状结构等。

（2）层状结构。层状结构包括有层状结构、薄层（板状）结构。

（3）碎裂结构。碎裂结构主要特征是"裂"，它包括有镶嵌结构、层状碎裂结构、碎裂结构。

（4）散体结构。散体结构指联系薄弱的块夹泥结构、泥夹块结构和碎块状结构。

岩体结构对不同岩石工程的围岩稳定性影响可能不同，因此在不同岩石工程分类中，会根据其具体条件对上述地质结构分类作进一步描述和调整。

2. 岩石种类

不同的岩石对岩石工程稳定的影响显然是不同的。决定不同岩石种类力学性能的主要因素是其构成及其形成过程，例如，岩浆岩的强度通常比较高；变质岩的力学性能与其母岩成分及变质条件有关，一般如果变质充分也会有较好的强度，如石英岩、片麻岩、大理岩等。对于沉积岩，除化学沉积形成的岩石（石灰岩等碳酸类岩石）外，成形的过程基本一致，因此构成成分就成为影响沉积岩力学性能的主要因素，如砂岩、泥岩、煤等它们的胶结成分，也成为考虑岩石稳定性分类的重要内容。

3. 岩石强度

岩石抗压强度常常是各种岩石分类的基本指标。

岩石抗压强度一般采用单轴饱和抗压值，为方便，也有采用点荷载仪试验确定。

早期的普氏系数（f）就是由岩石强度折算而来的分类指标值，普氏系数小于 2 的岩石属于很软的岩石，f 为 2～4 则为软岩，f 为 4～8 的属于中等强度岩石，f 值更大即为硬岩或很硬的岩石。因为普氏系数方法方便，且有一定代表性，这一分类方法在现场仍有使用。

4. 围岩稳定状态

围岩稳定状态是对施工过程中围岩稳定能力的一种评价，因此它对于岩石工程具有直接指导作用。

目前，最能描述围岩稳定状态的参数是围岩稳定时间的长短，它既反映了围岩稳定性的好坏，也提示了有效控制围岩稳定的要求，尤其是时间上的要求。例如，对于围岩可以长期稳定而很少有碎块掉落的稳定状态，则通过简单支护即可以维持硐室或者巷道的长期稳定；如果围岩稳定状态是"围岩很容易冒落和片帮"，则支护就应有足够的强度，并且支护的及时性会成为需要特别强调的问题。

5. 围岩稳定性的影响因素

影响围岩稳定性的因素有很多，因此要正确描述围岩稳定状态，就要充分考虑并突出要点。目前，在围岩分类中考虑对围岩稳定状态影响因素主要有硐室（巷道）的跨度，如《岩土锚杆与喷射混凝土支护工程技术规范》GB 50086—2015 的"围岩分级"以 5～10m 和 5m 的毛硐跨度衡量。这些数据也可以给跨度不同的硐室或巷道作为参考。

详细的分类还考虑了围岩破碎程度，围岩应力大小等。前者通常通过声波测量的结果来确定，以岩体声波以及声波比值（称为岩体完整性指标）作为参数；后者以巷道或硐室深度反映的原岩应力与围岩强度的比值（称为岩体强度应力比）作为比较参数。

对于还存在有其他影响因素时的情况，例如含水的影响、岩层倾向走向等，对这些因素，则可以专门进行适当调整。

二、常用岩石工程分类

1.《岩土锚杆与喷射混凝土支护工程技术规范》GB 50086—2015 中的有关"围岩分级"，见表 2G311041-1。

2.《煤矿井巷工程施工规范》GB 50511—2010 中的"岩层稳定性分类"见表 2G311041-2。

岩石分级   表 2G311041-1

围岩级别	岩体结构	构造影响程度，结构面发育情况和组合状态	岩石强度指标		岩体声波指标		岩体强度应力比	毛硐稳定情况
			单轴饱和抗压强度（MPa）	点荷载强度（MPa）	岩体纵波速度（km/s）	岩体完整性指标		
			主要工程地质特征					
I	整体状及层间结合良好的厚状结构	构造影响轻微，偶有小断层。结构面不发育，仅有2～3组，平均间距大于0.8m，以原生和构造节理为主，多数闭合，无泥质充填，不贯通。层间结合良好，一般不出现不稳定块体	＞60	＞2.50	＞5	＞0.75	—	毛硐跨度5～10m时长期稳定，无碎块掉落
II	同I级围岩结构	同I级围岩特征	30～60	1.25～2.50	3.7～5.2	＞0.75	—	毛硐跨度5～10m时围岩能较长时间（数月至数年）维持稳定，仅出现小块掉落
	块状结构和层间结合较好的中厚层或厚层状结构	构造影响较重，有少量断层。结构面发育，一般为3组，平均间距0.4～0.8m，以原生和构造节理为主，多数闭合，偶有泥质充填，贯通性差，有少量软弱结构面。层间结合较好，偶有层间错动和层面张开现象	＞60	＞2.50	3.7～5.2	＞0.5	—	
III	同I级围岩结构	同I级围岩特征	20～30	0.85～1.25	3.0～4.5	＞0.75	＞2	毛硐跨度5～10m时围岩能维持一个月以上的稳定，主要出现局部掉块和塌落
	同II级围岩块状结构和层间结合较好的中厚层或厚层状结构	同II级围岩块状结构和层间结合较好的中厚层或厚层状结构特征	30～60	1.25～2.50	3.0～4.5	0.50～0.75	＞2	
	层间结构良好的薄层和软硬岩互层结构	构造影响较重，结构面发育，一般为3组，平均间距0.2～0.4m，以构造节理为主，节理面多数闭合，少有泥质充填。岩层为薄层或以硬岩为主的软硬岩互层，层间结合良好，少见软弱夹层、层间错动和层面张开现象	＞60（软岩，＞20）	＞2.50	3.0～4.5	0.30～0.50	＞2	
	碎裂镶嵌结构	构造影响较重，结构面发育，一般为3组以上，平均间距0.2～0.4m，以构造节理为主，节理面多数闭合，少数有泥质充填，块体间牢固咬合	＞60	＞2.50	3.0～4.5	0.30～0.50	＞2	
IV	同II级围岩块状结构和层间结合较好的中厚层或厚层状结构	同II级围岩块状结构和层间结合较好的中厚层或厚层状结构特征	10～30	0.42～1.35	2.0～3.5	0.50～0.75	＞1	毛硐跨度5m时，围岩能维持数日到一个月的稳定，主要失稳形式为冒落和片帮

围岩级别	主要工程地质特征							毛硐稳定情况
	岩体结构	构造影响程度，结构面发育情况和组合状态	岩石强度指标		岩体声波指标		岩体强度应力比	
			单轴饱和抗压强度（MPa）	点荷载强度（MPa）	岩体纵波速度（km/s）	岩体完整性指标		
IV	散块状结构	构造影响较重，一般为风化卸荷带。结构面发育，一般为3组，平均间距0.4～0.8m，以构造节理、卸荷、风化裂隙为主，贯通性好，多数张开，夹泥，夹泥厚度一般大于结构面的起伏高度，咬合力弱，构成较多的不稳定块体	> 30	> 1.25	> 2.0	> 0.15	> 1	毛硐跨度5m时，围岩能维持数日到一个月的稳定，主要失稳形式为冒落和片帮
	层间结构不良的薄层、中厚层和软硬岩互层结构	构造影响较重，结构面发育，一般为3组以上，平均间距0.2～0.4m，以构造、风化节理为主，大部分微张（0.5～1.0mm），部分张开（>1.0mm），有泥质充填，层间结合不良，多数夹泥，层间错动明显	> 30（软岩>10）	> 1.25	2.0～3.5	0.20～0.40	> 1	
	碎裂状结构	构造影响较重，多数为断层影响带或强风化带。结构面发育，一般为3组以上，平均间距0.2～0.4m，大部分微张（0.5～1.0mm），部分张开（>1.0mm），有泥质充填，形成许多碎块体	> 30	> 1.25	2.0～3.5	0.20～0.40	> 1	
V	散体状结构	构造影响很严重，多数为破碎带、全强风化带、破碎带交汇部位。构造及风化节理密集，节理面及其组合杂乱，形成大量碎块体。块体间多数为泥质充填，甚至呈石夹土状或土夹石状	—	—	< 2.0	—	—	毛硐跨度5m时，围岩稳定时间很短，约数小时至数日

注：1. 围岩按定性分级与定量指标分级有差别时，一般应以低者为准。
　　2. 本表声波指标以孔测法为准。采用其他方法时可通过对比测试进行换算。
　　3. 层状岩体按单层厚度的划分，厚层：大于0.5m，中厚层：0.1～0.5m，薄层：小于0.1m。
　　4. 一般条件下确定围岩级别时采用岩石单轴湿饱和抗压强度为准；对于跨度小于5m、服务年限小于10年的工程，可采用点荷载强度指标，可不做岩体声波指标测试。
　　5. 如Ⅲ、Ⅳ级围岩有地下水时，应根据地下水类型和软弱结构面多少及其危害程度适当降级。围岩的地下水规模分为4类：
　　　　渗：属裂隙渗水；　　　　　　　　　　　　滴：为间隙一定时间以水珠式滴水；
　　　　流：以裂隙泉形式（流量小于10L/min）；　涌：有一定压力，流量大于10L/min。
　　6. Ⅱ、Ⅲ、Ⅳ级围岩中的断层或软弱结构面与井巷轴线交角小于30°时，围岩级别应降低一级。

岩层稳定性分类表　　　　　　　　　表 2G311041-2

分类		岩层描述	岩种举例
类别	名称		
I	强稳定岩层	1. 坚硬、完整、整体性强，不易风化； 2. 层状岩层，层间胶结较好，无软弱夹层	玄武岩、石英岩、石英质砂岩、奥陶纪石灰岩、茅口石灰岩等
II	稳定岩层	1. 比较坚硬； 2. 层状岩层，胶结较好； 3. 坚硬块状岩层，裂隙面闭合无泥质充填	砾岩、胶结好的砂岩、石灰岩等
III	中等稳定岩层	1. 中硬岩层； 2. 层状岩层以坚硬为主，夹有少数软岩层； 3. 较坚硬的块状岩层	砂岩、砂质泥岩、粉砂岩、石灰岩等
IV	弱稳定岩层	1. 较软岩层； 2. 中硬层状岩层； 3. 中硬块状岩层	泥岩、胶结不好的砂岩、煤等
V	不稳定岩层	1. 高风化、潮解的松软岩层； 2. 各类破碎岩层	泥岩、软质灰岩、破碎砂岩等

3. 《建材矿山工程施工与验收规范》GB 50842—2013 中的"围岩分类"见表 2G311041-3。

围岩分类　　　　　　　　　表 2G311041-3

围岩分类		岩层描述	岩种举例
类别	名称		
I	强稳定岩层	1. 坚硬、完整、整体性强，不易风化，$R_b > 60MPa$； 2. 层状岩层，层间胶结好，无软弱夹层	玄武岩、石英岩、石英质砂岩、奥陶纪石灰岩、茅口灰岩
II	稳定岩层	1. 比较坚硬，$R_b=40 \sim 60MPa$； 2. 层状岩层，胶结较好； 3. 坚硬块状岩层，裂隙面闭合无泥质充填，$R_b > 60MPa$	砾岩、胶结好的砂岩、石灰岩
III	中等稳定岩层	1. 中硬岩层，$R_b=20 \sim 40MPa$； 2. 层状岩层及坚硬为主，夹有少数软岩层； 3. 较坚硬的块状岩层，$R_b=40 \sim 60MPa$	砂岩、砂质泥岩、粉砂岩、石灰岩等
IV	弱稳定岩层	1. 较软岩层，$R_b < 20MPa$； 2. 中硬层状岩层； 3. 中硬块状岩层，$R_b=20 \sim 40MPa$	泥岩、胶结不好的砂岩、煤等
V	不稳定岩层	1. 高风化、潮解的软岩层； 2. 各类破碎岩层	泥岩、软质灰岩、破碎砂岩等

2G311042　矿山边坡稳定方法及其应用

一、影响岩石边坡稳定的因素

受重力作用，边坡的岩土体都有向下滑动的趋势，当一部分岩土体的滑动力大于岩土体的滑动阻力时，边坡就要失稳，发生坍塌事故。边坡稳定是一个比较复杂的问题，影响边坡稳定的因素较多，表现的形态也各不一样。归纳起来有以下几方面：

1. 边坡体的物理力学性质

构成边坡的岩土体以及其他材料（如工业废渣、废料），或者它们与岩土体的混合体，其物理力学性质对边坡稳定有重要影响。当边坡体的抗剪能力低（如内摩擦系数小或者内聚力小）时其抵抗滑动的阻力就小，潜在的滑动面就容易发生滑动；软岩、风化岩石，以及岩体中的软弱夹层，都容易引起岩石边坡失稳。边坡体的重度也是重要影响因素，但是重度的影响要具体分析，它可能形成一部分滑动力，也可能会利于构成滑动阻力。

2. 边坡体的结构形式及其形状和尺寸

边坡的形状和尺寸是指边坡的断面形状、边坡坡度、边坡总高度等。一般来说，边坡越陡越容易失稳，边坡高度越大对稳定越不利。对于岩石边坡而言，岩体结构组成以及岩体结构面性质对边坡稳定有重要影响。当结构面小于边坡坡角时，结构面就是天然潜在的滑动面；结构面的性质，包括产状、间距、连续性、充填内容和性质、粗糙度、含水情况等，这些都影响结构面的抗剪强度。

3. 边坡的工作条件

边坡的工作条件主要是指边坡的外部荷载，包括边坡和坡顶面上的荷载、边坡的其他传递荷载，如露天矿边坡上的车辆及工作荷载、设备堆载，储灰场后方堆灰的传递荷载，水坝后方的水压力等。

4. 边坡加固和维稳设施的影响

边坡加固是指采取人工措施提高边坡抵抗滑动的措施。加固的措施有多种，可以改善自身的力学性能，如注浆充填固结土体或者岩石的结构面缝隙，也可以采取护坡措施，或者布设锚杆、土钉等。这些措施实际是将边坡的滑动力通过加固结构传递给另一部分稳定的坡体中，使整个边坡达到新的平衡状态。

5. 水的影响

水会软化岩石；静止的自由水改变岩石的重度（饱和重度），在结构面上形成浮力；渗流水对渗透岩石有动水压力作用。有时这几种情况会同时影响坡体稳定，例如雨天时，边坡受雨水冲刷，既弱化了岩石结构面的力学性质，又受到结构面里流水的静、动力作用，经常成为边坡发生严重塌方事故的直接原因。

6. 工程施工影响

开挖可能使原先稳定的岩体失稳（如坡角过大），或因卸荷作用引起裂隙进一步发育，而恶化岩石性质；爆破和其他施工动力作用可能引起诱发性的边坡失稳，同时对岩性也有严重的恶化作用；施工还可能破坏原有平衡的环境条件，而导致边坡失稳。

7. 其他影响

对服务年限长的露天矿应充分考虑岩石时效影响；边坡坡面的形状为凹形时较凸形更有利，平面斜坡稳定性居中；地表面的不同形状则受重力分布的影响；地震会诱发边坡失稳；环境变化（周围采掘活动、降水或循环冻融等气温影响等）也会引起边坡的失稳。

二、矿业工程边坡加固的常用方法

1. 锚杆加固

锚杆最早就是用来加固边坡的方法，从边坡的局部加固逐步发展到深层锚固，都取得了比较明显的效果。至今锚杆加固边坡的方法仍然应用非常广泛。

目前，对于锚杆加固的机理仍未充分清楚。一般而言，锚杆的预应力或者预紧力可以改善边坡的受力状态，并能提高边坡的抗剪能力，锚杆杆体自身还可以提供部分抗剪作用。为提高锚杆的锚固效果，锚杆布设除要达到一定深度外，应根据岩土体结构特性选择合适的方向、密度（间、排距）。锚杆的预应力或者预紧力对锚固效果有重要影响，因此施工中必须要保证预应力或预紧力达到设计要求，还要避免预应力损失。

2．锚索加固

锚索加固与锚杆加固的作用原理基本一致，但是锚索比锚杆具有更突出的优点：

（1）锚索可以施加很高的预应力，甚至可以达到 15000kN。

（2）锚索的布设深度可以从 4～50m 不等，甚至更深。这样，锚索既可以加固边坡的局部不稳定部分，也可以用于加固大型的深层滑坡，这也是锚杆难以比拟的。

（3）锚索的适用范围广，包括各种岩性及各种岩体结构。

（4）锚索的埋设与施工方便。

锚索的锚固设计参数比较多，包括锚索直径、长度、锚固长度、钻孔直径、锚索最大承载力和预应力、锚索布置（行距、排距、方向）、灌浆设计以及防锈要求及处理方法等。锚索的施工应进行检测。

3．抗滑桩加固

抗滑桩作为加固边坡的手段在我国应用广泛，其效果也比较显著。

抗滑桩有许多种，诸如钢轨桩、组合钢轨桩、混凝土钢轨桩、钢筋混凝土桩、滑面钢筋混凝土锚固桩等等。抗滑桩通常适用于浅层滑坡及边坡局部不稳定区段的加固，对于深层滑坡可以采用短的滑面锚固桩或连续性的锚固墙。在使用短的滑面锚固桩时，必须详细地确定滑面位置及宽度，不同情况采取不同的施工措施。

4．滑面爆破加固

滑面爆破加固又称麻面爆破加固，它是我国露天矿应用较多的一种方法。滑面爆破加固方法主要应用于顺层滑坡，基本原理是用爆破方式扰动滑面的岩体，从而增加滑面的抗滑性，有利于滑面的稳定。

采用该方法也要求正确判定滑动面的位置，然后提出合理的爆破参数，且爆破钻孔必须超过滑面的一定深度，使滑面上下的扰动层有一定的厚度范围。滑面爆破加固法的操作比较简单，但也要求潜在的滑动面比较薄或者滑动带的宽度有限，且属于浅层滑坡，可见，滑面爆破加固方法的适用范围受一定限制。

三、防治滑坡的主要方法

防治滑坡的主要方法见表 2G311042。

滑坡防治的主要方法 表 2G311042

类型	防治方法	作用	适用条件
重力处理	减重或削坡	减小滑力，减小上、中部坡角	坡下部有足够抗滑能力
	压坡脚	减小下方坡角，提高抗滑重力	存在抗滑区域，场地允许
改善岩性	疏干排水	维持岩体强度，减小动、静水压	含水多，滑床渗透困难
	爆破滑动面	提高滑面阻力，使水渗至滑床下	弱层不厚，滑面单一，允许爆破
	回填岩石	回填改善弱面性质	单一浅层滑面
	注浆	胶结弱面，提高强度，封堵水流	裂隙发育，含水丰富

续表

类型	防治方法	作用	适用条件
支护结构	锚索	提高滑面正压力和岩体整体性	规模较大，可实现足够的预应力
	抗滑桩	使滑体推力由桩基传至稳定岩基	滑面单一的中、浅层滑体，滑面清楚
	挡墙	以墙重形成摩阻力平衡滑力	滑体松散的浅层滑动，有施工场地

2G311043 巷道支护形式及应用

一、支架和可缩支架支护

1. 支架支护的一般特点

支架的形式通常有梯形和拱形两种。为保证支架受力合理、稳定，支架立柱埋深符合设计要求并落实在硬底；支架应与岩面背紧，支架间应有拉杆或撑杆使支架相互间稳固；倾斜巷道的支架应有一定的迎山角。

支架支护属于被动支护，被动地承受围岩的重力作用和围岩变形压力的挤压作用，因此及早支护、避免围岩断裂，有利支架的作用。

支架也可以和锚喷支护构成联合支护，也可以单独作为临时支护。

2. 拱形可缩支架

拱形金属可缩支架是一种让压式支护，适应围岩变形较大的情况。

可缩支架的滑动阻力依靠节间连接螺栓的紧固程度，因此节间螺母应使用扭力扳手按规定力矩拧紧，以保持节点间、支架间受力均匀。

二、锚喷支护和锚索支护

1. 锚杆支护与锚喷支护特性

锚杆支护是在围岩变形或位移过程中形成对围岩的约束和支护，通过对围岩内部的加固而提高围岩自身的稳定能力，故它是一种积极支护，效果非常突出。

锚喷支护是锚杆与喷射混凝土的联合支护。锚喷支护还可有多种形式的联合支护，如锚喷网支护、锚喷与支架联合支护等。

2. 锚杆支护

锚杆支护要通过粘结或机械作用使杆体固结在围岩内部，同时用锚杆托盘紧贴岩面，从而达到约束围岩的破裂和变形。

锚杆的固结力（抗拉拔力）是发挥锚杆作用的关键。采用树脂（药卷）或水泥（卷）粘结、增加锚固长度的方法可以获得较高的、可靠的抗拉拔力。锚盘紧贴岩面是发挥锚杆支护效果的另一个重要条件，因此规程要求用力矩扳手拧紧螺帽。

3. 锚索支护

锚索支护结构和锚杆具有相似的形式，但是锚索对围岩施加的预应力是一种对围岩的主动作用，加之锚索深入围岩更深（一般达 5～8m 或更深），预应力的作用更大，因此锚索具有更有力的支护作用，效果更突出，它适用于压力大、围岩严重破碎等难支护的巷道中。

锚索的锚固的方式包括有端头锚固与全长锚固，采用树脂或水泥砂浆固结。井下锚索的预应力一般采用为破断力的 30%～50%，约 80～130kN。锚索施工要通过施加预张力来避免预应力的损失，预张力应达到设计预应力值的 105%～115%。

4. 喷射混凝土支护与锚喷联合支护

喷混凝土可以单独进行支护，也可以与锚杆、支架构成锚喷等多种支护形式；其混凝土多采用 C15～C20 等级，喷层厚度一般为 50～150mm，作为单独支护时常采用 100～150mm，通常不超过 200mm。

喷射混凝土可有效防止围岩松动，还能和围岩紧密粘合共同工作，还具有防止围岩风化，利于提高围岩承载能力；它与锚杆联合时具有相互取长补短的作用。

喷射混凝土同时配置金属网时就构成锚喷网支护，对提高锚喷支护能力有重要作用。采用金属支架与锚喷混凝土的联合具有较大的支护能力，适用于围岩破碎、压力大等严重情况。

联合支护也常采用在二次支护的形式中，经首次支护使围岩变形基本控制后再采用二次联合支护，使围岩最终实现稳定。

三、衬砌支护

衬砌支护可以采用砌块砌筑或者现浇混凝土浇筑，是一种刚性支护结构。衬砌支护具有坚固耐久、防火阻水、通风阻力小等特点，主要用在井筒、硐室及一些重要的永久支护工程中。

衬砌施工要求基础牢固、结构与围岩间充填密实，尤其是拱顶充填充分，这样才能充分发挥支护效能并避免由于不均匀受力而使支护过早损坏。对衬砌支护采取壁后注浆，是提高衬砌结构整体性的有效措施。

四、软岩巷道、破碎围岩巷道的支护（维护）

软岩巷道具有围岩松软、围岩变形大的特点，典型的表现就是围岩长期不稳定，巷道底臌严重。软岩巷道通常要采用提高支护强度的手段，包括采用高强锚杆、增加锚杆长度或采用锚索、联合支护、二次支护等。对于有底鼓的巷道，宜采用封闭式（封底）支护；采用深入巷道帮角位置的底脚锚杆是控制底鼓的有效方法。

对于破碎围岩，则应根据围岩稳定状态及时封顶、加固围岩；可采用注浆，或者使用锚注技术固结破碎围岩。锚注可以利用锚杆管材进行注浆，既有利加固围岩又可提高锚杆的抗拔力。对于工作面有涌水或易冒顶的围岩，则宜采用如管棚、前探梁、锚杆注浆等超前支护。

2G311044 工程施工检测方法及应用

一、围岩变形监测

（一）巷道表面位移监测

1. 收敛测量

收敛测量是指对井巷表面两点间的相对变形和变形规律的量测，如监测巷道顶底板或两帮移近量等。这一监测结果可以确定围岩收敛情况或最终收敛量，以此判断围岩的稳定状况或确定二次支护的时间。

巷道稳定状况较好时，收敛曲线表现为变形速率迅速减小，后期变形曲线收敛，最终变形有限；二次支护通常在变形曲线趋于平缓时进行。如果变形（速率）不收敛或在规定时间里不收敛，则可能就需要加强支护能力或采取其他措施。

收敛测量一般采用各种收敛计进行。

2. 导线测量和高程测量

这种监测是由不动基点放线测量围岩表面点的绝对位移。除短量程外，其工程量比较大，精度也受量程的影响。

（二）深部围岩位移监测

1. 多点位移计测量

多点位移计是深部围岩位移测量的常用仪器，通过监测布置在钻孔内不同深度的测点，确定这些测点位移和位移规律。一般将孔底点设为基点，然后确定其他点相对于此基点的位移。只有当基点位于井巷影响圈以外，可以认为基点是不动点时，其他相对于该基点的位移就是绝对位移。

多点位移计可以监测围岩内部岩体的位移状况，判断岩体位移范围、监测围岩变形稳定快慢等。巷道稳定状况较好时，围岩内部变形的影响范围小，随时间推移变形速率迅速降低，且曲线规律性好，没有异常状态。

2. 离层仪测量

离层仪的原理和多点位移计相同，可以确定两点或几个点间的相对位移，相对位移过大，说明岩层发生离层（分离）。对围岩层间分离情况的监测，主要用于巷道顶板，特别受采动影响的顶板活动情况。

二、荷载与应力监测

1. 支护载荷监测

支护载荷监测包括支架载荷、衬砌或喷混凝土载荷、锚杆受力监测，也包括衬砌或混凝土的面层应力监测，要求受力均匀且在其承载能力范围以内，并有一定余量。

2. 围岩应力监测

围岩应力监测不同于原岩应力测量，主要指在影响圈范围内的围岩应力测量，包括围岩表面应力监测以及巷道影响范围内的岩体应力测量。

三、松动圈监测

松动圈通常指围岩中破裂比较严重的区域。引起围岩破裂的主要原因是爆破施工以及围岩内的应力较高而围岩的承载能力不足。无论哪种原因造成的围岩破裂，都会对支护造成不利的影响，所以松动圈是影响巷道稳定的重要因素。

判别松动圈大小、分布及其状态，主要通过破裂围岩的物理性质（如声速、电阻、渗透性、电磁波等）变化或是通过直接观测（钻孔取芯、钻孔潜望或视频、多点位移测量分析）围岩的破裂发育状况来确定。目前，应用较多的是用超声波波速和电磁雷达的方法。

超声波波速确定围岩松动范围的原理是岩石的声速和破裂程度有关，破裂越严重，声速越低。巷道周边围岩破裂最严重，声速最低，深处岩体处于原岩状态，成为原岩声速（图 2G311044-*c*），因此可以认为低于原岩声速的围岩是破裂范围（图 2G311044-*b*）。当井巷周围布置有若干个测孔时，各个测孔的破裂范围相连就构成松动圈（图 2G311044-*a*）。

通过松动圈测定，可获得围岩的状态及其变化信息，比较地压影响大小，选择锚杆支护设计参数。

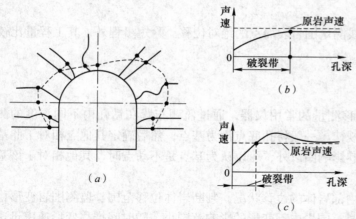

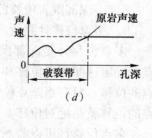

图 2G311044   围岩松动圈示意图

2G312000   爆破工程

2G312010   工业炸药和起爆器材

2G312000
看本章精讲课
配套章节自测

2G312011   工业炸药的种类及其应用

一、工业炸药的分类和基本要求

（一）工业炸药分类

1. 按使用条件分类

（1）第一类。准许在一切地下和露天爆破工程中使用的炸药，包括有瓦斯和矿尘爆炸危险的矿山，也称为安全炸药或者煤矿许用炸药。

（2）第二类。准许在地下和露天爆破工程中使用的炸药，但不包括有瓦斯和矿尘爆炸危险的矿山。

（3）第三类。只准许在露天爆破工程中使用的炸药。

2. 按炸药主要化学成分分类

（1）硝铵类炸药。以硝酸铵为主要成分，加上适量的可燃剂、敏化剂等物质混合而成的炸药均属此类，这是爆破工程中用量最大、品种最多的一大类混合炸药。

（2）硝化甘油类炸药。以硝化甘油或硝化甘油、硝化乙二醇为主要成分的炸药。

（3）芳香族硝基化合物类炸药。凡是苯及其同系物的硝基化合物均属此类。

3. 按我国工业炸药分类和命名规则分类

（1）含水炸药。包括乳化炸药、乳化铵油炸药（重铵油炸药）、水胶炸药。

（2）铵油类炸药。包括多孔粒装铵油炸药、粉状乳化炸药、膨化硝铵炸药、乳化铵油炸药（重铵油炸药）、改性铵油炸药、粘性粒状炸药、粉状铵油炸药。

（3）硝化甘油类炸药。包括胶质硝化甘油炸药和粉状硝化甘油炸药。

（4）其他炸药。

按《工业炸药分类和命名规则》GB/T 17582—2011 规定，乳化铵油炸药作为含水炸药使用时为抗水型乳化铵油炸药，作为铵油类炸药使用时为普通型乳化铵油炸药。

（二）对炸药的基本要求

1. 爆炸性能好，有足够的威力以满足各种矿岩的爆破要求。

2. 有较低的机械感度和适度的起爆感度，既能保证生产、贮存、运输和使用的安全，又能保证顺利起爆。

3. 炸药配比接近零氧平衡，以保证爆炸产物中有毒气体生成量少。

4. 有适当的稳定贮存期，在规定的贮存期内不会变质失效。

5. 原料来源广泛，加工工艺简单，加工操作安全且价格便宜。

二、常用工业炸药

（一）铵油类炸药

1. 普通铵油炸药

普通铵油炸药是由硝酸铵、柴油、木粉（碳粉）和表面活性剂为主要成分的一类炸药。品种包括粉状铵油炸药和多孔粒状铵油炸药。

粉状铵油炸药爆炸性能较好，但吸湿严重，易结块；多孔粒状铵油炸药吸油率可高达 9%～14%，能改善爆炸性能，其松散性和流动性都比较好，不易结块，适合于机械化装药。

普通铵油炸药多用于露天深孔爆破和硐室爆破。其优点是原料广泛，价格低廉，安全性好，加工简单，利于机械加工和现场混药；缺点是抗水性能差，感度低，临界直径大，威力小，产生有毒气体量多，储存期较短。

2. 改性铵油炸药

改性铵油炸药与普通铵油炸药配方基本相同，主要区别是在炸药中加入复合油相及改性剂等原材料，将组分中的硝酸铵、燃料油和木粉进行改性，来提高炸药的爆炸性能和储存性能。

改性铵油炸药一般用于露天或无瓦斯、无矿尘爆炸危险的地下矿山。

3. 重铵油炸药

重铵油炸药又称乳化铵油炸药，是乳胶基质与多孔粒状铵油炸药的物理掺和产品。既提高了粒状铵油炸药的相对体积威力，又改善了铵油炸药的抗水性能。

重铵油炸药爆轰感度高、装药密度大、爆炸威力和抗水性能好，而且能实现现场混药和机械化装药。

4. 膨化硝铵炸药

膨化硝铵炸药是采用特殊工艺制得自敏化的膨化硝酸铵与高热值的复合燃料油和多孔性、纤维状固体可燃剂混合制成。普通膨化硝铵炸药适用于露天及无可燃气和（或）矿尘爆炸危险的地下爆破工程。

（二）含水炸药

1. 水胶炸药

主要由氧化剂水溶液、敏化剂、胶凝剂和交联剂组成，有时加入少量交联延迟剂、抗冻剂、表面活性剂和安定剂，以改善炸药的性能。水胶炸药具有水包油型（O/W）结构。

水胶炸药的抗水性强，适合于有水工作面的爆破作业；机械感度低，安全性好；爆炸产生的炮烟少，有毒气体含量少；炸药爆炸威力高。

2. 乳化炸药

由氧化剂水溶液、燃料油、乳化剂、稳定剂、敏化发泡剂、高热剂等成分组成。

乳化炸药具有较高的猛度、爆速和感度，可以用 8 号雷管直接起爆；密度范围较宽，在 $1.05 \sim 1.30 \mathrm{g/cm^3}$ 内可调；抗水性能比水胶炸药更强；加工使用安全，可实现装药机械化；原料广泛，加工工艺简单；适合各种条件下的爆破作业。

粉状乳化炸药是由硝酸铵水溶液与油相溶液在乳化剂的作用下形成乳胶体，经喷雾干燥而成。它具有良好的抗水性能，并兼具乳化炸药及粉状炸药的优点。

（三）煤矿许用炸药

煤矿许用炸药是指经批准，允许在煤矿矿井中使用的炸药。种类包括被筒炸药、当量炸药、离子交换炸药、粉状硝铵类许用炸药、许用含水炸药等。

煤矿许用炸药按其瓦斯安全性分为一级、二级、三级、四级和五级。级数越高，安全程度越好。

按照《煤矿安全规程》，煤矿许用炸药的选用必须遵守下列规定：

1. 低瓦斯矿井的岩石掘进工作面，使用安全等级不低于一级的煤矿许用炸药。

2. 低瓦斯矿井的煤层采掘工作面、半煤岩掘进工作面，使用安全等级不低于二级的煤矿许用炸药。

3. 高瓦斯矿井，使用安全等级不低于三级的煤矿许用炸药。

4. 突出矿井，使用安全等级不低于三级的煤矿许用含水炸药。

2G312012 起爆器材的种类和使用要求

一、工业雷管

（一）电雷管

1. 普通电雷管

（1）瞬发电雷管

瞬发电雷管的引爆过程非常简单，只要通入的电流使桥丝电阻产生热能点燃引火药头或起爆药，雷管就能立即起爆。

（2）秒延时电雷管

秒延时电雷管是一种通电后经过以秒量计算的延时后才发生爆炸的电雷管。它的结构特点是，在电点火元件与起爆药之间加一段精制的导火索，用导火索长度控制延时时间。

（3）毫秒延时电雷管

毫秒延时电雷管是一种通电后经过以毫秒量计算的延时后发生爆炸的电雷管。

普通电雷管可用于地下和露天爆破工程，但不包括有瓦斯和矿尘爆炸危险的矿山。

2. 煤矿许用电雷管

煤矿许用电雷管包括煤矿许用瞬发电雷管和煤矿许用毫秒延时电雷管，可用于有瓦斯和矿尘爆炸危险的矿山。

为确保雷管的爆炸不致引起瓦斯和矿尘的爆炸，煤矿许用电雷管在普通电雷管的基础上采取了以下措施：

（1）不允许使用铁壳或铝壳。

（2）不允许使用聚乙烯绝缘爆破线，只能采用聚氯乙烯绝缘爆破线。

（3）在加强药中加入消焰剂，控制其爆温、火焰长度和火焰延续时间。

（4）雷管底部不做窝槽，改为平底，防止聚能穴产生的聚能流引燃瓦斯。

（5）采用燃烧温度低、生成气体量少的延时药，并加强延时药燃烧室的密封，防止延时药燃烧时喷出火焰引燃瓦斯的可能性。

（6）加强雷管管壁的密封。

3. 电子雷管

电子雷管，又称数码雷管，或者数码电子雷管。它是一种采用电子控制模块（专用芯片）对起爆过程进行控制的新型雷管。它与传统雷管的主要区别是，采用电子控制模块取代传统雷管内的延时药，使延时精度有了质的提高，可达 0.1ms 数量级。

置于电子雷管内部的电子控制模块是一种专用电路模块，具备雷管起爆延时时间控制、起爆能量控制、内置雷管身份信息码和起爆密码，能对自身功能、性能及雷管点火元件的电性能进行测试，并能和起爆控制器及其他外部控制设备进行通信。

按应用环境，电子雷管分为煤矿许用电子雷管和普通电子雷管。

《煤矿安全规程》规定，在采掘工作面，必须使用煤矿许用瞬发电雷管、煤矿许用毫秒延期电雷管或者煤矿许用数码电雷管。使用煤矿许用毫秒延期电雷管时，最后一段的延期时间不得超过 130ms。使用煤矿许用数码电雷管时，一次起爆总时间差不得超过 130ms，并应当与专用起爆器配套使用。

（二）导爆管雷管

导爆管雷管按抗拉性能分为普通型导爆管雷管和高强度型导爆管雷管；按延时时间分为毫秒延时导爆管雷管、1/4 秒延时导爆管雷管、半秒延时导爆管雷管和秒延时导爆管雷管。

导爆管雷管本身没有点火元件，要配合导爆管使用，依靠导爆管中传来的冲击波引爆雷管。

导爆管雷管具有抗静电、抗雷电、抗射频、抗水、抗杂散电流的能力，使用安全可靠，简单易行，因此得到了广泛应用。但需要注意的是，在有瓦斯、矿尘等易燃易爆气体和粉尘的场合不得使用导爆管雷管。

二、导爆管

导爆管是内管壁涂有均匀奥克托金与铝粉混合物或黑索金与铝粉混合物的高压聚乙烯管。其外径为 2.8～3.1mm，内径为 1.4±0.1mm，药量为 14～16mg/m。

导爆管可被 8 号雷管、普通导爆索、专用激发笔等激发并可靠引爆。传爆速度一般为 1950±50m/s。长达数千米的一根导爆管一端引爆后会以稳定的速度传播，不会出现中断现象。火焰、冲击、30kV 的直流电均不能使导爆管引爆。另外，在水下 80m 放置 48h 仍能正常起爆。

导爆管具有安全可靠、轻便、经济、不易受到杂散电流干扰和便于操作等优点。

《爆破安全规程》规定，煤矿井下爆破作业不应使用导爆管。

三、导爆索和继爆管

1. 导爆索

导爆索是以黑索金或泰安等单质猛炸药为药芯，外层用棉线、麻线或人造纤维等材料被覆，能够传播爆轰波的索状起爆器材。

导爆索的主要性能参数包括：爆速、起爆能力、感度、耐水性、使用环境温度、耐热性和耐冻性等。

根据使用条件不同，导爆索可分为普通导爆索和安全导爆索。普通导爆索适用于露天工程爆破，安全导爆索可用于有瓦斯、矿尘爆炸危险作业点的工程爆破。

2. 继爆管

继爆管是配合导爆索来达到毫秒延时起爆效果的爆破器材，它有单向和双向两种。单向继爆管的首尾两端的导爆索不可接错，否则发生拒爆；而双向继爆管两端都装有延时药和起爆药，构成对称结构。两个方向都可以传爆，在使用时不会因接错而发生盲炮事故。

2G312020　爆破工程设计与施工

2G312021　爆破工程设计技术要求

一、井巷掘进爆破

（一）掏槽方式选择

井巷爆破是处于一个自由面条件下的爆破，破碎岩石的条件困难，而掏槽的好坏，直接影响其他炮孔的爆破效果。因此，必须合理选择掏槽方式和装药量，使岩石完全破碎形成槽腔。井巷掘进掏槽方式分为两类，即斜眼掏槽和直眼掏槽。

斜眼掏槽包括楔形掏槽、锥形掏槽和单斜掏槽等，其中楔形掏槽应用范围广，适用于各类岩石及中等掘进断面。斜眼掏槽的优点是易将掏槽范围内的岩石向外抛出，所需的掏槽眼数目少。缺点是钻孔方向难以掌握，炮孔深度受巷道宽度和高度限制，碎石抛掷距离大。

直眼掏槽的类型主要有直线掏槽、菱形掏槽、角柱掏槽、五星掏槽和螺旋掏槽等，其炮孔的布置通常都设置有空眼，并且需要采用多段雷管起爆。直眼掏槽的优点是工作面布置方式简单，易实现钻孔机械化，炮孔利用率高，可通过调整药量实现中深孔爆破，爆堆集中。缺点是炮孔数目多、药量多，炮孔间距和平行度对掏槽效果影响大。

在实际工作中，根据爆破掘进断面的大小及岩石的性质，可以将斜眼掏槽与直眼掏槽形式结合，即为混合掏槽，这种方式主要适用于大断面巷道及硐室的掘进工程。

（二）爆破参数设计

1. 炮孔直径

在井巷掘进中主要考虑断面大小、炸药性能和钻孔速度来确定炮孔直径。目前我国多用 35～45mm 的炮孔直径。在具体岩石、井巷断面、炸药、孔深、钻孔设备条件下，存在最佳炮孔直径，使井巷掘进所需钻爆和装岩总工时为最小。

2. 炮孔深度

炮孔深度是决定掘进进度的重要因素。但究竟是采用浅孔多循环还是深孔少循环，要根据具体条件进行具体分析，以掘进每米巷道成本最低时的炮孔深度为最优炮孔深度。井巷掘进爆破中，掏槽孔的炮孔深度一般要比其他炮孔加深 200mm，以保证掏槽效果。

3. 炮孔数目

炮孔数目主要同巷道断面、岩石性质及炸药性能等因素有关，通常岩石越坚硬难爆，所需炮孔数目越多，但将导致工时和成本增加。因此，在保证爆破质量要求的前提下，尽可能减少炮孔数目。

4. 单位耗药量

单位耗药量的确定方法：通过普氏公式计算或按单位耗药量定额选取。

单位耗药量确定后，每一循环所使用的装药量可按每循环掘进的岩石体积计算。计算出总药量后，按炮孔数目和炮孔类别及作用范围加以分配。掏槽眼爆破最困难，分配药量较多，崩落眼分配药量较少。在周边眼中，底眼分配药量最多，帮眼次之，顶眼最少。

（三）工作面炮孔布置

工作面炮孔布置是首先布置掏槽孔，其次布置周边孔，最后布置崩落孔。掏槽孔的布置要选择合适的位置，通常为断面的中下部，或者是断面上的软弱岩层内，以方便起爆；周边孔布置在断面轮廓线上，通常按光面爆破要求布置；崩落孔根据炮孔布置的密集系数要求，均匀布置在掏槽孔和周边孔之间。

（四）装药结构

掏槽孔和崩落孔采用连续装药结构。为保证光面爆破效果，周边孔可采用三种装药结构：普通药卷的空气间隔装药结构，小直径药卷的空气间隔装药结构，小直径药卷连续装药。

（五）起爆网路

无瓦斯和煤尘爆炸危险、无可燃气爆燃危险的非煤矿山一般采用非电起爆网路。煤矿井下巷道掘进爆破必须使用由煤矿许用电雷管组成的电力起爆网路，一般采用串联起爆方式。

二、露天浅孔台阶爆破

1. 布孔方式

浅孔爆破是指炮孔直径小于等于 50mm、深度小于等于 5m 的爆破作业。

露天浅孔台阶爆破布孔方式可分为单排孔和多排孔两种。一次爆破量较少时用单排孔，一次爆破量较大时，则要布置多排孔。多排孔的排列可以是平行的，也可以是交错的。

2. 爆破参数

（1）炮孔直径

炮孔直径多为 36～42mm，装药直径为 32mm 或 35mm。

（2）炮孔深度和超深

炮孔深度是台阶高度和超深之和。超深一般取台阶高度的 10%～15%。

（3）底盘抵抗线

底盘抵抗线取台阶高度的 0.4～1.0 倍。

（4）炮孔间距和排距

炮孔间距为底盘抵抗线的 1.0～2.0 倍，或者炮孔深度的 0.5～1.0 倍。

炮孔排距一般为炮孔间距的 0.8～1.0 倍。

（5）单位炸药消耗量

参考深孔台阶爆破选取，比深孔台阶爆破应大一些。

三、露天深孔台阶爆破

（一）基本要求

深孔爆破是指炮孔直径大于 50mm、深度大于 5m 的爆破作业，深孔爆破作业炮孔深度一般不宜超过 20m。露天深孔台阶爆破必须最大限度地满足以下要求：

1. 爆破后岩石的块度应满足设计要求和技术条件，岩块的最大尺寸要受到电铲或其他装载工具及破碎设备的工作性能的限制。

2. 深孔爆破应使台阶上部岩石的裂缝控制在边坡顶部最近最少的限度内，以保证台阶的稳固性。同时，还要求底板比较平整，没有残留的岩坎。

3. 爆破后岩块的堆积形状和范围应该与电铲的采掘参数相适应，过高会使装运机械的安全受到威胁；过于分散，又不能充分发挥机械的工作效率。

4. 既要改善爆破质量，又要降低工程成本，才能取得良好的爆破效果。

（二）钻孔形式和布孔方式

1. 钻孔形式

深孔台阶爆破的钻孔形式一般分为垂直深孔和倾斜深孔两种，各有其优缺点，要根据具体条件从爆破质量、爆破安全和经济效益三方面比较后确定。

2. 布孔方式

通常，可分为单排布孔和多排布孔两种。可把深孔布置成一字形、方形、三角形和梅花形四种。经验表明，采用单排钻孔能取得良好的爆破效果和较高的技术经济指标。虽多排钻孔的爆破效果不如单排好，但在满足机械作业需要爆破方量大，且台阶工作面又短的情况下，常采用多排钻孔爆破方式，这时应采用分段起爆或毫秒延时爆破法才能保证爆破效果。

（三）爆破参数

1. 台阶高度

台阶高度直接影响到露天开采系统、钻孔爆破和挖掘装载运输等工序，以及技术经济指标和挖掘机械的作业安全。经验表明，台阶高度不宜过高，以 10～15m 为宜，并应结合具体条件确定合理的台阶高度。

2. 超钻深度与孔深

超深的大小与台阶高度、坡面角度、底盘抵抗线以及岩石的坚固性系数等有关。一般情况下台阶高度越大，坡面角度越小，底盘抵抗线越大，岩石越坚硬，则需要的超钻深度越大。

3. 深孔直径

深孔直径是由钻头直径和扩大孔径程度来确定。现代大型露天矿广泛采用的深孔直径较大。在矿体规模较小，台阶平台窄或者矿山生产能力不大的情况下，可考虑采用较小直径深孔（150～200mm）进行爆破。

4. 底盘抵抗线

底盘抵抗线通过三种方式确定：

（1）按照深孔钻机安全作业的要求确定；

（2）按炮孔直径、装药密度、炮孔密集系数和每个炮孔装药量等确定；

（3）根据爆破实践经验确定。

5. 炮孔间距和排距

炮孔间距由底盘抵抗线和炮孔密集系数决定，通过计算得到。其中，炮孔密集系数通常为 0.6～1.4；为了获得良好的爆破条件，可为 0.70～0.85。

炮孔排距与孔网布置和起爆顺序有关，采用等边三角形布孔时，一般为炮孔间距的 0.866 倍；采用多排孔爆破时，它与单个炮孔合理的负担面积以及炮孔密集系数有关。

6. 台阶坡面角

在台阶爆破中坡面角通常与岩石性质以及钻孔排数和爆破方法有关。如岩石坚硬，采用单排爆破或多排分段起爆的，则坡度大；若岩石松软，多孔同时起爆时，则坡角要缓一些。如坡度太大（大于 75° 时）或上部岩石坚硬，则易出大块；如果坡角太小或下部岩石坚硬，则易留根坎。

7. 单位炸药消耗量

一般情况下为 $0.4 \sim 0.7 kg/m^3$，具体应根据岩石的坚固性、炸药种类、施工技术和自由面数量等综合因素来确定。

8. 装药长度与堵塞长度

经验表明，当深孔爆破堵塞长度不够或完全没有堵塞时，药包爆炸的高温高压气体往往经过钻孔冲到大气层中，而不能有效地克服底板抵抗线阻力。因此，必须采用能保证良好爆破效果的堵塞长度。一般，有效堵塞长度值应大于底盘抵抗线值。

（四）装药结构

露天深孔台阶爆破的装药结构有：连续装药结构、间隔装药结构、混合装药结构和底部空气垫层装药结构等。

1. 连续装药结构

连续装药结构操作简便，便于机械化装药，但沿台阶高度炸药分布不均匀，特别是在台阶高度大、坡度小时，这一缺点更为严重，会造成破碎块度不均匀、大块率高、爆堆宽度增大和出现"根底"。

2. 间隔装药结构

间隔装药是在整个药柱间用空气层分开，所以它实质上是一种非连续装药结构，能增强爆破破碎效果。但其施工操作比较麻烦，且不便于机械化装药，在大型岩（矿）的应用受到限制。

3. 混合装药结构

如果底盘抵抗线大或者岩石坚硬，可在深孔底部或坚硬岩层部位装高威力的炸药，而在炮孔上部装普通硝铵炸药或铵油炸药，构成混合装药结构。这样便可达到沿台阶高度合理分布炸药能量的效果，既有利于改善爆破块度，又可降低爆破成本。但其操作同样比较麻烦，妨碍机械化装药。

4. 底部空气垫层装药结构

底部空气垫层装药结构的实质是利用炸药在空气垫层中激起的空气冲击波对孔底岩石的强大冲击压缩作用，使岩石破碎，同时由于孔底空气垫层的存在，使得药柱重心上移，炸药沿台阶高度的分布趋于合理，有利于提高爆破质量。与空气间隔装药结构相比，底部空气垫层装药结构较方便于机械化装药。

（五）起爆顺序

1. 排间顺序起爆

这种起爆顺序可分为两种方式。一种是各排炮孔依次从自由面开始向后排起爆，这种起爆顺序的设计和施工比较简便，起爆网路易于检查，但各排岩石之间碰撞作用比较差，而且容易造成爆堆宽度过大。另一种起爆顺序是先从中间一排深孔起爆，形成一楔形沟，创造新自由面，然后槽沟两侧深孔按排依次爆破。这有利于岩块的相互碰撞，增加再破碎作用，且爆破后爆堆比较集中；但是，这时爆堆中部的高度容易过度增大，不利于装载机械的安全作业。而且，最先起爆的一排深孔需加大药量，以充分形成自由面，从而使炸药消耗量增加。

2. 波浪式起爆

这一起爆顺序的特点是可增加孔间或排间深孔爆破的相互作用，达到加强岩块碰撞和挤压，改善破碎块度的效果，同时还可减少爆堆宽度，但施工操作比较复杂。

3. 楔形起爆

它的特点是爆区第一排中间 1~2 深孔先起爆，形成一楔形空间，然后两侧深孔按顺序向楔形空间爆破。这样就可以使岩块相互碰撞，改善破碎块度，缩小爆堆宽度。但第一排炮孔爆破效果会较差，容易出现"根底"。

4. 斜线起爆

它的特点是炮孔爆破方向朝台阶的侧向，同一时间起爆的深孔联线与台阶眉线斜交成一角度（一般为 45°）。这一起爆顺序的优点是爆堆宽度小，实际最小抵抗线小，同时爆破的深孔之间实际距离增大，有利于改善破碎块度，爆破网路联结比较简便，在矿山多排爆破中得到较广泛的应用。

起爆顺序是多样化的，选取哪一种起爆顺序，要根据爆区的地质条件，特别是岩体裂隙的分布和方向，以及矿山生产的要求和技术条件，综合考虑来确定。

2G312022   爆破工程施工技术要求

一、井巷掘进爆破

（一）炮孔布置

1. 炮孔布置要求

在井巷掘进爆破施工中，合理的炮孔布置应能保证：

（1）有较高的炮孔利用率。

（2）先爆炮孔不会破坏后爆炮孔，或影响其内装药爆轰的稳定性。

（3）爆破块度均匀，大块率少。

（4）爆堆集中，飞石距离小，不会损坏支架或其他设备。

（5）爆破后断面和轮廓符合设计要求，表面平整并能保持井巷围岩自身的强度和稳定性。

2. 炮孔布置方法和原则

（1）首先选择适当的掏槽方式和掏槽位置，其次是布置好周边眼，最后根据断面大小布置崩落眼，即"抓两头、带中间"。

（2）掏槽眼的位置会影响岩石的抛掷距离和破碎块度，通常布置在断面的中央偏下，并考虑崩落眼的布置较为均匀。

（3）周边眼一般布置在断面轮廓线上。按光面爆破要求，各炮孔要相互平行，孔底落在同一平面上。

（4）布置好掏槽眼和周边眼后，崩落眼以槽腔为自由面层层布置，均匀地分布在被爆岩体上。

（二）光面爆破施工

光面爆破是指沿开挖边界布置密集炮孔，采取不耦合装药或装填低威力炸药，在主爆区之后起爆，以形成平整的轮廓面的爆破作业。为获得良好的爆破效果，节省材料用量和工程量，提高井巷围岩自身承载力，井巷爆破中一般采用光面爆破技术。

巷道掘进光面爆破时，周边孔不耦合系数取 2~5 时，光爆效果最好；周边孔间距一般取孔距为炮孔直径的 10～20 倍；周边孔的炮孔密集系数一般为 0.8～1.0。按采用 2 号岩石硝铵炸药计，周边孔的炮孔单位长度装药量，在软岩中一般为 70～120g/m，中硬岩中为 200～300g/m，硬岩中为 300～350g/m。当采用其他炸药时，周边孔的炮孔单位长度装药量应根据炸药的猛度和爆力进行换算。

1. 施工方案

光面爆破施工有两种方案，即全断面一次爆破和预留光爆层分次爆破。

全断面一次爆破时，起爆顺序为掏槽眼、崩落眼、周边眼。

在大断面巷道和硐室掘进时，可采用预留光爆层分次爆破。先用超前掘进小断面导硐，然后扩大达到全断面。这一施工方法的优点是：可根据最后留下的光爆层具体情况调整爆破参数，节约爆破材料，提高光爆效果和质量；其缺点是：巷道施工工艺复杂，增加了辅助时间。

2. 光面爆破对钻孔的要求

为保证光面爆破的良好效果，除根据岩层条件、工程要求正确选择光爆参数外，精确的钻孔是极为重要的，是保证光爆质量的前提。

对钻孔的要求是"平、直、齐、准"，即：

（1）周边眼相互平行；

（2）各炮孔均垂直于工作面；

（3）炮孔底部要落在同一平面上；

（4）开孔位置要准确，都位于巷道断面轮廓线上，实际施工中偏斜一般不超过 5°。

二、露天浅孔台阶爆破

1. 钻孔

浅孔爆破时一般使用轻便的风动、内燃或电力的手持式凿岩机，钻孔直径为 28～45mm，钻孔深度可达 2～5m。

为了提高爆破效果，应注意岩体结构面的生成情况，岩体结构面包括层理、节理、裂隙面等。炮孔方向应尽量与岩层的层理或节理面垂直，或以较大角度相交。

2. 装药

装药前，应设法清除孔内的岩渣和水分；在地下水丰富的情况下，应将药卷作防潮或防水处理，亦可直接采用防水炸药，或用塑料套将药卷装入并密封。清理后，要测量其深度是否达到了设计要求。

装药深度一般不超过孔深的 2/3。炮孔内放入起爆药卷后，不能再用炮棍过分压紧炸药，防止将雷管挤爆或将雷管脚线挤断发生拒爆。

用导爆索起爆时，导爆索应通过炮孔的整个药包，并使导爆索与每个药卷紧密贴合。

3. 填塞

装药完毕后，炮孔剩余的长度应用堵填材料全部堵填。堵填材料一般用砂或稍微潮湿的黏土等，填塞完毕后要用炮棍压紧填塞物，以增加其密度，提高堵塞质量。

在装药和堵塞的整个施工过程中，必须仔细注意每一个环节，防止折断或损坏起爆药包和电雷管脚线、导爆索等，以避免装填完好的炮孔发生拒爆，给安全施工造成困难。

4. 联线起爆

起爆网路联接后要全面检查，无误后即可发出爆破信号，进行起爆。

5．爆后检查

露天浅孔台阶爆破，爆后应超过 5min，方准许检查人员进入爆破作业地点；如不能确认有无盲炮，应经 15min 后才能进入爆区检查。

三、露天深孔台阶爆破

1．施工总体布置和平整台阶

根据深孔爆破设计任务书的内容，首先在现场按照地质地形条件进行施工总体布置，包括：各种施工机具的安放位置、内外交通、辅助企业和生活建筑的布置，以及施工总进度和施工顺序等内容，都需要根据工程任务和要求结合具体的地理条件事先做好施工组织设计。

2．布置钻孔

钻孔布置关系到爆破效果和工程进度，与布设钻孔有关的主要爆破参数是底板抵抗线和孔间距及排距，这些参数互相影响，应在容许范围内进行适当调整。

3．钻孔检查

在准备爆破工作中必须重视钻孔的检查和淤塞的处理工作，通常要求在钻孔凿完后和爆破装药前各检查一次，检查测定孔深的方法，可用测绳锤测深。如有被淤塞，应及时加以处理。

4．钻孔排水

当钻孔中有地下水时，在装药爆破前应做好排水工作。如排水后仍有地下水涌出，那么应使用耐水炸药或对普通炸药进行防水处理。

5．装药、堵塞和爆破

露天深孔台阶爆破中，多排钻孔爆破，常用微差电雷管起爆；采用分段装药时，应控制起爆顺序，最好上段先爆，然后利用导爆索引爆下面分段。深孔装药结构常采用综合装药法，即孔底用威力大、爆速高的炸药，上部用威力低的炸药；药包结构可选取连续装药和间隔装药法。

深孔爆破必须做好堵塞工作，堵塞材料最好用细砂土或黏土，避免用石块，防止发生意外安全事故。最后，待全部工作人员和施工机具撤退到安全地区后进行爆破。

6．爆后检查

爆后应超过 15min，方准检查人员进入爆区。

7．大块岩石处理方法

应根据具体工程条件选择合理的方法对爆破后的大块岩石进行处理，如用浅孔爆破法或裸露爆破法进行二次破碎；电破碎法、机械冲击法或高频磁能破碎法；拖拉与绑吊法。

2G312023   爆破工程事故预防和处理

一、早爆事故及预防

（一）事故原因

爆破作业的早爆，往往造成重大恶性事故。在电爆网路敷设过程中，引起电爆网路早爆的主要因素是爆区周围的外来电场，包括雷电、杂散电流、静电、感应电流、射频电、化学电等。不正确地使用电爆网路的测试仪表和起爆电源也是引起电爆网路早爆的原因。另外，雷管的质量问题也可能引起早爆。

雷电对爆破的影响是各种外来电场中最大、最多的。雷电引起的早爆事故多数发生在露天爆破作业，如硐室爆破、深孔爆破和浅孔爆破的电爆网路。

杂散电流是存在于起爆网路的电源电路之外的杂乱无章的电流；感应电流是由交变电磁场引起的，它存在于动力线、变压器、高压电开关和接地的回馈铁轨附近。如果电爆网路靠近这些设备，就可能引起早爆事故。

静电是指绝缘物质上携带的相对静止的电荷，例如在进行爆破作业时，如果作业人员穿着化纤或者其他有绝缘性能的工作服，这些衣服互相摩擦就会产生静电荷，积累到一定程度时就可能导致电雷管爆炸。

射频电是指由电台、雷电、电视发射台、高频设备等产生的各种频率的电磁波，如电雷管或电爆网路处在强大的射频电场内，也可能引发早爆事故。

（二）事故预防

1. 杂散电流的预防

预防杂散电流的措施：减少杂散电流的来源，检查爆区周围的各类电气设备，防止漏电；切断进入爆区的电源、导电体等；装药前应检测爆区内的杂散电流，当杂散电流超过30mA时，禁止采用普通电雷管，采用抗杂散电流的电雷管或采用防杂散电流的电爆网路，或改用非电起爆法；防止金属物体及其他导电体进入装有电雷管的炮眼中，防止将硝铵炸药撒在潮湿的地面上等；采用导爆管起爆系统。

2. 静电的预防

预防静电早爆的措施：爆破作业人员禁止穿戴化纤、羊毛等可产生静电的衣物；机械化装药时，所有设备必须有可靠接地，防止静电积累；采用抗静电雷管；或在压气装药系统（当压气输送炸药固体颗粒时，可能产生静电）中采用半导体输药管；使用压气装填粉状硝铵类炸药时，特别在干燥地区，采用导爆索网路或孔口起爆法，或采用抗静电的电雷管；采用导爆管起爆系统。

3. 雷电的预防

预防雷电影响的措施：在雷雨季节进行爆破作业宜采用非电起爆系统；在露天爆区不得不采用电力起爆系统时，应在爆破区域设置避雷针或预警系统；在装药连线作业遇雷电来临征候或预警时，应立即停止作业，拆开电爆网路的主线与支线，裸露芯线用胶布捆扎，电爆网路的导线与地绝缘，要严防网路形成闭合回路，同时作业人员立即撤到安全地点；在雷电到来之前，暂时切断一切通往爆区的导电体（电线或金属管道），防止电流进入爆区。

二、盲炮事故及处理

（一）事故原因

盲炮（又叫拒爆、瞎炮），是指因各种原因未能按设计起爆，造成药包拒爆的全部装药或部分装药。产生盲炮的原因包括雷管因素、起爆电源或电爆网路因素、炸药因素和施工质量因素等方面。

（二）盲炮处理

1. 一般规定

（1）处理盲炮前应由爆破技术负责人定出警戒范围，并在该区域边界设置警戒，处理盲炮时无关人员不许进入警戒区。

（2）应派有经验的爆破员处理盲炮，硐室爆破的盲炮处理应由爆破工程技术人员提出方案并经单位技术负责人批准。

（3）电力起爆网路发生盲炮时，应立即切断电源，及时将盲炮电路短路。

（4）导爆索和导爆管起爆网路发生盲炮时，应首先检查导爆索和导爆管是否有破损或断裂，发现有破损或断裂的可修复后重新起爆。

（5）严禁强行拉出炮孔中的起爆药包和雷管。

（6）盲炮处理后，应再次仔细检查爆堆，将残余的爆破器材收集起来统一销毁；在不能确认爆堆无残留的爆破器材之前，应采取预防措施并派专人监督爆堆挖运作业。

（7）盲炮处理后应由处理者填写登记卡片或提交报告，说明产生盲炮的原因、处理的方法、效果和预防措施。

2．浅孔爆破的盲炮处理

（1）经检查确认起爆网路完好时，可重新起爆。

（2）可钻平行孔装药爆破，平行孔距盲炮孔不应小于0.3m。

（3）可用木、竹或其他不产生火花的材料制成的工具，轻轻地将炮孔内填塞物掏出，用药包诱爆。

（4）可在安全地点外用远距离操纵的风水喷管吹出盲炮填塞物及炸药，但应采取措施回收雷管。

（5）处理非抗水类炸药的盲炮，可将填塞物掏出，再向孔内注水，使其失效，但应回收雷管。

（6）盲炮应在当班处理，当班不能处理或未处理完毕，应将盲炮情况（盲炮数目、炮孔方向、装药数量和起爆药包位置，处理方法和处理意见）在现场交接清楚，由下一班继续处理。

3．深孔爆破的盲炮处理

（1）爆破网路未受破坏，且最小抵抗线无变化者，可重新连接起爆；最小抵抗线有变化者，应验算安全距离，并加大警戒范围后，再连接起爆。

（2）可在距盲炮孔口不少于10倍炮孔直径处另打平行孔装药起爆。爆破参数由爆破工程技术人员确定并经爆破技术负责人批准。

（3）所用炸药为非抗水炸药，且孔壁完好时，可取出部分填塞物向孔内灌水使之失效，然后做进一步处理，但应回收雷管。

2G313000　矿业建筑工程

2G313010　矿业工业建筑的结构及施工

2G313011　矿业工业建筑的结构形式和施工特点

一、井架

（一）井架的结构组成

井架按建造材料不同可分为钢井架、钢筋混凝土井架、砖井架、木井架。常用的钢井架结构一般包括头部、立架、斜架、井口支撑梁、斜架基础等五大部分。

2G313000
看本章精讲课
配套章节自测

头部是井架的上部结构，包括天轮托架、天轮平台、天轮起重架及防护栏杆等。立架是井架直立的那一部分空间结构，用来固定地面以上的罐道、卸载曲轨等，并承受头部下传的荷载。斜架是位于提升机一侧的倾斜构架，用来承受大部分的提升钢丝绳荷载，并维持井架的整体稳定性。井口支撑梁是井口支承立架的梁结构。斜架基础是斜架将其承担的荷载传到地基上的结构体。

（二）井架的安装

1. 井口组装就地起立旋转法

在井口附近平整场地组装井架；在井口中心组装桅杆，用吊车抬起桅杆头部，用稳车竖立桅杆；利用桅杆和井架底部支撑铰链采用大旋转法旋转就位；利用井架放倒桅杆；利用立架采用滑移提升法起吊斜架；最后拆除滑轮组和桅杆；安装需要拉力较大，使用设备较多。该方法目前主要适用于井口场地平整、宽敞，井架的重量大，高度较高的情况。

2. 利用吊车安装法

利用吊车吊起杆件或部件在井口进行安装；可节省时间、安装工序简单；使用设备较少。该方法目前主要适用于井口场地受限的中小型井架。

3. 井口外组装整体滑移安装法

在井口外组装井架；用千斤顶抬起井架，使井架底座高于井口；利用铺设的滑道，用稳车和手拉葫芦滑移井架至井口设计位置。这种方法主要适用于场地受限，占用井口工期较少的情况。

二、井塔

（一）井塔的结构及组成

井塔按建筑材料的不同，可分为砖或混凝土砌块结构井塔、钢筋混凝土结构井塔、钢结构井塔、钢筋混凝土和钢的混合结构井塔。已建的井塔绝大部分为钢筋混凝土结构。钢筋混凝土井塔的结构形式主要有箱形、箱框形及框架形等。

（二）井塔的施工

钢筋混凝土井塔的施工方法可采用滑模施工、大模板施工、爬模施工和预建整体平移施工技术。

1. 滑模施工方法

施工速度快，占用井口时间少，经济效益明显。缺点是施工专用设备和机具用量大，利用率低，一次性投资高；连续成型施工技术要求高，占用劳动力多；遇有恶劣天气等情况停滑后，施工接缝处理复杂，容易出现拉裂、偏扭等工程事故。因此，当井塔施工工期要求紧迫，企业技术、管理素质、施工装备好，井塔上部又无悬挑梁时，应积极选用滑模施工方法。

2. 大模板施工方法

井塔构筑物整体性好，预埋件易于固定，确保了钢筋保护层；井塔按楼层划分施工段，为安装创造了较好条件；充分发挥地面拼装的优越性，大大改善了作业环境，减少了高空作业，节省劳力，降低了劳动强度；采用泵送工艺，实现了混凝土机械化施工配套作业线。但是，施工现场需有较大的专用场地，供预制、拼装和堆放大模板；同时，需要一定的机械设备，进行吊装作业和满足快速施工；此外，混凝土输送距离长，必须保证流态混凝土连续供料以及塔壁和柱深层处混凝土的浇筑质量。

3．爬模施工方法

综合了滑模和大模板二者的长处，工艺较为简单，容易掌握，减少了大量起重机的吊运工作量。模板具有独立的自行爬升系统，可与井塔楼层的其他工序进行平行作业，可加快施工速度。具有大模板现浇工艺的优越性，分层施工，结构整体性好，施工精度高，质量好。模板自行爬升动作平稳，抗风能力强，工作较安全可靠。其缺点同滑模工艺一样，要求设计与施工紧密配合，尽量为施工创造条件；采用液压千斤顶爬升，因需抽、插支承杆，故支承杆容易弯曲。

4．预建整体平移施工方法

该方法的最大优点是可以缩短井塔施工和提升设备安装占用井口的时间，解决井口矿建、土建和机电安装三类工程的矛盾，可缩短建井总工期，加快建井速度。但是井塔平移需要增加临时工程以及井塔基础和塔身的加固工作量，使其造价提高。

三、筒仓

（一）筒仓的结构与形式

筒仓按建筑材料的不同，可分为砖或混凝土砌块结构筒仓、钢筋混凝土结构筒仓、钢结构筒仓、钢筋混凝土和钢的混合结构筒仓。目前，筒仓多做成钢筋混凝土结构，砖石筒仓和钢筒仓已较少采用。筒仓按截面形式，分为圆仓与方仓（矩形筒仓）。

（二）筒仓的施工

预应力钢筋混凝土筒仓的施工主要包括基础的施工、筒体的施工、仓斗的施工以及仓顶结构的施工。

1．基础施工

预应力钢筋混凝土筒仓基础施工技术主要取决于基础设计的形式和技术要求。钢筋混凝土灌注桩基础施工工艺和机具较简单，承载能力大，被广泛用于大型筒仓工程的基础设计，施工技术也比较成熟，并且应用广泛。

2．筒体施工

预应力钢筋混凝土筒身的施工分两步，首先按常规方法完成非预应力混凝土筒身的施工，同时按设计要求在筒身混凝土内埋入借以施加预应力的无粘结高强度钢丝束，待混凝土达到设计强度后进行张拉。在施加预应力完成后，对钢丝束端部连同锚具一道用膨胀性高强度等级细石混凝土封闭。

3．仓斗施工

仓斗有整体式和分离式两种。整体式仓斗施工方法一般为自环梁以下采用倒模整体施工，待环梁和仓斗浇筑完成后再进行环梁上部预应力筒体的滑升。分离式仓斗可在筒壁完成后进行施工，其施工工艺与普通钢筋混凝土施工工艺相同。

4．仓顶结构施工

筒仓的仓顶结构与筒身的预应力无关，通常为钢筋混凝土结构或钢结构。施工中，首先应进行网架的组装与就位，并做好仓顶结构的防锈蚀和防火处理。

四、工业厂房

（一）工业厂房的分类

工业生产的类别繁多，生产工艺不同，工业厂房的分类亦随之而异，通常按照厂房的用途、内部生产状况、层数和建筑结构形式等进行分类。

1．按厂房的用途分类

（1）主要生产厂房：指进行产品加工的主要工序的厂房。这类厂房的建筑面积较大，职工人数较多，在全厂生产中占重要地位，是工厂的主要厂房。

（2）辅助生产厂房：指为主要生产厂房服务的厂房，如机修车间、工具车间等。

（3）动力类厂房：指为全厂提供能源和动力的厂房。如发电站、锅炉房、变电站、煤气发生站、压缩空气站等。动力设备的正常运行对全厂生产特别重要，故这类厂房必须具有足够的坚固耐久性，妥善的安全措施和良好的使用质量。

（4）储藏类建筑：指用于储存各种原材料、成品或半成品的仓库。由于所储物质的不同，在防火、防潮、防爆、防腐蚀、防变质等方面将有不同要求。

（5）运输类建筑：指用于停放各种交通运输设备的房屋。如汽车库、电瓶车库等。

2．按厂房内部生产状况分类

按照厂房内部生产状况，工业厂房可分为热加工厂房、冷加工厂房、有侵蚀性介质作用的厂房、恒温恒湿厂房、洁净厂房等类型。

3．按厂房建筑结构构件材料分类

根据建筑结构材料不同，工业厂房可分为混合结构厂房、钢筋混凝土结构厂房、钢结构厂房等。

4．按厂房层数分类

按厂房层数分类，工业厂房又可分为单层工业厂房、多层工业厂房和混合层数厂房等。

（二）单层厂房结构及其施工的特点

1．单层厂房的主要结构形式

单层工业厂房的结构组成一般分为两种类型，即：墙体承重结构和骨架承重结构。墙体承重结构是外墙采用砖、砖柱的承重结构；骨架承重结构是由钢筋混凝土构件或钢构件组成骨架的承重结构，墙体仅起围护作用。

2．骨架承重结构的主要组成构件

骨架承重结构主要有刚架结构和排架结构。刚架是横梁和柱以整体连接方式构成的一种门形结构。排架结构是单层工业厂房中广泛采用的一种形式。它的特点是基础、柱子、屋架（屋面梁）等均是独立构件，柱子与基础一般为刚接，屋架与柱子一般为铰接。排架之间通过吊车梁、连系梁、屋面板、柱间支撑等保证其稳定性。

（1）屋盖结构

屋盖结构包括屋面板、屋架（或屋面梁）及天窗架、托架等。

屋架（屋面梁）是屋盖结构的主要承重构件，与柱形成横向平面排架结构，承受屋盖上的全部竖向荷载，并将其传递给柱。

（2）吊车梁

吊车梁安放在柱子伸出的牛腿上，它承受吊车自重、吊车最大起重量以及吊车刹车时的水平冲切力，并将这些荷载传给柱。

（3）柱

柱是厂房的主要承重构件，排架柱承受屋盖结构、起重机梁、外墙、柱间支撑等传来的竖向和水平荷载，并将它们传递给基础；抗风柱承受山墙传来的风荷载，并将它们传递给屋盖结构和基础。

（4）支撑系统

支撑系统包括柱间支撑和屋盖支撑两大部分，其作用是加强厂房结构的空间整体刚度和稳定性，它主要传递水平风荷载以及吊车间产生的冲切力。

（5）外墙围护系统

它包括厂房四周的外墙、抗风柱、墙梁和基础梁等。这些构件所承受的荷载主要是墙体和修饰件的自重以及作用在墙体上的风荷载等。

（6）基础

它承担作用在柱子上的全部荷载和基础梁上部部分墙体荷载。基础的主要形式采用独立式基础。

3．单层厂房的施工特点

单层工业厂房由于面积大、构件类型少而数量多，一般多采用装配式钢筋混凝土结构。除基础为现浇外，单层工业厂房的其他构件多为预制。柱和屋架等尺寸大、重量大的大型构件一般都在施工现场就地预制，中小型构件一般在构件预制厂生产，现场吊装，所以承重结构构件的吊装是钢筋混凝土单层工业厂房施工的关键问题。

（三）多层厂房结构及其施工特点

1．多层厂房的主要结构类型

多层厂房是在单层厂房基础上发展起来的。这类厂房有利于安排竖向生产流程，管线集中，管理方便，占地面积小。一些工业建筑受工艺流程和设备管线布置要求所决定，常采用多层装配式或装配整体式钢筋混凝土框架结构。在民用住宅建筑中，以钢筋混凝土墙板为承重结构的多层装配式大型墙板结构房屋也得到广泛应用。

多层装配式钢筋混凝土结构主要分为装配式框架结构和装配式墙板结构两大类。这些结构的构件在预制构件厂或现场预制，在现场吊装。

多层厂房平面有多种形式，最常见的是：内廊式不等跨布置，中间跨作通道；等跨布置，适用于大面积灵活布置的生产车间。

2．多层厂房的施工特点

多层装配式钢筋混凝土结构房屋的施工特点是：房屋高度较大而施工场地相对较小；构件类型多、数量大；各类构件接头处理复杂，技术要求较高。因此，在拟定结构吊装方案时应根据建筑物的结构形式、平面形状、构件的安装高度、构件的重量、工期长短以及现场条件，着重解决起重机械的选择与布置、结构吊装方法与吊装顺序、构件吊装工艺等问题。其中，起重机械的选择是主导的，选用的起重机械不同，结构吊装方案也各异。

（四）厂房结构吊装主要施工设备

1．起重设备

厂房结构吊装工程中常用的起重机械有塔式起重机、履带式起重机、汽车式起重机、轮胎式起重机、桅杆式起重机等。进行起重设备选择时，通常考虑的因素有：场地环境、安装对象、起重性能、资源情况和经济效益。

（1）塔式起重机

塔式起重机的起重臂安装在直立的塔身顶部，可作360°回转，形成"Г"形的工作空间，具有较大的起重高度和工作幅度。按架设方式不同，塔式起重机可分为轨道行走式、固定式、附着自升式、内爬式等；按起重能力大小可分为轻型、中型和重型塔式起重机。轻型的起重量为 0.5～3t；中型的起重量为 3～15t，适用于一般工业建筑；重型的起重量为 15～40t，用于大型厂房的施工和高炉等设备的吊装。

（2）履带式起重机

履带式起重机具有履带行走装置，机身可作 360° 回转。其起重重量和起重高度较大、操作灵活、行驶方便、臂杆可接长或更换；由于其履带接地面积大，起重机能在较差的地面上行驶和工作，又可以负荷行走，并可原地回转；其装置改装后，可成为挖土机或打桩架。其缺点是稳定性较差，一般不宜超负荷吊装，由于其自重大，行走对路面破坏较大，故在城市和长距离转场时，需用拖车运送。履带式起重机具有三个主要技术性能参数：起重量（Q）、起重高度（H）、起重臂回转半径（R）。目前，履带式起重机的起重量最大可达到 3200t，最大起升高度达到 160m，最远吊装距离超过 130m。

（3）汽车式起重机

汽车式起重机是将起重机安装在普通载重汽车或专用汽车底盘上的一种自行式全回转起重机械。特点是其驾驶室与起重机操纵室分开，具有汽车的行驶通过性能，机动性强、行驶速度快，转移迅速、对路面破坏小。其缺点是吊装时必须设支腿，因而不能负荷行走，且不适合在松软或泥泞地面作业。汽车式起重机起重量范围较大，为 8～1000t。按照起重量大小分为轻型、中型和重型。起重量在 20t 以内的为轻型，50t 及以上的为重型。

（4）轮胎式起重机

轮胎式起重机是将起重机构安装在加重型轮胎和轮轴组成的特制底盘上的一种自行式全回转起重机械。特点是行驶时对路面的破坏性较小，行驶速度比汽车式起重机慢，但比履带式起重机快，稳定性好，起重量较大。轮胎式起重机不宜作长距离行驶，适宜于作业地点相对固定而作业量较大的现场。

（5）桅杆式起重机

桅杆式起重机是结构吊装工程中最简单的起重设备。它们的特点是能在比较狭窄的场地使用，制作简单、装拆方便，起重量大，可达 100t 以上，可在其他起重机械不能安装的特殊工程或重大结构吊装时使用。但这类起重机的灵活性较差，移动较困难，起重半径小，且需要有较多的缆风绳，因而它适用于安装比较集中的工程。

2. 其他设备

结构安装工程施工中除了使用起重机械外，还要用到许多辅助工具和设备，如卷扬机、滑轮组、横吊梁、地锚、龙门架和提升机等。

（五）厂房结构的施工方法

厂房结构施工按构件的吊装次序，可分为分件吊装法、节间吊装法和综合吊装法。

1. 分件吊装法

分件吊装法是指起重机在单位吊装工程内每开行一次，只吊装一种或两种构件的方法。通常，分几次开行吊装完成全部构件。主要优点有：施工内容单一，准备工作简单，因而构件吊装效率高，且便于管理；可利用更换起重臂长度的方法分别满足各类构件的吊装。主要缺点有：起重机行走频繁；不能按节间及早为下道工序创造工作面；屋面板吊装往往另需辅助起重设备。

2．节间吊装法

节间吊装法是指起重机在吊装工程内的一次开行中，分节间吊装完各种类型的全部构件或大部分构件的吊装方法。主要优点有：起重机开行路线短；可及早按节间为下道工序创造工作面；主要缺点有：由于同时要吊装各种不同类型的构件，起重机性能不能充分发挥，吊装速度慢；构件供应和平面布置复杂，构件校正和最后固定的时间短，给校正工作带来困难。

起重机开行一次吊装完房屋全部构件的方法一般只在下列情况下采用：

（1）吊装某些特殊结构（如门架式结构）时；

（2）采用某些移动比较困难的起重机（如桅杆式起重机）时。

3．综合吊装法

综合吊装法是将分件吊装法和节间吊装法结合使用。普遍做法是：采用分件吊装法吊装柱、柱间支撑、吊车梁等构件；采用节间吊装法吊装屋盖的全部构件。此法吸取了分件吊装法和节间吊装法的优点，是建筑结构中较常用的方法。

2G313012 矿业工业建筑主要结构的施工方法

一、混凝土结构的施工方法

混凝土结构按施工方法可分为现浇混凝土结构和装配式混凝土结构。现有混凝土结构多为现浇混凝土结构，该法具有结构整体性能好、抗震性较强、钢筋耗量较低、施工时不需要大型起重机械等特点。现浇混凝土结构由模板工程、钢筋工程及混凝土工程等分项工程所构成。

（一）模板工程

混凝土结构的模板工程，是混凝土结构构件施工的重要工具。采用先进的模板技术，对于提高工程质量、加快施工速度、提高劳动生产率、降低工程成本和实现文明施工，都具有十分重要的意义。

目前，现浇混凝土结构所用的模板技术已形成组合式、工具式、永久式三大系列工业化模板体系，采用木（竹）胶合板模板也有较大的发展。不论采用哪一种模板，模板的安装支设必须符合下列规定：

（1）模板及其支架应具有足够的承载能力、刚度和稳定性，能可靠地承受浇筑混凝土的重量、侧压力及施工荷载；

（2）要保证工程结构和构件各部分形状尺寸和相互位置的正确；

（3）构造简单，装拆方便，并便于钢筋的绑扎和安装，符合混凝土的浇筑和养护等工艺要求；

（4）模板的拼（接）缝应严密，不得漏浆。

1．组合式模板

组合式模板，是现代模板技术中，具有通用性强、装拆方便、周转次数多的一种"以钢代木"的新型模板。用它进行现浇钢筋混凝土结构施工，可事先按设计要求组拼成大型模板，整体吊装就位，也可采用散装散拆方法。

常用的组合式钢模板有55型组合钢模板、中型周转钢模板和钢框木（竹）胶合板模板。

2. 工具式模板

工具式模板是针对工程结构构件的特点，研制开发的一直可以持续周转使用的专用性模板。常用的工具式模板包括大模板、滑动模板、爬升模板、飞模、模壳等。

3. 永久性模板

永久性模板，又称一次性消耗模板，即在现浇混凝土结构浇筑后模板不再拆除，其中有的模板与现浇结构叠合后组合成共同受力构件。永久性模板的最大特点是：简化了现浇钢筋混凝土结构的模板支拆工艺，使模板的支拆工作量大大减少，从而可改善劳动条件，节约模板支拆用工，加快施工进度。

（二）钢筋工程

1. 钢筋加工

钢筋的加工包括钢筋除锈、调直、切断、弯曲成型等工艺过程。

（1）钢筋除锈

钢筋的除锈，一般可通过以下两个途径：一是在钢筋冷拉或钢丝调直过程中除锈，对大量钢筋的除锈较为经济省力；二是用机械方法除锈，如采用电动除锈机除锈，对钢筋的局部除锈较为方便。此外，还可采用手工除锈（用钢丝刷、砂盘）、喷砂和酸洗除锈等。

（2）钢筋调直

钢筋调直一般可采用钢筋调直机、数控钢筋调直切断机、卷扬机拉直设备等机具。采用冷拉方法调直钢筋时，HPB300 级钢筋的冷拉率不宜大于 4%，HRB335 级、HRB400 级及 RRB400 级冷拉率不宜大于 1%。

（3）钢筋切断

将同规格钢筋根据不同长度长短搭配，统筹排料；一般应先断长料，后断短料，减少短头，减少损耗。断料时应避免用短尺量长料，防止在量料中产生累计误差。为在切断过程中，如发现钢筋有劈裂、缩头或严重的弯头等必须切除。钢筋的断口，不得有马蹄形或起弯等现象。

（4）钢筋弯曲成型

钢筋弯曲成型可采用钢筋弯曲机、四头弯筋机、手摇扳手等机具。

2. 钢筋焊接

钢筋焊接是用电焊设备将钢筋沿轴向接长或交叉连接。钢筋的焊接方法有电阻点焊、闪光对焊、电弧焊、电渣压力焊、气压焊、预埋件埋弧压力焊等。

在工程开工正式焊接之前，参与该项施焊的焊工应进行现场条件下的焊接工艺试验，试验合格后，方可正式生产。凡施焊的各种钢筋、钢板均应有质量证明书，焊条、焊丝、氧气、乙炔、液化石油气、二氧化碳等应有产品合格证。钢筋焊接施工之前，应清除钢筋或钢板焊接部位和与电极接触的钢筋表面上的锈斑、油污、杂物等；钢筋端部若有弯折、扭曲时，应予以矫直或切除。进行电阻点焊、闪光对焊、电渣压力焊或埋弧压力焊时，应随时观察电源电压的波动情况。对于电阻点焊或闪光对焊，当电源电压下降大于 5%、小于 8% 时，应采取提高焊接变压器级数的措施；当大于或等于 8% 时，不得进行焊接。对从事钢筋焊接施工的班组及有关人员应经常进行安全生产教育，并应制定和实施安全技术措施，加强焊工的劳动保护，防止发生烧伤、触电、火灾、爆炸以及烧坏焊接设备等事故。焊机应经常维护保养和定期检修，确保正常使用。

3. 钢筋机械连接

钢筋机械连接是指通过连接件的机械咬合作用或钢筋端面的承压作用，将一根钢筋中的力传递至另一根钢筋的连接方法。常用的钢筋机械连接方法有钢筋套筒挤压连接、钢筋锥螺纹套筒连接、钢筋镦粗直螺纹套筒连接、钢筋滚压直螺纹套筒连接等。钢筋机械连接方法具有以下优点：接头质量稳定可靠，不受钢筋化学成分的影响，人为因素的影响也小；操作简便，施工速度快，且不受气候条件影响；无污染、无火灾隐患，施工安全等。

（三）混凝土工程

混凝土工程施工包括混凝土制备、运输、浇筑、养护等工序。

1. 混凝土的制备

混凝土可分为现场制备混凝土和商品混凝土。由于商品混凝土从原材料到产品生产过程都有严格的控制管理、计量准确、检验手段完备，使混凝土的质量得到充分保证，在工程建设中得到广泛应用。

混凝土制备主要包括混凝土配制强度的计算以及混凝土的搅拌。

为保证结构设计对混凝土强度等级及施工对混凝土和易性的要求，混凝土制备前应进行施工配合比计算，确定混凝土的施工配制强度，以达到95%的保证率。混凝土施工配制强度应符合节约水泥、合理使用材料的原则，并满足抗渗性、抗冻性等的要求。

混凝土的拌制施工要点如下：

（1）搅拌要求

搅拌混凝土前，应加水空转数分钟，将积水倒净，使拌筒充分润湿。搅拌第一盘时，考虑到筒壁上的砂浆损失，石子用量应按配合比规定减半。搅拌好的混凝土要做到基本卸尽。在全部混凝土卸出之前不得再投入拌合料，更不得采取边出料边进料的方法。严格控制水胶比和坍落度，未经试验人员同意，不得随意加减用水量。

（2）材料配合比

混凝土原材料按重量计的允许偏差，不得超过下列规定：水泥、外加掺合料 ±2%；粗细骨料 ±3%；水、外加剂溶液 ±2%。

（3）搅拌程序

按照原材料加入搅拌筒内的投料顺序不同，混凝土搅拌时常采用一次投料法和两次投料法。

2. 混凝土的运输与浇筑

（1）混凝土的运输要求

混凝土由拌制地点运往浇筑地点有多种运输方法。不论采用何种运输方式，都应满足下列要求：

在运输过程中应保持混凝土的均匀性，避免产生分离、泌水、砂浆流失、流动性减小等现象。

混凝土应以最少的转载次数和最短的时间，从搅拌地点运至浇筑地点，使混凝土在初凝前浇筑完毕。

混凝土的运输应保证混凝土的灌筑量。对于采用滑升模板施工的工程和不允许留施工缝的大体积混凝土的浇筑，混凝土的运输必须保证其浇筑工作能连续进行。

（2）混凝土浇筑施工

混凝土的浇筑工作包括布料摊平、捣实、抹平修整等工序。浇筑工作的好坏对于混凝土的密实性与耐久性，结构的整体性及构件外形的正确性，都有着决定性的影响，是混凝土工程施工中保证工程质量的关键性工作。

1）在混凝土浇筑前，应检查模板是否符合要求；检查钢筋和预埋件的位置、数量和保护层厚度等；清除模板内的杂物和钢筋上的油污；对模板的缝隙和孔洞应予堵严；对木模板应浇水湿润，但不得有积水。降雨和降雪时，不宜露天浇筑混凝土。当需浇筑时，应采取有效措施，确保混凝土质量。

2）混凝土的浇筑，应由低处往高处分层浇筑。每层的厚度应根据捣实的方法、结构的配筋情况等因素确定。

3）浇筑中不得发生离析现象；当浇筑高度超过 3m 时，应采用串筒、溜管或振动溜管使混凝土下落。

4）在混凝土浇筑过程中，应经常观察模板、支架、钢筋、预埋件和预留孔洞的情况，当发现变形、移位超过允许值时，应及时采取措施进行处理。

5）混凝土浇筑后，必须保证混凝土均匀密实，充满模板整个空间；新、旧混凝土结合良好；拆模后，混凝土表面平整光洁。

6）为保证混凝土的整体性，浇筑混凝土应连续进行。当必须间歇时，其间歇时间宜缩短，并应在前层混凝土初凝之前将次层混凝土浇筑完毕。间歇的最长时间与所用的水泥品种、混凝土的凝结条件以及是否掺用促凝或缓凝型外加剂等因素有关。而混凝土连续浇筑的允许间歇时间则应由混凝土的凝结时间而定。若超过时，应留设施工缝。

（3）混凝土捣实

混凝土的捣实就是使入模的混凝土完成成型与密实的过程，从而保证混凝土结构构件外形正确，表面平整，混凝土的强度和其他性能符合设计要求。

混凝土浇筑入模后应立即进行充分的振捣，使新入模的混凝土充满模板的每一角落，排出气泡，使混凝土拌合物获得最大的密实度和均匀性。混凝土的振捣分为人工振捣和机械振捣。

3．混凝土的养护

混凝土养护的目的是为混凝土硬化创造必要的湿度、温度条件。混凝土的养护对其质量影响很大，养护不良的混凝土，由于水分很快散失，水化反应不充分，强度将无法增长，其外表干缩开裂，内部组织疏松，抗渗性、耐久性也随之降低，甚至引起严重的质量事故。

混凝土的养护方法包括对混凝土试块在标准条件下的养护，对预制构件的热养护，对一般现浇混凝土结构的自然养护。

二、砌体结构的施工方法

（一）砖砌体施工

1．砌筑用砖

砖砌体施工常用的砌筑材料有烧结普通砖、炉渣砖、烧结多孔砖、烧结空心砖、蒸压灰砂空心砖等。烧结普通砖按主要原料分为黏土砖、页岩砖、煤矸石砖和粉煤灰砖，其抗压强度分为 MU30、MU25、MU20、MU15、MU10 五个强度等级。炉渣砖是以炉渣为主要原料，掺入适量石灰、石膏，经混合、压制成型，蒸养或蒸压而成的实心砖。烧结多孔砖和烧结空心砖是以黏土、页岩、煤矸石等为主要原料，经焙烧而成的。蒸压灰砂空心砖以石灰、砂为主要原料，经坯料制备、压制成型、蒸压养护而制成的孔洞率大于 15% 的空心砖。

2. 砖墙的砌筑工艺

砖墙的砌筑一般有抄平、放线、摆砖样、立皮数杆、盘角、挂线、砌筑、勾缝、清理等工序。砖墙砌筑前应选择边角整齐，色泽均匀的砌筑用砖，并应提前 1~2d 浇水湿润，烧结普通砖含水率宜为 10%~15%。砖墙的砌筑方法宜采用"三一"砌筑法，即一铲灰、一块砖、一揉压。当采用铺浆法砌筑时，铺浆长度不得超过 750mm，施工期间气温超过 30℃时，铺浆长度不得超过 500mm。在砖砌体转角处、交接处应设置皮数杆，皮数杆上标明砖皮数、灰缝厚度以及竖向构造的变化部位。皮数杆间距不应大于 15m。在相对两皮数杆上砖上边线处拉准线。

3. 砖砌体的质量要求

砖砌体的质量要求是：横平竖直、灰浆饱满、错缝搭接、接槎可靠。

（二）砌块砌筑

1. 砌块的安装方案

砌块的安装通常采用两种方案，一是以轻型塔式起重机运输砌块、砂浆，吊装预制构件；用台灵架安装砌块。此方案适用于工程量大或两栋房屋对翻流水情况。二是用砌块车进行水平运输、用带有起重臂的井架进行砌块和楼板的垂直运输；再用台灵架安装砌块。此方案适用于工程量小的房屋。

2. 砌块吊装顺序

砌块的吊装一般按施工段依次进行，一般以一个或两个单元为一个施工段，进行分段流水施工。其次序为先外后内，先远后近，先下后上，在相邻施工段之间留阶梯形斜槎。砌筑时应从转角处或定位砌块处开始，内外墙同时砌筑，错缝搭砌，横平竖直，表面清洁，按照砌块排列图进行。

3. 砌块施工工艺

砌块施工工艺一般包括 5 个步骤，即：铺灰→砌块吊装就位→校正→灌浆→镶砖。

三、钢结构的施工方法

钢构件的现场连接是钢结构施工中的重要问题。钢结构连接要求有足够的强度、刚度及延性；连接构件间应保持正确的相互位置。连接的加工和安装比较复杂、费工，因此选定合适的连接方案和节点构造是钢结构设计中重要的环节。

钢结构的连接方法有焊接、铆接、普通螺栓连接和高强度螺栓连接等。应用最多的是焊接和高强度螺栓连接。

钢结构的构件间连接可因截面不同而分别采用焊接、高强度螺栓连接或同时采用高强度螺栓与焊接的连接方式。

1. 焊缝连接

焊缝连接的优点是构造简单、加工方便、易于自动化施工、刚度大、可节约钢材；缺点是焊接残余应力和残余变形对结构有不利影响，焊接结构的低温冷脆问题也比较突出，对疲劳较敏感。因此，目前除直接承受动载结构的连接外，较多地用于工业与民用建筑钢结构和桥梁钢结构。因为焊缝质量易受材料和操作的影响，因此焊缝连接后应通过专门的质量检验。

2. 铆钉连接

铆钉连接的优点是塑性和韧性较好、传力可靠、质量易检查；缺点是构造复杂，用钢量多，施工复杂。适用于直接承受动力荷载的钢结构连接。

3. 普通螺栓连接

普通螺栓连接的优点是施工简单、结构拆装方便。缺点是连接节点只能承受拉力、用钢量多。适用于安装连接和需要经常拆装的结构。

4. 高强度螺栓连接

高强度螺栓采用高强度钢材制作，并对螺杆施加有较大的预应力。根据螺栓的作用特点，高强度螺栓分为摩擦型连接和承压型连接。

高强度螺栓具有连接紧密、受力良好、耐疲劳、安装简单迅速、施工方便、便于养护和加固以及动力荷载作用下不易松动等优点。广泛用于工业与民用建筑钢结构中，也可用于直接承受动力荷载的钢结构。

2G313013　矿业工业建筑的主要施工设备

矿业工业建筑的施工设备有（汽车式、轮胎式、门架式、塔式）起重机、潜孔式钻机、空压机、推土机、装载机、挖掘机等。其中起重机械是主要的施工设备。

一、起重机械的分类

1. 轻小起重机具

轻小起重机具包括：千斤顶（齿条、螺旋、液压）、滑轮组、葫芦（手动、电动）、卷扬机（手动、电动、液动）、悬挂单轨。

2. 起重机

起重机又可分为：桥架式（桥式起重机、门式起重机）、缆索式、臂架式（自行式、塔式、门座式、铁路式、浮式、桅杆式起重机）。

二、起重机械的使用

1. 自行式起重机

分为汽车式、履带式和轮胎式三类，它们的特点是起重量大，机动性好。可以方便地转移场地，适用范围广，但对道路、场地要求较高，台班费高和幅度利用率低。适用于单件大、中型设备、构件的吊装。

（1）自行式起重机的结构

1）汽车式起重机

汽车式起重机装于标准汽车的底盘上，行驶驾驶和起重操作分开在两个驾驶室进行。按起重量大小可分为轻型、中型和重型三种。起重量在 20t 以内的为轻型，50t 及以上的为重型；按起重臂形式分为桁架臂或箱形臂两种；按传动装置形式分为机械传动、电力传动、液压传动三种。

吊装时，靠支腿将起重机支撑在地面上。因此该起重机与另外两种比，具有较大的机动性，其行走速度更快，可达到 60km/h，不破坏公路路面。但不可在 360° 范围内进行吊装作业，其吊装区域受到限制，对基础要求也更高。

2）履带式起重机

履带式起重机是在行走的履带底盘上装有起重装置的起重机械，是自行式、全回转的一种起重机，它具有操作灵活、使用方便、在一般平整坚实的场地上可以载荷行驶和作业的特点，是结构吊装工程中常用的起重机械。

履带式起重机按传动方式不同可分为机械式、液压式和电动式三种。电动式不适用于需要经常转移作业场地的工程施工。

3）轮胎式起重机

轮胎式起重机是一种装在专用轮胎式行走底盘上的起重机。其横向尺寸较大，故横向稳定性好，能全回转作业，并能在允许载荷下负荷行驶。它与汽车式起重机有很多相同之处，主要差别是行驶速度慢，故不宜长距离行驶，适宜于作业地点相对固定而作业量较大的场合。

（2）自行式起重机的选用

自行式起重机的选用必须按照其特性曲线进行，选择步骤：

1）根据被吊装设备或构件的就位位置、现场具体情况等确定起重机的站车位置，站车位置一旦确定，其幅度也就确定了；

2）根据被吊装设备或构件的就位高度、设备尺寸吊索高度等和站车位置（幅度）由起重机的特性曲线，确定其臂长；

3）根据上述已确定的幅度、臂长，由起重机的特性曲线，确定起重机能够吊装的载荷；

4）如果起重机能够吊装的载荷大于被吊装设备或构件的重量，则起重机选择合格，否则重选。

2. 塔式起重机

塔式起重机按有无行走机构可分为固定式和移动式两种。前者固定在地面上或建筑物上，后者按其行走装置又可分为履带式、汽车式、轮胎式和轨道式四种；按其回转形式可分为上回转和下回转两种；按其变幅方式可分为水平臂架小车变幅和动臂变幅两种；按其安装形式可分为自升式、整体快速拆装和拼装式三种。目前，应用最广的是下回转、快速拆装、轨道式塔式起重机和能够一机四用的自升式塔式起重机。

3. 桅杆式起重机

属于非标准起重机，可分为独脚式、人字式、门式和动臂式四类。其结构简单，起重量大，对场地要求不高，使用成本低，但效率不高。每次使用须重新进行设计计算。

桅杆式起重机的缆风绳至少 6 根，根据缆风最大的拉力选择钢丝绳和地锚，地锚必须安全可靠。大型桅杆式起重机下部设有专门行走装置，在钢轨上移动，中小型桅杆式起重机在下面设滚筒。移动桅杆，多用卷扬机加滑车组牵动桅杆底脚。移动时，将吊杆收拢，并随时调整缆风。移动完毕后，必须使底脚完全垫实固定牢靠后才能进行吊装作业。

2G313020　矿业工程地基处理和基础施工

2G313021　地基处理的方法和技术要求

地基处理的方法有很多，常见的有换填地基、夯实地基、挤密桩地基、深层密实地基、高压喷射注浆地基、预压地基、土工合成材料地基等。主要地基处理方法及其技术要求如下：

一、换填地基

1. 灰土地基

灰土地基是将基础底面下要求范围内的软弱土层挖去，用一定比例的石灰与土，在最优含水量情况下，充分拌合，分层回填夯实或压实而成。灰土地基具有一定的强度、水稳性和抗渗性，施工工艺简单，费用较低，是一种应用广泛、经济、实用的地基加固方法。适用于加固深 1～4m 厚的软弱土、湿陷性黄土、杂填土等，还可用作结构的辅助防渗层。

2. 砂和砂石地基

砂和砂石地基采用砂或砂砾石（碎石）混合物，经分层夯（压）实，作为地基的持力层，提高基础下部地基强度，并通过垫层的压力扩散作业，降低地基的压应力，减少变形量，同时垫层可起到排水作业的作用，地基土中孔隙水可通过垫层快速排出，能加速下部土层的沉降和固结。

砂和砂石地基具有应用范围广泛；不用水泥、石材；由于砂颗粒大，可防止地下水因毛细作用上升，地基不受冻结影响；能在施工期间完成沉陷；用机械或人工都可使地基密实，施工工艺简单，可缩短工期，降低造价等特点。适用于处理 3.0m 以内的软弱、透水性强的黏性土地基，包括淤泥、淤泥质土；不宜用于加固湿陷性黄土地基及渗透系数小的黏性土地基。

二、夯实地基

1. 重锤夯实地基

重锤夯实是利用起重机械将夯锤提升到一定高度，然后自由落下，使地基表面形成一层比较密实的硬壳层，从而使地基得到加固。适用于地下水位 0.8m 以上，稍湿的黏性土、砂土、饱和度 $S_r \leqslant 60$ 的湿陷性黄土、杂填土以及分层填土地基的加固处理。

2. 强夯地基

强夯法是用起重机械将大吨位夯锤起吊到 6～30m 高度后，自由落下，给地基土以强大的冲击能量的夯击，从而提高地基承载力，降低其压缩性的一种有效的地基加固方法。适用于碎石土、砂土、低饱和度粉土、湿陷性黄土等的处理；也可用于防止粉土和粉砂的液化，消除或降低土的湿陷性等级；对于高饱和度淤泥、软黏土等，如采取一定技术措施也可采用，还可用于水下夯实。

三、挤密桩地基

1. 砂桩、碎石桩和水泥粉煤灰碎石桩

碎石桩和砂桩合称为粗颗粒土桩，是指用振动、冲击或振动水冲等方式在软弱地基中成孔，再将碎石或砂挤压入孔，形成大直径的由碎石或砂所构成的密实桩体，具有挤密、置换、排水、垫层和加筋等加固作用。

水泥粉煤灰碎石桩（简称 CFG 桩）是在碎石桩基础上，加进一些石屑、粉煤灰和少量水泥，加水拌合制成的具有一定粘结强度的桩。桩的承载能力来自桩全长产生的摩阻力及桩端承载力，桩越长，承载力越高，桩土形成的复合地基承载力提高幅度可达 4 倍以上且变形量小。

2. 土桩和灰土桩

土桩和灰土桩挤密地基是由桩间挤密土和填夯的桩体组成的人工"复合地基"。适用

于处理地下水位以上，深度 5～15m 的湿陷性黄土或人工填土地基。土桩主要适用于消除湿陷性黄土地基的湿陷性，灰土桩主要适用于提高人工填土地基的承载力。地下水位以下或含水量超过 25% 的土，不宜采用。

除了上述土桩和灰土桩外，还有单独采用石灰加固软弱地基的石灰桩。

四、深层搅拌法施工

深层搅拌法是利用水泥、石灰等材料作为固化剂的主剂，通过特制的深层搅拌机械，在地基深处就地将软土和固化剂（浆液或粉体）强制搅拌，利用固化剂和软土之间所产生的一系列物理—化学反应，使软土硬结成具有整体性的并具有一定承载力的复合地基。

深层搅拌法适宜于加固各种成因的饱和状土，如淤泥、淤泥质土、黏土和粉质黏土等，以增加软土地基的承载能力，减少沉降量，提高边坡的稳定性和各种坑槽工程施工时的挡水帷幕。施工前，应依据工程地质勘察资料，进行室内配合比试验，结合设计要求，选择最佳水泥掺入比，确定搅拌工艺。

用于深层搅拌的施工工艺目前有两种：一种是用水泥浆和地基土搅拌的水泥浆搅拌（简称旋喷桩）；另一种是用水泥粉或石灰粉和地基土搅拌的粉体喷射搅拌（简称粉喷桩）。

2G313022 基础施工的方法和技术要求

基础的类型与建筑物上部结构形式、荷载大小、地基承载能力、地基上的地质、水文情况、材料性能等因素有关。基础按照受力特点及材料性能可分为刚性基础和柔性基础；按构造方式可分为条形基础、独立基础、筏形基础、箱形基础等。另外还有一些特殊的基础形式，如壳体基础、圆板、圆环基础等。

一、独立基础（单独基础）

（一）柱下单独基础

单独基础是柱子基础的主要类型。它所用材料根据柱的材料和荷载大小而定，常采用砖、石、混凝土和钢筋混凝土等。现浇柱下钢筋混凝土基础的截面可做成阶梯形和锥形，预制柱下的基础一般做成杯形基础，等柱子插入杯口后，将柱子临时支撑，然后用细石混凝土将柱周围的缝隙填实。

（二）墙下单独基础

墙下单独基础是当上层土质松软，而在不深处有较好的土层时，为了节约基础材料和减少开挖土方量而采用的一种基础形式。砖墙砌筑在单独基础上边的钢筋混凝土地梁上。地梁跨度一般为 3～5m。

二、条形基础

条形基础是指基础长度远大于其宽度的一种基础形式。按上部结构形式，可分为墙下条形基础和柱下条形基础。

（一）墙下条形基础

条形基础是承重墙基础的主要形式，常用砖、毛石、三合土或灰土建造。当上部结构荷载较大而土质较差时，可采用钢筋混凝土建造，墙下钢筋混凝土条形基础一般做成无肋式；如地基在水平方向上压缩性不均匀，为了增加基础的整体性，减少基础的不均匀沉降，也可做成肋式的条形基础。

（二）柱下钢筋混凝土条形基础

当地基软弱而荷载较大时，采用柱下单独基础，底面积必然很大，因而互相接近。为增强基础的整体性并方便施工，节约造价，可将同一排的柱基础连通做成钢筋混凝土条形基础。

（三）柱下十字交叉基础

荷载较大的高层建筑，如土质软弱，为了增强基础的整体刚度，减少不均匀沉降，可以沿柱网纵横方向设置钢筋混凝土条形基础，形成十字交叉基础。

三、筏形基础

如地基基础软弱而荷载又很大，采用十字基础仍不能满足要求或相邻基槽距离很小时，可用钢筋混凝土做成混凝土的筏形基础。按构造不同它可分为平板式和梁板式两类。平板式又分为两类：一类是在底板上做梁，柱子支撑在梁上；另一类是将梁放在底板的下方，底板上面平整，可作建筑物底层底面。

四、箱形基础

为了使基础具有更大的刚度，大大减少建筑物的相对弯矩，可将基础做成由顶板、底板及若干纵横隔墙组成的箱形基础，它是筏形基础的进一步发展。一般都是由钢筋混凝土建造，减少了基础底面的附加应力，因而适用于地基软弱土层厚、荷载大和建筑面积不太大的一些重要建筑物。

五、桩基础

桩基础是由若干根桩和桩顶的承台组成的一种常用的深基础。根据施工方法的不同，桩可分为预制桩和灌注桩两大类。预制桩是在工厂或施工现场制成各种材料和形式的桩（如钢筋混凝土桩、钢桩、木桩等），然后用沉桩设备将桩打入、压入、振入或旋入土中。灌注桩是在施工现场的桩位上先成孔，然后在孔内灌注混凝土，也可加入钢筋后灌注混凝土。根据成孔方法的不同可分为：钻孔、挖孔、冲孔灌注桩，沉管灌注桩和爆扩桩等。

桩型和成桩工艺选择，应根据建筑结构类型、荷载性质、桩的使用功能、穿越土层、桩端持力层土类、地下水位、施工设备、施工环境等条件确定。

（一）钢筋混凝土预制桩施工

钢筋混凝土桩坚固耐久，不受地下水和潮湿变化的影响，可做成各种需要的断面和长度，而且能承受较大的荷载，在建筑工程中广泛应用。

常用的钢筋混凝土预制桩断面有实心方桩与预应力混凝土空心管桩两种。方形桩边长通常为200～550mm，桩内设纵向钢筋或预应力钢筋和横向钢箍，在尖端设置桩靴。预应力混凝土管桩直径为400～600mm，在工厂内用离心法制成。

混凝土预制桩的沉桩方法有锤击法、静力压桩法、振动法和水冲法等。

1. 锤击法

锤击法就是利用桩锤的冲击克服土对桩的阻力，使桩沉到预定深度或达到持力层。这是最常用的一种沉桩方法。

打桩施工时，锤的落距应较小，待桩入土至一定深度且稳定后，再按要求的落距锤击。用落锤或单动汽锤打桩时，最大落距不宜大于1m；用柴油锤时，应使锤跳动正常。在打桩过程中，遇有贯入度剧变，桩身突然发生倾斜、移位或有严重回弹，桩顶或桩身出现严重裂缝或破碎等异常情况时，应暂停打桩，及时研究处理。

2. 静力压桩

静力压桩是利用压桩架的自重及附属设备（卷扬机及配重等）的重量，通过卷扬机的牵引，由钢丝绳滑轮及压梁将整个压桩架的重量传至桩顶，将桩逐节压入土中。由于打入桩噪声大、振动大，在城市施工会带来公害。因此，当条件具备时，在软土地基上，可利用静压力将预制桩压入土中。近年来，在我国沿海软土地基上较为广泛地采用。

3. 振动沉桩

振动沉桩是借助固定于桩头上的振动箱所产生的振动力，来减小桩与土壤颗粒之间的摩擦力，使桩在自重与机械力的作用下沉入土中。

振动沉桩主要适用于砂土、砂质黏土、粉质黏土层，在含水砂层中的效果更为显著。但在砂砾层中采用此法时，尚需配以水冲法。

振动沉桩法的优点是设备构造简单，使用方便，效能高，所消耗的动力少，附属机具设备亦少；其缺点是不宜用于黏土层以及土层中夹有孤石的情况。

4. 水冲法沉桩（射水沉桩）

水冲法沉桩是锤击沉桩的一种辅助方法。利用高压水流经过桩侧面或空心桩内部的射水管冲击桩尖附近土层，便于锤击沉桩。一般是边冲水边打桩，当沉桩至标高的 $1\sim2m$ 时停止冲水，用锤击至规定标高。水冲法适用于砂土和碎石土，有时对于特别长的预制桩，单靠锤击有一定困难时，亦可用水冲法辅助之。

（二）混凝土灌注桩施工

灌注桩是直接在桩位上就地成孔，然后在孔内灌注混凝土或钢筋混凝土而成。灌注桩能适应地层的变化，无需接桩，施工时无振动、无挤土和噪声小，宜于在建筑物密集地区使用。但其操作要求严格，施工后需一定的养护期方可承受荷载，成孔时有大量土或泥浆排出。

灌注桩的施工方法，常用的有钻孔灌注桩、人工挖孔灌注桩、套管成孔灌注桩和爆扩成孔灌注桩等多种。

1. 钻孔灌注桩

钻孔灌注桩是使用钻孔机械钻孔，待孔深达到设计要求后进行清孔，放入钢筋笼，然后在孔内灌注混凝土而成桩。这是一种现场工业化的基础工程施工方法，所需机械设备有螺旋钻孔机、钻扩机或潜水钻孔机。

2. 人工挖孔灌注桩

人工挖孔灌注桩是采用人工挖土成孔，浇筑混凝土成桩。人工挖孔灌注桩的单桩承载力高，结构受力明确，沉降量小；施工机具设备简单，工艺操作简单，占场地小；施工无振动、无噪声、无环境污染，对周边建筑无影响。

3. 套管成孔灌注桩

套管成孔灌注桩是目前采用最为广泛的一种灌注桩。它有锤击沉管灌注桩、振动沉管灌注桩和套管夯打灌注桩三种。利用锤击沉桩设备沉管、拔管时，称为锤击灌注桩；利用激振器振动沉管、拔管时，称为振动灌注桩。

4. 爆扩成孔灌注桩

爆扩成孔灌注桩又称爆扩桩，是由桩柱和扩大头两部分组成。爆扩桩的一般施工过程是：采用简易的麻花钻（手工或机动）在地基上钻出细而长的小孔，然后在孔内安放适量的炸药，利用爆炸的力量挤土成孔（也可用机钻成孔）；接着在孔底安放炸药，利用爆炸的力量在底部形成扩大头；最后灌注混凝土或钢筋混凝土而成。这种桩成孔方法简便，能节省劳动力，降低成本，做成的桩承载力也较大。爆扩桩的适用范围较广，除软土和新填土外，其他各种土层中均可使用。爆扩桩成孔方法有两种，即一次爆扩法及两次爆扩法。

2G313023 土方工程施工机械及其选用

土方工程应根据基础形式、工程规模、开挖深度、地质、地下水情况等合理选择施工机械。常用的施工机械有：推土机、铲运机、挖掘机、装载机等。

一、推土机

推土机是土方工程施工的主要机械之一，是在履带式拖拉机上安装推土板等工作装置而成的机械，是一种自行式的挖土、运土工具。按铲刀的形式分，推土机有索式和液压式；按推土机行走方式分，推土机有履带式和轮胎式。推土机的经济运距在100m以内，以30～60m为最佳运距。推土机的特点是操作灵活、运输方便，所需工作面较小，行驶速度较快，易于转移。推土机可以单独使用，也可以卸下铲刀牵引其他无动力的土方机械，如拖式铲运机、松土机、羊足碾等。常用推土机的推土板有索式和液压操纵两种。液压操纵推土板的推土机除了可以升降推土板外，还可调整推土板的角度，因此具有更大的灵活性。

为提高推土机的生产率，可采用下述方法：

1. 槽形推土。推土机多次在一条作业线上工作，使地面形成一条浅槽，以减少从铲刀两侧散漏。这样作业可增加推土量10%～30%。槽深以1m左右为宜，槽间土埂宽约0.5m。在推出多条槽后，再将土埂推入槽内，然后运出。

2. 下坡推土。在斜坡上顺下坡方向工作。坡度不宜大于15°，以免后退时爬坡困难。

3. 并列推土。在大面积场地平整时，可采用多台推土机并列作业。通常两机并列推土可增大推土量15%～30%，三机并列推土可增加30%～40%。并列推土的运距宜为20～60m。

二、铲运机

铲运机的特点是能独立完成铲土、运土、卸土、填筑、压实等工作，对行驶道路要求较低，行驶速度快，操纵灵活，运转方便，生产效率高。按行走方式，分为自行式铲运机和拖式铲运机两种。拖式铲运机是由拖拉机牵引及操纵，自行式铲运机的行驶和工作，都靠本身的动力设备，不需要其他机械的牵引和操纵。常用于坡度在20°以内的大面积场地平整，开挖大型基坑、沟槽，以及填筑路基等土方工程。铲运机可直接挖土、运土，适宜运距为600～1500m，当运距为200～350m时效率最高。

铲运机运行路线和施工方法视工程大小、运距长短、土的性质和地形条件等而定。其运行路线可采用环形路线或8字路线。其中拖式铲运机的适用运距为80～800m，当运距为200～350m时效率最高。而自行式铲运机的适用运距为800～1500m。采用下坡铲土、跨铲法、推土机助铲法等，可缩短装土时间提高土斗装土量，以充分发挥其效率。

三、挖掘机

挖掘机是基坑（槽）土方开挖常用的一种机械。按其行走装置的不同，分为履带式和轮胎式两类；按其工作装置的不同，可以分为正铲、反铲、拉铲和抓铲四种；按其传动装置，又可分为机械传动和液压传动两种。

1. 正铲挖掘机

正铲挖掘机装车轻便灵活，回转速度快，移位方便；能够挖掘坚硬土层，易控制开挖尺寸，工作效率高。适用于开挖含水量不大于27%的土和经爆破后的岩石与冻土碎块、大型场地平整土方、工作面狭小且较深的大型管沟和基槽、独立基坑和边坡开挖等工程。其挖土特点是"前进向上，强制切土"。根据开挖路线与运输汽车相对位置的不同，一般有两种方法：正向开挖，侧向装土法；正向开挖，后方装土法。

2. 反铲挖掘机

反铲挖掘机操作灵活，挖土、卸土均在地面作业，不用开运输道。适用于开挖含水量大的砂土或黏土、管沟和基槽、独立基坑和边坡开挖等工程。其挖土特点是"后退向下，强制切土"。根据开挖路线与运输汽车相对位置的不同，一般有沟端开挖法、沟侧开挖法、沟角开挖法、多层接力开挖法等。

3. 拉铲挖掘机

拉铲挖掘机可挖深坑，挖掘半径及卸载半径大，操纵灵活性较差。适用于开挖较深较大的基坑和管沟、大量外运土方、填筑路基堤坝等工程。

4. 抓铲挖掘机

抓铲挖掘机适用于土质比较松软，施工面较窄的深基坑、基槽，水中挖取土等工程。其挖土特点是"直上直下，自重切土"。

一般来说，深度不大的大面积基坑开挖，宜采用推土机或装载机推土、装土，用自卸汽车运土；对长度和宽度均较大的大面积土方一次开挖，可用铲运机铲土、运土、卸土、填筑作业；对面积较深的基础多采用液压正铲挖掘机，上层土方也可用铲运机或推土机进行；如操作面狭窄，且有地下水，土体湿度大，可采用液压反铲挖掘机挖土，自卸汽车运土；在地下水中挖土，可用拉铲，效率较高；对地下水位较深，采用不排水时，可分层用不同机械开挖，先用正铲挖土机挖地下水位以上土方，再用拉铲或反铲挖地下水位以下土方，用自卸汽车将土方运出。

2G313030　矿业工程基坑支护施工

2G313031　基坑的支护形式及其应用

基坑支护是为保证地下结构施工及基坑周边环境的安全，对基坑侧壁及周边环境采用的临时性支挡、加固与保护措施。常见的基坑支护形式主要有：横撑式支撑、重力式支护结构、板桩墙支护结构、喷锚支护、土钉墙、地下连续墙等。

一、横撑式支撑

开挖较窄的沟槽，多用横撑式土壁支撑。横撑式土壁支撑根据挡土板的不同，分为水平挡土板式以及垂直挡土板式两类。前者挡土板的布置又分间断式和连续式两种。湿度小的黏性土挖土深度小于3m时，可用间断式水平挡土板支撑；对松散、湿度大的土可用连续式水平挡土板支撑，挖土深度可达5m。对松散和湿度很高的土可用垂直挡土板式支撑，其挖土深度不限。挡土板、立柱及横撑的强度、变形及稳定等，可根据实际布置情况进行结构计算。

二、重力式支护结构

重力式支护结构是指主要通过加固基坑周边土形成一定厚度的重力式墙，以达到挡土的目的。深层搅拌水泥土围护墙（水泥土搅拌桩）支护结构是近年来发展起来的一种重力式支护结构。深层搅拌水泥土围护墙是采用深层搅拌机就地将土和输入的水泥浆强行搅拌，形成连续搭接的水泥土挡墙。水泥土围护墙的优点是坑内一般无需支撑，便于机械化快速挖土；水泥土围护墙具有挡土、止水的双重功能，通常较经济，且施工中无振动、无噪声、污染少、挤土轻微，在闹市区内施工更显其优越性。但是，水泥土围护墙的位移相对较大，尤其在基坑长度大时，一般须采取中间加墩、起拱等措施；同时其厚度较大，只有在周围环境允许时才能采用，施工时还要注意防止影响周围环境。

三、板桩墙支护结构

板式支护结构由两大系统组成：挡墙系统和支撑（或拉锚）系统。悬臂式板桩支护结构则不设支撑（或拉锚）。

挡墙系统常用的材料有钢板桩、槽钢、钢筋混凝土板桩、灌注桩及地下连续墙等。板桩墙的施工，根据挡墙系统的形式选取相应的方法。一般钢板桩、混凝土板桩采用打入法，而灌注桩及地下连续墙则采用就地成孔（槽）现浇的方法。

常见的钢板桩有槽钢钢板桩和热轧锁口钢板桩。槽钢钢板桩是一种简易的钢板桩围护墙，由槽钢正反扣搭接或并排组成。热轧锁口钢板桩的形式有 U 形、L 形、一字形、H 形和组合形。钢板桩施工速度快且简便，可减少开挖土方量；有一定的挡水能力；基坑施工完毕回填后，可将槽钢拔出回收再次使用。但是，钢板桩在透水性较好的土层中不能完全挡水和土中的细小颗粒，在地下水位高的地区需采取隔水或降水措施。钢板桩的抗弯能力较弱，槽钢钢板桩多用于深度在 4m 以内的较浅基坑或沟槽，打入地下后顶部宜设置一道支撑或拉锚；U 形钢板桩多用于周围环境要求不高的深 5～8m 的基坑。钢筋混凝土板桩具有施工简单、现场作业周期短等特点，曾在基坑中广泛应用，但由于钢筋混凝土板桩的施打振动与噪声大，同时沉桩过程中挤土也较为严重，在城市工程中受到一定限制。此外，其制作一般在工厂预制再运至工地，成本较灌注桩等略高。由于其截面形状及配筋可根据需要设计，受力比较合理，且目前已可制作厚度较大（如厚度达 500mm 以上）的板桩，并有液压静力沉桩设备，故在基坑工程中仍是支护板墙的一种使用形式。

灌注桩排桩围护墙是采用连续的柱列式排列的灌注桩形成的基坑支护结构，适于基坑侧壁安全等级一、二、三级。当地下水位高于基坑底面时，宜采用降水、排桩加截水帷幕或地下连续墙共同形成基坑支护结构。工程中常用的灌注桩排桩的形式有分离式、双排式和咬合式。

支撑系统一般采用大型钢管、H 型钢或格构式钢支撑，也可采用现浇钢筋混凝土支撑。拉锚系统材料一般用钢筋、钢索、型钢或土锚杆。根据基坑开挖的深度及挡墙系统的截面性能，可设置一道或多道支点。支撑或拉锚与挡墙系统一般通过围檩、冠梁等连接成整体。

四、喷锚支护结构

喷锚支护由喷混凝土和锚杆组成。在基础开挖后，清洗裸露岩面，然后立刻喷上一层厚 3～8cm 的混凝土，防止围岩松动。如果这层混凝土不足以支护围岩，则根据情况施筑锚杆支护，或再加厚混凝土的喷层。

（一）喷混凝土的施工技术要求

1. 喷混凝土的工艺过程，一般由供料、供压风和供水三个系统组成。

2. 喷混凝土施工前应首先撬除危石，清洗岩面。一般混凝土与岩石间的粘结力可达 1.0～1.5MPa。存在危石或岩面冲洗不良使粘结力降低，都会影响支护与围岩的整体性，丧失部分或整体的支护效果。第一层喷完之后，常加设锚杆，必要时再挂钢筋网，然后再喷第二层以至第三层混凝土。

3. 正确选用配合比对喷混凝土尤其重要。它不仅决定混凝土强度，还影响喷混凝土的粘结效果、回弹、粉尘等问题。喷混凝土的砂、石选料比较严格，要限定砂、石的粒径；配合比中还应明确速凝剂的成分与比例。此外，还可以选用专用的喷射水泥，或在喷射混凝土中加入钢纤维或合成纤维，以改变喷混凝土层的韧性及抗拉强度，使之能够承受更大的荷载与变形。

4. 喷混凝土有"干喷""湿喷""潮喷""水泥裹砂（SEC）"等工艺方法。干喷法的粉尘问题严重，混凝土拌合的均匀性也不能满足要求，但施工设备成熟，工艺相对简单。

5. 由于喷混凝土的水泥与细骨料相对较多，同时又掺有速凝剂，因此其收缩变形要更为严重。所以，喷混凝土的养护对其强度增长、改善变形性质、提高抗渗能力等有重要影响。一般混凝土喷层完成后的 7d 内，均要求喷水养护。

（二）土层锚杆与锚索的施工技术要求

1. 地面土层锚杆和锚索与地下隧道、矿山巷道的锚杆不同。地面土层锚杆与锚索一样，是一种施加预应力的基坑（边坡）支护形式（因此有时统称为锚杆）。它可以作为临时性支护或者永久性支护。

2. 地面土层锚杆和锚索在使用前，应完成土层各种相关的土质试验；充分考虑其施工与布设的条件，调查与锚固工程有关的场地条件、地形、周围已有的建筑物及地下埋设物等。土层锚杆和锚索的支护效果和地质条件关系密切。在未经处理的有机质土、液限大于 50% 的土层及相对密实度小于 0.3 的土层中，不应采用土层锚杆和锚索作为使用年限超过 2 年的永久性支护。

3. 土层锚杆与锚索的预应力杆体材料宜选用钢绞线、高强度钢丝或高强度螺纹钢筋。当预应力值较小或锚杆长度小于 20m 时，也可采用 HRB335 级或 HRB400 级钢筋。锚具和其他受力构件均应达到能承受 95% 的杆体极限抗拉力。使用土层锚杆和锚索前，应根据荷载大小，设计确定锚固力，并根据地层条件和支护结构变形要求，按锚杆轴向受拉荷载设计值的 0.5～0.6 作为施加预应力（锁定）值。

4. 土层锚杆上、下层垂直间距不宜小于 2.0m，水平方向间距不宜小于 1.5m。上覆土层的厚度不小于 4.0m，非锚杆的锚固段长度不宜小于 5.0m，锚杆的锚固段长度由计算确定。倾斜锚杆的角度宜在 10°～25°，但不应大于 45°。

5. 采用土层锚杆应充分考虑锚杆或锚索在地下条件防腐问题，不得采用高铝水泥拌制砂浆，不应采用污水和 pH 值小于 4.0 的酸性水。防腐材料应满足锚杆的服务年限要求，不能在锚杆施工（张拉）和使用过程开裂、变脆受损，保持在服务年限内的防水、防腐功能，且不影响锚杆自由段的变形。

（三）岩石锚杆

1．地面岩层中同样可以使用锚杆进行加固。这种锚杆与土层锚杆相比，长度相对较短，一般不采用预应力；孔径也相对较小，通常岩石锚杆的孔径为 30～40mm，土层锚杆或锚索的孔径要求较大，可到 150mm 左右。

2．目前的锚杆多用粘接式锚固。经常采用砂浆全长粘接（地面较多）锚固或是树脂端头粘接（矿井井下为多）锚固的形式。

五、土钉墙支护结构

土钉墙支护是一种原位土体加固技术，由原位土体、设置在土中的土钉与喷射混凝土面层组成，形成一个类似重力式挡土墙结构，维护开挖面的稳定。土钉支护用于基坑侧壁安全等级宜为二、三级的非软土场地；基坑深度不宜大于 12m；当地下水位高于基坑底面时，应采用降水或截水措施。目前在软土场地亦有应用。

土钉支护工艺，可以先锚后喷，也可以先喷后锚。喷射混凝土在高压空气作用下，高速喷向喷面，在喷层与土层间产生嵌固效应，改善边坡的受力条件；土钉深固于土体内部，主动支护土体，并与土体共同作用，可提高周围土体的承载能力，使土体变为支护结构的一部分；钢筋网能使支护形成一体，并增大支护体系的柔性与整体性。

六、地下连续墙

地下连续墙是在地下工程开挖前，地面上沿着基坑的周边，用特制的挖槽机械，在泥浆护壁的情况下开挖一定长度的沟槽（称为单元槽段），然后将钢筋骨架吊放入沟槽，最后用导管在充满泥浆的沟槽中浇筑混凝土，形成一个单元墙段。各单元墙段之间以某种接头方式连接，就形成一条连续的地下墙。地下连续墙可以用作深基坑的临时支护结构，亦可以同时作为建筑物的地下室外墙。地下连续墙适用于淤泥、黏性土、冲积土、砂性土及粒径 50mm 以下的砂砾层等多种地质条件，深度可达 50m，但是不适用于在岩溶地段、含承压水很高的细砂粉砂地层、很软的黏性土层中。

2G313032 基坑施工的防排水方法

在开挖基坑或沟槽时，为了保证施工的正常进行，防止边坡塌方和地基承载能力的下降，必须做好基坑的防排水工作。基坑施工时的防水，主要是雨季防止降水对基坑边坡稳定的影响，一般可在基坑四周布置水沟，及时将降水排除。而基坑施工时，地下水降水方法可分为重力降水和强制降水。土石方工程中采用较多的是集水井降水和轻型井点降水。

基坑工程防排水方法可分为集水明排、井点降水、截水和回灌等形式的单独或组合使用。方法的选择应根据土层情况、降水深度、周围环境、支护结构类型等方面综合考虑。

一、集水明排法

集水明排法是在基坑开挖过程中，沿坑底周围或中央开挖排水沟，在坑底设置集水坑，使水流入集水坑，然后用水泵抽走。抽出的水应予引开，远离基坑以防倒流。集水明排法宜用于粗粒土层，也用于渗水量小的黏土层；在细砂和粉砂土层中，由于地下水渗出会带走细粒、发生流沙现象，容易导致边坡坍塌、坑底涌砂，因此不宜采用。

二、井点降水法

井点降水法是在基坑开挖之前，预先在基坑四周埋设一定数量的滤水管（井），利用抽水设备抽水，使地下水位降落到坑底以下，并在基坑开挖过程中仍不断抽水。这样，可使所挖的土始终保持干燥状态，也可防止流沙发生，土方边坡也可陡些，从而减少了挖方量。

井点降水方法一般分为两类：一类为真空抽水，有真空井点（单层或多层轻型井点）以及喷射井点；另一类为非真空抽水，有管井井点（包括深井井点）等。施工时应根据含水层厚度及类别、渗透系数、降水深度、工程条件特点等选择，参照表 2G313032。

各种井点的适用范围   表 2G313032

井点类别	土的渗透系数（m/d）	降低水位深度（m）
一级轻型井点	1～50	3～6
二级轻型井点	0.1～50	根据井点级数而定
喷射井点	0.1～50	8～20
电渗井点	＜0.12	根据选用的井点确定
管井井点	20～200	3～5
深井井点	10～250	＞15

（一）轻型井点

轻型井点（如图 2G313032 所示）是沿基坑四周以一定间距埋入直径较细的井点管至地下含水层内，井点管的上端通过弯联管与总管相连接，利用抽水设备将地下水从井点管内不断抽出，使原有地下水位降至坑底以下。在施工过程中要不断地抽水，直至基础施工完毕并回填土为止。

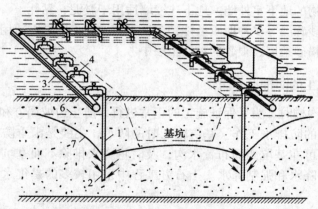

图 2G313032   轻型井点法示意图
1—井点管；2—滤管；3—总管；4—弯连管；5—水泵房；
6—原有地下水位线；7—降低后地下水位线

井点管是用直径 38mm 或 51mm、长 5～7m 的钢管，管下端配有滤管。集水总管常用直径 100～127mm 的钢管，每节长 4m，一般每隔 0.8m 或 1.2m 设一个连接井点管的接头。

抽水设备包括真空泵、离心泵和水汽分离器等。一套抽水设备能带动的总管长度，一般为 100～120m。

根据基坑平面的大小与深度、土质、地下水位高低与流向、降水深度要求，轻型井点可采用单排布置、双排布置以及环形布置；当土方施工机械需要进出基坑时，也可采用 U

形布置。

（二）喷射井点

当降水深度超过 8m 时，宜采用喷射井点，喷射井点采用压气喷射泵进行排水，降水深度可达 8～20m。喷射井点的平面布置，当基坑宽度小于等于 10m 时，井点可作单排布置；当大于 10m 时，可作双排布置；当基坑面积较大时，宜采用环形布置。井点间距一般采用 2～3m，每套喷射井点宜控制在 20～30 根井管。

（三）管井井点

管井井点就是沿基坑每隔一定距离（20～50m）设置一个管井，每个管井单独用一台水泵不断抽水来降低地下水位。在土的渗透系数大（$K \geqslant 20m/d$）、地下水量大的土层中，宜采用管井井点。

管井直径为 150～250mm。管井的间距，一般为 20～50m。管井的深度为 8～15m，井内水位降低，可达 6～10m，两井中间则为 3～5m。

（四）深井井点

当降水深度超过 15m 时，在管井井点内采用一般的潜水泵和离心泵满足不了降水要求时，可加大管井深度，改用深井泵即深井井点来解决。深井井点一般可降低水位30～40m，有的甚至可达百米以上。常用的深井泵有两种类型：电动机在地面上的深井泵及深井潜水泵（沉没式深井泵）。

2G314000 井巷工程

2G314010 立井井筒施工

2G314000
看本章精讲课
配套章节自测

2G314011 表土施工方法及应用

在立井井筒施工中，一般将覆盖于基岩之上的第三系、第四系冲积层和基岩风化带统称为表土层，它是覆盖于基岩之上的松散堆积物的统称。工程中，按表土稳定性将其分成两大类：稳定表土和不稳定表土。稳定表土层主要包括非饱和的黏土层、含水量小的砂质黏土层，无水的大孔性土层和含水量不大的砾（卵）石层等；不稳定表土层包括含水砂层、淤泥层、饱和的黏土层、浸水的大孔性土层、膨胀土和华东地区的红色黏土层等。由于不稳定表土土质松软，稳定性差，且经常含水，对于立井井筒表土施工，主要应考虑其中不稳定表土层的施工方法和措施，确保立井井筒施工安全。

立井井筒表土层掘进宜采用矿用挖掘机配合中心回转抓岩机挖土掘进，井筒断面较小可采用人工风镐掘进，土层较硬可采用钻爆法施工。根据表土的性质及所采用的施工措施，井筒表土施工方法可分为普通施工法和特殊施工法两大类。对于稳定表土层一般采用普通施工法，而对于不稳定表土层多采用特殊施工法或普通与特殊相结合的综合施工方法。

一、井筒表土普通施工法

立井井筒表土普通施工法主要包括井圈背板普通施工法、吊挂井壁施工法和板桩施工法。

（一）井圈背板普通施工法

井圈背板普通施工法是采用人工或抓岩机（土硬时可放小炮）出土，下掘一小段后，即用井圈、背板进行临时支护，临时支护段高不应大于 2m，掘进一长段后（一般不超过30m），再由下向上拆除井圈、背板，然后砌筑永久井壁。如此周而复始，直至基岩。这种方法适用于较稳定的土层。

（二）吊挂井壁施工法

吊挂井壁施工法是用于稳定性较差的土层中的一种短段掘砌施工方法。为保持土的稳定性，减少土层的裸露时间，段高一般取 0.5～1.5m。按土层条件，段高内还可分别采用台阶式或分段分块，并配以超前小井降低水位的挖掘方法。吊挂井壁施工中，因段高小，不必进行临时支护。但由于段高小，每段井壁与土层的接触面积小，土对井壁的围抱力小，为了防止井壁在混凝土尚未达到设计强度前失去自身承载能力，引起井壁拉裂或脱落，必须在井壁内设置钢筋，并与上段井壁吊挂。这种施工方法可用于流动性小、水压不大于 0.2MPa 的砂层和透水性强的卵石层，以及岩石风化带。吊挂井壁法使用的设备简单，施工安全。但它的工序转换频繁，井壁接槎多，封水性能差。故常在通过整个表土层后，自下而上复砌第二层井壁。为此，需按井筒设计规格，适当扩大掘进断面。

（三）板桩施工法

对于厚度不大的不稳定表土层，在开挖之前，可先用人工或打桩机在工作面或地面沿井筒荒径依次打入一圈板桩，形成一个四周密封的圆筒，用以支承井壁，并在它的保护下进行掘进。板桩材料可采用木材和金属材料两种。木板桩多采用坚韧的松木或柞木制成，彼此采用尖形接榫。金属板桩常用 12 号槽钢相互正反扣合相接。根据板桩入土的难易程度可逐次单块打入，也可多块并成一组，分组打入。对于木板桩一般比金属板桩取材容易，制作简单，但刚度小，入土困难，板桩间连接紧密性差，故用于厚度为 3～6m 的不稳定土层。而金属板桩可根据打桩设备的能力条件，适用于厚度 8～10m 的不稳定土层。若与其他方法相结合，其应用深度可增大。

二、井筒表土特殊施工法

在不稳定表土层中施工立井井筒，必须采取特殊的施工方法，才能顺利通过。井筒表土特殊施工法包括：冻结法、钻井法、沉井法、注浆法和帷幕法等。目前以采用冻结法和钻井法为主。

（一）冻结法

冻结法凿井就是在井筒掘进之前，在井筒周围钻冻结孔，用人工制冷的方法将井筒周围含水松散不稳定的冲积层、风化岩层冻结成一个封闭的冻土结构物——冻结壁，用以抵抗水土压力，隔绝冻结壁内、外地下水的联系，然后在冻结壁的保护下进行井筒掘砌施工的特殊施工方法。

冻结法凿井的主要工艺过程有冻结孔的钻进、地层冻结、井筒掘砌、冻结管拔除和冻结孔充填等主要工作。井筒冻结方案有一次冻全深、局部冻结、差异冻结和分期冻结等几种。一次冻全深的方案适应性强，应用比较广泛。分期冻结是当冻结深度较大时，为避免使用过多的制冷设备，将全深分为数段（通常分为上、下两段），从上而下依次冻结。

冻结法广泛应用于矿井建设工程、基础工程、水利工程、隧道工程等。冻结法不仅适用于松散不稳定的冲积层和裂隙发育的含水岩层，也适用于淤泥、松软泥岩以及饱和含水和水头特别高的地层。对于含水率非常小或地下水流速相当大的地层不适用。冻结法对施工井筒的形状、断面尺寸和深度基本上没有限制,具有防水性好、技术可靠、冻结壁自承载能力高、工期易于保证等优点,已成为我国在冲积层和西部地区富(含)水基岩中开凿立井井筒使用最为广泛的特殊施工法。

立井井筒的冻结深度,根据地层埋藏条件及井筒掘砌深度确定,一般应深入稳定的不透水基岩 10m 以上。基岩段涌水量较大时,应延长冻结深度。

（二）钻井法

钻井法是以钻头刀具破碎岩石,用泥浆或其他介质进行洗井,护壁和排渣,在井筒钻至设计直径和深度后,再进行永久支护的一种机械化凿井方法。立井井筒可全面一次钻成,也可分次扩孔钻成。钻井法的主要工艺过程包括井筒钻进、泥浆护壁洗井、下沉预制井壁和壁后注浆固井等。为了保证井筒的垂直度,钻井时一般都采用减压钻进,总钻压不宜超过钻头在泥浆中重量的 70%,在表土向岩层过渡段不宜大于 50%。洗井方式可采用正循环和反循环,钻井直径超过 3m 宜采用反循环洗井。井筒壁后充填固井应采用水泥浆等胶结材料和碎石等非胶结材料交替进行,充填结束后应及时进行成井检测。

钻井法适用于各种不同的地质及工程条件,不仅可用于松散、不稳定的含水层,也可用于钻凿稳定、中等硬度岩层中的立井。钻井法施工的井筒进入不透水稳定岩层内的深度不得小于 5m。由于其机械化程度高,凿井作业时不用人工下井,作业条件好,井壁质量好。受钻井机能力的限制,往往只能钻凿一定直径和深度的井筒。目前,我国立井钻井机最大钻井直径已达 13m,可钻最大深度 1000m。

（三）沉井法

沉井法属于超前支护的一种方法,具体是在井筒设计位置上,预制好底部附有刃脚的一段井筒。在预制井筒的掩护下,随着井内掘进出土,井筒靠其自重克服外壁与土层间的摩擦阻力和刃脚下部的正面阻力而不断下沉,随着井筒下沉,在地面相应接长井壁。如此周而复始,直至沉到设计标高。

沉井法施工工艺简单,所需设备少,易于操作,井壁质量好,成本低,操作安全,广泛应用于如大型桥墩基础、地下厂房、仓库、车站等各类地下工程领域。通常认为,在不含卵石、漂石,底部有隔水黏土层,总厚度在 100m 左右的不稳定表土层中,选用沉井法是适宜的。若涌水量小于 30m³/h,流沙层较薄(1m 左右),土层稳定,深度较浅(＜30m),可考虑用排水沉井的方法施工;若涌水量较大,表土层及流沙层较厚,应采用淹水沉井法施工。从目前施工情况看,泥浆护壁淹水沉井法施工具有很大的优越性。

（四）注浆法

注浆法是矿山井巷工程凿井和治水的主要方法之一,也是地下工程中地层处理的重要手段。注浆法是将浆液注入岩土的孔隙、裂隙或空洞中,浆液经扩散、凝固、硬化以减少岩土的渗透性,增加其强度和稳定性,达到岩土加固和堵水的目的。

井筒注浆主要包括地面预注浆、工作面预注浆和壁后注浆三类施工作业。距地表小于 1000m 的裂隙含水岩层,当层数多且层间距不大时,宜采用地面预注浆施工。地面预注浆孔的数量宜为 3～8 个,孔位距井筒荒径不宜小于 1m,注浆孔的深度应超过所注含水层底板以下 10m。井筒穿过的基岩含水层赋存深度较深或含水层间距较大,中间有良好隔水层时,宜采用工作面预注浆法施工。工作面预注浆的段高宜为 30～50m,一次或多次注完全部含水层。工作面预注浆的钻孔应沿井筒周边布置，并应与岩层节理、裂隙相交。工作面预注浆应在含水层上方预先浇筑混凝土止浆垫，含水层上方岩石致密时，可预留岩帽做止浆垫。建成后的井筒（深度小于 600m，涌水量超过 $6m^3/h$；深度大于 600m，涌水量超过 $10m^3/h$）或已施工的井壁段（井壁有集中漏水，漏水量超过 $0.5m^3/h$ 的出水点），均应进行壁后注浆处理，并应采取防止井壁破坏的措施。壁后注浆的施工顺序应根据含水层的厚度分段进行，对漏水段较长的井筒，宜从上往下逐段进行注浆，每个段内宜先由下往上注浆，再由上往下复注一次。

注浆法目前在井巷施工中应用十分广泛，它既可用于为了减少井筒涌水，加快凿井速度、对井筒全深范围内的所有含水层（除表土外）进行预注浆的"打干井"施工，又可对裂隙含水岩层和松散砂土层进行堵水、加固。在大裂隙、破碎带和大溶洞等复杂地层中也可采用。

（五）帷幕法

帷幕法是超前支护的一种井巷特殊施工方法，其实质是预先在井筒或其他地下结构物设计位置的周围，建造一个封闭的圆形或其他形状的混凝土帷幕，其深度应穿过不稳定表土层，并嵌入不透水的稳定岩层 3～6m，在帷幕的保护下可安全进行掘砌作业，达到顺利通过不稳定含水地层建成井筒，或在不稳定地层中建成地下结构物的目的。

目前因成槽机具设备、专业施工队伍和施工技术水平的限制，帷幕法仅适用于深度不超过 100m 的含水不稳定表土层中立井或斜井的施工。

2G314012 基岩施工工艺

立井基岩施工是指在表土层或风化岩层以下的井筒施工，目前主要以钻眼爆破法施工为主。钻眼爆破法施工的主要工序包括工作面钻眼爆破工作、装岩与提升工作、井筒支护工作，以及通风、排水、测量等辅助工作。

一、钻眼爆破工作

在立井基岩掘进中，钻眼爆破工作是一项主要工序，约占整个掘进循环时间的 20%～30%。钻眼爆破的效果直接影响其他工序及井筒施工速度、工程成本，必须予以足够的重视。

立井基岩掘进宜采用伞钻钻眼（井筒直径小于 5m 时，可采用手持式风动凿岩机），超大直径井筒可采用双联伞钻。手持钻机钻眼深度以 1.5～2.0m 为宜，伞钻钻眼深度一般为 3.0～5.0m。用伞钻打眼具有机械化程度高、劳动强度低、钻眼速度快和工作安全等优点。

爆破工作包括爆破器材的选择，确定爆破参数和编制爆破图表。

（一）爆破器材

在立井施工中，工作面常有积水，要求采用抗水炸药。宜采用高威力、防水性能好的煤矿许用水胶炸药、乳化炸药等。起爆器材通常采用国产秒延期电雷管，毫秒延期电雷管和导爆索。

在有瓦斯或煤尘爆炸危险的井筒内进行爆破，或者是井筒穿过煤层进行爆破时，必须采用煤矿安全炸药和延期时间不超过 130ms 的毫秒延期电雷管。

放炮电源多采用交流电源或专用起爆器，采用交流电源时其电压不得超过 380V。

（二）爆破参数

爆破参数包括炮眼深度、炮眼数目、炸药消耗量等。炮眼深度一般根据岩石性质、凿岩爆破器材的性能以及合理的循环工作组织确定。通常情况下，短段掘砌混合作业的炮眼深度应为 3.5～5.0m，单行作业或平行作业的炮眼深度可为 2.0～4.5m 或更深，浅眼多循环作业的炮眼深度宜为 1.2～2.0m。炮眼数目和炸药消耗量与岩石性质、井筒断面大小和炸药性能等因素有关。合理的炮眼数目和炸药消耗量，应该是在保证最优爆破效果下爆破器材消耗量最少。

（三）爆破图表

立井施工爆破作业必须按照光面爆破要求进行爆破设计，并编制爆破图表。爆破图表的内容包括爆破原始条件、爆破参数表、炮眼布置图及预期爆破效果。

二、装岩与提升工作

在立井施工中，装岩提升工作是最费工时的工作，它约占整个掘进工作循环时间的 50%～60%，是决定立井施工速度的关键工作。

1. 装岩工作

立井施工普遍采用抓岩机装岩，实现了装岩机械化。我国生产的抓岩机有：NZQ_2-0.11 型抓岩机、长绳悬吊抓岩机（HS 型）、中心回转式抓岩机（HZ 型）、环行轨道式抓岩机（HH 型）和靠壁式抓岩机（HK 型）。目前以中心回转抓岩机装岩，配合挖掘机清底应用最为普遍。中心回转抓岩机固定在吊盘的下层盘或稳绳盘上。抓岩机抓斗利用变幅机构作径向运动，利用回转机构作圆周运动，利用提升机构作上下运动来进行抓岩。

2. 提升工作

立井井筒施工时提升工作的主要任务是及时排除井筒工作面的矸石、下放器材和设备、提放作业人员。提升系统一般由提升容器、钩头联结装置、提升钢丝绳、天轮、提升机以及提升所必需的导向稳绳和滑架组成。根据井筒断面的大小，可以设 1～3 套单钩提升或一套单钩一套双钩提升。

3. 排矸工作

立井井筒施工时，井下矸石通过吊桶提升到地面井架上翻矸台后，通过翻矸装置将矸石卸出，矸石通过溜矸槽或矸石仓卸入汽车或矿车，然后运往排矸场地。汽车排矸机动、灵活，排矸能力大，速度快，在井筒施工初期多采用这种方式，矸石可运往工业广场进行平整场地。矿车排矸简单、方便，主要用于井筒施工的后期，矸石可直接运往矸石山。

三、井筒支护工作

井筒向下掘进一定深度后，应及时进行井筒的支护工作，以支承地压、固定井筒装备、封堵涌水以及防止岩石风化破坏等作用。根据岩石的条件和井筒掘砌的方法，可掘进 1～2 个循环即进行永久支护工作，也可以往下掘进一定的深度后再进行永久支护工作，这时为保证掘进工作的安全，必须及时进行临时支护。

1. 临时支护

井筒施工中，若采用短段作业，因围岩暴露高度不大，暴露时间不长，在进行永久支护之前不会片帮，这时可不采用临时支护。一般情况下，为了确保工作安全都需要进行临时支护。在井筒基岩段施工时，采用锚喷支护作为临时支护具有很大的优越性，现已被广泛采用。

2. 永久支护

立井井筒永久支护是井筒施工中的一个重要工序。根据所用材料不同，立井井筒永久支护有料石井壁、混凝土井壁、钢筋混凝土井壁和锚喷支护井壁。砌筑料石井壁劳动强度大，不易实现机械化施工，而且井壁的整体性和封水性都很差，目前多数井筒采用整体式混凝土井壁。浇筑井壁的混凝土，其配合比必须经由有资质的单位试验确定，其强度必须由现场预留试块进行试压确认。在地面混凝土搅拌站搅拌好的混凝土，经溜灰管或吊桶输送到井下注入模板内。向井下输送混凝土时，必须制定安全技术措施，混凝土强度等级大于 C40 或者输送深度大于 400m 时，严禁采用溜灰管输送。

浇筑混凝土井壁的模板有多种。采用长段掘砌单行作业和平行作业时，多采用液压滑升模板或装配式金属模板；采用短段掘砌混合作业时，多采用金属整体活动模板。目前，短段掘砌混合作业方式，配套金属整体活动模板在立井施工中应用广泛。金属整体活动模板的高度，一般根据围岩的稳定性和施工段高来决定，稳定岩层中可达 3.0～4.5m。

在我国，部分矿井井筒采用锚喷支护作为井筒永久支护，特别是在无提升设备的井筒中，采用锚喷支护作为永久支护，可使施工大为简化，施工机械化程度也大为提高，并且减少了井筒掘进工程量。

四、立井施工辅助工作

1. 通风工作

井筒施工中，工作面必须不断地通入新鲜空气，以清洗和冲淡岩石中和爆破时产生的有害气体，保证工作人员的身体健康。掘进工作面需要的风量，按掘进工作面同时工作的最多人数计算时，每人每分钟的新鲜空气量不应小于 $4m^3$；按工作面炮烟排出时间计算时，应在放炮后 15min 内排出工作面的炮烟。立井掘进的通风是由设置在地面的通风机和井内的风筒完成的。可采用压入式、抽出式或抽出辅以压入式通风。

2. 井筒涌水的处理

井筒施工中，井内一般都有较大涌水，通常可采用注浆堵水、导水与截水、钻孔泄水和井筒排水等方法进行处理。

井筒涌水的治理方法，必须根据含水层的位置、厚度、用水量大小、岩层裂隙及方向、井筒施工条件等因素来确定。合理的井内治水方法应满足效果好、费用低、对井筒施工工期影响小、设备少、技术简单、安全可靠等要求。

3. 压风和供水工作

立井井筒施工中，工作面打眼、装岩和喷射混凝土作业所需要的压风和供水通常由吊挂在井内的压风管和供水管输送到工作面。

4. 其他辅助工作

立井施工时其他辅助工作还有井下供电、照明、通信与信号的设置、测量以及布置安全梯等。

2G314013   施工作业方式及其机械化配套方案

一、立井井筒的施工作业方式

立井井筒施工根据掘进、砌壁和安装三大工序在时间和空间的不同安排方式，施工方式可分为掘、砌单行作业，掘、砌平行作业，掘、砌混合作业和掘、砌、安一次成井。

（一）掘、砌单行作业

立井井筒掘进时，将井筒划分为若干段高，自上而下逐段施工。在同一段高内，按照掘、砌交替顺序作业称为单行作业。由于掘进段高不同，单行作业又分为长段单行作业和短段单行作业。

井筒掘进段高，是根据井筒穿过岩层的性质、涌水量大小、临时支护形式、井筒施工速度以及施工工艺来确定的。段高的大小，直接关系到施工速度、井壁质量和施工安全。由于影响段高的因素很多，必须根据施工条件全面分析、综合考虑、合理确定。

1. 长段单行作业

长段单行作业是在规定的段高内，先自上而下掘进井筒，同时进行临时支护，待掘至设计的井段高度时，即由下而上砌筑永久井壁，直至完成全部井筒工程。

采用挂圈背板临时支护时，段高一般以 30～40m 为宜，最大不应超过 60m，支护时间不得超过一个月。目前，在井筒基岩段施工中，由于挂圈背板临时支护材料消耗大，经济效益不明显，安全可靠性也相对较低，已很少采用。

采用锚喷临时支护时，由于井帮围岩得到及时封闭，消除了岩帮风化和出现危岩垮帮等安全隐患，可以采用较大段高。现场为了便于成本核算和施工管理，往往按月成井速度来确定段高。锚喷临时支护的结构和参数应视井筒岩性区别对待。

长段单行作业的缺点是需要进行临时支护，增加施工成本和工期，优点是可以较好地保证井筒施工质量，减少混凝土接槎缝。这种作业方式一般在煤矿立井井身施工中不常见，多用在金属矿山岩石条件较好的立井施工和煤矿的立井壁座施工中。

2. 短段掘、砌单行作业

短段掘、砌单行作业是在 2～5m（应与模板高度一致）较小的段高内，掘进后即进行永久支护，不用临时支护。为便于下一循环的打眼工作，爆破后，矸石暂不全部清除。砌壁时，立模、稳模和浇筑混凝土都在浮矸上进行。

短段掘、砌单行作业的优点是不需要临时支护，降低成本和工期，缺点是井壁的混凝土接槎缝比较多。但是随着井壁混凝土浇筑技术的提高，接槎缝的质量大大提高，而且一般在井筒施工完毕后进行壁后注浆封水，短段掘、砌单行作业的缺点基本得到克服，该作业方式成为目前最常见的立井施工作业方式。

3. 短掘、短喷单行作业

短掘、短喷单行作业与短段掘、砌单行作业基本相同，只是用喷射混凝土代替现浇混凝土井壁，喷射混凝土段高一般为 2m 左右。该种作业方式在煤矿立井井筒中比较少见，一般多用在金属矿山岩石条件比较好的立井施工中。

（二）掘、砌平行作业

掘、砌平行作业也有长段平行作业和短段平行作业之分。长段平行作业，是在工作面进行掘进作业和临时支护，而上段，则由吊盘自下而上进行砌壁作业。

短段掘、砌平行作业，掘、砌工作都是自上而下，并同时进行施工。掘进工作在掩护筒（或锚喷临时支护）保护下进行。砌壁是在多层吊盘上，自上而下逐段浇筑混凝土。每浇筑完一段井壁，即将砌壁托盘下放到下一水平，把模板打开，并稳放到已安好的砌壁托盘上，即可进行下一段的混凝土浇筑工作。

长段平行作业和短段平行作业这两种方式的缺点都是必须进行临时支护，而且上下立体作业导致安全可靠性较低，砌壁和掘进相互影响，相比发展较快的短段掘、砌单行作业来说，其优势已经没有。目前，长段平行作业和短段平行作业已经很少使用。

（三）掘、砌混合作业

井筒掘、砌工序在时间上有部分平行时，称混合作业。它既不同于单行作业（掘、砌顺序完成），也不同于平行作业（掘、砌平行进行）。混合作业是随着凿井技术的发展而产生。这种作业方式区别于短段单行作业。对于短段单行作业，掘、砌工序顺序进行；而混合作业，是在向模板浇筑混凝土达1m高左右时，在继续浇筑混凝土的同时，即可装岩出渣。待井壁浇筑完成后，作业面上的掘进工作又转为单独进行，依此往复循环。

这种作业方式的优点是在井壁浇筑混凝土的时候有平行作业的出渣工序，节省工期。但是，这种作业方式的前提是采用溜灰管输送混凝土或者是两套提升系统（一套提升系统输送混凝土一套出渣）。其缺点是劳动组织相对复杂，需要较高的施工管理水平，一般用在直径超过6.5m的井筒中，在冻结表土段施工中使用也较常见。

（四）掘、砌、安一次成井

井筒永久装备的安装工作与掘、砌作业同时施工时，称为一次成井。根据掘、砌、安三项作业安排顺序的不同，又有三种不同形式的一次成井施工方案，即掘、砌、安顺序作业一次成井，掘砌、掘安平行作业一次成井，和掘、砌、安三行作业一次成井。

随着立井施工设备和施工技术的发展，立井施工速度快速提升，对井筒空间的利用也越来越高，掘、砌、安一次成井这种作业方式很少使用。

（五）立井井筒施工作业方式的选择

1. 立井井筒施工作业方式的选择，不仅影响到凿井设备的数量、劳动力的多少、对施工单位的管理需求，而且在于能否最合理地利用立井井筒的有效作业空间和作业时间，充分发挥各种凿井设备的潜力，获得最优的效果。因此，立井施工方案的选择，具有特别重要的意义。

2. 立井井筒施工作业方式在选择时，应综合分析和考虑：

（1）井筒穿过岩层性质、涌水量的大小和井壁支护结构；

（2）井筒直径和深度（基岩部分）；

（3）可能采用的施工工艺及技术装备条件；

（4）施工队伍的操作技术水平和施工管理水平。

3. 各种施工作业方式都是随着凿井技术不断发展而形成，并且逐步完善的。任何一种施工作业方式都受多方面因素影响，具有一定的适用范围和条件。选择施工方式，首先要求技术先进，安全可行，有利于采用新型凿井装备，不仅能获得单月最高纪录，更重要的是能取得较高的综合成井速度，并应有明显的经济效益。

4. 在确定施工方式时，除了注意凿井工艺和机械化配套要与井筒直径、深度相适应外，要特别重视井筒涌水对施工的影响。如井筒淋水较大，多数达不到施工方式要求的预期效果。另外，为了充分发挥各种方案的优越性，必须提高施工队伍的操作技术水平和技术管理水平。

5. 掘砌单行作业的最大优点是工序单一，设备简单，管理方便，当井筒涌水量小于$40m^3/h$，任何工程地质条件均可使用。特别是当井筒深度小于400m，施工管理技术水平薄弱，凿井设备不足，无论井筒直径大小，应首先考虑采用掘砌单行作业。

6. 短段掘砌单行作业除上述优点外，它还取消了临时支护，简化了施工工艺，节省了临时支护材料，围岩能及时封闭，可改善作业条件，保证了施工操作安全。此外，它省略了长段单行作业中掘、砌转换时间，减去了集中排水、清理井底落灰，以及吊盘、管路反复起落、接拆所消耗的辅助工时。因此，当井筒施工采用单行作业时，应首先考虑采用这种施工方式。

7. 掘砌平行作业是在有限的井筒空间内，上下立体交叉同时进行掘砌作业，空间、时间利用率高，成井速度快。但井上、井下人员多，安全工作要求高，施工管理较复杂，凿井设备布置难度大。因此，当井筒穿过的基岩深度大于400m，井筒净径大于6m，围岩稳定，井筒涌水量小于 $20m^3/h$，施工装备和施工技术力量较强时，可以采用平行作业。

8. 掘砌混合作业是在短段掘砌单行作业的基础上发展而来的，某些施工特点都与短段单行作业基本相同，它所采用的机械化配套方案也大同小异，但是混合作业加大了模板高度，采用金属整体伸缩式模板，使得在进行混凝土浇筑的时候可以进行部分出矸工作。实际施工中，装岩出矸与浇筑混凝土部分平行作业，两个工序要配合好。只有这样才能实现混合作业的目的，达到利用部分支护时间进行装渣出矸，节约工时而提高成井速度。该作业方式目前应用较为广泛。

二、立井井筒施工常用机械化配套方案

（一）立井施工机械化作业线配套设备设计应遵循的原则

我国立井井筒的施工已基本实现机械化。立井井筒施工机械化作业线的配套主要根据井筒条件、设备条件和综合经济效益等方面进行考虑，立井施工机械化作业线及其配套设备在设计时，应遵循以下原则：

1. 应根据工程的条件，施工队伍的素质和已具有的设备条件等因素，进行综合考虑，最后选定配套类型。

2. 各设备之间的能力要匹配，主要应保证提升能力与装岩能力、一次爆破矸石量与装岩能力、地面排矸与提升能力、支护能力与掘进能力和辅助设备与掘砌能力的匹配。

3. 配套方式应与作业方式相适应。例如采用立井快速施工机械化作业线时，一般采用短段单行作业或混合作业。若采用长段单行作业，则凿井设备升降、拆装频繁，设备能力受到很大的影响。

4. 配套方式应与设备技术性能相适应，选用寿命长、性能可靠的设备。

5. 配套方式应与施工队伍的素质相适应。培训能熟练使用和维护机械设备的队伍，保证作业线正常运行。

6. 配套方式应尽可能先进、合理，以充分改善工人劳动环境，降低劳动强度，确保施工安全，提高劳动效率。

7. 配套方式设计时，在可能的情况下应适当加大提升能力，以提高系统的可靠性。

（二）立井井筒施工机械化作业线配套方案

目前立井井筒施工机械化作业线的配套方案主要有综合设备机械化作业线和普通设备机械化作业线两种。

1. 综合设备机械化作业线

综合设备机械化作业线及其配套设备内容见表2G314013，这种配套方式设备能力相互匹配，工艺也较合理，可以满足大型井筒快速施工的要求。

综合设备机械化作业线及其配套设备内容　　　　表 2G314013

序号	设备名称	型号	主要技术特征	选择方法
1	凿岩钻架	FJD-9	动臂9个，推进最大行程4.5m，高5～7m	根据井筒直径大小选择1台或2台，选择2台时为双联伞钻
		FJD-6	动臂6个，推进最大行程4.5m，高5～7m	
		YSJZ4.8	动臂4个，推进最大行程5.1m，高8.0m	
		YSJZ6.12	动臂6个，推进最大行程5.1m，高8.5m	
2	抓岩机	HZ-4	斗容0.4m³，生产能力30～40m³/h	根据井筒直径大小选择1台或多台组合使用
		HZ-6	斗容0.6m³，生产能力50～60m³/h	
		HZ-10	斗容1.0m³，生产能力约80m³/h	
		挖掘机	小型挖掘机	配合抓岩机使用
3	提升机	JKZ2.8/15.5	钢丝绳最大静张力15t	根据现有设备、需要的提升能力、井筒深度、井筒直径综合考虑选择，井筒直径6m以下宜选择1套提升，6～9m宜2套提升，超过9m宜2～3套提升
		JKZ3.6/15.5	钢丝绳最大静张力20t	
		JKZ4.0/17.8	钢丝绳最大静张力25t	
		2JK3.5/11.5	最大静张力17t，最大静张力差11.5t	
		2JKZ3.6～5.5	根据现有设备或定制设备参数选择	
4	吊桶	矸石吊桶	吊桶容积1.5～8m³	根据提升设备及井筒断面、施工进度综合选择
5	凿井井架	V	天轮平台尺寸7.5m×7.5m，高26.364m	根据井筒直径、设备载荷以及伞钻进出所需空间、过卷高度综合选择
		IV或IV_G	天轮平台尺寸7.0m×7.0m，高21.97/25.87m	
		新IV	天轮平台尺寸7.25m×7.25m，高26.28m	
6	凿井绞车	JZM40/1300	钢丝绳静拉力40t，容绳量1300m	根据选择的设备重量、井筒深度、安全性等综合选择所需绞车
		JZ40/1300		
		JZM25/1300	钢丝绳静拉力25t，容绳量1300m	
		JZ25/1300		
		JZA10/1300	钢丝绳静拉力10t，容绳量1300m，多种动力	
		JZA5/1000	钢丝绳静拉力5t，容绳量1000m，多种动力	
		JZ系列	钢丝绳静拉力10t、16t，容绳量800～1000m	
7	活动模板	YJM系列	直径：4.0～12.0m，高度：2.0～4.5m	根据围岩稳定性及施工工艺选择

续表

序号	设备名称	型号	主要技术特征	选择方法
8	水泵	80DGL 吊泵系列	扬程 750m，流量 50m³/h	根据井筒深度及具体情况选择
		DC50 卧泵系列	扬程 400～960m，流量 50m³/h	
9	通风	4-58-11No.11.25D	最高转速 1370r/min，风压 3650Pa，风量 12m³/s	根据井筒深度、井筒直径、排炮烟时间等其他因素综合选择
		BKJ56No.6	最高转速 2900r/min，风压 1600Pa，风量 4.2m³/s	
		FBDNo9.6	对旋系列风扇	
10	通信、信号	KJTX-SX-1	传送距离大于 1000m	
11	照明设备	Ddc250/127	每台容量 250W，光通量 20500lm，距工作面 16m	
12	测量	DJZ-1	指向精度 12″	

综合设备机械化作业线及其设备配套方案适应于井筒直径 5～10m、井筒深度 1000m 的凿井工程。方案中多数配套设备都可满足千米井筒的施工条件，部分可满足井筒深度 1200m 的施工条件，设备能力、施工技术及辅助作业等相互都很协调，配套性能较好，装备水平与国际水平接近，在今后的深井工程中很有发展和使用前景。

2. 普通设备机械化作业线

普通设备机械化作业线是以手持式凿岩机、长绳悬吊抓岩机为主要设备组成的作业线。它的特点是设备便携，生产能力低，人力操纵为主，机械化程度低，劳动强度大，多用于井筒直径较小的浅井，但从施工速度方面看仍有潜力。我国在一些大直径深井工程中，选用斗容 0.6m³ 长绳悬吊抓岩机，配用多台手持式凿岩机，段高 3～5m 液压金属整体活动模板，采用短段单行作业或混合作业，先后曾创造立井月进 100m 以上的好成绩。

普通设备机械化作业线主要特点是作业灵活、可靠，能实现多台凿岩机同时作业，充分发挥小型抓岩机的优点，设备简单，操作容易，但机械化程度低，工人劳动强度大，生产能力小，安全工作要求高。这种设备配套方案，由于设备轻便，操作、维修水平要求不高，设备费用省，施工组织管理简单等优点，目前仍有不少立井工程采用。

立井井筒施工机械化作业线的配套方案与井筒的工程条件关系密切，工程条件如果发生变化，可能会导致需要重新进行施工装备的计算及选型，特别是当井筒深度加深时，提升悬吊相关设备需要重新进行选型，这种情况的工程变更，不仅会产生工程量增加的费用，还会产生施工设备需要完善的费用，以及井筒深度加深导致施工难度加大需要增加的费用等。

2G314014　井壁结构及其施工技术要求

立井井壁是井筒的重要组成部分，其作用是承受地压、封堵涌水、防止围岩风化等。常用的井壁结构形式有砌筑井壁、整体浇筑式井壁、锚喷井壁、装配式井壁和复合井壁。合理选择井壁材料和结构，对节约原材料、降低成本、保证井筒质量、加快建井速度等都具有重要意义。

一、立井井壁结构

1. 砌筑井壁

砌筑井壁的常用材料有料石、砖和混凝土预制块等，胶结材料主要是水泥砂浆。料石井壁便于就地取材，施工简单，过去一段时间使用较多。砌筑井壁因为施工中劳动强度大，难于机械化作业，井壁整体性和封水性较差及造价较高等原因，近年来已很少采用。

2. 整体浇筑式井壁

整体浇筑式井壁有混凝土和钢筋混凝土井壁两种，混凝土井壁使用年限长，抗压强度高，封水性好，成本比料石井壁低，且便于机械化施工，已成为井壁的主要形式。钢筋混凝土井壁，强度高，能承受不均匀地压，但施工复杂、效率较低，通常只在特殊地质条件下，如穿过不稳定表土层、断层破碎带等，以及承担井塔荷载的井颈部分使用。

3. 锚喷井壁

锚喷井壁是一种新型支护形式，但仅限于主井、风井中采用。其特点是井壁薄（一般50～200mm）、强度高、粘结力强、抗弯性能好、施工效率高、施工速度快。目前喷混凝土井壁主要用在淋水不大、岩层比较稳定的条件下。在较松软的岩层中，则采用金属网喷射混凝土或锚杆、金属网喷射混凝土联合支护。

4. 装配式井壁

装配式大弧板井壁是预先在地面预制成大型弧板（有钢筋混凝土或铸铁结构形式），然后送至井下装配起来，最后进行壁后注浆。这种井壁便于机械化施工，其强度和防水性均较高，井壁质量易保证；但施工技术复杂，制造、安装机械化水平要求高。

5. 复合井壁

复合井壁是由两层以上的井壁组合而成，多用于冻结法凿井的立井井筒，也可用于具有膨胀性质的岩层中和较大地应力的岩层中。复合井壁结构可解决由冻结压力、膨胀压力和温度应力等所引起的井壁破坏问题，达到防水、高强、两层井壁间可滑动三方面的要求。由于所采用材料及其组合形式的不同，复合井壁的类型较多。按其主要构件分类有钢筋混凝土复合井壁、预制块复合井壁、丘宾筒复合井壁和钢板复合井壁等多种形式。

采用普通法凿井的立井井筒宜采用整体浇筑混凝土、钢筋混凝土井壁支护，布置有装备的立井井筒不得采用喷射混凝土和金属网、喷射混凝土及锚杆、金属网、喷射混凝土或料石、混凝土砌块作为永久支护。

二、井壁施工技术要求

（一）锚喷支护的井壁施工

当井筒采用锚喷支护时，其施工应符合现行国家标准《岩土锚固与喷射混凝土支护工程技术规范》GB 50086—2015 的有关规定，同时应符合下列规定：

1. 喷浆、喷射混凝土的强度、厚度、锚杆的锚固力应符合设计要求。

2. 井筒的内半径应符合设计和允许偏差要求。

3. 锚杆的间距、深度、数量及规格应符合设计要求。

4. 锚喷支护的外观质量要求：无离层、无剥落、无裂缝、无露筋、锚杆尾端不外露。

（二）浇筑式混凝土井壁施工要求

当井筒采用现浇混凝土支护时，其施工应符合现行国家标准《混凝土结构工程施工质量验收规范》GB 50204—2015 的有关规定，模板及钢筋混凝土材料应符合下列要求：

1. 木模板高度不宜超过 1.2m，每块木板厚度不应小于 50mm，宽度不宜大于 150mm；模板靠混凝土的一面应刨光，两侧及两端应平整。

2. 装配式钢模板高度不宜超过 1.2m，钢板厚度不应小于 3.5mm；连接螺栓孔的位置，应保证任意两块模板上下、左右均可互相连接；模板要有足够的刚度。

3. 整体活动式钢模板高度宜为 2～5m，钢板厚度应满足刚度要求；模板悬吊在地面稳车上或在吊盘下时，其悬吊点不得少于 3 个。

4. 整体滑升模板高度宜为 1.2～1.4m，钢板厚度不应小于 3.5mm；锥度应为 0.6%～1.0%；应有足够的刚度。

5. 组装后的模板，其外沿半径应大于井筒设计净半径的 10～40mm，上下面保持水平，其允许误差为 ±10mm；重复使用的模板应进行检修与整形。

6. 混凝土的水灰比、坍落度和外加剂的掺量应按施工设计严格控制，有条件的地方应使用商品混凝土。

7. 钢筋混凝土井壁，钢筋宜在地面绑扎或焊接成片，井下竖向钢筋的绑扎，在每一段高的底部，其接头位置允许在同一平面上，宜采用钢筋直螺纹连接，连接强度不应小于整体钢筋强度。

8. 井壁混凝土应对称入模、分层浇筑，并及时进行机械振捣。当采用滑升模板时，分层浇筑的厚度宜为 0.3～0.4m，滑升间隔时间不得超过 1h。

9. 输送混凝土可使用底卸式吊桶，也可使用溜灰管。使用溜灰管输送混凝土时，混凝土坍落度不应小于 150mm，石子粒径不得大于 40mm，溜灰管内径不宜小于 150mm，末端应安设缓冲装置采用分灰器入模。

10. 脱模时的混凝土强度，采用滑升模板时，应为 0.05～0.25MPa；采用整体组合钢模时，应为 0.7～1.0MPa；采用普通钢木模板时，不得小于 1.0MPa。

11. 应按设计规定进行混凝土强度配合比设计及强度试验，并做好井壁隐蔽工程记录。

2G314015　施工防治水方法及应用

一、注浆堵水

注浆堵水就是用注浆泵经注浆孔将浆液注入含水岩层内，使之充满岩层的裂隙并凝结硬化，堵住地下水流向井筒的通路，达到减少井筒涌水量和避免渗水的目的。注浆堵水有两种方法：一种是为了打干井而在井筒掘进前向围岩含水层注浆堵水，这种注浆方法称为预注浆；另一种是为了封住井壁渗水而在井筒掘砌完后向含水层段的井壁注浆，这种注浆方法称为壁后注浆。

（一）预注浆

1. 地面预注浆

地面预注浆的钻注浆孔和注浆工作都是建井准备期在地面进行的。含水层距地表较浅时，采用地面预注浆较为合适。钻孔布置在大于井筒掘进直径 1～3m 的圆周上，有时也可以布置在井筒掘进直径范围以内。

注浆时，若含水层比较薄，可将含水岩层一次注完全深。若含水层比较厚，则应分段注浆。分段注浆时，每个注浆段的段高应视裂隙发育程度而定，裂隙愈发育段高应愈小，一般在 15～30m 之间。

厚含水岩层分段注浆的顺序有两种：一种是自上向下分段钻孔，分段注浆。这种注浆方式注浆效果好，但注浆孔复钻工程量大；另一种是注浆孔一次钻到含水层以下 3～4m，而后自下向上借助止浆塞分段注浆。这种注浆方式的注浆孔不需要复钻，但注浆效果不如前者。特别是在垂直裂隙发育的含水岩层内，自下向上分段注浆更不宜采用。

地面预注浆结束的标准，应符合以下规定：对水泥浆注浆，当终量为 50～100L/min 及注浆压力达到终压时，应继续以同样压力注入较稀的浆液 20～30min 后，再停止该孔段的注浆工作；对水泥 – 水玻璃浆液注浆，当终量达到 100～120L/min 及注浆压力达到终压并保持稳定 10min 后，可结束该孔段注浆工作；对黏土 – 水泥浆浆液注浆，当终量小于 250L/min 及注浆压力达到终压时，经稳定 20～30min 后，可结束该孔段的注浆工作；注浆施工结束的注浆效果宜采用压水检查方法，可选取最后施工的注浆孔作为检查孔，测定注浆段的剩余漏水量是否符合设计规定。

2. 工作面预注浆

当含水岩层埋藏较深时，采用井筒工作面预注浆是比较合适的。井筒掘进到距含水岩层一定距离时便停止掘进，构筑混凝土止水垫，随后钻孔注浆。当含水层上方岩层比较坚固致密时，可以留岩帽代替混凝土止水垫，然后在岩帽上钻孔注浆。止水垫或岩帽的作用，是为了防止冒水跑浆。注浆孔间距的大小取决于浆液在含水岩层内的扩散半径，一般为 1.0～2.0m。当含水岩层裂隙连通性较好，而浆液扩散半径较大时，可以减少注浆孔数目。一般，在预测井筒涌水量超过 10m³/h 时，就要采取工作面注浆措施。

工作面预注浆结束的标准，应符合以下规定：各注浆孔的注浆压力达到终压，注入量应小于 30～40L/min；直接堵漏注浆，应达到各钻注孔的涌水已封堵、无喷水，且其涌水量应小于施工设计规定。

（二）壁后注浆

井筒掘砌完后，往往由于井壁质量欠佳而造成井壁渗水。这对井内装备、井筒支护寿命和工作人员的健康都十分不利，而且还增加了矿井排水费用，所以应进行壁后注浆加固封水。

壁后注浆，一般是自上而下分段进行。注浆段高，视含水层赋存条件和具体出水点位置而定，一般段高为 15～25m。

注浆段壁后为冲积层时，注浆孔的深度应小于井壁厚度 200mm；双层井壁，注浆孔应穿过内层井壁进入外层井壁，进入外层井壁深度不应大于 100mm；当注浆孔穿透井壁注浆时，应制定专项安全措施。注浆段壁后为含水岩层时，注浆孔宜进入岩层 1000mm 以上。壁后注浆的压力宜大于静水压力 0.5～1.5MPa，在岩石裂隙中的注浆压力可适当提高。井筒内进行钻孔注浆作业时，作业点下方不得有人。注浆中应观察井壁，发现问题应立即停止作业，并应及时处理。钻孔时应经常检查孔内涌水量和含砂量，涌水量较大或涌水中含砂时，应停止钻进并及时注浆，钻孔中无水时，应及时严密封孔。

壁后注浆结束的标准，应符合以下规定：各注浆孔的注浆压力应达到设计压力；各钻注孔的涌水应已封堵、无喷水，且涌水量应小于施工设计规定。

二、井筒排水

根据井筒涌水量大小不同，工作面积水的排出方法可分为吊桶排水和吊泵或卧泵排水。

　　1. 吊桶排水

　　吊桶排水是用风动潜水泵将水排入吊桶或排入装满矸石吊桶的空隙内，用提升设备提到地面排出。吊桶排水能力，与吊桶容积和每小时提升次数有关。井筒工作面涌水量不超过 $10m^3/h$ 时，采用吊桶排水较为合适。

　　2. 吊泵排水

　　吊泵排水是利用悬吊在井筒内的吊泵和排水管路将工作面积水直接排到地面或排到中间泵房内。利用吊泵排水，井筒工作面涌水量以不超过 $40m^3/h$ 为宜；否则，井筒内就需要设多台吊泵同时工作，占据井筒较大的空间，对井筒施工十分不利。

　　吊泵排水时，还可以与风动潜水泵进行配套排水，也就是用潜水泵将水从工作面排到吊盘上水箱内，然后用吊泵再将水箱内的水排到地面。

　　当井筒深度超过水泵扬程时，就需要设中间泵房进行多段排水。用吊泵将工作面积水排到中间泵房，再用中间泵房的卧泵排到地面。

　　3. 卧泵排水

　　卧泵排水是在吊盘上设置水箱和卧泵，工作面涌水用风动潜水泵排入吊盘水箱，经过除沙装置后，由卧泵和吊挂在井内的排水管路排到地面。卧泵排水的优点是不占用井筒空间，卧泵故障率低，易于维护，可靠性好，流量大扬程大，适应性更广。

　　三、截水和泄水

　　为了减少工作面的积水、改善施工条件和保证井壁质量，应将工作面上方的井帮淋水截住并导入中间泵房或水箱内。截住井帮淋水的方法可在含水层下面设置截水槽，将淋水截住导入水箱内再由卧泵排到地面。若井筒开挖前，已有巷道预先通往井筒底部，而且井底水平已构成排水系统，这时可采用钻孔泄水，可为井筒的顺利施工创造条件。

　　四、表土施工降水

　　井筒表土普通施工法中应特别注意水的处理，一般可采用降低水位法增加施工土层的稳定性。

　　1. 工作面降低水位法

　　在不稳定土层中，常采用工作面超前小井或超前钻孔两种方法来降低水位。它们都是在井筒中利用水泵抽水，使周围形成降水漏斗，变为水位下降的疏干区，以增加施工土层的稳定性。工作面降低水位法包括工作面超前小井降低水位法和工作面超前钻孔降低水位法两种。

　　2. 井外疏干孔降低水位法

　　这种方法是在预定的井筒周围打钻孔，并深入不透水层，然后用泵在孔中抽水，形成降水漏斗，使工作面水位下降，保持井筒工作面在无水情况下施工。

2G314016　施工辅助生产系统及技术要求

　　一、提升系统

　　立井施工提升系统由提升容器、钩头及联结装置、提升钢丝绳、天轮、提升机以及提升所必备的导向稳绳和滑架等组成。常用的提升方式有单钩和双钩提升两种。凿井期间，提升容器以矸石吊桶为主，有时也采用底卸式下料吊桶和下料筐等容器。当转入车场和巷道施工时，提升容器则由吊桶改为罐笼。立井开凿时，为了悬挂吊盘、砌壁模板、安全梯、吊泵和一系列管路缆线，必须合理选用相应的悬吊设备。悬吊系统由钢丝绳、天轮及凿井绞车等组成。

二、通风系统

井筒施工中，工作面必须不断地通入新鲜空气，以排除岩土层中和爆破时产生的有害气体，保证工作人员的身体健康。立井掘进的通风系统是由设置在地面的通风机和井内的风筒组成的。当采用压入式通风时，即通过风筒向工作面压入新鲜空气，污风经井筒排出，井筒内污浊空气排出缓慢，一般适用于较浅的井筒。而采用抽出式通风时，即通过风筒将工作面污浊空气向外抽，这时井筒内为新鲜空气，施工人员可尽快返回工作面。当井筒较深时，采用抽出式为主，辅以压入式通风，可增大通风系统的风压，提高通风效果，该方式是目前深井施工常用的通风方式。抽出式通风方式的缺点是必须采用刚性风筒，悬吊系统和井筒布置都比较复杂，而且风筒必须紧跟工作面。

三、排水系统

立井井筒施工应建立排水系统，排水设施的能力宜根据井筒预计涌水量确定，一般水泵排水能力不应小于预计涌水量的 1.5 倍，并应配备同等能力的备用泵。当井筒涌水量不大于 $10m^3/h$ 时，宜选用风动水泵或隔膜泵配合吊桶排水，水泵及吊桶排水能力应满足掘进工作面的施工要求。井筒涌水量大于 $10m^3/h$ 时，宜根据井筒深度及设备排水能力，选用一段或多段排水方案。深井井筒施工采用多段排水时，中间转水站宜采用中间泵房、弓形盘和水箱。井筒开凿到底后，在临时水仓和排水硐室形成前，可采用井底水窝作临时水仓，并利用原有排水系统增设卧泵，增设的卧泵和原有水泵技术特征宜保持一致，紧急情况下可并联运行。

四、压风和供水系统

立井施工时，井下工作面各种风动设备的动力（压风）必须使用管道从地面输送到井下。压风系统包括地面压风机房、吊挂在井筒内的压风管路和管路末端的分风器，并由高压分支胶管向各种风动设备供风。在冻结段施工时，一般应设置除湿器。井下工作面凿岩时的供水系统由地面供水站、吊挂在井筒内的供水管路和管路末端的降压装置组成。

五、立井施工的地面排矸（废石）系统

立井掘进时，矸石（废石）吊桶提至卸矸台后，通过翻矸装置将矸石卸出，矸石经过溜矸槽或矸石仓卸入自卸汽车、矿车或落地式矸石仓，然后运至排矸场。

1. 翻矸方式

翻矸方式有人工翻矸和自动翻矸两种。其中，自动翻矸装置包括：翻笼式（普通翻笼式和半筐翻笼式）、链球式（普通链球式和双弧板链球式）和座钩式三种。翻矸装置应满足翻矸速度快，休止时间短；结构简单，使用方便；翻转卸矸时吊桶要平稳，冲击力小，安全可靠；吊桶位移距离小，滑架受力小；自动化程度高，需用人工少，劳动强度低等要求。目前，我国常用的翻矸装置是座钩式自动翻矸装置和挂钩式自动翻矸。

2. 地面排矸

随着立井施工机械化程度的不断提高，吊桶容积不断增大，装岩容积不断增大，装岩出矸能力明显增加，井架上溜矸槽的容量已明显满足不了快速排矸的要求，这时可设置大容量矸石仓，以减少卸、排能力不均衡所造成的影响。矸石仓分落地式和支撑式两种。由于矸石仓的容量增大，地面排矸方式就可采用高效率的自卸汽车排矸。它机动灵活，简单方便，排矸能力大。当掘进速度要求较低时，或者在井筒施工后期，也可采用矿车排矸，将矸石直接运往废石堆场（矸石山）。

六、其他辅助系统

立井施工时的其他辅助系统包括工作面照明与信号的设置、井筒测量以及布置安全梯等。

1. 照明

井筒施工中，良好的照明能提高施工质量与效率，减少事故。在井口及井内，凡是有人操作的工作面和各盘台，均应设置足够的防爆、防水灯具。在掘进工作面上方 10m 左右处吊挂伞形罩组合灯或防溅式探照灯，并保证有 $20\sim30W/m^2$ 的容量，对安装工作面应有 $40\sim60W/m^2$ 的容量，井内各盘和腰泵房应有不少于 $10\sim15W/m^2$ 的容量，而井口的照明容量不少于 $5W/m^2$。此外，抓岩机和吊泵上亦应设置灯具。在装药联线时，需切断井下一切电源，用矿灯照明。

2. 通信及信号

立井井筒施工时，必须建立以井口为中心的全井筒通信和信号系统。通信应保证井上下与调度指挥之间的联系。信号应保证井下掘进工作面、吊盘及腰泵房与井口房之间，建立有各自独立的信号联系。同时，井口信号房又可向卸矸台、提升机房及凿井绞车房发送信号。目前使用最普遍的是声、光兼备的电气信号系统。

3. 井筒测量

井筒的掘进、砌壁或安装应认真做好测量工作，保证井筒达到设计要求的规格质量。井筒中心线是控制井筒掘、砌质量的关键，除应设垂球测量外，平时一般采用激光指向仪投点。边线（包括中心线）可用垂球挂线，垂球重不得小于 30kg（井深大于 200m），悬挂钢丝或铁丝应有两倍安全系数。边线一般设 $6\sim8$ 根，固定点设在井盖上，也可固定在井壁中预埋木楔或预留梁窝木盒上。

4. 安全梯

当井筒停电或发生突然冒水等其他意外事故时，工人可借助安全梯迅速撤离工作面。安全梯用角钢制作，分若干节接装而成。安全梯的高度应使井底全部工人在紧急状态下都能登上梯子，然后被提至地面。为安全考虑，梯子需设护圈。安全梯必须采用专用凿井绞车悬吊。

2G314017　施工主要设备及其应用

一、井筒掘进施工设备

立井井筒掘进中的施工设备包括钻眼设备、装岩设备等。

1. 钻眼设备

对于钻眼设备，一般采用手持式凿岩机或伞形钻架配导轨钻机。手持式凿岩机打眼速度慢，劳动强度大，眼孔质量较难掌握，特别在硬岩中打深眼更为困难，故它只适用于断面较小、岩石强度不高的浅眼施工，难以满足深孔爆破和快速施工的需要。伞形钻架配导轨钻机的机械化程度高、钻速快、一次行程大，伞架的架设、收拢和提放等工序均要占一定的工时，但钻眼工序的总时间较短，对深孔爆破尤为适用，是目前普遍采用的凿岩方式。目前常用的伞形钻架有 4 臂、6 臂和 9 臂风动或液压型伞钻，钻眼深度 $3\sim5m$。伞钻在工作面使用期间，必须设置保险绳。

2. 装岩设备

立井井筒掘进的装岩设备主要是抓岩机。采用的抓岩机械有长绳悬吊抓岩机、中心回转抓岩机、环行轨道抓岩机和靠壁抓岩机等，它们一般都具有机械化程度高、生产能力大、动力单一、操作灵便、结构合理、运转可靠等优点。另外抓岩机都是一次安装使用，无需每个循环上下起落和重新固定。因此，辅助作业时间短。但是抓岩机通常清底效果较差，出矸时悬梁（或臂杆）旋转与提升吊桶运行易相互干扰。

对于长绳悬吊抓岩机，施工中工人的劳动强度较大，抓斗的灵活性较差；中心回转抓岩机安设在下层吊盘，安装使用都很方便，通常情况都需要设置悬吊保险钢丝绳；环行轨道抓岩机由于其轨道的特殊性，使用中不如中心回转抓岩机方便；而靠壁抓岩机由于是固定在井壁上，要求围岩条件较好，因而一般适用于冶金矿山立井井筒的掘进。目前使用最为普遍的是 HZ 型中心回转抓岩机，通常适用井径 5~10m，并与 FJD-6 型伞钻和 2~5m³ 甚至再大一些吊桶配套使用。

目前在冻结表土段有采用小型挖掘机下井直接挖土装罐或是配合抓岩机装罐的作业方式，这种作业方式已经被评为国家级工法。

二、井筒砌壁施工模板

立井井筒主要采用整体现浇混凝土井壁结构，井壁施工一般在掘进后进行现场浇筑。整体现浇混凝土井壁的模板按材料可分为木模板、预制混凝土模板和金属模板；按结构又分拆卸式（普通）模板、活动模板和整体滑动模板。

1. 金属拆卸式模板

金属拆卸式模板由若干块弧形钢板装配而成，每块弧板四周焊以角钢，彼此用螺栓连接。这种模板一般在岩石堆上或吊盘上架设，自下而上逐圈浇筑混凝土，使用比较方便，但立模、拆模费工费时，模板刚度有时不足，也不利于机械化施工作业。

2. 金属伸缩式活动模板

金属伸缩式活动模板一般由 2~3 块组成，块与块之间设伸缩缝，最简单的可只设一个伸缩缝，立模和脱模可利用伸缩缝的撑开和收缩来进行。目前一般采用液压脱模，模板刚度较大，高度可采用短段掘砌的段高，这种模板目前主要用于井下工作面的混凝土井壁浇筑工作，应用效果好。

3. 整体滑升模板

整体滑升模板包括模板、操作平台和提升机具三部分组成，主要用于井筒连续浇筑混凝土工作，一般用于立井表土段冻结法凿井的内壁砌筑或长段作业连续浇筑混凝土工作。

三、其他施工设备或设施

立井井筒施工时，为了满足掘进提升、翻卸矸石、砌筑井壁和悬吊井内施工设备、设施的需要，还需布置凿井井架、卸矸台、封口盘、固定盘、吊盘、提升机和凿井绞车等施工设备或设施，这些设备和设施的选用和布置要根据施工条件进行计算。

1. 凿井井架

凿井井架是凿井提升及悬吊掘进设备、井下设施的专用设备。常用的亭式井架采用装配式结构，可以多次重复使用；安装、拆卸和运输比较方便；防火性能好；承载能力大，坚固耐用。天轮平台位于凿井井架的顶部，为框形平台结构，用于安置天轮梁，布置各类悬吊设备。

目前亭式井架有六个型号。根据规定，凿井井架的选择应符合下列要求：即能安全地承受施工荷载及特殊荷载；角柱的跨度和天轮平台的尺寸，应满足提升及悬吊设施的天轮布置要求和矿井各施工阶段不同提升方式的要求；井架四周围板及顶棚不得使用易燃材料。另外，还应考虑保证足够的过卷高度、伞钻进出的高度。通常根据井筒直径、深度和施工设备情况进行选用。

有些矿井的井筒在施工前，由于永久井架（塔）已施工完毕，这时可利用永久井架（塔）代替凿井井架进行井筒的施工，有利于缩短井筒施工的准备时间，具有良好的技术经济效益。

2．卸矸台

卸矸台是用来翻卸矸石的工作平台，通常布置在凿井井架主体架的下部第一层水平连杆上。卸矸台上设有溜槽和翻矸设施。排矸时，矸石吊桶提到卸矸台后，利用翻矸设施将矸石倒入溜槽，再利用矿车或汽车进行排矸。

3．封口盘与固定盘

封口盘也叫井盖，它是升降人员和材料设备以及拆装各种管路的工作平台，同时又是保护井上下作业人员安全的结构物。要求封口盘上的各种孔口必须加盖封严。

固定盘是为了进一步保护井下人员安全而设置的，它位于封口盘下 4~8m 处。固定盘上通常安设有井筒测量装置，有时也作为接长风筒、压风管、供水管和排水管的工作台。

4．吊盘与稳绳盘

吊盘是进行井筒永久支护的工作盘和工作面操作工人的保护盘，它一般用 4 根钢丝绳悬挂在地面的凿井绞车上。在掘砌单行作业和混合作业中，又可用于拉紧稳绳、保护工作面作业人员安全和安设抓岩机等掘进施工设备。为了避免翻盘，一般都采用双层吊盘或三层吊盘。两层盘之间的距离应能满足永久井壁施工要求，通常为 4m 左右。为了保证吊盘上和掘进工作面作业人员的安全，盘面上各孔口和间隙必须封严。

采用掘砌平行作业时，井筒内除设有砌壁吊盘外还设有稳绳盘。稳绳盘用来拉紧稳绳、安设抓岩机等设备和保护掘进工作面作业人员的安全。

5．提升机与凿井绞车

提升机专门用于井筒施工的提升工作，凿井绞车主要用于悬吊凿井设备，凿井绞车包括单滚筒和双滚筒及安全梯专用凿井绞车。凿井绞车一般根据其悬吊设备的重量和要求进行选择。

提升机和凿井绞车在地面的布置应尽量不占用永久建筑物位置，同时应使凿井井架受力均衡，钢丝绳的弦长、绳偏角和出绳仰角均应符合规定值，凿井绞车钢丝绳之间、钢丝绳与附近通过的车辆之间均应有足够的安全距离。

2G314020　巷道与硐室施工

2G314021　巷道及硐室的施工程序和施工方法

一、巷道与硐室施工的基本程序

巷道与硐室的施工目前主要有钻眼爆破法和综掘机施工两种方法，其中以钻眼爆破法应用较为广泛。巷道施工的基本程序包括工作面钻眼爆破（综掘切割）、出渣钉道、巷道支护、水沟掘砌、管线安设及通风和安全检查等工作。

（一）钻眼爆破法施工

钻眼爆破法施工通常以气腿式凿岩机加耙斗装载机或是凿岩台车加挖斗式装岩机为主的配套方式。其中，气腿式凿岩机加耙斗装载机的配套方式为常规设备，结构简单，性能可靠，应用范围广，初期投资少；机动灵活，能组织钻眼、装岩平行作业，提高了掘进工时利用率。耙斗装载机配备气动调车盘或胶带转载机，缩短了调车时间，提高了装载机的生产效率，加快了巷道的施工速度。因此，这条作业线在我国传统岩巷掘进中是一种主要的配套形式。但耙斗式装岩机存在装岩效率低，装岩不彻底且留有死角，作业环境较差，工人劳动强度大等问题，同时协调性、匹配和辅助设备配套上还存在一些问题。

凿岩台车加挖斗式装岩机进行设备配套方式，机械化程度高，工人劳动强度低，安全性较高，作业线整体噪声低，效率高，作业环境好，协调性和匹配性都较好，是我国岩巷施工的发展趋势。

1. 钻眼爆破

（1）钻眼工作

巷道与硐室的施工钻眼工作应严格按照爆破图表的要求进行施工，钻眼方式可采用气腿式凿岩机、凿岩台车或钻装机打眼。

1）目前使用较为普遍的是利用气腿式凿岩机打眼，通常采用 7665 及 26 型或 28 型风动凿岩机。工作面可布置多台同时作业，以提高打眼速度，同时可实现钻眼与装岩工作的平行作业，但工作面占用人员较多。

2）利用凿岩台车打眼，可实现工作面钻眼工作的全面机械化，且钻眼速度快，质量好，占用人员较少，效率高，但不能实现钻眼与装岩工作的平行作业，凿岩台车频繁进出工作面较为困难，周边眼定位难度较大。

（2）爆破工作

爆破工作要加强对光面爆破工作的研究和总结，选择合理的掏槽方式、爆破参数，根据光面爆破的要求进行炮眼布置，确保良好的爆破效果。

1）掏槽方式应结合工作面条件、钻眼设备进行合理确定，可采用斜眼、直眼等掏槽方式。

2）炮眼深度应综合考虑钻眼设备、岩石性质、施工组织形式来合理确定。通常气腿式凿岩机炮眼深度为 1.6～2.5m，凿岩台车为 1.8～3m。

3）炮眼直径可根据炸药药卷直径和爆破要求进行选择，通常为 $\phi27～42mm$，大力推广使用"三小"，即小直径钎杆、小直径炸药药卷和小直径钻头，以提高钻眼速度和爆破效果。

4）炮眼数目应综合考虑岩石性质、炸药性能和爆破效果来进行实际布置。

5）炸药消耗量应结合岩石条件、爆破断面大小、爆破深度及炸药性能进行确定。

6）装药结构分为正向装药和反向装药，在条件允许的情况下宜采用反向装药，爆破效果较好。

7）连线方式有串联、并联和串并联（混联）三种方式，在数量较多时采用串并联可以降低电阻，减少瞎炮，提高爆破效果。

8）雷管宜采用毫秒延期电雷管，在有瓦斯或煤尘爆炸危险的区域爆破时总延期时间不超过130ms，在底板出水较大时应在底部炮眼使用防水电雷管。

工作面爆破后应及时进行通风和安全检查，在通风排除炮烟后，班长和放炮员进入工作面进行检查，安全检查的内容包括工作面瞎炮处理、危石检查等工作。

2．装渣运输

巷道掘进装渣和运输是最繁重、最费工时的工序。因此，应不断研究和改进装运岩石的工作，提高其机械化水平，以便加快掘进速度，提高劳动效率。出渣工作结束后，应快速钉道，使巷道不断向前延续。

（1）装渣设备

岩巷施工装渣设备的类型较多，有铲斗后卸式、铲斗侧卸式、耙斗式、蟹爪式、立爪式以及最近新出产的扒渣机等。目前使用最为广泛的是由钢丝绳牵引的耙斗式耙矸机，使用耙矸机可以实现工作面迎头钻眼工作和出渣平行作业，而且耙矸机前有一定的储渣能力，可以缓解因车皮供应不及时而带来的影响。

（2）调车工作

在采用矿车运输的条件下，当铺设单轨出渣且使用耙矸机作为出渣设备时，须在耙矸机后铺设一个临时循环车场，以便于调车，或铺设临时轨道采用调车器调车，以加快出渣速度；当铺双轨出渣时，必须选择合理的调车方法与设备，以缩短调车时间、减少调车次数，提高装岩效率与加快巷道掘进速度，常用的调车设备是浮动道岔调车器，该调车器加工简单、实用、调车速度快。

（3）实现皮带运输是长距离巷道实现快速掘进的有效途径。

（4）在施工多次变坡且坡度较小的巷道时，应大力推广使用无极绳绞车牵引矿车运输。

3．巷道支护

巷道掘进在爆破安全检查后，应根据工作面围岩稳定情况及时进行巷道支护工作，巷道支护包括临时支护和永久支护两个方面。

（1）临时支护

1）巷道临时支护主要是保证掘进工作面的安全，因此临时支护一般都必须紧跟工作面，同时临时支护又是永久支护的一部分。

2）锚喷巷道的临时支护，通常是在单体液压支柱的掩护下快速打设一定数量的护顶锚杆并挂网喷浆。打设护顶锚杆只允许使用锚杆钻机，严禁使用风动凿岩机；护顶锚杆的数量可根据断面大小确定，一般以打到起拱线为准。

3）金属支架支护巷道的临时支护，一般使用前探梁的方式来实现。前探梁为长度4m左右的11号矿用工字钢并悬吊在顶梁上。放炮结束后，前移前探梁使其前端抵住山墙，固定好后在前探梁上放置顶梁并用背板背实，以保证在下面作业的人员的安全。

（2）永久支护

目前巷道永久支护多采用锚喷支护（含锚网喷）或金属支架支护，砌碹支护已很少采用，硐室施工一般采用现浇混凝土支护。

1）锚喷支护可根据工作面围岩情况选用单一锚杆支护、喷射混凝土支护、锚杆与喷射混凝土支护以及锚杆加喷射混凝土加金属网联合支护。锚喷支护的施工包括锚杆的施工和喷射混凝土作业。锚杆施工先钻凿锚杆孔，然后安装锚杆。喷射混凝土施工一般采用混凝土喷射机（喷浆机）进行作业，喷射作业可一掘一喷或两掘一喷以至三掘一喷。

2）金属支架支护时，支架的安装要保证柱腿的稳固，底板较松软时要穿鞋，背板对接要均匀，背板和顶帮之间的空隙要充填严密，倾斜巷道架设要有 3°～5° 的迎山角。

3）整体式支护主要是砌碹支护和现浇混凝土支护。砌碹支护使用的材料是砌块，砌筑施工包括碹胎架设和砌块敷设。砌碹施工应采用前进式，工作人员必须处于基本安全的条件下进行作业。现浇混凝土施工首先要立模，模板可采用钢模板或木模板，模板应保证位置正确和稳固，砌筑顺序应为先墙后拱，最后封顶。拆模应在混凝土达到一定强度后方可进行。

4）在岩石较为破碎及地压较大时，采用双层锚网喷或锚网喷金属支架复合支护。大断面硐室施工时，一般采用先锚喷支护，然后进行现浇混凝土支护的复合支护方式。

（二）岩巷综掘机施工

岩巷综掘机械化作业线是岩巷施工发展的方向，实现了破岩、矸石装运一体化；掘进机能够破岩、装岩并能将煤矸转载到运输设备上。它具有工序少、进度快、效率高、质量好、施工安全、劳动强度小等优点。而胶带转载机能实现长距离连续运输，其能力大于掘进机的生产能力，可最大限度地发挥掘进机的潜力，提高开机率，实现连续掘进。常用的掘进机是三一重工生产的 EBZ318 型和上海创立生产的 EBZ315 型。但岩巷掘进机局限性较大，对地质及后配套运输条件都有较高要求；适用于距离较长、岩石硬度适中、后配套运输能够实现连续化的岩石巷道。在巷道长度大于 600m 时，其优越性更为明显。另外，其产尘量大，严重危害职工身体健康，目前仍没有有效的防尘技术彻底解决；而且拆除、安装时间较长，同时受机电维修影响较大。

二、巷道与硐室的施工方法

（一）巷道的施工方法

巷道施工一般有两种方法：一是一次成巷；二是分次成巷。

1. 一次成巷是把巷道施工中的掘进、永久支护、水沟掘砌三个分部或分项工程视为一个整体，在一定距离内，按设计及质量标准要求，互相配合，前后连贯、最大限度地同时施工，一次成巷，不留收尾工程。

2. 分次成巷是把巷道的掘进和永久支护两个分项工程分两次完成，先把整条巷道掘出来，暂以临时支架维护，以后再拆除临时支架，进行永久支护和水沟掘砌。

3. 实践证明，一次成巷具有作业安全，施工速度快，施工质量好，节约材料，降低工程成本和施工计划管理可靠等优点。因此，《煤矿井巷工程质量验收规范》GB 50213—2010 中明确规定，巷道的施工应一次成巷。分次成巷的缺点是成巷速度慢，材料消耗量大，工程成本高。因此，除了工程上的特殊需要外，一般不采用分次成巷施工法。

（二）硐室的施工方法

根据硐室断面大小及其围岩的稳定程度，硐室施工方法主要分为三类：即全断面施工法、分层施工法和导硐施工法。

1. 全断面施工法

全断面施工法和普通巷道施工法基本相同。在常规设备条件下，全断面一次掘进硐室的高度，一般不得超过 4～5m。这种施工方法一般适用于稳定及整体性好的岩层；如果采用光爆锚喷技术，适用范围可适当扩大。其优点是一次成巷，工序简单，劳动效率高，施工速度快；缺点是顶板围岩暴露面积较大，维护较难，上部炮眼装药及爆破后处理浮石较困难。

2. 分层施工法

（1）当用全断面一次掘进围岩维护困难，或者由于硐室的高度较大而不便于施工时，将整个硐室分为几个分层，施工时形成台阶状。上分层工作面超前施工的，称为正台阶工作面施工法；下分层工作面超前施工的，称为倒台阶工作面施工法。

（2）正台阶工作面（下行分层）施工法按照硐室的高度，整个断面可分为2个以上分层，每分层的高度以1.8～3.0m为宜或以起拱线作为上分层。上分层的超前距离一般为2～3m。如果硐室是采用砌碹支护，在上分层掘进时应先用锚喷支护（一般锚喷支护为永久支护的一部分）；砌碹工作可落后于下分层掘进1.5～3.0m，下分层也随掘随砌墙，使墙紧跟迎头。采用这种施工方法应注意的问题是：要合理确定上下分层的错距，距离太大，上分层出矸困难；距离太小，上分层钻眼困难，故上下分层工作面的距离以便于气腿式凿岩机正常工作为宜。

（3）倒台阶工作面（上行分层）施工法下分层工作面超前边掘边砌墙，上分层工作面用挑顶的矸石作脚手架砌顶部碹。

（4）当支护方式为金属支架支护时，上分层应先掘出起拱线以上部分，前审前探梁并把拱顶部分支护好，然后将两帮岩石掘出，将支架的腿子栽好，并腰帮接实。中间的岩石暂时保留，并作为顶板支护作业时的平台，可滞后上分层2～3m。

3. 导硐施工法

对地质条件复杂或者断面特大的硐室，为了易于控制顶板和尽早砌筑墙壁，或为解决出矸、通风等问题，可先掘进1～2个小断面巷道（导硐），然后再刷帮、挑顶或卧底，将硐室扩大到设计断面。一般反向施工交叉点时宜采用导硐施工法。

2G314022 巷道施工机械化设备配套方案

在岩巷施工中，采取合理、科学的机械化设备配套方案，是加快施工进度、降低劳动强度、发挥设备潜力并获得高速度、高效率的关键。

目前常用的巷道施工机械化作业线的常用配套方案有以下几种：

1. 多台气腿式凿岩机钻眼—铲斗后卸式或耙斗式装载机装岩—固定错车场或浮放道岔或调车器调车—矿车及电机车运输。这种作业线简单易行，但机械化程度较低，且对巷道断面有一定要求，在我国矿山应用最多。

2. 多台气腿式凿岩机钻眼—耙斗式装载机或铲斗侧卸式装载机装岩—胶带运输机转载—矿车及电机车运输。这种作业线利用系统出矸，并且以增加胶带运输机来实现快速转运，效率高，速度快，应用较多。

3. 多台气腿式凿岩机钻眼—耙斗式装载机或铲斗侧卸式装载机装岩—胶带运输机转载—立式矸石仓—矿车及电机车运输。此种方式在金属矿应用较为广泛，但必须具备利用原有矸石仓和施工新的矸石仓的条件。

4. 多台气腿式凿岩机钻眼—耙斗式装载机或蟹爪式装载机或铲斗侧卸式装载机装岩—胶带运输机转载—水平矸石仓或梭式矿车—矿车及电机车运输。水平矸石仓就是在巷道一侧用挡板隔离人为形成一个水平储矸仓，然后使用耙斗式耙矸机将矸石装入矿车。梭式矿车的储矸能力较小，目前已较少使用。

5. 凿岩台车钻眼—铲斗侧卸式装载机装岩—胶带转载机转载—矿车及电机车运输。这种作业线提高了钻眼机械化水平，加快了凿岩速度，适用于大断面岩石巷道的掘进。

6. 钻装机钻眼与装岩—胶带转载机转载—矿车及电机车运输。这条作业线实现了钻眼、装岩综合机械化，不需花费凿岩台车与装载机更换进出的调动时间，机械化程度高，劳动强度低，作业安全性好，设备利用率高。但钻装机的一体化设计与研发仍需进一步提高。

7. 岩巷掘进机综合机械化作业线，即掘进机——一运（掘进机自有链板机）—二运转载机（可跟随掘进机前后移动）—三运（皮带输送机）—矸石仓（立式或水平矸石仓）—矿车和电机车运输（或直接进入主井提矸系统）。是采用机械破岩，并能实现破岩、装岩、转载、临时支护、喷雾防尘诸工序的一种联合机组。具有机械化程度高、速度快、成巷质量好、节省人力、效率高、对围岩破坏影响小、支护容易、工作安全等优点，尤其适用于大断面、长距离岩巷施工。

2G314023　巷道掘砌循环图表的编制方法

一、正规循环作业

巷道施工的基本工序包括工作面定向、炮眼布置、钻眼工作、装药联线、放炮通风、安全检查、洒水、临时支护、装岩与运输、清底、永久支护、水沟掘砌和管线安设等。

巷道掘进过程中，实现正规循环作业，是全面地、有计划地、均衡地完成施工任务的关键，是实现科学管理的一项根本制度。所谓正规循环作业，就是在规定的时间内，按作业规程、爆破图表（切割图表）和循环图表的规定，以一定的人力和技术设备，保质、保量地完成全部工序和工作量，并保证有节奏、按一定顺序周而复始地进行，取得预期的进度。

二、循环图表编制

掘进循环图表的编制包括掘进循环时间的确定，掘进、支护循环图表编制及调整等。掘进循环时间是掘进各连锁工序时间的总和，工序时间应以已颁发的定额为依据，但由于每个掘进队的具体情况不同，因此必须对施工的掘进队进行工时测定。

通常掘进循环的总时间可按下列公式进行计算：

$$T = T_1 + T_2 + \varphi T_3 + T_4 + T_5 \qquad (2G314023-1)$$

式中　T——循环总时间，min；

T_1——交接班时间，min；

T_2——装岩工作时间，min；

$$T_2 = \frac{60SL\eta}{P} \qquad (2G314023-2)$$

S——掘进断面积，m²；

L——炮眼平均深度，m；

η——炮眼利用率；

P——实测装岩机生产率，m³/h（实体）；

T_3——钻眼工作时间，min；

$$T_3 = \frac{NL}{mv} \qquad (2G314023-3)$$

N ——炮眼数目，个；

m ——同时工作的钻机数量；

v ——钻机平均钻速，m/min；

φ ——钻眼与装岩不平行作业系数；

T_4 ——装药、连线时间，min；

T_5 ——放炮通风时间，min。

根据上式的计算结果，为防止难以预见的工序延长，提高循环图表完成的概率，应考虑增加 10% 的备用时间。此外，对于巷道工程，一般应调整为每班的整数倍，以方便管理。

掘、砌循环图表编制时，一般以掘进工序为主。在掘进循环时间确定后，再编制永久支护循环图表。循环图表可以采用横道图或网络图来表示。

2G314024 巷道施工通风防尘及降温方法

一、巷道施工通风

（一）通风方式

在巷道施工时，工作面必须进行机械通风，以保证施工时具有足够的新鲜空气。一般巷道采用局部扇风机进行通风，通风方式可分为压入式、抽出式、混合式三种，其中以混合式通风效果最佳。

1. 压入式通风

（1）压入式通风是局部扇风机把新鲜空气用风筒压入工作面，污浊空气沿巷道流出。在通风过程中炮烟逐渐随风流排出，当巷道出口处的炮烟浓度下降到允许浓度时（此时巷道内的炮烟浓度都已降到允许浓度以下），即认为排烟过程结束。

（2）为了保证通风效果，局部扇风机必须安设在有新鲜风流流过的巷道内，并距掘进巷道口不得小于 10m，以免产生循环风流。为了尽快而有效地排除工作面的炮烟，风筒口距工作面的距离一般以不大于 10m 为宜。

（3）压入式通风方式可采用胶质或塑料等柔性风筒。其优点是：有效射程大，冲淡和排出炮烟的作用比较强；工作面回风不通过扇风机，在有瓦斯涌出的工作面采用这种通风方式比较安全；工作面回风沿巷道流出，沿途也就一并把巷道内的粉尘等有害气体带走。缺点是：长距离巷道掘进排出炮烟需要的风量大，所排出的炮烟在巷道中随风流而扩散，蔓延范围大，时间又长，工人进入工作面往往要穿过这些蔓延的污浊气流。

2. 抽出式通风

（1）抽出式通风是局部扇风机把工作面的污浊空气用风筒抽出，新鲜风流沿巷道流入。风筒的排风口必须设在主要巷道风流方向的下方，距掘进巷道口也不得小于 10m，并将污浊空气排至回风巷道内。

（2）在通风过程中，炮烟逐渐经风筒排出，当炮烟抛掷区内的炮烟浓度下降到允许浓度时，即认为排烟过程结束。

（3）抽出式通风回风流经过扇风机，如果因叶轮与外壳碰撞或其他原因产生火花，有引起煤尘、瓦斯爆炸的危险，因此在有瓦斯涌出的工作面不宜采用。抽出式通风的有效吸程很短，只有当风筒口离工作面很近时才能获得满意的效果。抽出式通风的优点是：在有效吸程内排尘的效果好，排除炮烟所需的风量较小，回风流不污染巷道等。抽出式通风只能用刚性风筒或有刚性骨架的柔性风筒。

3. 混合式通风

（1）混合式通风方式是压入式和抽出式的联合运用。巷道施工时，单独使用压入式或抽出式通风都有一定的缺点，为了达到快速通风的目的，可利用一辅助局部风扇做压入式通风，使新鲜风流压入工作面冲洗工作面的有害气体和粉尘。为使冲洗后的污风不在巷道中蔓延而经风筒排出，可用另一台主要局部风扇进行抽出式通风，这样便构成了混合式通风。

（2）混合式通风压入式局部风扇的出风口与抽出式局部风扇的吸风口距离应不小于15m，以防止造成循环风流。吸出风筒口到工作面的距离要等于炮烟抛掷长度，压入新鲜空气的风筒口到工作面的距离要小于或等于压入风流的有效作用长度，才能取得预期的通风效果。

（二）通风设备

常用的通风设备、设施有局部通风机、风筒、风门、风墙等。

1. 局部通风机

局部通风机是掘进通风的主要设备，要求其体积小，效率高，噪声低，风量、风压可调，坚固，防爆。目前常用的主要是大功率对旋式局部通风机，根据实际风量需要，可单机使用也可双机同时使用。

2. 风筒

风筒分刚性和柔性两大类。常用的刚性风筒有铁风筒、玻璃钢风筒等，其坚固耐用，适用于各种通风方式，但笨重，接头多，体积大，储存、搬运、安装都不方便；常用的柔性风筒为胶布风筒、软塑料风筒等。柔性风筒在巷道施工中广泛使用，具有轻便、易安装、阻燃、安全性能可靠等优点，但易于划破，只能用于压入式通风。近年来，又研制出一种带有刚性骨架的可缩性风筒，即在柔性风筒内每隔一定距离，加上了圆形钢丝圈或螺旋形钢丝圈，既可用于抽出式通风，又具有可收缩的特点。

二、巷道施工综合防尘

巷道施工时，在钻眼、爆破、装岩、运输等工作中，不可避免地要产生大量的粉尘。根据测定，这些粉尘中含有游离 SiO_2 达 30%～70%，其中大量的颗粒粒径小于 5μm。这些粉尘极易在空气中浮游，被人吸入体内，时间久了就易患矽肺病，严重地影响工人的身体健康。我国矿山在巷道掘进工作面的综合防尘方面目前已取得了丰富的经验：

1. 湿式钻眼是综合防尘最主要的技术措施。严禁在没有防尘措施的情况下进行干法生产和干式凿岩。

2. 湿式喷浆是喷射混凝土工序最根本防尘技术措施。喷射混凝土过程中产生的水泥粉尘对人体危害较大，因此在喷射混凝土时必须采取湿式喷浆。

3. 喷雾、洒水对防尘和降尘都有良好的作用。在爆破前用水冲洗岩帮，爆破后立即进行喷雾，装岩前要向岩堆上洒水，同时使用耙矸机联动喷雾、放炮喷雾及常开净化喷雾，都能减少粉尘扬起。

4. 采用大功率对旋局扇，提高掘进工作面风量，加强通风排尘。除不断向工作面供给新鲜空气外，还可将含尘空气排出，降低工作面的含尘量。首先应在掘进巷道周围建立通风系统，以形成主风流。其次应在各作业点搞好局部通风工作，以便迅速把工作面的粉尘稀释并排到主回风流中去。

5. 加强个人防护工作。工人在工作面作业一定要戴防尘口罩。近年来，我国有关部门研制成了多种防尘口罩，对于保护粉尘区工作的工人的身体健康起了积极作用。对工人还要定期进行身体健康检查，发现病情及时治疗。

6. 大力发展岩巷综合机械化作业线施工的综合防尘技术。

（1）采用除尘风机除尘，适用于瓦斯较小的岩巷施工，除尘风机一般安装在掘进机上并和掘进机配套使用。

（2）采用"二高二隔一监控"的综合防尘技术，即高压喷雾降尘、高分子材料抑尘、在掘进机后设置隔尘水幕、主要接尘人员佩戴隔离式呼吸器、工作面实现防尘监控系统。

7. 煤（半煤）巷掘进工作面不得使用电动除尘风机，应积极推广使用高压水射流除尘装置等其他有效除尘设施。另外，煤（半煤）巷掘进工作面可以实行浅孔动压注水（突出危险区不得采用动压注水），但是要编制煤层注水专项设计及安全技术措施。

三、巷道施工降温

人在高温、高湿作用下，劳动生产率将显著降低，正常的生理功能会发生变化，身心健康受到损害。我国《煤矿安全规程》规定：当采掘工作面的空气温度超过30℃、机电硐室的空气温度超过34℃时，必须采取降温措施。我国矿井目前开采深度在不断下延，以煤矿为例，每年下延速度10m左右。由于地热、压缩热、氧化热、机械热的作用，越来越多的矿井出现了湿热环境，采掘工作面风温高于30℃、岩温高达35～45℃的矿井逐渐增多。

（一）无空气冷却装置降温

包括选择合理的开拓方式和确定合理的开采方法，改善通风方式和加强通风，减少各种热源的放热量等措施。

1. 通风降温

改善通风系统，更换大功率局扇或采取双路风筒供风，增加掘进头供风量，个别高温地点可安装辅助风机，局部散热。

2. 喷雾洒水降温

供风温度在26℃以上的要在局扇前安设三道喷雾，巷道内每道净化喷雾、防尘水幕保持常开。

3. 个体防护降温

对高温地点提供足够的饮用水，并配有含盐或含碳酸饮料、冰块等，及时发放风油精、仁丹、清凉油等防暑药品。对高温区域人员须发放毛巾等劳保用品。

4. 对高温作业的场所要合理安排劳动和休息时间，高温地点可采取"四六"制工作时间作业，保障充足的睡眠时间。部分工作岗位可采取轮岗作业或双岗作业，根据现场合理安排工作量，避免劳动强度过大。

（二）人工制冷降温

只有当采用加强通风、改进通风以及疏干热水尚不足以消除井下热害，或增加风量对降温的作用不大，在不得已的情况下，才采用人工制冷降温。

（三）其他方法

隔热技术的运用也是矿井降温措施中不可缺少的重要手段，而采用冰冷却系统向工作面输送冰冷水降温，被认为是深井施工降温的一条新途径。

2G314025　缓坡斜井施工方法及其应用

缓坡斜井主要是指坡度在 5° 左右的倾斜巷道，其施工方法和水平巷道基本相同，但此类巷道一般距离都比较长，主要是解决好提升问题，加快掘进速度。

一、提升方式

1. 钻爆法施工，无极绳绞车运送物料，皮带输送机出渣。

2. 钻爆法施工，绞车提升。一般采用 JBY-60×1.25/90kW 绞车，该种绞车容绳量大，提升距离长，但提升速度较慢。

3. 掘进机综合机械化作业线施工，皮带输送机出渣，无极绳绞车或电机车运送物料。

4. 无轨运输系统。采用防爆胶轮车运送矸石及物料，这种运输系统最大的优点是运输系统简单，运输量大。

二、施工方法

1. 全断面一次施工

（1）目前岩石缓坡斜井掘进大都仍采用钻眼爆破方法，且基本上是全断面一次掘进。作业方式也还是"三八"作业制，施工队分三个掘进班，实行边掘边锚，前掘后喷，小班单循环的循环作业方式。

（2）岩巷钻爆法施工较多采用全断面一次钻孔，一次爆破或分次爆破方法施工。一次爆破节省时间，有利于快速掘进及安全管理，但一次爆破的爆破效果不好，应加强对一次爆破的研究，对于断面适中的巷道宜大力推广全断面一次爆破；分次爆破的爆破效果较好，但时间长，不利于安全管理，必须制定专项安全措施。

2. 台阶法施工

（1）台阶法是将巷道断面分成若干（一般为 2～3）个分层，各分层在一定距离范围内呈现台阶状，同时推进施工。

（2）在大断面岩巷掘进中，由于全断面一次掘进，炮孔布置数量较多，打孔占用时间较长；同时，巷道断面大，爆破后矸石量较多，钻孔、出矸和支护三者之间的矛盾突出，因此适宜采用台阶法施工。

台阶法施工最大的特点是缩小了断面高度，并具备以下优点：

1）上下台阶错开一定距离，增大了爆破自由面，可提高爆破进尺；

2）合理分层缩小了断面高度，有利于打孔质量的提高；

3）上下台阶错开合理距离，有利于上下台阶施工，交叉平行作业，大大缓解了钻孔、出矸和支护的矛盾，显著提高了小班循环进尺。

3. 掘进机施工

缓坡斜井由于倾角较小，可采用掘进机作业线施工。此种作业线与钻爆法相比，避免了因工作面积水而出现瞎炮事故，并且胶带转载机能实现长距离连续运输，可最大限度地发挥掘进机的潜力，实现连续掘进。

2G314026 斜井及倾斜巷道施工特点

一、斜井井筒施工方法

斜井井筒的倾角从几度到几十度不等，所以其施工方法、施工工艺和施工设备介于立井和平巷之间。

（一）斜井表土明挖段施工

由于表土层土质松软、稳定性较差，一般有涌水，地质条件变化较大。当斜井表土段距离长，安全、快速地通过表土层对缩短建井工期尤其重要。斜井表土明挖段施工，一般采用明槽开挖方法亦即明洞施工法，根据不同地形、地质条件及其结构类型，明洞施工应注意以下几点：

1. 施工边坡能暂时稳定时，可采取先墙后拱法。

2. 施工边坡稳定性差，但拱脚承载力较好能保证拱圈稳定时，可采用先拱后墙法。

3. 当地质条件极其复杂时，应根据现场情况制定更可靠的施工方法。

4. 采用明槽开挖或明洞施工法的地段，其土石方开挖应确保安全与稳定。

5. 斜井明洞边墙基础必须设置在稳固的地基上。明洞基础开挖至设计高程后，如其承载力不符合设计要求，可采取夯填一定厚度的碎石或加深、扩大基础等措施；或采取其他补救措施，如硅化加压注水泥浆等。

6. 斜井明洞衬砌施工顺序一般是：处理不良地段地基→放线找平→铺底→放线→绑扎钢筋→立模→加固模板→浇筑混凝土→等强→拆模→养护。衬砌模板可采用组装模板、整体模板、液压整体移动模板。混凝土连续浇筑，应积极推广泵送混凝土施工。混凝土浇筑强度达到设计强度 70% 以上时可进行回填。

（二）斜井表土暗挖段施工

斜井表土暗挖段，其施工方法主要取决于井筒倾角和表土层的稳定情况等因素。当表土层稳定时，可采用普通法施工。一般有两种施工法，一是当土层为干的多孔性表土时，可以用风镐挖掘，工作面可布置 4～6 台风镐同时作业；二是当土层为黏土或砂质黏土组成的粘结性土层时，由于它含有水分而状如硬泥，其韧性极大，可用爆破法施工，孔深可控制在 2.0m 以内。当表土层不稳定时，宜采用导硐法、管棚法、金属棚背板法、锚喷网法作临时支护施工。当表土层含水较大时，宜采用降低水位法、冻结法、帷幕、超前注浆、局部硬化等特殊方法施工。

斜井从明槽进入暗挖段的 1～3m 部位，宜与明槽部分的永久支护同时施工。

斜井表土暗挖段的支护一般采用现浇混凝土衬砌支护，稳定性表土中无水时，也可采用锚喷网支护。

（三）斜井基岩段施工

斜井基岩段施工目前主要采用钻眼爆破法和掘进机法进行施工，我国的斜井施工已形成了具有中国特色的机械化作业线和设备配套方式，斜井施工技术已进入一个新的阶段。

1. 斜井基岩段掘进方法

在松软岩层中掘进斜井，目前一般采取机械挖掘的方法。由于受工作空间的限制，通常采用小型短臂无尾挖掘机，如凯斯 KS-55、久保田 KX155-382 等。在岩层中可采用钻爆法掘进，钻爆法掘进要注意底部的打眼角度，斜井底部炮眼倾斜角度应适当大于斜井的倾角，以防底板欠挖。在岩层中也可采用掘进机掘进，采用综掘机掘进必须保证连续运输，才能体现它的优越性。

2. 斜井施工排矸和运输

斜井施工装矸除特殊情况采用人工装矸外，基本都实现了机械装矸。常用的装岩机械有耙斗装岩机、挖掘机、装载机等。

斜井施工运矸方式与斜井坡度大小密切相关，缓坡斜井的运矸方式可采用防爆无轨胶轮车运矸、胶带机运矸（煤）、梭车运矸等。当斜井坡度大于等于 8° 时，应采用轨道运输，运矸方式可采用矿车运矸、箕斗运矸、胶带机运矸，少数采用梭车运矸。矿车或箕斗运矸一般配备双轨双套提升。

斜井施工提升防跑车是斜井提升的重要安全措施。通常所说的"一坡三挡"就是防跑车的主要措施，"一坡三挡"即在斜井上口入口前设置阻车器，在变坡点下方略大于一列车长度的地点，设置能够防止未连挂的车辆继续往下跑的挡车栏，在下部装车点上方再设置一套挡车栏。除此之外，还必须安设能够将运行中断绳、脱钩的车辆阻止的防跑车防护装置。

3. 斜井施工永久支护

斜井施工永久支护，现在广泛采用锚喷支护方式。锚杆支护工作面采用专用锚杆钻机进行施工。地面设置混凝土搅拌站，选用湿式混凝土喷射机及其配套的供料装置，并进行远距离输送混凝土，在工作面进行喷射混凝土作业。

4. 斜井施工排水

斜井的排水方式应视涌水量大小和斜井的长度而定，一般采取三级排水。

（1）工作面排水（一级排水）

目前常用的排水设备有三种类型：风动涡轮潜水泵（俗称风泵）、气动隔膜泵、BQS 矿用隔爆型潜水排沙泵（俗称电潜泵）。每种泵型号繁多，可根据工作面涌水流量、泥沙含量和排水扬程而定。

（2）二级排水站

二级排水站设施设在工作面后面适当的位置，位置的确定原则：距工作面施工设备至少 5m；要考虑一级排水设备扬程的允许，并有 10% 的富余量。要设临时水泵房、临时水仓，临时水仓的容量应视斜井总涌水量而定。排水设备至少配备两台，一台工作，一台备用。每台水泵的流量宜为总涌水量的 2～3 倍，其扬程应大于到第三级排水或到地面的高程，且有 10% 以上的富余量。二级排水站随工作面进展的需要进行前移。

（3）三级排水站

三级排水站的移动次数不宜过多，二级排水站排上来的水通过三级排水站排到地面。三级排水站的临时水仓容量要大于二级排水站临时水仓的容量。如果有两条斜井共用一个排水站，其临时水仓容量应考虑两条斜井的总涌水量。排水泵的能力仍按二级排水站配备原则配备。

5. 斜井施工通风

当一条单独的斜井独头施工时，通常采用压入式通风，即将局部扇风机设置在地面井口附近，新鲜风通过风筒压入到掘进工作面，乏风由斜井自身回风排出地面。风机的型号依据风量的需求选择。通常情况，斜井长度在 2000m 以内，选择 $2 \times 30kW$ 对旋风机，直径不小于 800mm 的风筒能够满足施工要求；斜井长度在 3000m 以内，选择 2×55kW 的对旋风机，直径不小于 1000mm 的风筒可满足施工要求；长度超过 3000m 以上单斜井，可采取增加回风措施立井解决通风问题。

双斜井同时施工，前期两斜井各自独立通风，和单斜井相同。当井筒施工到一定深度，为了解决长距离通风问题，可在两斜井之间施工联络巷，调整通风系统，一个井筒进风，一个井筒回风，局扇可下移联络巷上部进风井，同时在回风井上口密闭安装临时扇风机回风。

二、倾斜巷道上山施工方法

1. 钻眼爆破工作

倾斜巷道采用上山施工时，钻眼爆破工作中应注意两个问题：一是严格按照上山底板设计的倾角施工；二是要避免爆破时抛掷出来的岩石崩倒支架。

2. 装岩与提升工作

倾斜巷道上山掘进时，装岩工作应尽量使用机械设备装岩，装岩设备必须设置防滑措施。目前较多的提升方式是采用提升绞车加回头轮牵引矿车进行，倾角较小时也可采用输送机进行运输。在倾角较大时，要有挡矸设置，防止矸石滚落伤人。

3. 支护工作

倾斜巷道上山掘进时，由于顶板岩石有倾斜向下滑落的趋势，因此安设支架时，必须使棚腿与顶底板垂线间呈一夹角（迎山角），当倾角大于 45° 时，需设置底梁，使支架成为一个封闭框式结构。目前上山支护中，应积极使用锚喷支护结构。

4. 通风工作

煤矿倾斜巷道上山掘进，由于瓦斯密度较小，容易积聚在工作面附近，因此必须加强通风工作和瓦斯检查。

三、倾斜巷道下山施工方法

倾斜巷道下山施工方法与斜井施工方法基本相同，但是斜井井口开口在地面，施工比较好安排，对于井下的倾斜巷道采用下山施工法时，出口在上部，但施工安排比较复杂。

1. 钻眼爆破工作

倾斜巷道下山施工时，钻眼爆破工作中应特别注意下山底坡度，使其符合设计要求。

2. 掘进施工作业线

倾斜巷道下山掘进常规的机械化作业方式为工作面"多台气腿式凿岩机钻眼—耙矸机装岩—皮带机及矸石仓转载或绞车牵引矿车运矸"的配套方案，采用大功率耙矸机和斗容较大的扒斗可以加快扒渣和装岩速度。此种作业线，在耙斗装岩机后可采用矿车运输，也可采用胶带运输，或胶带机转入矿车运输。采用矿车运输时，必须做好调车工作，以保证空车供应，可配用固定错车场、浮放道岔或翻框调车器等。采用胶带运输，或胶带机转入矿车运输则是独头长距离巷道较好的运输方式。

3. 排水工作

倾斜巷道下山施工时，由于巷道内顶板淋水、底板出水及施工用水等形成的积水全部流到工作面，所以排水工作是施工中的关键，必须及时排出工作面积水。排水方案与斜井施工排水类似。

四、倾斜巷道施工安全工作

倾斜巷道施工,无论是采用上山还是下山法施工,包括斜井施工,都必须防止跑车事故的发生,施工中必须设置各种防跑车装置并定期检查和更换钢丝绳。提高轨道铺设质量,加强轨道的维护,坚持"矿车掉道就是事故"的安全理念,杜绝掉道事故的发生。

开凿或延深斜井、下山时,《煤矿安全规程》2022年版第八十条规定:必须在斜井、下山的上口设置防止跑车装置,在掘进工作面的上方设置坚固的跑车防护装置。跑车防护装置与掘进工作面的距离必须在施工组织设计或作业规程中规定。斜井(巷)施工期间兼作行人道时,必须每隔40m设置躲避硐并设红灯。设有躲避硐的一侧必须有畅通的人行道。上下人员必须走人行道。人行道必须设红灯和语音提示装置。

倾斜巷道施工中使用串车进行提升时,《煤矿安全规程》2022年版第三百八十七条规定:

1. 在倾斜井巷内安设能够将运行中断绳、脱钩的车辆阻止住的跑车防护装置。

2. 在各车场安设能够防止带绳车辆误入非运行车场或区段的阻车器。

3. 在上部平车场入口安设能够控制车辆进入摘挂钩地点的阻车器。

4. 在上部平车场接近变坡点处,安设能够阻止未连挂的车辆滑入斜巷的阻车器。

5. 在变坡点下方略大于1列车长度的地点,设置能够防止未连挂的车辆继续往下跑车的挡车栏。

上述挡车装置必须经常关闭,放车时方准打开。兼作行驶人车的倾斜井巷,在提升人员时,倾斜井巷中的挡车装置和跑车防护装置必须是常开状态并闭锁。

2G320000　矿业工程项目施工管理

矿业工程项目施工管理是一项复杂的、综合的管理技术，管理的具体内容涉及工程项目的施工组织管理、施工进度控制、施工质量控制、施工成本控制、施工安全管理、合同管理以及现场管理等多方面的工作。由于矿业工程项目包括地面、地下两大内容，涉及矿建、土建和安装三大专业，施工技术和管理具有其自身的特点，特别是地下工程项目，施工方法受地质条件的影响较大，施工安全风险高，这也造就了矿业工程施工管理比一般工程项目更具复杂性。因此，矿业工程项目施工管理必须综合考虑各种因素，在充分保证施工安全的基础上，实现矿业工程项目的动态管理，保证项目工程质量和进度，同时尽可能降低工程造价，实现施工单位效益、建设单位效益以及社会效益的最大化。矿业工程的安全管理、进度控制、质量控制以及成本控制是施工项目管理的重要内容。

2G320010　施工项目组成及管理内容

2G320011　施工项目的组成

一、矿业工程专业的内容

矿业工程专业涉及所有矿山行业的建设工作，包括煤炭、冶金、建材、化工、有色金属、铀矿、黄金等行业的井工、露天矿山工程和地面工业建筑工程以及相关配套项目工程。

一般来说，矿业工程包括矿建工程、土建工程和机电安装工程等三大类工程。矿建工程包括井工矿或露天矿的建设工作；土建工程指矿区地面的工业广场、生活区的房屋建筑和工业厂房建筑工程以及井下的土建工程，包括为准备开采矿产资源及矿产资源采出后为矿物输运、加工、存储和外运过程中的各种设施、厂房建设和办公、居住等生活用房建设；安装工程包括为矿山建设、采矿及采矿生产过程中的通风、排水、提升运输、供电等各种机电设备安装以及针对不同选矿方法所用的选矿设备的安装内容。矿业工程还涉及矿区公路、铁路、桥梁及场地等建设工程。

二、矿业工程施工项目的组成

工程项目组成的合理、统一划分对评价和控制项目的成本、进度、质量、验收以及结算等方面管理工作是必不可少的。矿业工程项目可划分为单项工程、单位工程、分部工程和分项工程。

（一）单项工程

单项工程是建设项目的组成部分。一般指具有独立的设计文件，建成后可以独立发挥生产能力或效益的工程，如矿区内矿井、选矿厂，机械厂的各生产车间；非工业性项目一般指能发挥设计规定主要效益的各独立工程，如宿舍楼、办公楼等。

（二）单位工程

单位工程是单项工程的组成部分。一般指不能独立发挥生产能力或效益，但具有独立施工条件并能形成独立使用功能的单元为一个单位工程。通常按照单项工程中不同性质的工程内容，可独立组织施工、单独编制工程预算的部分划分为若干个单位工程。如矿井单项工程分为立井井筒、斜井井筒和平硐、巷道、硐室、通风安全设施、井下铺轨等单位工程。

根据《煤矿井巷工程质量验收规范》GB 50213—2010，单位（或子单位）工程的划分应按下列原则确定：具备独立施工条件并能形成独立使用功能的单元为一个单位工程；对于跨年度施工的井筒、巷道等单位工程，可按年度施工的工程段划分为子单位工程。子单位工程的划分，主要是工程量较大且比较容易分开的立井、斜井、巷道等工程，按年度施工量进行子单位工程的划分。

（三）分部工程

分部工程按工程的主要部位划分，它们是单位工程的组成部分；分部、分项工程不能独立发挥生产能力，没有独立施工条件；但可以独立进行工程价款的结算。如立井井筒工程的分部工程为井颈、井身、壁座、井窝、防治水、钻井井筒、沉井井筒、冻结、混凝土帷幕等。对工程量大、工期长的井筒井身工程和平硐硐身、巷道主体工程，可以按每月实际进尺作为一个分部工程。组成房屋工程的分部工程有基础、墙体、屋面等；或按照工种不同划分为土方、钢筋混凝土、装饰等分部工程。

根据《煤矿井巷工程质量验收规范》GB 50213—2010，分部（或子分部）工程的划分应按下列原则确定：

1. 分部工程可按井巷工程部位功能和施工条件进行划分；

2. 对于支护形式不同的井筒井身、巷道主体等分部工程，可按支护形式不同划分为若干个子分部工程；

3. 对于支护形式相同的井身、巷道主体等分部工程，可按月度验收区段划分为若干个子分部工程。

（四）分项工程

井巷工程的分项工程主要按施工工序、工种、材料、施工工艺等划分，是分部工程的组成部分。分项工程没有独立发挥生产能力和独立施工的条件；可以独立进行工程验收和价款的结算；一般常根据施工的规格形状、材料或施工方法不同，分为若干个可用同一计量单位统计工作量和计价的不同分项工程。如井身工程的分项工程为掘进、模板、钢筋、混凝土支护、锚杆支护、预应力锚索支护、喷射混凝土支护、钢筋网喷射混凝土支护、钢纤维喷射混凝土支护、预制混凝土支护、料石支护等。墙体工程的分项工程有基础、内墙、外墙等分项工程。

煤矿井巷工程的划分情况详见表 2G320011。

煤矿井巷工程的划分   表 2G320011

序号	单位工程	子单位工程	分部工程	子分部工程	分项工程
1	立井井筒（含暗井、60°以上的煤仓）	××年度立井井筒	井颈	—	冲积层掘进、基岩掘进、模板、钢筋、混凝土支护*
			井身*（含井窝）	无支护井身*	基岩掘进*

续表

序号	单位工程	子单位工程	分部工程	子分部工程	分项工程
1	立井井筒（含暗井、60°以上的煤仓）	××年度立井井筒	井身*（含井窝）	锚喷支护井身*	基岩掘进、锚杆支护*、预应力锚杆支护*、喷射混凝土（含砂浆）支护*、金属网（含塑料网、锚网背）喷射混凝土支护*、钢架喷射混凝土支护*
				砌块支护井身*	冲积层掘进、基岩掘进、模板、钢筋混凝土弧板支护*、预制混凝土块、料石支护*
				混凝土支护井身*	冲积层掘进、基岩掘进、模板、混凝土支护*
				钢筋混凝土支护井身*	冲积层掘进、基岩掘进、模板、钢筋、混凝土支护*、夹层铺设*
			冻结	—	冻结钻孔、制冷冻结*
			钻井	—	井筒钻进、预制井壁、井壁漂浮下沉*、固井
			防治水	—	地面预注浆、工作面预注浆、壁后注浆、卷材防水层
			壁座	—	基岩掘进、模板、钢筋、混凝土支护*
2	斜井（含暗斜井）井筒、平硐	××年度斜井井筒、××年度平硐	斜井井口*平硐硐口*	—	冲积层掘进、明槽开挖、基岩掘进、模板、钢筋、混凝土支护*、砌块支护*
			斜井井身*平硐硐身*	无支护井身（或硐身）*	基岩掘进*
				锚喷支护井身（或硐身）*	基岩掘进、锚杆支护*、预应力锚杆支护*、喷射混凝土（含砂浆）支护*、金属网（含塑料网、锚网背）喷射混凝土支护*、钢架喷射混凝土支护*
				砌块支护井身（或硐身）*	基岩掘进、模板、钢筋混凝土弧板支护*、预制混凝土块、料石支护*
				混凝土支护井身（或硐身）*	冲积层掘进、基岩掘进、砌块支护*、防水夹层铺设*
				钢筋混凝土支护井身（或硐身）*	冲积层掘进、基岩掘进、模板、钢筋、混凝土支护*、防水夹层铺设*
		××年度斜井井筒、××年度平硐	斜井井身*平硐硐身*	支架支护井身（或硐身）*	基岩掘进、刚性支架支护*、可缩性支架支护*
			连接处（或交岔点）*	—	基岩掘进、模板、钢筋、混凝土支护*、锚杆支护*、预应力锚杆支护*、喷射混凝土（含砂浆）支护*、金属网（含塑料网、锚网背）喷射混凝土支护*、钢架喷射混凝土支护*、砌块支护*、刚性金属支架支护*、可缩性支架支护*
			水沟	—	冲积层掘进、基岩掘进、模板、混凝土砌筑、预制混凝土砌筑、水沟盖板
			附属工程	—	混凝土台阶、砌块台阶、混凝土地坪、砂浆地坪、喷刷浆
			防治水	—	地面预注浆、工作面预注浆、壁后注浆、砂浆防水层、卷材防水层

续表

序号	单位工程	子单位工程	分部工程	子分部工程	分项工程
3	巷道（含平巷、斜巷）	××年度巷道、××年度石门	主体*	无支护主体*	基岩掘进*
				锚喷支护主体*	基岩掘进、锚杆支护*、预应力锚杆支护*、喷射混凝土（含砂浆）支护*、金属网（含塑料网、锚网背）喷射混凝土支护*、钢架喷射混凝土支护*
				砌块支护主体*	基岩掘进、模板、钢筋混凝土弧板支护*、预制混凝土块、料石支护*
				混凝土支护主体*	基岩掘进、模板、混凝土支护*
				钢筋混凝土支护主体*	基岩掘进、模板、钢筋、混凝土支护*
				支架支护主体*	基岩掘进、刚性支架支护*、可缩性支架支护*
			防治水	—	地面预注浆、工作面预注浆、壁后注浆、砂浆防水层、卷材防水层
			水沟	—	基岩掘进、模板、混凝土砌筑、预制混凝土砌筑、水沟盖板
			附属工程	—	混凝土台阶、砌块台阶、混凝土地坪、砂浆地坪、喷刷浆
4	硐室（含井筒与井底车场连接处、交岔点、风道、安全出口）	—	主体*	锚喷支护主体*	基岩掘进、锚杆支护*、预应力锚杆支护*、喷射混凝土（含砂浆）支护*、金属网（含塑料网、锚网背）喷射混凝土支护*、钢架喷射混凝土支护*
				砌块支护主体*	基岩掘进、模板、钢筋混凝土弧板支护*、预制混凝土块、料石支护*
				混凝土支护主体*	基岩掘进、模板、混凝土支护*
				钢筋混凝土支护主体*	基岩掘进、模板、钢筋、混凝土支护*
				支架支护主体*	基岩掘进、刚性支架支护*、可缩性支架支护*
			水沟（含沟槽）	—	基岩掘进、模板、混凝土砌筑、预制混凝土砌筑、水沟盖板
			设备基础	—	基槽、模板、钢筋、混凝土*
			附属工程	—	混凝土台阶、砌块台阶、混凝土地坪、砂浆地坪、木地板、喷刷浆
			防治水	—	地面预注浆、工作面预注浆、壁后注浆、砂浆防水层、卷材防水层
5	井下安全构筑物	—	风门	—	基槽开挖、墙体*、门框及门扇安装
		—	防火门	—	基槽开挖、墙体*、门框及门扇安装
		—	防爆门	—	基槽开挖、墙体*、门框及门扇安装
		—	密闭门	—	基槽开挖、墙体*、门框及门扇安装

续表

序号	单位工程	子单位工程	分部工程	子分部工程	分项工程
5	井下安全构筑物	—	防水闸门	—	基槽开挖、墙体*、门框及门扇安装
			密闭墙	—	基槽开挖、墙体*
6	井下铺轨	—	道床、轨枕	—	基底、道床、轨枕、岔枕
			轨道*道岔*	—	轨道*、道岔*
			安全防护设施	—	轨距杆、防爬器、防轨道滑移设施、托辊、托绳轮、安全标志桩（或线）

注：表中分项、分部工程名称后带有符号"*"的，为指定分项工程、指定分部工程。

2G320012　施工项目管理内容与特点

一、矿产资源的属性及赋存特点

矿产资源的开发首先受到矿产资源条件的约束。资源的分布地域、赋存条件决定了资源开发的可行性及其规模、地点、范围等重要决策问题。

《中华人民共和国矿产资源法》规定，矿产资源属于国家所有。无论地表或地下的矿产资源，其所属权不因其所依附的土地所有权或使用权的不同而改变。矿产资源的开发，必须符合国家矿产资源管理等有关法律条款规定和国家关于资源开发的政策。根据《中华人民共和国矿产资源法》规定，勘查和开采矿产资源，必须依法分别申请，经批准获得探矿权、采矿权，并按规定办理登记；《中华人民共和国矿产资源法》还规定，国家实行探矿权和采矿权的有偿取得制度，开采矿产资源必须按照国家有关规定交纳资源税和资源补偿费。

《中华人民共和国矿产资源法》规定，凡国家规划矿区、对国民经济具有重要价值的矿区和国家规定实行保护性开采的特定矿种，国家实行有计划开采。《中华人民共和国矿产资源法》规定，国家对矿产资源的开采实行采矿许可证制度；并且，从事矿产资源勘查和开采的，必须符合规定的资质条件。多数矿产资源赋存在一定深度的地表下面。矿产资源赋存在地下的特点，给矿产资源的开发带来了许多困难。目前，了解地下矿产资源赋存状况的唯一办法就是地质勘查。因此，资源的勘探工作是进行矿山建设设计、实现矿业工程项目和矿产资源开采的前提条件。《中华人民共和国矿产资源法》规定，供矿山建设设计使用的勘查报告，必须经国务院或省级矿产储量审批机构审查批准；未经批准的勘查报告，不得作为矿山建设的依据。

二、矿业工程施工项目管理内容

矿业工程施工项目管理，按照参与单位划分包括建设单位的项目管理（包括建设监理）、总承包单位的项目管理、设计单位的项目管理以及施工单位的项目管理。

（一）建设单位的项目管理（建设监理）

1. 矿业工程项目建设单位对项目的管理是全过程的，包括项目决策和实施阶段以及生产、结束等各个环节，也即从编制矿井建设项目的建议书开始，经可行性研究、设计和施工，直至项目竣工验收、投产使用的全过程管理。

2. 在市场经济体制下，矿业工程项目的建设单位可以依靠社会化的咨询服务单位，为其提供项目管理方面的服务。工程监理单位可以接受建设单位的委托，在工程项目实施阶段为建设单位提供全过程的监理服务。此外，监理单位还可将其服务范围扩展到工程项目前期决策阶段，为工程建设单位进行科学决策提供咨询服务。

（二）工程建设总承包单位的项目管理

矿业工程项目在设计、施工总承包的情况下，建设单位在项目决策之后，通过招标择优选定总承包单位全面负责工程项目的实施过程，直至最终交付使用功能和质量标准符合合同文件规定的工程项目。由此可见，总承包单位的项目管理是贯穿于项目实施全过程的全面管理，既包括工程项目的设计阶段，也包括工程项目的施工安装阶段。总承包方为了实现其经营方针和目标，必须在合同条件的约束下，依靠自身的技术和管理优势或实力，通过优化设计及施工方案，在规定的时间内，按质、按量地全面完成工程项目的承建任务。

（三）设计单位的项目管理

设计单位的项目管理是指矿业工程设计单位受建设单位委托承担工程项目的设计任务后，根据设计合同所界定的工作目标及责任义务，对建设项目设计阶段的工作所进行的自我管理。设计单位通过设计项目管理，对建设项目的实施在技术和经济上进行全面而详尽的安排，引进先进技术和科研成果，形成设计图纸和说明书，以便实施，并在实施过程中进行监督和验收。由此可见，设计项目管理不仅仅局限于工程设计阶段，而是延伸到了施工阶段和竣工验收阶段。

（四）施工单位的项目管理

矿业工程项目施工单位可通过投标获得工程施工承包合同，并以施工合同所界定的工程范围组织项目管理，简称为施工项目管理。施工项目管理的目标体系包括工程施工质量（Quality）、成本（Cost）、工期（Delivery）、安全和现场标准化（Safety）、环境保护（Environment），简称 QCDSE 目标体系。显然，这一目标体系既和整个工程项目目标相联系，又带有很强的施工企业项目管理的自主性特征。

三、矿业工程项目管理特点

1. 矿业工程项目管理是综合性管理

矿业工程一般都是综合性建设项目，涉及勘探、设计、建设、施工、材料设备提供等方面的共同工作；矿山工程建设通常包含有生产系统、通风系统、提升运输系统、排水系统、供水系统、压风系统、排矸系统、安全监测系统、通信系统、供电系统、动力照明系统、生活办公系统等工程内容，以及选矿工程系统、矿产品的储运系统等，建设好这些系统才能构成完整的矿山生产系统。矿业工程还具有投资大、周期长、组织关系复杂的特点。由此可见，矿业工程项目管理工作是一项综合性管理工作。

2. 矿业工程项目管理内容十分复杂

矿业工程建设的环境条件存在大量复杂和不确定因素。目前工程地质和水文地质的勘查水平还无法提供满足生产、施工所需的详尽、准确的地质资料，这就使项目建设会有更多的可变因素。因此，在项目建设中，无论是建设、设计、施工或其他管理单位，不仅需要对这种情况有充分的估计和应对准备，尽量对可能出现的问题考虑周全、细致，而且还要充分利用管理、技术、经济和法律知识与经验，对这些已经出现的变化做好协调和"善后"工作，将风险降低到最低。

矿业工程的主体工程在地下，环境条件的复杂和不确定性还给项目建设的本身带来大量安全问题。地下工作条件恶劣，或是突发性的事故，或是因为稍有的疏忽，水、火、瓦斯、冒顶塌方等各种矿井灾害会对项目和人员造成灾难性的损失；有害物质对环境污染所造成的社会影响和对作业人员的伤害也是矿山工程建设中的一个严重问题。因此，考虑对这些重大突发事故的防范和必要的应急措施是实施矿山工程不可忽视的内容。矿业工程项目的管理人员必须十分重视安全管理和环境保护工作。

3. 矿业工程管理涉及的各个系统相互联系和相互制约

矿业工程是一个包含地上、地下内容的综合性工程。地下生产系统本身是一个比较完整的系统，必须具有包括生产、运输、通风、排水、供变电、通信、监控监测等各种功能的专有场所（硐室）和设备，形成一个与地面有充分联系的地下生产系统。系统布局不仅要求各个生产环节之间，而且还要求不同生产水平（高程）之间、不同生产水平（高程）与地面之间有合理的联系。地下工程施工还具有明显的方向性，因此，施工顺序排队与选定施工方案、确定工期长短问题之间是密切相关的。一条关键线路上的巷道施工好坏与快慢或者调整，会对整个工程产生重要影响。

地下生产系统决定了地面生产系统的布局，同样也影响了施工设施的布局。一个矿业工程整体项目还包括有井巷工程、土建工程以及采矿、选矿设备，甚至大型施工设备的安装工程内容。因此，矿业工程项目不仅存在各个环节之间的协调关系，而且还要考虑井上、井下工程的空间关系和地面工程与地下工程间的制约关系，矿（建）、土（建）、安（装）工程间的平衡关系，这些关系的影响贯穿于项目建设过程的各个环节。在项目具体实施时，这些错综复杂的关系又会影响项目的顺利进展，协调这些关系是矿业工程施工管理（包括现场调度）特有的也是重要的内容。因此，矿业工程管理工作必须对这些关系有明确的认识，从项目的整体上和每一个细节上把握和协调这些关系。

4. 矿业工程项目管理施工与生产联系紧密

由地下工作的特点所决定，矿业工程建设期的井巷施工内容与投产后的采矿作业形式、施工设备有许多类似之处。因此，矿业工程的施工是可以利用部分永久（生产）设施或设备来完成的。利用永久设施施工，既有利于建设单位尽早发挥设施与设备的效益，又利于减少施工单位的投入和大临工程的建设；反之，施工过程又是建设单位培训生产人员的一个很好机会。因此，建设单位与施工单位处理这类设施的租赁和人员培训问题，也是矿业工程管理中有特色的内容。

【案例 2G320010-1】

1. 背景

某矿建施工单位承建了一立井井筒工程，该井筒净直径 4.5m，深度 860m，为固定总价合同，地质资料不完备，建设单位要求施工单位收集调研附近 30km 处一矿井的地质资料作参照，合同约定井筒最大涌水量为 15m³/h，建设工期 11 个月。施工中因为地质资料不完备，遇到了突发性的 50m³/h 的涌水，经过施工单位的努力，最后强行通过。但是，由于涌水大，给保证施工质量带来了巨大困难，并且费用增多、工期拖延。事件发生以后，建设单位要求施工单位采用增加施工设备投入和工作人员等措施加快施工进度，并承诺如果按原合同工期完成将给予奖励。6 个月后，建设单位却因未办妥采矿许可证，被有关部门勒令停工。建设单位与施工单位因为没有施工许可证而同时被罚。

2. 问题

（1）根据背景条件，是否应采用固定总价的合同方式？

（2）对于井筒突发性大量涌水造成的损失，施工单位应如何处理？

（3）建设单位的"要求"能否加快井筒的施工进度？为什么？

（4）施工单位和建设单位被处罚是否合理？根据是什么？

（5）本案例反映了矿山工程项目管理的哪些特点？

3. 分析与答案

通过本案例分析，可以了解矿山工程项目管理特点的几个内容：

（1）本案例尽管工程的工期不长，但是由于提供的地质资料不完备，地下地质条件的变化比较大，项目有较大的风险性。因此一般不采用固定总价合同。否则，应提出明确的变更条款以避免风险导致的损失。

（2）地质条件是矿山井下施工的重要影响因素。目前地层的地质和水文条件还难以精确量化描述，地质勘查水平不能全部满足生产、施工所需的详尽、具有足够精度的地质资料，因此矿山开发和生产会有很多可变因素。为预防地下水的不确定性影响，所以安全规程提出了"有疑必探"的原则。本案例施工单位由于地质资料不完备，施工中遇到突发性涌水，造成的损失应当由建设单位承担，可以向建设单位进行索赔。在矿山工程中，因地质条件的重大改变施工单位要求索赔的事项是频频发生的，这也是矿山工程项目的特点。在矿山施工中，不仅要对这种情况有充分的估计和应对准备，还要充分利用管理、技术、经济和法律知识与经验，充分做好预案，避免利益的损失。

（3）建设单位的"要求"并不合理。对于井筒直径仅为4.5m的立井，其施工空间非常有限，一味采用增加人员、设备等类似于地面工程的方法，在井下有限的空间里是行不通的，可能不仅不会有效，反而会引起负面作用，能否实现尚要详细分析。因此，建设单位要求采用（增加）大型设备施工直径4.5m的井筒是不合理的，必须制定详细的工序衔接措施，在确保施工安全的前提下，尽可能地加快工期进度。

（4）建设单位与施工单位在没有施工许可证时施工被罚是应该的。背景反映，没有施工许可证的原因主要是建设方没有获得采矿许可。采矿许可是矿山开采的一个必要条件，因为资源属于国家，国家对资源开采有严格的审批制度，包括地点、矿产类别、规模大小以及企业性质及其为获得采矿权所必须支付的采矿使用费、采矿权价款、矿产资源补偿费和资源税等费用。

（5）上述内容都涉及矿业工程项目的特点，包括资源属性和赋存特点、地质因素的不可知性和项目的风险性等。该案例也提醒建设单位，在项目实施前必须做好地质勘探工作，达到设计要求，方能做到安全、顺利施工，保证工期进度。

【案例 2G320010-2】

1. 背景

某矿山项目采用一对立井开拓，建设单位将一期工程（包括主、副井两个井筒的矿建掘砌、冻结和地面土建、井上下安装工程等）分别发包给2个矿建单位、4个土建单位、2个安装单位、2个冻结单位承建。在施工中发生以下事件：

（1）主井冻结施工单位已经完成了井筒的冻结准备工作，但主井矿建施工单位由于进场公路问题，以致还不能将施工设备运进场地，预期无法按计划进行井筒的正常施工，造成冻结施工单位设备和人员窝工；副井冻结施工单位按照原计划进入积极冻结，冻结完成后，由于副井矿建施工单位大型设备调剂问题，造成副井不能正常掘进，难以达到计划进度，虽然建设单位协调冻结单位及时进入维持冻结状态，但是依然造成下部冻结壁进入井筒较多，给矿建施工单位开挖带来很大影响，形成恶性循环状态，使副井冻结施工单位工期延长3个月，费用损失严重。

（2）因为主井、副井在同一工业场地，建设单位协调了两家矿建单位的绞车、稳车的布置，但是在协调工业场地的其他临时施工设施布置问题时，由于施工单位过多，临时设施众多，引起各家纠纷。特别是两家施工单位砂石材料堆放太近，造成使用和管理的混乱，还发生相互抢占地面轨道运输等问题。

（3）因为矿建施工单位推迟了副井移交给安装单位的时间，安装单位在完成主井改装后等待副井装备时发生窝工。为避免损失，经过建设单位同意，安装单位先进行副井绞车安装，然后进行井筒装备，最后统一调试。但由于副井绞车房施工与绞车安装时间不匹配，造成了绞车房施工与绞车安装相互影响，使两者施工进度都受到影响而发生拖延。

（4）土建单位因为副井绞车房施工延期，向建设单位要求索赔。

2．问题

（1）如何正确处理矿建与冻结施工单位之间的纠纷？

（2）造成两家矿建施工单位之间矛盾的根本原因是什么？此矛盾是否影响工程质量？

（3）建设单位在安排安装单位与土建单位的工作中有何过失？

（4）本项目采用何种承包方式比较有利？

3．分析与答案

本案例说明了矿山工程项目在系统性上所具有的一些特点，矿业工程项目管理是一项复杂的系统工程，必须充分认识到协调工作的重要性。

（1）矿建和冻结施工单位都是独立承包单位，相互之间没有直接的联系。所有的协调工作都是通过建设单位或是监理单位进行的，而目前建设单位或监理单位的施工经验和技术力量还有待提高。矿建单位在施工井筒时的条件不符合合同要求的情况，应与建设单位交涉。冻结施工单位在没有获得发包单位（建设单位）指令的情况下，只能根据合同的要求进行正常冻结（虽然有建议权），因此该纠纷实际是矿建单位与建设单位的矛盾，而过失均在建设单位。这种将矿业工程划分过细进行分别发包的情况在目前国内矿业工程项目上比比皆是，首先这么多家的施工队伍，服务、后勤、管理等各方面都是很多套班子，浪费了大量的资源。同样，也大大地增加了建设单位的管理协调难度。在可能的情况下，应尽可能采用总承包方式发包，然后由总包单位进行专业分包，这样就会大大降低现场管理的难度，同时也会降低成本，加快施工进度。

（2）直接矛盾是材料堆放和使用混乱问题，根本原因却是两个井筒分别安排两家单位施工，各家都是考虑各自的施工利益。根据主副井筒相邻不远且同期施工的特点，两家施工相同性质的项目，使用同种材料，却是属于两套不同的管理系统，于是形成在有限井筒周围区域相互占地且界线不清、材料乱用的情况，同时也增加材料和场地资源的浪费。

（3）矿山工程项目的特点就是系统大，关系复杂，一个环节会影响各个不同方面。本案例就是因为井筒施工延期带出的一系列影响，建设单位又没有妥善协调，造成几乎所有参与单位工作的混乱，出现索赔也是不可避免的。因此，建设单位应承担其在项目管理工作上的过失责任。

（4）从建设单位看，本项目采用施工总承包的方式比较有利。采用施工总承包方式可以降低管理成本，减少施工单位之间协调的压力。如果选择有实力的承包商，还可以大大降低专业分包。这样，一家施工单位的相互衔接就非常容易，可以提高工期进度。

2G320020　矿业工程施工组织设计

2G320021　施工组织设计编制的内容

一、矿业工程项目的建设程序

矿业工程建设从资源勘探开始，到确定建设项目、可行性研究、编制设计文件、制定基本建设计划、进行施工直至项目建成、竣工验收形成生产能力，其建设的总工期称为矿井建设周期。建设的各个阶段需遵守国家规定的先后程序，称为基本建设程序。

根据国家有关规定，我国矿山建设的基本程序和内容是：

1. 资源勘探

资源勘探是矿业工程基本建设的首要工作。《中华人民共和国矿产资源法》规定，矿产资源属于国家所有，矿产资源的开发（勘查和开采）必须符合国家矿产资源管理等有关法律条款规定和国家有关资源开发的政策，必须依法分别申请，经批准获得探矿权、采矿权，并按规定办理登记，纳入国家规划，获得开采和勘探许可。

矿业工程项目规划和各种设计均应依据相应的勘查报告来进行。经批准的普查地质报告可作为矿业工程基本建设长远规划的编制依据；详查地质报告可作为矿区总体设计的依据；符合设计要求的精查地质报告可作为矿井初步设计的依据。

2. 提出项目建议书

项目建议书是投资前对项目建设的基本设想，主要从项目建设的必要性、可行性来分析，同时初步提出项目建设的可行性。其主要作用是为了推荐建设项目，以便在一个确定的地区或部门内，以自然资源和市场预测为基础，选择建设项目。项目建议书经批准后，可进行可行性研究工作，但并不表明项目非上不可，项目建议书不是项目的最终决策。

3. 可行性研究

可行性研究是在项目建议书被批准后，对项目在技术上和经济上是否可行所进行的科学分析和论证。

矿业工程建设项目可行性研究主要包括矿区建设项目可行性研究和矿井建设项目可行性研究以及环境评估。

4. 编制设计文件

设计文件是安排建设项目、组织施工的依据。设计文件分为矿区总体设计和单项工程设计两类。施工图设计是在初步设计或技术设计的基础上，将设计的工程形象化、具体化。施工图设计是按单位工程编制的，是指导施工的依据。设计文件的编制应按照项目进度计划进行。

5. 制定基本建设计划

建设项目必须具有经过批准的初步设计和总概算，方可列入基本建设计划，并按程序报批后执行。

6．建设准备

建设准备工作主要内容有：征地拆迁、材料设备订货、四通一平（通水、通电、通信、通路以及场地平整），以及进一步进行工程地质、水文地质勘探，实施方案的论证和制定，落实建筑材料的供应、组织施工招标等。

7．组织施工

施工是基本建设程序中的一个重要环节，它是落实计划和设计的实践过程。工程施工要遵循合理的施工顺序，特别是前期方案的制定，矿建、土建、机电安装三类工程的衔接，狠抓关键工程的施工，确保工程按期高质量地完成。

8．生产准备

生产准备是在工程即将建成前的一段时间，为确保工程建成后尽快投入生产而进行的一系列准备工作，包括建立生产组织机构、人员配备、生产原材料及工器具等的供应、对外协调等内容。

9．竣工验收和交付使用

矿业工程建设项目在环保、消防、安全、工业卫生等方面达到设计标准，经验收合格，试运转正常，且井下、地面生产系统形成，按移交标准确定的工程全部建成，并经质量认证后，方可办理竣工验收。

10．后期评估

建设项目竣工验收若干年后，为全面总结该项目从决策、实施到生产经营各时期的成功或失败的经验教训，从而进行建设项目的后评估工作。

二、矿业工程施工组织设计的任务与分类

（一）矿业工程施工组织设计的任务

施工组织设计是项目实施前必须完成的前期工作，它是项目实施必要的准备工作，也是科学管理项目实施过程的手段和依据。矿业工程施工组织设计的任务就是以项目为对象，围绕施工现场，保证整个项目实施过程能按照预定的计划和质量完成，是为在项目实施过程中以最少的消耗获取最大经济效益的设计准备工作。

（二）矿业工程施工组织设计的分类

根据拟建项目规模大小、结构特点、技术繁简程度和施工条件，应相应编制涉及内容深度和范围不同的施工组织设计。目前，矿业工程项目的施工组织设计按照项目进度的不同阶段，可分为：建设项目（如矿区）施工组织总体设计、单项工程施工组织设计、单位工程施工组织设计（技术措施），有时还需要编制特殊工程施工组织设计、季节性技术措施设计以及年度施工组织设计等。

1．建设项目施工组织总体设计以整个建设项目为对象，它在建设项目总体规划批准后依据相应的规划文件和现场条件编制。矿区建设组织设计由建设单位或委托有资格的设计单位，或由项目总承包单位进行编制。矿区建设组织设计，要求在国家正式立项后和施工准备大规模开展之前一年进行编制并预审查完毕。

2．单项工程施工组织设计以单项工程为对象，根据施工组织总体设计和对单项工程的总体部署要求完成的，可直接用于指导施工安排。适用于新建矿井、选矿厂或构成单项工程的标准铁路、输变电工程、矿区水源工程、矿区机械厂、总仓库等。单项工程（矿井）施工组织设计的编制与审批主要分两个阶段进行。开工前的准备阶段，为满足招标工作的需要，由建设单位编制单项工程（矿井）施工组织设计，其内容主要是着重于大的施工方案及总工期总投资概算的安排，对建设单位编制的施工组织设计由上级主管部门进行审批，一般在大规模开工前6个月完成。单项工程施工组织设计的编制必须切合实际，其总体工期计划和投资概算应参照类似工程，结合自身工程的特点进行参照制定。不得搞大冒进，拍脑袋定工期和概算；否则，将为后面的执行工作带来难度。经过招标投标后的施工阶段，由已确定的施工单位或由总承包单位再编制详尽的施工组织设计，作为指导施工的依据。施工单位编制的单项工程施工组织设计须报建设单位组织审批。

矿井施工组织设计编制应符合下列原则：应符合国家有关法律、法规、标准、规范及规程要求；确定合理工期、合理造价，科学配置资源，节约投资；实现均衡施工，保证工程质量和安全；节约投资，达到合理的经济技术指标；宜利用永久设备设施；积极使用新技术、新工艺、新材料和新设备；积极推行绿色施工。

矿井施工组织设计应由建设单位组织编制，或由矿井总承包单位组织编制，矿井施工组织设计需经建设、设计、监理、施工等相关单位会审，并经建设单位批准后组织实施。矿井施工组织设计应具有指导性、针对性和可操作性，内容齐全，图表规范，语言简明，准确。矿井施工组织设计应作为矿井开工与竣工验收的主要技术核查材料，并作为归档文件。

矿井施工组织设计实行动态管理，通常应符合下列规定：当矿井建设过程中设计方案、地质条件、主要施工技术方案以及政策发生重大变化或不可抗力时，应进行重大动态调整；动态调整在原矿井施工组织设计的基础上，按照技术优先、经济合理、保证安全质量的原则进行；一般动态调整应由建设单位实施；重大动态调整应由原编制单位实施；一般动态调整宜采用信息化手段。

3. 单位工程施工组织设计一般以难度较大、施工工艺比较复杂、技术及质量要求较高的单位工程为对象，以及采用新工艺的分部或分项或专业工程为对象进行编制。单位工程施工组织设计由承担施工任务的单位负责编制，吸收建设单位、设计部门参加，由编制单位报上一级领导机关审批。

4. 施工技术措施或作业规程由承担施工的工区或工程队负责编制，报工程处审批；对其中一些重要工程，应报公司（局）审查、备案。

5. 特殊工程施工组织设计一般适用于矿建工程中采用冻结法、沉井法、钻井法、地面预注浆、帷幕法施工的井筒段或是措施工程，采用注浆治水的井巷工程，以及通过有煤及瓦斯突出的井巷工程等一些有特殊要求而且重要的工作内容。土建工程中，需要在冬、雨期施工的工程，采用特殊方法处理基础工程等也适用。

三、矿业工程施工组织设计的编制依据

（一）单项工程施工组织设计的编制依据

单项工程施工组织设计的编制依据除一般性内容的要求外，还应有单项工程初步设计及各专项设计文件、总概算、设备总目录，地质精查报告与水文地质报告，补充地质勘探与邻近矿井有关地质资料，井筒检查孔及工程地质资料，各专业技术规范，相应各行业的安全规程，各专业施工及验收规范，质量标准，预算定额，工期定额，各项技术经济指标，劳动卫生及环境保护文件，国家建设计划及建设单位对工程的要求，施工企业的技术水平、施工力量，技术装备及可能达到的机械程度和各项工程的平均进度指标等。

（二）单位工程施工组织设计的编制依据

1. 对于一般性单位工程施工组织设计，除参考编制单项工程施工组织设计的主要文件外，还应有单项工程施工组织设计及单项工程年度施工组织设计，单位工程施工图，施工图预算，国家各部委或地方政府颁布的有关现行规范、规程、规定及定额，企业自行制定的施工定额、进度指标、操作规程等，企业队伍的技术水平与技术装备和机械化水平，有关技术新成果和类似工程的经验资料等。

2. 对于矿建工程施工组织设计的编制，除上述一般性内容外，还必须依据经批准的地质报告、专门的井筒检查孔的地质与水文资料或预测的巷道地质与水文资料等。在可能的情况下，还需要调查搜集附近的已经完成的矿井的地质资料进行参照。

3. 对于土建工程施工组织设计编制，除一般性内容外，还必须依据有关本工程的地质、水文及土工性质方面的资料。

4. 机电安装工程施工组织设计编制，除一般性内容外，还应有机电设备出厂说明书及随机的相关技术资料。

（三）施工技术组织措施的编制依据

对于施工技术组织措施，可参照单项工程施工组织设计、单位工程施工组织设计及有关文件，并结合工程实际情况、地质资料进行编制。

四、矿业工程施工组织设计的编制内容

（一）矿业工程施工组织设计的总体内容

施工组织设计的基本任务是根据国家对建设项目的要求，确定合理的规划方案。对拟建工程在人力和物力、时间和空间、技术和组织上作出一个全面而合理的安排，总体包括以下方面的具体内容：

1. 确定开工前必须完成的各项准备工作，主要包括技术准备和物资准备。技术准备主要是施工图纸的分析、地质资料的分析判断，以及大的施工方案的选择；物资准备是根据大的施工方案和施工图纸，提前准备好开工所需材料、机具以及人力等。

2. 根据施工图纸和地质资料，进行施工方案与施工方法的优选，确定合理的施工顺序和施工进度，保证在合理的工期内将工程建成。制定技术先进、经济合理的技术组织措施，确保工程质量和安全施工。

3. 选定最有效的施工机具和劳动组织。精确地计算人力、物力等需要量，制定供应方案，保证均衡施工和施工高峰的需要。

4. 制定工程进度计划，明确施工中的主要矛盾线和关键工序，拟定主要矛盾线上各工程和关键工序的施工措施，统筹全局。

5. 对施工场地的总平面和空间进行合理布置。

施工组织设计一般由说明书、附表和附图三部分组成，具体内容随施工组织设计类型的不同而异。

（二）矿区建设组织设计的内容

矿区建设组织设计的内容有矿区概况，矿区建设准备，矿井建设，选矿厂建设，矿区配套工程建设，矿区建设工程顺序优化，矿区建设组织与管理，经济效果分析，环境保护，职业健康与安全管理等。

（三）单项工程（矿井）施工组织设计的内容

单项工程施工组织设计以单项工程为对象，根据施工组织总体设计和对单项工程的总体部署而完成，直接用于指导施工。内容包括矿井初步设计概况、矿井地质及水文地质、施工准备工作、施工方案及施工方法、工业场地总平面布置及永久工程的利用、三类工程排队及建井工期、施工设备和物资、施工质量及安全技术措施、施工技术管理、环境保护、应急预案等。其中矿井建设的技术条件、矿井建设的施工布置、关键线路与关键工程、矿井建设施工方案优化以及矿井建设的组织和管理等问题应重点阐述。

（四）单位工程施工组织设计（施工技术组织措施）内容

单位工程施工组织设计内容一般应有：

1. 工程概况

工程概况包括工程位置、用途及工程量，工程结构特点及地质情况、施工条件等。例如，矿建的巷道位置、用途、工程断面尺寸；土建的平面组合关系、楼层特征、主要分项工程内容与交付工期，有关施工条件的"四通一平"安排要求、材料及预制构件准备、交通运输情况以及劳动力条件和生活条件；安装工程的工程与设备特征、分项工程及工期要求等，以及有关施工条件的场地（平面与垂直）运输、水电动力条件、配套工程情况、设备与材料存放条件、设备检验与组装以及加工制作条件、生活条件等。

2. 地质地形条件

地质地形条件对矿建项目要求更多些，包括穿过岩层及岩性、地质构造情况、水文条件以及瓦斯及煤尘等有害气体情况。对土建工程主要是地形地貌情况、工程涉及的工程地质与水文地质条件，包括土工性质，地面气候、雨期与冻结期，地下水位和冻结深度，主导风向和风力，地震烈度等。

3. 施工方案与施工方法

单位工程施工组织设计应进行方案比较（包括采用新工艺的分部或分项或专业工程部分），确定施工方法及采用的机具，对施工辅助生产系统的安排。例如，矿建工作应有施工循环图表和爆破图表，支护方式与施工要求（说明书）、凿岩、装岩、转载、运输设备及机械化作业线，施工质量标准与措施，新技术、新工艺，提升、通风、压风、供水、排水、供电、照明、通信、供料等辅助工作内容等。

4. 施工质量及安全技术措施

除在施工方法中有保证质量与安全的技术组织措施外，对于矿建工程应结合工程具体特点，考虑采取灾害预防措施和综合防尘措施，包括顶板管理、放炮通风、提升或运输安全、水患预防、瓦斯管理以及放射性防护等。

5. 施工准备工作计划

施工准备工作计划包括技术准备，现场准备，劳动力、材料和设备、机具准备等。

6. 施工进度计划与经济技术指标要求

要求结合工程内容，对项目进行分解，确定施工顺序，根据施工方案和施工环境，合理确定施工综合进度，编制网络计划或形象进度图等。

7. 附图与附表

附表有进度表，材料、施工设备、机具、劳动力、半成品等需用量表，运输计划表，主要经济技术指标表等。

除说明书中的插图外，还应根据矿建、土建、安装工作不同内容，附有相应的附图，如工程位置图，工程平、断面图（包括材料堆放、起重设备布置和线路、土方取弃场地等），工作面施工设备布置图，穿过地层地质预测图，加工件图等。

2G320022 矿井施工准备的工作内容

施工准备工作是完成工程项目的合同任务、实现施工进度计划的一个重要环节，也是施工组织设计中的一项重要内容。为了保证工程建设目标的顺利实现，施工人员应在开工前，根据施工任务、开工日期、施工进度和现场情况的需要，做好各方面的准备工作。

根据工程项目的性质不同，施工准备的具体内容有比较大的区别，但总体上应有以下五个方面的内容。

一、技术准备

（一）掌握施工要求与检查施工条件

首先应依据合同和招标文件、设计文件以及国家政策、规程、规定等内容，掌握项目的具体工程内容及施工技术与方法要求，工期与质量要求等内容。

其次是检查设计的技术要求是否合理可行，是否符合当地施工条件和施工能力；设计中所需的材料资源是否可以解决；施工机械、技术水平是否能达到设计要求；并考虑对设计的合理化建议。

（二）会审施工图纸

1. 图纸审查的主要内容

图纸审查的内容包括确定拟建工程在总平面图上的坐标位置及其正确性；检查地质（工程地质与水文地质）资料是否满足施工要求，掌握相关地质资料主要内容及对工程影响的主要地质（包括工程地质与水文地质）问题，检查设计与实际地质条件的一致性；掌握有关建筑、结构和设备安装图纸的要求和各细部间的关系，要求提供的图纸完整、齐全，审查图纸的几何尺寸、标高，以及相互间关系等是否满足施工要求；审核图纸的签发、审核是否有效。

2. 图纸会审的程序

通常图纸会审由建设单位主持，由设计单位和施工单位参加，三方进行设计图纸的会审。设计单位说明拟建工程的设计意图和一些设计技术说明；施工单位对设计图纸提出意见和建议。最后由建设单位形成正式文件的图纸会审纪要，作为与设计文件同时使用的技术文件和指导施工的依据，同时也是建设单位与施工单位进行工程结算的依据。

（三）施工组织设计的编制及相关工作

施工组织设计编制应符合下列规定：

（1）单项工程应编制总体施工组织设计；

（2）单位工程应编制施工组织设计；

（3）对于结构复杂或需要采取特殊方法施工的分部、分项工程，应依据施工组织设计编制施工技术措施。

施工组织设计的编制、审核、审批宜符合下列规定：

（1）单项工程宜由建设单位或者建设单位委托总承包单位编制，并由编制单位技术负责人审批；

（2）重要的单位工程应由施工单位组织编制，一般的单位工程由施工项目部组织编制，编制单位技术负责人审批；

（3）专业分包工程的施工组织设计由分包单位组织编制、审核，总承包单位技术负责人审批。

施工组织设计应报建设单位、监理单位批准，获得批准的施工组织设计作为工程开工的条件之一，也是工程施工、监督管理和工程结算的依据，应作为工程竣工资料归档保存。

施工组织设计是项目实施前必须完成的前期工作，它是项目实施必要的准备工作，也是科学管理项目实施过程的手段和依据。在技术准备阶段必须研究与编制项目的各项施工组织设计和施工预算；提出施工需图计划，及时完成施工图纸的收集和整理；完成技术交底和技术培训等工作。

二、工程准备

1. 现场勘察

现场准备的主要内容是勘察现场自然条件和经济技术条件两方面。现场勘察目的主要是掌握现场地理环境和自然条件、实际工程地质与水文条件；调查地区的水、电、交通、运输条件以及物资、材料的供应能力和情况；调查施工区域的生活设施和生活服务能力与水平，以及动迁情况，甚至包括民风、民俗等。

2. 施工现场准备

做好施工场地的控制网施测工作。根据现场条件，设置场区永久性经纬坐标桩和水准基桩，建立场区工程测量控制网。进行现场施测和对拟建的建（构）筑物定位。完成四通一平工作，做好施工现场的地质补充勘探工作，进行施工机具的检查和试运转，做好建筑材料、构（配）件和制品进场和储存堆放，完成开工前必要的临设工程（工棚、材料库）和必要的生活福利设施（休息室、食堂）等。完成混凝土配合比试验，新工艺、新技术的试验以及雨期或冬期施工准备等。

三、物资准备

物资准备应以施工组织设计和施工图预算为依据，编制材料、设备供应计划；制定施工机械需要量计划。落实货源的供应渠道，组织按时到货。各种材料及物资一般应有3个月需用量的储备。

四、劳动力的准备

劳动力的准备应根据各施工阶段的需要，编制施工劳动力需用计划，做好劳动力队伍的组织工作。建立劳动组织，确定项目组织机构，明确岗位职责，并根据施工准备期和正式开工后的各工程进展的需要情况组织人员进场。建立和健全现场施工以及劳动组织的各项管理制度。

五、对外协作协调工作

项目的实施全周期离不开周围环境的支撑，因此对外协作协调工作准备是否充分，直接影响项目的顺利实施。施工准备期内的一些施工和生活条件（如供水、供电、通信、交通运输、生产材料来源、生活物资供应、土地征购及拆迁障碍物等）需要地方政府、农业和其他工业部门的配合才能顺利实现。因此，争取外部支援，搞好对外协作是施工准备期的一项重要工作。另外，及时地填写开工申请报告，并上报主管部门批准，也是对外协作的重要内容之一。

2G320023　矿井施工技术方案及其确定方法

一、矿山井巷工程施工技术方案

矿山井巷工程包括井筒、井底车场巷道及硐室、主要石门、运输大巷及采区巷道等全部工程，其中部分工程构成了全矿井延续距离最长、施工需时最长的工程项目，这些工程项目在总进度计划表上称为主要矛盾线或关键线路，其工程项目为关键工程。

如井筒→井底车场重车线→主要石门→运输大巷→采区车场→采区上山→采区顺槽→采区切眼或与风井贯通的巷道等，关键线路上工程项目的施工顺序决定了矿井的施工工期和施工方案。矿山井巷工程施工有：

1. 单向掘进施工方案

由井筒向采区单方向顺序掘进主要矛盾线上的工程，即当井筒掘进到底后，由井底车场水平通过车场巷道、石门、主要运输巷道直至采区上山、回风巷及准备巷道，这种施工方案称为单向掘进方案。

其优点是：建井初期投资少，需要劳动力及施工设备少；采区巷道容易维护，费用较省；对测量技术的要求相对较低；建井施工组织管理工作比较简单。其缺点是：建井工期较长；通风管理工作比较复杂；安全施工条件较差。

该方案主要适用于：开采深度不大，井巷工程量小，采用中央风井或者是主井兼回风井开拓的矿井工程，采用前进式开拓，受施工条件限制，施工力量不足的中小型矿井。

2. 对头掘进施工方案

井筒掘进与边界风井平行施工，并由主、副井井底和边界风井井底同时对头掘进，即双向或多向掘进主要矛盾线上的井巷工程的施工方案，称为对头掘进方案。

其主要优点是：采用对角式通风的矿井，利用风井提前开拓采区巷道，可以缩短建井工期，提前移交生产，节约投资；主副井与风井提前贯通，形成独立完整的通风系统，通风问题易于解决，特别是对沼气矿井的安全生产十分有利，同时增加了安全出口，为安全生产创造了条件；增大了提升能力，可以缓和后期收尾工程施工与拆除施工设备的矛盾；采区开拓时上下人员、材料设备的运输很方便。对于煤矿必须注意，只有在安装主要通风机，形成全风压通风系统后，方可进入三期工程施工。矿井进入三期工程前，还必须建立永久排水系统。

对头掘进方案的缺点是：增加了施工设备和临时工程费，需要的劳动力较多；采区巷道的维护费较大；施工组织与管理工作比较复杂，对测量技术的要求比较高。

二、矿山井巷工程施工技术方案的确定

矿山井巷工程施工技术方案的选择和确定，首先要注意矿业工程关键线路上关键工程的施工方法，在保证施工安全和施工质量的前提下，缩短矿业工程总工期。注意保证施工准备的充分，以减少施工过程中的不可预见因素，同时努力减少施工准备期。充分利用网络技术的节点和时差，创造条件多头作业、平行作业、立体交叉作业。具体可以根据以下内容进行选择：

1. 注意建井工程主要矛盾线上关键工程的施工方法，以缩短总工期为目标。注意努力减少施工准备期，建井初期的工程规模不宜铺开过大。充分利用网络技术的节点和时差，创造条件多头作业、平行作业、立体交叉作业。

2. 施工准备期应以安排井筒开工以及项目所需要的准备工作为主，要在施工初期适当利用永久工程和设施，如行政联合福利建筑、生活区建筑、变电站、供水、供暖、公路、通信等工程，并尽量删减不必要的临时工程，以减少大型临时工程投资和改善建井初期施工人员的生活条件；但过多地利用永久建筑将增加建井初期的投资比重。因此，要对工程项目投资时间和大临工程投资进行综合分析，选择最佳效益。

3. 矿井永久机电设备安装工程应以保证项目联合试运转之前相继完成为原则，不宜过早。要注意保证矿建、土建、安装三类工程相互协调和机电施工劳动力平衡；尤其是采区内机电设备，可采取在联合试运转之前集中安装的方法完成。

4. 除施工单位利用需要外，一般民用建筑配套工程可在项目竣工前集中兴建，与矿井同步移交，或经生产单位同意在移交生产后施工。

5. 设备订货时间应根据机电工程排队工期，并留有一定时间余量来决定。非安装设备可推迟到矿井移交前夕到货，甚至可根据生产单位的需要由其自行订货。矿建、土建、安装工程所需要的材料、备件、施工设备的供货与储备应依据施工计划合理安排，避免盲目采购和超量储备。

6. 当生产系统建成后，可以采用边投产边施工（剩余工程作为扫尾工程）的方法，以提早发挥固定资产的经济效益；如投产后剩余工作量较大时，可列入矿井建设的二期工程组织施工。

2G320024 矿井施工总平面布置的原则和方法

一、矿山工程施工总平面布置的原则和方法

（一）矿山工程施工总平面布置的原则

矿山工程施工总平面布置应综合考虑地面、地下各种生产需要、建筑设施、通风、消防、安全等各种因素，以满足井下施工安全生产为前提，围绕井口生产系统进行布置。矿山工程施工总平面的布置原则如下：

1. 施工总平面布置前，应充分考察现场，掌握现场的地质、地形资料，了解高空、地面和地下各种障碍物的分布情况，并熟悉现场周围的环境，以期做到统筹规划，合理布局，远近兼顾，为科学管理、文明施工创造有利的条件。在山区、洼地布置施工总平面时，要特别考虑雨期排水、山体滑坡等各种灾害、隐患。

2. 施工总平面的布置应综合考虑矿井一期、二期、三期等不同阶段的井下施工特点和需求，平衡不同阶段地面工程的进度安排，以及各个不同阶段施工总平面的平稳过渡。

3. 合理、充分地利用永久建筑、道路、各种动力设施和管线，以减少临时设施，降低工程成本，简化施工场地的布置。

4. 合理确定临时建筑物和永久建筑物的关系，临时建筑物的位置应以临时建筑物在使用周期内不影响永久建筑物的施工计划为前提，以避免以后大量拆移造成浪费，临时建筑物标高尽可能按永久广场标高施工。

5. 临时建筑的布置要符合施工工艺流程的要求，做到布局合理。为井口服务的设施应布置在井口周围；动力设施（变电所等）应靠近负荷中心；噪声源（如压风机房、地面通风机等）应与井口信号室、绞车房等要害场所保持一定距离；有空气污染源的设施（如搅拌站、机修车间等）应和地面通风机保持一定距离；其他生产设施应尽量选择在适中的地点，做到有利施工；办公室、食堂、职工宿舍等生活设施应尽量布置在主流风向的上风侧；对于冻结井筒地面取水井的位置选取还要考虑布置在地下水流方向的上游，以减少对冻结工程的影响。

6. 广场窄轨铁路、场内公路布置，应满足需要并方便施工，力求节约，以降低施工运输费用和减少动力损耗。窄轨铁路应以主、副井为中心，能直接通到材料场、坑木场、机修厂、水泥厂、混凝土搅拌站、排矸场、储煤场等。主要运输线路和人流线路尽可能避免交叉。

7. 各种建筑物布置要符合安全规程的有关规定，遵守环境保护、防火、安全技术、卫生劳动保护规程，为安全施工创造条件。要统一满足火药库、油脂库、加油站与一般建筑物的最小安全距离要求。

8. 临时工程应尽量布置在工业场地内，节约施工用地，少占农田。

（二）矿山工程施工总平面布置的依据

1. 工业场地、风井场地等总平面布置图；

2. 工业场地地形图及有关地质地形、工程地质、场地平整资料；

3. 矿井施工组织设计；

4. 矿、土、安三类工程施工进度计划；

5. 施工组织设计推荐的施工方案；

6. 各场地拟利用的永久建筑工程量表、施工材料、设备堆放场地规划；

7. 各场地拟利用的临时建筑工程量表、施工材料、设备堆放场地规划。

（三）主要施工设施布置设计要求

总平面的布置要以井筒（井口）为中心，力求布置紧凑、联系方便，满足以下要求：

1. 对于副井井筒施工系统布置来说，其凿井提升机房的位置，须根据提升机形式、数量、井架高度以及提升钢丝绳的倾角、偏角等来确定，布置时应避开永久建筑物位置，不影响永久提升、运输、永久建筑的施工。对于主井井筒施工系统布置来说，由于一般考虑主井临时罐笼提升改装需要，其提升机的位置通常与井下临时出车运输方向保持一致，其双滚筒提升机不得占用永久提升机的位置，并考虑井筒提升方位与临时罐笼提升方位的关系，使之能适应井筒开凿、平巷开拓、井筒装备各阶段提升的需要。通常凿井井架以双面对称提升、吊挂布置，以有利于井架受力和地面施工平面布置。

2. 临时压风机房位置，应靠近井筒布置，以缩短压风管路，减少压力损失，最好布置在距两个井口距离相差不多的负荷中心，距井口一般在 50m 左右。但是，距提升机房和井口也不能太近，以免噪声影响提升机司机和井口信号工操作。

3. 临时变电所位置，应设在工业广场引入线的一面，并适当靠近提升机房、压风机房等主要用电负荷中心，以缩短配电线路；避开人流线路和空气污染严重的地段；建筑物要符合安全、防火要求，并不受洪水威胁。

4. 临时机修车间，使用动力和材料较多，应布置在材料场地和动力车间附近，而且运输方便的地方，以便于机械设备的检修，应避开生活区，以减少污染和噪声。车间之间应考虑工艺流程，做到合理布置。铆焊车间要有一定的厂前区。

5. 临时锅炉房位置，应尽量靠近主要用汽、供热用户，减少汽、热损耗，缩短管路。布置在厂区和生活区的下风向，远离清洁度要求较高的车间和建筑，交通运输方便，建筑物周围应有足够的煤场、废渣充填及堆积的场地。

6. 混凝土搅拌站，应设在井口附近，周围有较大的、能满足生产要求的砂、石堆放场地，水泥库也须布置在搅拌站附近，并须考虑冬期施工取暖、预热及供水、供电的方便。要尽量结合地形，创造砂、石、混凝土机械运输的流水线。

7. 临时油脂库，应设在交通方便、远离厂区及生活区的广场边缘，一方面便于油脂进出库，同时满足防火安全距离需要。

8. 临时炸药库，设在距工业广场及周围农村居民点较远的偏僻处，并有公路通过附近，符合安全规程要求，并设置安全可靠的警卫和工作场所。

9. 矸石和废石除用来平整场地的低洼地之外，应尽量利用永久排矸设施。矸石和废石堆放场地应设在广场边缘的下风向位置。

二、永久建（构）筑物与永久设施、设备的利用

一般来说，矿山项目建设初期能够尽快建成投入使用的，且相对投资较大，可以为加快矿山建设速度，保障矿山建设安全的永久设施、设备、建（构）筑物都可以提前利用。提前利用永久建筑物和设备是矿井建设的一项重要经验，它除了可以减少临时建筑物占地面积，简化工业广场总平面布置外，还可以节约矿井建设投资和临时工程所用的器材，减少临时工程施工及拆除时间和由临时工程向永久工程过渡的时间，缩短建井总工期，减少建井后期的建筑安装工程及其收尾工作量，使后期三大工程排队的复杂性与相互干扰减少，为均衡生产创造了条件。同时，还可改善生产与建井人员的生活条件。

副井永久提升系统提前投入使用，可以大大提升矿井的提升能力，为井下快速掘进提供保障。

对于井下煤巷开拓工程量大、运输能力需求高的矿井，可以提早完成主井永久箕斗装备并投入使用，尽早形成煤流运输系统，用以满足采区煤巷快速掘进的施工需求。

永久通风机提前投入使用，可以大大改善井下通风条件，提高矿井抗瓦斯灾害的能力。

井下永久泵房变电所提前投入使用，可以很好地提升矿井抗水灾的能力。

利用金属永久井架施工，井筒到底后可迅速改装成永久提升设备，以服务于建井施工。因此，利用副井的永久井架及永久提升机进行井筒施工，常常是可行的和有效的技术措施。此外，诸如宿舍、办公楼、食堂、浴室、任务交待室、灯房、俱乐部、排水系统、照明、油脂库、炸药库、材料仓库、木材加工厂、机修厂、6kV 以上输变电工程、通信线路、公路、蓄水池、地面排矸系统、压风机与压风机房、锅炉及锅炉房、永久水源、铁路专用线等，应创造条件，最大限度地利用或争取利用其永久工程与设备。

为了保证可利用的永久工程能在开工前部分或全部建成，所需的施工图、器材、设备要提前供应，土建及安装施工人员要提前进场。永久建筑物和设备的结构特征、技术性能与施工的需要不尽一致时，要采取临时加固、改造措施，要防止永久结构的超负载或永久设备的超负荷运行，造成损失。同时，也要避免永久设备的低负荷运行，造成浪费。

2G320025 矿山井巷工程施工顺序

一、矿山井巷工程项目施工的主要内容和施工安排

（一）矿山井巷工程项目施工的主要内容

一般来说，矿山井巷工程项目（一个矿井的建设）分为矿建、土建和安装工程三大类。为完成矿山井巷工程项目，除矿山工程项目主体工程外，施工单位为完成项目，必须准备大量的临时性的建筑物和构筑物，如临时提升运输系统、压风系统、通信系统、临时排水系统、通风系统、供电系统、工房、职工宿舍、办公用房等。临时性的矿建工程一般很少。

（二）矿山工程项目施工顺序安排要求

1. 施工项目的总体安排

在矿山工程施工顺序的安排上，通常是以矿建施工为主线，建筑安装与土建工程跟随矿建工作的进展，同时考虑土建或安装工程本身内容的特点来安排，综合协调考虑矿建、土建和安装三大类工程；而井巷工程和土建工程又要为安装工程准备好必要的施工条件。因此，矿建工程往往成为整个矿井工程项目的关键路线，而安装工程和土建工程除在施工初期，为保证矿建工程的施工条件工作比较紧张之外，大量的内容需要在矿建工程完成之后，集中在后期完成。所以，一个矿山工程必须考虑相互间的牵连关系，注意彼此间的影响，既要避免因为机电安装和土建工程抢占矿建工程的工期，又要防止矿建工程拖后影响安装、土建工程最后的完成而造成工期延迟。

在矿山工程总体安排时，通常先安排好矿建工程的施工顺序，然后再把土建和安装工程补充插入进去，最后再进行工程总体协调，形成矿山工程的综合计划网络。

2. 矿山工程项目三类工程施工顺序安排应统筹兼顾并合理组织

（1）在三类工程施工顺序安排上，对时间上与矿建工程不牵连，又不影响最后工期的内容，如场区铁路及铁路装运站、仓库、机修厂等的施工，可以作为关键路线上的补充内容，分批、分期，结合劳动力、设备、材料、场地空间需求等综合平衡进行安排。

（2）而对于那些与关键线路工程内容有牵连的、影响矿建工程进展的土建与安装工程或者是大临工程（如冻结、注浆等），则应使其在相应的矿建工程施工前完成。如凿井井架施工、主井临时罐笼提升系统与副井永久提升系统的交替衔接等，属于保证矿井施工必须要有（提升运输）的条件，就必须尽快完成。

（3）有些可以利用的永久设备，比如地面变电所、井下水泵房和相应的管线工程、井下变电所等，应尽早建设和安装，可以早建早利用，避免和减少修建临时设施，提升矿井的抗灾能力。

（4）对于非标件安装工程来说，除应注意以上特点外，还应考虑工程初期非标设备比较多，加工的环节相对多，控制相对困难，应留有更多的富余时间。地面生产系统的设备安装可以与井下的内容错开，一般根据进度安排先完成地面内容，等井下硐室施工完成，根据队伍和空间的协调情况，进行井下工程的安装（采区安装）。

（5）井巷工程受井下施工条件的限制，特别是提升能力、施工空间等综合因素的限制，不可能安排大量的人力和设备同时进行施工。因此，井巷工程的施工安排还要综合考虑，特别是设计整个矿井抗灾能力以及能提高矿井施工能力改善施工环境的工程应提前安排施工。比如在水患比较大的矿井，通常会在井下排水系统形成后，方可安排大规模的井巷工程施工；而对于瓦斯隐患较大的矿井，通常要尽快形成永久通风系统，之后方可安排采区煤巷的大规模施工。

3. 永久设施的利用

永久设施的利用主要包括地面建筑物、构筑物、设备以及井下设备设施等工程。利用永久设施的最大好处是可以减少大临设施的投入，同时减少大临设施到永久设施的转换时间，降低施工现场的空间占用，利于现场管理。地面办公和职工宿舍等永久建筑物的利用可以改善现场办公条件和工人生活环境，利于统一协调各施工单位的安全生产，利于现场管理；副井井筒永久装备的提前投入使用，可以大大提高矿井的运输能力，利于井下施工进度的提高；井下泵房、变电所的提前投入使用，可以大大提升矿井的抗灾能力等。

在工期安排上，地面工程中服务于矿井施工所必须修建的临时建筑物和构筑物、安设临时施工设备，以及项目设计规定要完成的需要提前投入使用的生产性或生活性建（构）筑物，必须先行建设和施工。

二、矿山井巷工程项目施工顺序及其确定

（一）井筒的施工顺序

井筒施工顺序一般有主副井同时开工、主副井交错开工以及主副井先于风井开工、风井先于主副井开工等几种开工顺序。

1. 主副井同时开工

这种方式通常采用的比较少，特别是现在主副井均采用冻结的情况下，为了减少冻结站的装机容量，通常会安排主副井先后开工。因此，通常在地质条件较好、岩层稳定，有充足的施工力量和施工准备，能保证顺利、快速施工的情况下，才采用这种方式；但该方式准备工作量大，并且由于主井工程量大，可能拖后完成；副井到底后不能马上形成井下巷道全面、快速施工的提升和通风条件，容易造成窝工；特别是采用冻结法施工的立井井筒时，这种开工顺序会造成冻结站装机容量大，电力负荷大，而且前期设备、人员投入巨大，成本大幅度增加。由此可见，在采用冻结法施工时，不应采用主副井同时开工的顺序。

2. 主副井交错开工

在国内，主井、副井在同一工业广场内的矿井开拓工程，根据我国多年来的建井实践，采用主副井交错开工的施工顺序比较普遍。一般采用主井先开工、副井后开工的顺序，从工期排队的角度来说，主井井筒一次到底、预留装载硐室，采用平行交叉施工方案，对缩短建井总工期比较有利。但是从现场实践、安全和管理的难易程度来说，采用主井井筒和装载硐室一次施工完毕的施工顺序比较普遍。通常，主副井交错开工时间应根据网络优化确定，一般为 1~4 个月。

（1）主井在前，副井在后

对于主副井井筒在同一工业广场内的立井开拓项目，我国多采用主井比副井先开工的方式。因为在一般情况下，主井比副井深，又有装载硐室，施工要占一定工期。主井先开工，基本和副井到底的时间前后相差不大，然后从主副井两个方向同时进行短路贯通，其最大的好处是贯通时间快，独头掘进距离短。特别是后续以吊桶提升的临时改绞前的时间段，人员上下、运输转载等都比较复杂。所以，主井提前开工有利于尽快完成临时提升系统改装，加大提升能力，缩短主副井交替装备的工期（先临时改装主井提升，然后再进行副井永久提升装备）。由此可见，在采用冻结法施工时，应采用主井在前，副井在后的开工顺序。

（2）副井在前，主井在后

因为井筒到底后，不完成临时贯通通常没办法进行井筒临时或永久装备，因此这种施工顺序目前在国内采用的比较少，它主要适用于副井有整套永久提升设备可提前利用的情况，如采用一次成井施工方案的矿井副井井筒。

3. 装载硐室的施工顺序

通常来说，主井井筒到底时间与装载硐室施工顺序有很大关系。装载硐室与主井井筒的施工顺序有四种方式：一是与主井井筒及其硐室一次顺序施工完毕，即井筒施工到装载硐室位置时就把装载硐室施工完成，然后继续施工装载硐室水平以下的井筒工程，此方法工期较长，但是不需要井筒二次改装，而且安全性较好；二是主井井筒一次掘到底，预留装载硐室硐口，然后再回头施工装载硐室，这种施工顺序的优点是排水和出渣工序相对简单，可以充分利用下部井筒的空间，缺点是需要搭建操作平台，安全性相对较差；三是主井井筒一次掘到底，预留硐口，待副井罐笼投入使用后，在主井井塔施工的同时完成硐室工程；四是主井井筒第一次掘砌到运输水平，待副井罐笼提升后，施工下段井筒，装载硐室与该段井筒一次作完，这种方式只有在井底部分地质条件特别复杂时（或地质条件出现意外恶劣情况时）才采用。

综合上述四种作业方式，总体来说，采用第一种施工顺序相对较为科学、合理，施工实践也比较多。

4. 主、副井与风井的施工顺序

主、副井与风井的施工顺序的选择，通常取决于矿井采区的布置和开拓方式。从施工难易的角度来说，对于边界风井来说，其开拓任务不是很重且独头掘进通风难度大的情况下，一般通过风井开拓工程量比较小，可以滞后于主副井开工。如果边界风井开拓任务比较重，又具备独井掘进的通风条件，可以安排边界风井与主副井同时或前后开工。对于中央风井来说，一般与主副井前后开工比较合适。从关键线路的角度来说，位于关键路线上的风井井筒，要求与主、副井同时或稍后于主、副井开工；不在关键路线上的风井井筒，开工时间可适当推迟，推迟时间的长短，以不影响井巷工程建井总工期为原则。一般情况下，一个矿井的几个井筒（包括主、副、风井）最好能在十几个月内前后全部开工。各风井井筒的开工间隔时间应控制在 3～6 个月内。除非特殊情况，一般不采用风井比主、副井提前开工的方案。对于分期投产矿井的井筒可按设计要求分期安排。对于通风压力大的矿井来说，风井开工的时间应以能尽早形成全矿井通风为目标来确定。对于成对的边界风井，可以形成井下开拓条件，应尽早开工。

（二）矿山井巷工程过渡期施工安排

为保证建井第二期工程顺利开工和缩短建井总工期，井巷过渡期设备的改装方案至关重要。井巷过渡期的施工内容主要包括：主副井短路贯通；服务于井筒掘进用的提升、通风、排水和压气设备的改装；井下运输、供水、通信及供电系统的建立；劳动组织的变换等等。

1. 主副井短路贯通

井巷过渡期设备的改装之前，必须进行短路贯通，以便为提升、通风、排水等设施的迅速改装创造条件，并形成井下第二逃生通道。在可能的情况下短路贯通路线应尽量利用原设计的辅助硐室和巷道，如无可利用条件，则施工单位可以与建设单位协商后在主、副井之间选择和施工临时贯通巷道。临时贯通道通常选择主副井之间的贯通距离最短、弯曲最少，符合主井临时改装后提升方位和二期工程重车主要出车方向要求，以及与永久巷道或硐室之间留有足够的安全岩柱，并且应考虑所开临时巷道能给生产期间提供利用价值。主副井短路贯通一般需 1～2 个月时间。

2. 提升设施的改装

提升设施的改装一般遵循主井—副井的改装顺序。主、副井两个井筒短路贯通后，通常主井井筒进行临时罐笼提升系统改装，主井临时改装完毕后进行副井井筒的永久装备。

通常在井底车场或巷道开拓时期的排矸量以及材料设备和人员上下的提升量大大增加（一般约为井筒掘进时期的3～4倍）。主井井筒进行临时罐笼改装的目的是为了加大提升能力。改装的主要原则是保证过渡期短，使井底车场及主要巷道能顺利地早日开工；使主副井井筒永久装备的安装和提升设施的改装相互衔接；改装后的提升设备应能保证完成井底车场及巷道开拓时期全部提升任务。

两个井筒同时到底并短路贯通后，主井先改装为临时罐笼提升。此时，由副井承担井下临时排水及提升任务。临时罐笼改装一般需半个月左右时间。完成主井临时罐笼改装后，副井即进行永久提升设施安装。包括换永久井架（或井塔）、安永久提升机等，并一次建成井口房。对于钢井架、一般提升机改装需半年左右；采用井塔、多绳摩擦轮提升机，需要一年左右。等副井安装完毕后，主井即可进行永久提升设备安装。

主井临时罐笼改装后副井进行永久装备，这种主副井交替装备方案的特点是副井在过渡期的吊桶提升时间很短；在大巷及采区施工全面展开前，副井的永久罐笼提升可以运行，大大提高提升能力。这种改装方案是我国采用最多的一种，并且为能提前改装临时罐笼，主井开工时间一般应比副井早1～4个月。

随着井下开拓工程量的增大，特别是煤巷开拓工程量大幅度增加，施工速度提升很快，对提升能力提出了更高的需求。现在有一种新的改装方案，是利用风井或主井箕斗和罐笼混合改绞，同时布置箕斗和罐笼，以大幅增加提升能力，给井下采区巷道的快速开拓提供保障。

3. 运输与运输系统的变换

矿山井巷工程过渡期运输系统的变换，按照主井改装临时罐笼来考虑时，一般可以分为以下几个阶段：

（1）主副井未贯通期：主副井到底后，对主副井贯通巷道掘进，一般仍用吊桶提升。

（2）主井临时罐笼改装期：主副井贯通后，副井进行吊桶提升，主井进行临时罐笼改装，这时井下一般采用 V 形矿车运输。

（3）主井临时罐笼提升期：这一时期副井进行井筒永久装备，并由主井临时罐笼提升，故多采用 U 形固定矿车运输。此时地面应设有临时翻罐笼进行翻矸，从翻罐笼到排矸场之间用 V 形矿车进行运输排矸。

（4）主井临时罐笼提升、副井永久提升期：这一时期通常根据整个井巷工程网络计划进行倒排，留出足够的主井井筒装备的时间，尽可能延长主井临时罐笼与副井永久提升系统共同运行的时间，以保障整个井巷工程提升运输任务。如果可以尽早完成主井永久装备并投入井巷工程开拓期的提升运输，或者井下开拓任务不是很大，单独副井永久提升能力可以满足的情况下，也可以尽早进入主井永久装备期。

（5）主井永久装备、副井永久罐笼提升期：这个时期通常也是井底巷道开拓任务最大的时候，应充分调度、管理副井提升系统，尽可能发挥副井提升能力，满足井下巷道开拓任务的提升需求。

4. 通风系统的改造

井筒到底后，主、副井未贯通前，仍然是利用原来凿井时的通风设备、设施进行通风。主副井贯通后，应尽早形成主井进风、副井出风的通风系统。通风系统的改造一般有三种方案：

（1）将主井风筒拆除，同时延长副井风筒，并在主、副井贯通联络巷内修建临时风门。它适用于井深较浅的浅井。

（2）将副井内原有风筒拆除，在主井临时罐笼改装时保留一趟风筒，将主要扇风机移到井下主副井贯通联络巷内，实现主井进风、副井出风的通风系统。主井保留的一趟风筒是为了应急时给井下主要扇风机提供新鲜风流，排出瓦斯用。此方案能增加有效风量，通风阻力较小，适用于深井条件。

（3）在高瓦斯矿井条件下，应采用封闭主井井架，在主井地面安装主要扇风机，形成主井回风、副井进风的全矿井负压通风系统。

通风系统的改造时应注意同时串联通风的工作面数最多不得超过三个（煤矿井下串联通风的工作面数最多不得超过两个）。为避免多工作面串风，可采用抽出式通风或增开辅助巷道。

5. 排水系统改造

井巷工程过渡期的排水系统改造一般可分为三个主要阶段：

（1）未完成主副井短路贯通前，仍然利用原有的凿井排水系统，分别利用主副井井底水窝作为临时水仓，利用主副井原有的排水系统排水。

（2）主副井短路贯通后，主井改装临时罐笼期间，井底排水系统利用副井井底水窝和副井排水系统排水或在副井马头门位置设置临时卧泵排水，主井涌水由卧泵排到副井井底。

（3）主井临时罐笼提升、副井永久装备期，可在副主井临时马头门外施工壁龛或是直接在巷道一侧安设临时卧泵，由主井井底吸水，经敷设在主井井筒中的排水管将水排出地表。当涌水量较大时，可扩大主、副井联络巷，作为临时泵房和变电所，甚至另开凿临时水仓。

在井底车场施工期间，应尽可能优先安排排水系统及相关硐室施工，这样在副井永久装备完成后，可以尽快形成永久水仓、水泵房等永久排水系统，提高矿井的抗水灾能力。

6. 其他设施的改装

在主井井筒临时装备转换时，还要解决好井下的压风供应及供电、供水、通信、信号、照明等工作。主副井贯通后，应考虑在井底车场内（一般在临时泵房附近）设临时变电所，以供水泵、绞车、扇风机等高压设备用电。

（三）矿井建设二三期工程的施工

通常来说，矿井一期工程以井筒工程为代表，其施工内容包括井筒及相关硐室掘砌施工和主、副井短路贯通等工程。二期工程主要以巷道为代表，按施工区域划分为主、副井施工区和风井施工区。主、副井施工区的二期工程，主要指井底车场及各类硐室、主要运输石门、井底矿仓、运输大巷及有关硐室和采区下部车场、采区矿仓、上下山等井巷工程及铺轨工程。风井施工区的二期工程，主要指风井井底临时车场、回风石门、总回风巷，以及由风井施工的上下山、交岔点、硐室和铺轨工程。

1. 井底车场巷道施工安排

井底车场巷道施工顺序的安排除应保证主副井短路贯通与关键线路工程项目不间断地

快速施工外，同时还必须积极组织力量，掘进一些为提高连锁工程的掘进速度和改善其施工条件、提高矿井抗灾能力所必需的巷道，应进行综合平衡。平衡的最重要的考虑因素是以安全为前提，防范各种可能出现的风险，提高整个矿井的抗灾能力。如：井下排水系统的施工，改善工作面掘进条件，提升矿井抗水灾的能力；通风系统的完善，形成通风环路，改善通风条件，改变独头通风的困难；尽快形成环形运输系统，提高运输能力等。

2. 井底车场硐室施工安排

井底车场硐室施工顺序安排通常应考虑下列各因素：

（1）与井筒相毗连的各种硐室（马头门、管子道、装载硐室、回风道等）在一般情况下应与井筒施工同时进行，装载硐室的安装应在井筒永久装备施工之前进行。

（2）井下各机械设备硐室的开凿顺序应根据利于提升矿井抗灾能力、利于后续工程的施工和安装工程的需要、提前投产需要等因素进行综合考虑。如为提高矿井抗水灾能力的永久排水系统，包括井下变电所、水泵房和水仓、管子道等应尽早安排施工；矿仓和翻笼硐室工程复杂，设备安装需时长，也应尽早施工；利于改善通风系统，提升矿井抗瓦斯灾害能力的巷道应尽快安排施工；利于提高矿井运输能力的巷道及相关硐室应尽早安排施工。电机车库、消防列车库、炸药库等也应根据对它们的需要程度不同分别安排。

（3）对于不急于投入使用且对矿井开拓、抗灾能力影响不大的服务性的硐室，如等候室、调度室和医疗室等，一般可作为平衡工程量用。但为了改善通风、排水和运输系统有需要时，也可以提早施工。

（4）通常巷道在掘进到交岔点或是硐室入口处时，应向支巷掘进 5m 左右，以便为后续工程掘进创造空间，不至于后续工程掘进时影响到主掘进工作面的安全和运输。其余巷道在不作为关键工程时，可以根据施工网络图计划作为平衡工程量使用，但应注意两个工作面在相互距离较近时的施工安全。

3. 井底主要大巷的施工

井底主要大巷包括轨道运输大巷、胶带运输大巷、回风大巷、运输上山（下山）大巷、回风上山（下山）大巷等。这类大巷的特点是通常服务期限较长，巷道断面较大、距离较长，以岩石巷道为主，而且大多在关键线路上，是通往采区的关键工程，对矿井的建设工期和安全生产起着关键作用。因此这类工程的施工安排应考虑以下因素：

（1）在具备施工运输和施工安全的前提下，应尽快进入主要大巷的掘进工作，在运输、通风、劳动力安排方面应尽可能优先考虑主要大巷的施工。

（2）考虑到井下主要大巷一般距离较长，为了避免长距离通风的难题，通常安排井下主要大巷双巷掘进，其中一个工作面超前另一个工作面 50～150m，每隔一定距离施工一联络巷，利用双巷形成临时通风和运输系统，缩短独头通风距离，改善工作面通风条件。

（3）对于井下主要大巷的掘进，通常应组织较好的施工队伍和较强的机械化配套，进行快速施工。目前岩巷常用的机械化配套有岩巷综掘机配转载皮带或其他运输转载系统、液压凿岩台车—液压扒渣机（或侧卸式装载机）—转载运输系统（或无轨防爆胶轮车）。

4. 采区巷道与硐室的施工

采区巷道与硐室是通常意义上的矿井三期工程，一般包括采区车场、泵房、变电所、水仓、煤仓、顺槽、开切眼等工程。除采区巷道、硐室是岩巷外，顺槽和开切眼均为煤巷。煤巷的施工是三期工程的代表工程。对于三期工程的施工通常应考虑以下因素：

（1）三期工程的顺槽和切眼通常是关键线路工程，在满足安全、通风需求的前提下，应优先安排施工。

（2）采区其他巷道和硐室通常结合总施工进度计划安排，综合平衡各种因素安排施工进度计划。

（3）采区顺槽通常距离比较长且均为煤巷，为了解决通风和瓦斯难题，一般应安排双巷掘进，减少巷道独头通风距离。

（4）采区顺槽的施工，一般应采用综合掘进机或掘锚一体机掘进，根据现场条件，后配套运输可以采用皮带或其他有轨转载运输系统，配套掘进能力可以达到月进 1500m 以上，可以大大缩短建井工期。

2G320026　矿井施工劳动组织

一、矿业工程施工队的组织形式

对于不同的矿业工程，其施工队的组织形式有不同的要求。

对于立井井筒掘砌施工来说，一般施工队的劳动组织形式分为两种：

一种是综合掘进队组织形式，综合掘进队是将井巷工程施工需要的主要工种（掘进、支护）以及辅助工种（机电维护、运输）组织在一个掘进队内。这种掘进队形式通常是一个项目部承担一个井筒时采用比较适宜，可以很好地协调沟通，避免推诿扯皮。掘进队下面可以分成几个掘进班组、支护班组、运输班组、机电维护班组等。

另一种是专业掘进队组织形式，专业掘进队是将同一工种或几个主要工种组织在掘进队里，而施工的辅助工种由其他辅助队、班配合。这种掘进队组织形式在一个项目部承担两个井筒工程时采用比较有利，可以减少人员的配置，充分发挥运输、机电维护的总体协调能力，做到减人提效。

对于井下巷道二三期工程来说，一般都是采用专业队的劳动组织形式，通常设置运输队、机电队和通风队等。

掘进队除负责掘进、支护以及工作面的运输工作以外，还负责工作面的设备、工器具保养维护，遇到大的设备故障由机电队进行维修。掘进队自身一般分成三或四个班组，实行三八制或四六制作业，每个班组都有掘进和支护，有的掘进队专设支护班，但掘进班也有支护任务。

运输队负责工作面之后的所有运输、井筒提升、地面运输、井口信号等。

机电队负责除工作面之外的所有设备的运转、维护、供电照明等。

二、矿业工程施工劳动组织的特点

（一）综合掘进队的特点

1. 在队长统一安排下，能够有效地加强施工过程中各工种工人在组织上和操作上的相互配合，因而能够加速工程进度，有利于提高工程质量和劳动生产率。

2. 各工种、各班组在组织上、任务上、操作上，集体与个人利益紧密联系在一起，为创全优工程创造了条件。

3. 能提高掘进队工人的操作技术水平。

（二）专业掘进队的特点

1. 掘进队担负生产任务比较单一，因而施工管理比较简单。

2. 施工对象与任务变化不大，易于钻研技术，对于完成任务、培养技术力量方面有积极作用。

3. 人员配备少，管理恰当时可提高效率。

三、矿建、土建、安装三类工程的综合平衡

（一）三类工程综合平衡的一般性原则

矿山建设工程是一项复杂的系统工程，通常包括矿建、土建、安装三大工程内容。在施工的各个阶段，都要围绕关键线路的关键工程组织快速施工。矿山建设工程中，通常关键线路以矿建工程为主，特别是建设工程的前期，关键线路基本都是矿建工程，只有到最后采区安装时，才有安装内容进入关键线路工程。

因此，矿井建设中矿建、土建、安装三类工程综合平衡的一般性原则是以矿建工程为主线，土建与安装工程相配合。一般情况下，矿建工程项目构成矿井建设的关键线路。但关键线路和关键工程并不是固定的，会随着客观条件的变化和工程的进展而变化。矿井一旦破土开工，井筒施工是关键。井筒到底后，巷道开拓和地面建筑及机电设备安装工程将成为关键；当井巷工程施工速度快，主、副井交替以及土建和安装可能成为焦点。如采取分期建设、分期投产等措施时，则矛盾更为尖锐；由于对外协作关系复杂、临时设施不能及时拆除、土建工程不能按时开工，往往地面建筑和机电设备安装工程最后成为投产的关键。因此，搞好三类工程的平衡和综合排队，对缩短施工准备期和建设工期十分重要。

（二）三类工程综合平衡的具体工作内容

1. 全面规划，合理安排

矿井开工前应有总体规划，合理布局地面工程。通常应按施工准备期和井巷工程施工期分别编制三类工程综合网络图。对一些与三类工程紧密相连的系统，还应分别编制局部工程网络图，以便科学地组织施工。

2. 采用先进的技术和工艺，制订周密的施工方案

应针对矿井的主要矛盾线，充分利用一切时间和空间，创造多头或平行交叉作业的条件，根据工程的实际情况采取具体的技术措施。例如，提升机安装与井筒装备平行作业；井塔设备安装与土建施工实行立体作业等。此外，要积极推广和采用新技术、新工艺和新材料，以缩短工期。

3. 精心组织施工，搞好综合平衡

在矿井建设期间，必须做好"四个排队"和"六个协调"。所谓"四个排队"，即：井巷、土建和机电设备安装工程的总排队；设备进场计划排队（包括提出设备到货的具体要求，以及到货日期的可能误差）；年度计划与季度计划排队；多工序间的排队。为了使"四个排队"切实可行，必须做到"六个协调"，即：设计图纸到达日期必须与施工的需要相协调；设备到达现场日期必须与安装工程的需要协调；材料供应必须与工程进度协调；各工序的交替时间必须相互协调；投资拨款与工程需要相协调；劳动力的培训与调配必须与工程进度协调。

2G320027 矿业工程经济技术指标

一、单项工程施工组织设计主要经济技术指标

矿井项目作为单项工程，其施工组织设计一般应对以下内容提出经济技术指标：矿井

建设总工期，井筒及主要巷道综合月进度指标，建筑安装工人劳动生产率，建筑安装工程的投资动态，临时工程预算占矿井建筑安装工程总投资的比重。

二、单位工程施工组织设计主要经济技术指标

单位工程施工组织设计中经济技术指标应包括：工期指标；劳动生产率指标；质量指标；安全指标；降低成本率；主要工程工种机械化程度；三大材料节约指标。这些指标应在施工组织设计基本完成后进行计算，并反映在施工组织设计的文件中，作为考核的依据。

三、其他工程施工组织设计经济技术分析主要指标

一般工程施工组织设计经济技术分析主要指标有总工期指标，单工效率，质量等级（这是在施工组织设计中确定的控制目标。主要通过保证质量措施实现，可分别对单位工程，分部分项工程进行确定），主要材料节约指标（可分别计算主要材料节约量，主要材料节约额或主要材料节约率，而以主要材料节约率为主），大型机械所用台班用量及费用，降低成本指标等。

【案例 2G320020-1】

1. 背景

某施工单位总承包一矿井建设工程，该矿井采用立井开拓，主、副、风井三个井筒均在同一工业广场内，均采用冻结法施工。主井井筒净直径 6.0m，井深 720m；副井井筒直径 7.0m，井深 695m；风井井筒净直径 5.0m，井深 690m。矿井属于高瓦斯矿，且井下巷道较多，开拓任务重，工期紧。矿井开工前，建设单位提交了矿井的地质报告、井筒检查孔地质柱状图、地面工业广场布置图，修建了进矿道路及供电线路等。该施工单位依据上述条件编制了矿井的施工组织设计，其主要内容如下：

（1）矿井开工前完成供水、供电、运输、通信以及工业工程平垫的前期工作，主要污水排放管道的敷设工作。

（2）由于矿井无边界风井，确定矿井采用单向掘进施工方案。副井井筒利用永久井架凿井，井筒的开工顺序依次为中央风井、副井、主井，主井箕斗装载硐室与主井井筒同时施工，井筒到底后进行主井与风井的贯通，进行主井临时改绞，再与副井贯通，同时开展井底车场巷道及大巷的施工。

（3）考虑到井下巷道较多，开拓任务重，工期紧，因此井下大巷均采用成熟的机械化配套作业线，煤巷采用综掘机掘进。岩石巷道综合月进尺按 100m、煤巷月度综合进尺按 300m 配备，井下采用固定箱式矿车有轨运输。

（4）井筒到底后，井筒装备交替方案是主井临时改绞，风井进行永久装备，副井也进行永久装备，副井交付使用后进行主井的永久装备。

（5）在风井井筒永久装备完成后，进行采区巷道的施工，同时进行井下生产系统安装和试生产。

（6）矿井建设的施工组织由该公司负责，劳动力统一调配，冻结工程经建设单位同意后分别分包给了三家冻结公司。

2. 问题

（1）施工组织设计的编制中存在什么问题？

（2）井筒的开工顺序是否有不妥之处？为什么？

（3）根据上述分析确认的合理开工顺序，施工过程中如果井筒工期出现延误时应当如何进行进度安排和控制？

（4）井筒装备方案有何不妥？

3. 分析与答案

矿井施工组织设计编制应当充分考虑施工条件和可能出现的各种施工问题，同时应有相关的应对措施，方可保证工程建设的顺利和可控。

（1）该施工单位所编制的施工组织设计，对于重大施工方案应进行技术和经济比较，也就是应该优选施工方案与施工方法，确定合理的施工顺序，以保证矿井在规定的工期内将项目建成投产。井筒到底后，先进行主井、风井的贯通后，再进行主井临时改绞的方案不妥，因为主井、风井的落底通常不在同一水平，而且主井、风井的贯通距离一般较长。如果施工临时措施巷一般距离也较长，造成工期和成本增加。因此，一般到底后首先进行主井、副井临时贯通，然后进行主井临时改绞，与风井的贯通要根据工程排队。通常，安排在煤巷大规模开工之前完成主井、风井的贯通，形成全矿井通风系统。

（2）井筒开工顺序的确定，采用风井先开工不妥。因为副井利用永久井架凿井，不具备首先开工的条件；而风井与主井相比，直径较小，深度较浅，施工要求稍低；而主井通常装载硐室还要与井筒同时施工，工期长，不能保证主井与风井同时到底后短路贯通。因此应当充分考虑可能出现的问题，进行工程排队，考虑以主井、副井承担井底车场施工，基于副井与主井同时到底的基础上，合理确定出主井和副井的开工顺序，并根据积极冻结期的时间来合理安排主井、副井开工的间隔时间。风井的开工时间则相对独立，可以根据整个矿井工期计划并结合冻结工程的冻结期综合考虑。因此本项目三个井筒的开工顺序应为主井、副井、风井的开工顺序。

（3）如果主井井筒不能按时到底出现工期延误，延误时间在3个月以内时，可以先不安排主井箕斗装载硐室的施工，直接进行主井、副井的短路贯通，进行主井临时改绞，副井永久装备；然后进行二、三期工程的巷道开拓任务。待副井永久装备完成，形成新的提升能力之后，在主井永久装备之前，完成主井箕斗装载硐室的施工。这样安排的好处是主井箕斗装载硐室不占关键线路工期；缺点是需要重新进行井筒临时提升系统、排矸改造，而且属于高空作业，环境复杂，管理难度大，安全风险相对较高。如果主井井筒延误的时间较长，这时应该安排副井与风井进行短路贯通，然后风井进行临时罐笼改装，形成提升系统，承担井下开拓任务，待主井到底后再进行主井临时改装，承担矿井的开拓任务，副井进行永久装备。在井下工程的安排中要加快副井与风井的贯通，在需要时也可以施工临时措施巷。

如果副井井筒不能按时到底，出现工期延误，主井、副井不能及时进行短路贯通，这时要先对主井进行临时改绞，然后安排主井与风井之间的贯通，以解决车场施工期间的通风问题，副井到底后尽快与主井进行贯通，也可以从主井方向提前施工贯通到副井马头门或等候室通道位置。这样副井到底后就可以直接与主井进行贯通，缩短了贯通时间。副井到底贯通后要尽快安排副井的永久装备，以提前形成副井的提升能力，满足井下开拓任务的需求。

如果风井不能按时到底出现工期延误，这时不能尽快进行主副井与风井之间的贯通，无法形成矿井通风系统。但为了满足通风需求，在进入煤巷的施工之前必须完成主副井与风井的贯通，形成矿井通风系统，必要时可以采取施工措施巷的办法解决。

综上所述，矿井建设出现工期延误，可以采用多种技术方法进行有效控制，把对建设工期的影响降到最低。

（4）井筒装备方案应首先考虑主井改绞，因为主井井筒改绞相对简单，井下运输方便，与副井贯通距离短，具备快速形成井下运输能力的条件。而且主井井筒直径相对风井来说更适宜临时改绞，主井临时改绞与副井永久装备提升交替衔接较为顺利。对于该项目，考虑到井下开拓任务重，大部分巷道采用机械化作业线掘进，要求提升能力大，应该在满足通风的前提下，综合考虑风井也进行临时改绞，承担风井井底区域的巷道掘进及后期的采区巷道掘进。风井井筒的永久装备则安排在副井永久提升系统形成并投入运行后，在满足副井装备工期的前提下，通过倒排工期确定副井永久装备的时间。

【案例 2G320020-2】

1．背景

某施工单位承建一矿井建设工程，该矿井采用一对立井开拓方案，在井田中央布置了主井和副井井筒各一个，副井进风、主井回风。井筒开工时，施工现场的准备工作尚存在一些问题，具体表现在：

（1）施工道路尚未完成，暂时利用农村简易道路进行设备和材料的运输。

（2）建设单位供电电源仅安装了一趟供电线路。

（3）施工劳动力主要是刚招聘的新工人，尚未进行培训。

（4）井筒施工图纸仅有表土段，基岩段图纸需 1 个月后才能到。

由于工期较紧，施工单位在建设单位的要求下匆忙进行了井筒的施工，最后造成施工进度较慢，特别是工程材料运输问题经常耽误，与地方关系协调不好，严重影响了施工进度。

2．问题

（1）该矿井应采用何种施工方案？说明依据。

（2）施工单位在施工准备工作中存在什么问题？

（3）建设单位在施工准备工作中有何责任？

3．分析与答案

矿井建设是一项复杂的工程建设项目，涉及范围广，影响因素多，认真确定矿井的施工方案及做好开工前的各项施工准备工作十分重要，施工单位与建设单位应当明确各自的责任。

（1）该矿井应当采用单向掘进的施工方案。这是因为矿井主井和副井均位于井田中央，只能由井田中央向采区进行单向掘进。矿井无边界风井，不具备对头掘进的条件。

（2）施工单位在施工准备工作没有完成的情况下，不应该进行井筒的开工建设，这是影响井筒施工进度的根本原因。

1）井筒开工前应完成工程准备工作，必须完成"四通一平"工程，匆忙开工会给后续工程施工带来巨大困难，引起一系列问题。道路未完成，会影响设备和材料的供应，特别是使用农村道路，在没有达成相关协议的基础上，会给后续工作带来严重影响；电力线路不能实现双回路供电，矿井不能开工，因为会给施工带来安全隐患。

2）井筒开工前应完成劳动力准备工作，新招聘工人应进行技术培训和安全培训。

3）井筒施工的相关图纸必须提前做好图纸供应计划，图纸必须提前到位，并进行图纸技术交底和图纸会审，以便合理制定施工技术方案。

（3）建设单位在施工准备工作中，应严格按照合同规定提供相应的服务。在本工程施工准备工作中，应确保工程开工的各项工程条件和技术条件。如施工道路应加快完成，电力设施应保证双回路供电，确保工程施工图纸按计划供应。

【案例 2G320020-3】

1. 背景

某矿井设计年生产能力 120 万 t，采用立井开拓方式。主井井筒 450m，副井井筒435m，北风井井筒位于井田北部边界，深度 385m，距离主副井工业广场 2.1km。井筒穿过的第四系表土层平均厚度为 135m，设计矿井前期投产北 1 采区，能力为年产 65 万 t。

2. 问题

（1）试根据背景资料确定本矿井的建设方案，合理确定出井筒的施工顺序。

（2）基于本矿井井筒所穿过的表土层情况，井筒表土可采用哪些施工方法？

（3）考虑主井先开工，箕斗装载硐室与井筒同时施工，请安排井筒的装备方案。

3. 分析与答案

由于本矿井风井在井田边界，矿井施工方案单一，但井筒和装备的方案较多，应根据实际条件进行确定。

（1）本矿井井筒较浅，但表土采用普通法难以通过，应采用特殊施工法。由于风井位于井田边界，为了采区巷道的施工，应采用对头掘进的施工方案，即从井田中央和井田边界同时进行井巷的掘进工作，在采区下部车场进行贯通，然后进行采区巷道的施工。

矿井的施工方案，表土采用冻结法施工，风井还可采用钻井法施工，基岩部分采用普通钻眼爆破法施工，可采用混合作业施工作业方式，以取得比较稳定的施工进度。

根据目前我国矿山建设所取得的成熟经验和技术，本矿井井筒的施工顺序应当是主井先开工，主井先于副井 3 个月左右开工，副井和风井可同时开工，风井也可适当推迟，具体开工时间决定于主副井与风井在采区下部车场的贯通安排和风井的前期准备工作完成情况。

（2）基于本矿井井筒所穿过的表土层为第四系地层，其含水量较大，很难用普通法施工通过，应该采用特殊施工方法。可考虑的方法包括冻结法、钻井法、沉井法。

（3）由于主井先开工，箕斗装载硐室与井筒同时施工。这样，主井与副井基本上能够同时到底，到底后首先进行贯通，以便为提升、通风、排水等设施的迅速改装创造条件。

在主、副井贯通后，副井继续采用原凿井吊桶提升，主井临时改绞，以满足井底车场施工的需要；改绞完成后，副井停止吊桶提升，进行永久装备；副井永久装备完成后投入使用，这时主井拆除临时装备、进行永久装备；风井到底后进行临时改绞，承担风井区域的井下开拓工程的提升任务，风井的永久装备在主、副井与风井贯通后开始。

【案例 2G320020-4】

1. 背景

某矿井工业广场内布置有主井和副井两个井筒，风井位于井田边界。主副井施工期间，地面采用汽车排矸，转入车场施工后采用矿车排矸。地面工业广场施工总平面布置如图 2G320020 所示。

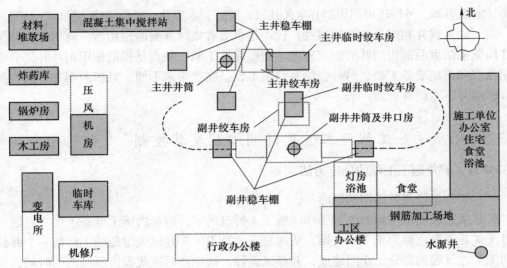

图 2G320020　某矿井地面工业广场施工总平面布置图（局部）
（注：图中实线部分为施工临时布置的设施，虚线部分为永久设施）

2．问题

（1）指出地面工业广场施工总平面布置中不合理的地方。

（2）本矿井施工可利用哪些永久设施？

（3）如果副井利用永久井架打井，有何优缺点？

3．分析与答案

（1）矿井施工地面工业广场施工总平面布置应根据施工组织及进度进行合理布置，不应影响相关工程的施工。由于施工场地布置是针对井筒施工期间的要求进行的，这时井筒主要采用汽车运输排矸，地面工业广场基本无矿车运输，因此布置比较简单。该布置图中存在的主要问题是：

1）主井、副井井筒施工地面稳绞布置不合理，稳车布置在井筒的三面甚至是四面，呈不对称布置，不利于井架的受力稳定。

2）钢筋加工场地占用了永久建筑物的位置，影响工区办公楼及灯房、浴池和食堂的施工。

3）井筒施工期间，混凝土搅拌站应靠近井筒布置，尽量选择距离两个井筒都比较近的位置，以便共用。

4）机修厂、木工房应靠近布置，并且应尽量利用永久设施。

5）锅炉房应布置在井筒的下风方向较好。

6）炸药库不应布置在工业广场内，不满足安全规程规定的距离要求。

7）临时压风机房和变电所位置占用了永久压风机房和变电所的位置不合理。临时变电所和压风机房都使用时间较长，甚至整个二期、三期都要使用，直至永久系统投入使用后，临时压风机房和变电所才算完成使命。

8）主井临时绞车房的位置占用永久绞车房的位置不合理，因为主井需要临时改绞，主井临时绞车房使用时间较长，会严重影响主井永久绞车房的施工。

（2）本矿井施工可利用的永久设施包括：办公楼、灯房、浴池、变电站、压风机房、锅炉房、木工房等，另外还可利用副井永久井架、道路、水源井、通信线路、供电线路等。

（3）如果副井利用永久井架打井，优点是可节省临时井架的使用费，利用永久井架可在井筒施工结束后加快副井的改装速度，缩短建井工期；缺点是提前使用副井井架会增加前期投资和前期准备工期，另外会给井筒施工设备布置带来不便，且影响副井井筒到底时间，影响井下主副井贯通。

2G320030　矿业工程施工进度计划编制及其控制

2G320031　矿井施工工期的确定方法

一、矿业工程建井工期的概念

矿井从完成建设用地的征购工作，施工人员进场，开始场内施工准备工作之日起，至项目正式开工为止称为施工准备期。从项目正式开工（矿井以关键路线上任何一个井筒破土动工）之日起到部分工作面建成，并经试运转，试生产后正式投产所经历的时间，为矿井投产工期。从项目正式开工之日起到按照设计完成规定的建设内容，并经过试生产，试运转后正式交付生产所经历的时间称为矿井竣工工期（或建井工期）。矿井施工准备工期与矿井竣工工期之和构成矿井建设总工期（或称建井总工期）。

二、矿业工程建井工期的确定方法

矿业工程建井工期的确定主要根据关键线路上工序的时间进行推算，具体方法见表2G320031。

建井工期的推算方法　　　　　表2G320031

推算方法	计算方法	备注及符号说明
根据矿井建设的关键线路来推算（包含了以下三种推算方法的内容）	运用统筹法，进行三类工程综合排队，优化施工方案，确定出矿井建设的关键线路，关键线路所占时间为矿井建设工期	T_1、T_2、T_3——分别为三种推算方法计算的矿井建设工期，月； t_1——井筒掘砌工期，月； t_2——主、副井短路贯通工期，月； t_3——井巷工程主要矛盾线内的井底车场空重车线、主要石门运输大巷掘砌工期，月；
1. 依据井巷工程的施工期来推算	按照矿井井巷工程关键线路的施工期推算矿井建设工期：$T_1 = t_1 + t_2 + t_3 + t_4 + t_5 + t_6 + t_7$	t_4——井巷工程主要矛盾线内的采区巷道掘砌工期，月； t_5——采区工程完成后采掘设备装备期、收尾工期，月； t_6——矿井试生产、试运转工期，月； t_7——不可预见工期（一般指灾害和自然条件而引起的工期损失，5%左右），月；
2. 依据与井巷工程紧密相连的土建、安装工程施工期来推算	与井巷工程紧密相连的土建工程，即为主副永久装备系统和地面生产系统与三类工程相连部分施工期：$T_2 = t_1 + t_2 + t_8 + t_9 + t_{10} + t_{11}$	t_8——副井永久提升系统装备期（包括井筒装备，永久锁口，井塔，井口房，井塔内永久设备安装，调试等），月； t_9——主井永久提升系统装备期（内容同副井），月； t_{10}——地面生产系统与t_8不能平行施工的装备期（包括地面煤仓，胶带走廊，筛分楼的土建，机电安装工期），月；
3. 依照主要生产设备订货、到货和安装时间来推算	矿井主要生产系统的成套设备供应，包括主、副井永久提升系统，采区设备的供应：$T_3 = t_{12} + t_{13} + t_{11}$	t_{11}——主要生产系统的试运转，矿井试生产期，月； t_{12}——成套设备订货、到货的总期限（从矿井开工之日算起），月； t_{13}——最后成套设备到货后需要安装的工期，月

注：本表算法为一般情况，如部分施工工期平行或没有，则应另单独处理。

2G320032　矿业工程施工进度计划的类型及编制要求

一、矿业工程施工进度计划的类型

矿业工程项目由矿建、土建和机电安装三大类工程组成，施工工序较多、施工时间长，且各施工工序之间存在交叉，因此必须编制较为全面的施工进度计划。目前我国矿业工程施工进度计划的种类主要有横道图进度计划和网络图进度计划。

（一）横道图进度计划

1. 横道图进度计划的基本概念

横道图也称甘特图，是美国人甘特（Gantt）在20世纪20年代提出的。由于其形象、直观，且易于编制和理解，因而长期以来被广泛应用于建设工程进度控制之中。

用横道图表示的建设工程进度计划，一般包括两个基本部分，即工作名称及工作的持续时间等基本数据部分和横道线部分。横道图进度计划是按时间坐标绘出的，横向线条表示工程各工序的施工起止时间及先后顺序，整个计划由一系列横道线组成。在工序时间的横道线下方，还可以利用横道线的信息进行资源使用、劳力组织等的情况分析。

2. 横道图进度计划的主要特点

利用横道图进度计划可明确地表示出矿业工程各项工作的划分、工作的开始时间和完成时间、工作的持续时间、工作之间的相互搭接关系，以及整个工程项目的开工时间、完工时间和总工期。

利用横道图计划表示矿业工程项目的施工进度的主要优点是形象、直观，且易于编制和理解，因而长期以来应用比较普及。但利用横道图表示工程进度计划，也存在很多缺点：

（1）不能明确地反映出各项工作之间错综复杂的相互关系。

（2）不能明确地反映出影响工期的关键工作和关键线路，也就无法反映出整个工程项目的关键所在，不便于进度控制人员抓住主要矛盾。

（3）不能反映出工作所具有的机动时间。

（4）不能反映工程费用与工期之间的关系。

3. 横道图进度计划的应用

横道图在进度计划和控制中应用最为广泛，矿业工程过去一直普遍采用横道图进度计划，广泛用于井筒、巷道、硐室等工程的施工工序循环组织，能够简单明了地表示各施工工序的时间安排和相互搭接关系。但是对于施工项目较多、工序之间关系复杂，特别是矿业工程项目井巷工程项目总进度计划，矿建、土建和安装工程三类工程总进度安排，其逻辑关系表达不够明确，应用有一定的局限性。

（二）网络图进度计划

矿业工程利用网络图来表示进度计划，适应了目前建设行业的发展趋势，利用网络图进度计划，可以使矿业工程施工进度得到有效控制。实践已证明，网络图进度计划是用于控制工程进度的最有效工具。根据矿业工程项目施工的特点，目前施工进度计划主要采用确定型网络计划中的时标网络计划，它以时间坐标为尺度表示各项工作进度的安排，工作计划时间直观明了。

利用网络图进度计划表示矿业工程的施工进度安排并进行进度控制，可以弥补横道图计划的许多不足。与横道图计划相比，网络图计划的主要特点是：

（1）网络图计划能够明确表达各项工作之间的逻辑关系。

（2）通过网络计划时间参数的计算，可以找出关键线路和关键工作。

（3）通过网络计划时间参数的计算，可以明确各项工作的机动时间。

（4）网络图计划可以利用电子计算机进行计算、优化和调整。

当然，网络图计划也有其不足之处，它没有横道图计划那么直观明了，但在一定条件下可通过时标网络计划进行弥补。

二、矿业工程施工进度计划的编制方法

（一）编制程序

1. 调查研究

调查研究的内容包括全部文件资料，包括合同规定的工程任务构成及相关政策、规程要求，特别要对施工图进行透彻研究；还有熟悉施工的客观条件，了解现场施工的具体条件。

2. 确定方案

施工方案是决定施工进度的主要因素。确定施工方案后就可以确定项目施工总体部署，划分施工阶段，制定施工方法，明确工艺流程，决定施工顺序等，其中施工顺序是网络计划工作的重点。这些一般都是施工组织设计中已经考虑的内容，故可直接从有关文件中获得后进行进度计划的编制。

3. 划分工序并估算时间

根据工程内容和施工方案，将工程任务划分为若干道工序。要求每一道工序都有明确的任务内容，有一定的实物工程量和形象进度目标，完成与否有明确的判别标志。确定工序后，估算每道工序所需要的工作时间，进行进度计划的定量分析。对于工序时间的确定，一般采用经验确定和定额计算两种方法。

4. 绘制进度计划图表

在充分掌握施工程序和安排的基础上，绘制横道图或网络图并进行优化，确定关键线路和计划工期，提交进度计划图表。

（二）编制要点

1. 施工方案选择

决定施工方案的主要因素包括地质水文条件、涌水量大小；设计规格尺寸、支护方式、施工技术装备条件与施工工艺可能性、施工队伍技术水平与管理水平，在保证施工安全和质量要求的条件下，考虑技术先进性，以及经济效益条件。一般要求施工方案应有较先进的平均进度指标。

2. 施工顺序安排

矿山工程施工顺序的安排应遵循的原则是建井工期最短、经济技术合理、施工可行，并在具体工程条件、矿井地质和水文地质条件下可以获得最佳的经济效益。

考虑矿建、土建、安装三类工程的综合平衡的施工顺序，保证相互间的密切配合和不间断平行工作，是决定整个矿山工程项目工期的关键。根据矿山工程的特点，通常应以矿建工程为主，土建与安装工程则根据矿建工程进度来安排。

施工顺序还应使关键路线上的工程的贯通点，选择在最佳的位置。具体工程项目要根据工程内容的特点，合理安排，如对于高瓦斯矿井则宜采用下山掘进，便于瓦斯管理，节

省通风费用；涌水量大的矿井采用上山掘井，可节省排水费用，加快施工速度等。

3. 井巷工程施工的关键路线

矿山井巷工程的内容包括井筒、井底车场巷道及硐室、主要石门、运输大巷及采区巷道等，其中部分前后连贯的工程构成了全矿井延续距离最长，施工需时最长的工程线路，被称为总进度计划图表上的关键路线，如井筒→井底车场重车线→主要石门→运输大巷→采区车场→采区上山→最后一个采区顺槽或与风井贯通巷道等。井巷工程关键路线决定着矿井的建设工期，因此，优化矿井设计，缩短主要关键路线的长度，是缩短建井总工期的关键。缩短井巷工程关键路线的主要方法包括：

（1）如在矿井边界设有风井，则可由主副井、风井对头掘进，贯通点安排在运输大巷和上山的交接处。

（2）在条件许可的情况下，可开掘措施工程以缩短井巷主要矛盾线的长度，但需经建设、设计单位共同研究并报请设计批准单位审查批准。

（3）合理安排工程开工顺序与施工内容，应积极采取多头、平行交叉作业。

（4）加强资源配备，把重点队和技术力量过硬的施工队放在主要矛盾线上施工。

（5）做好主要矛盾线上各项工程的施工准备工作，在人员、器材和设备方面给予优先保证，为主要矛盾线工程不间断施工创造必要的物质条件。

（6）加强主要矛盾线工程施工的综合平衡，搞好各工序衔接，解决薄弱环节，把辅助时间压缩到最低。

4. 工程排队方法要点

（1）矿建工程排队

矿建工程排队可根据确定的施工方案及施工顺序，计算出各个施工顺序环节的工期，用网络图方法或横道图方法确定关键路线，并对照工期要求，采取措施实现合同规定的期限。

施工队伍安排的原则是首先要根据施工期各个环节的工作能力，包括提升运输能力、通风能力，确定可能安排的工作面，具体安排掘进队伍；在保证工期和按时完成各个施工环节与系统的同时，考虑施工队伍平衡，避免施工队伍调配和人员增减的过分频繁。

（2）土建工程排队

土建工程应在准备阶段完成"四通一平"工作外，安排完成建井时期可利用的永久建筑工程内容；井筒施工期为避免和临时设施争地、占工，可适当安排居住工程。

建井二、三期阶段，土建工程除围绕井筒和井下工程内容开展工作外，应集中力量进行工业广场设施的建设。特别要注意的是和安装工程配合的项目，应提前进行，尽早完成，以给安装工程留足施工时间，如井塔、提升机房、通风机房等。

管线工程应根据场地填方施工、道路施工的进度安排，避免重复挖填，争取逐段施工，逐段利用。

（3）安装工程排队

安装工程多在工程后期和收尾阶段，且任务集中，往往成为矿山工程项目各系统形成的关键。系统单机或联合试运转，以及装备的正常运行是系统完成的标志。

安装工程的关键工作包括主、副井提升系统的交替安装，风井通风设备安装，井上、下供电系统安装，井下排水系统安装，地面生产系统和采区生产系统，以及选矿厂设备安装等。

主、副井交替工作是建井过渡期安装工作的重心。

2G320033 影响矿业工程进度的因素及对策

一、矿业工程进度影响因素及对策

影响矿业工程施工进度的因素及对策见表 2G320033。

矿山建设项目影响工期的因素及应采取的措施表 表 2G320033

序号	影响工期的因素	具体内容	对策
1	影响进度的相关部门、单位	施工单位； 设计、物资供应、资金管理部门； 与工程建设有关的运输、通信、供电等部门和单位	由监理单位与建设项目有关部门和单位对工程进度和工作进度进行协调； 加强向有关政府职能部门汇报请示，争取最快解决； 计划工期要预留足够的机动时间
2	设计变更因素	建设单位或政府主管部门改变部分工程内容，或较大地改变了原设计的工作量； 设计失误造成差错； 工程条件变化，需改变原有设计方案（施工图）	原则上应维护原经过主管部门批准的设计权威性； 对一些必不可少的设计变更，应本着实事求是，少做改动的原则； 提前在工程施工前 3 个月做好预见性工作，使设计修改有充分的时间； 监理单位在工程建设中要加强与设计、行政管理的协调平衡
3	物资供应进度因素	材料、设备、机具不能及时到位；或虽已到货但质量不合格	加强对工程建设物资供应（部门、人员）的管理； 加强物资供应的计划管理，提前做好物资供应的合同签订、资金供应； 建立物资供应的质量保证体系
4	资金供应的因素	计划不周； 施工单位未按工程进度要求提前开工单位工程	加强资金供应计划，落实资金供应渠道，无资金供应保证的工程不能开工； 建设项目开工前要有资金储备； 施工单位应有一定量的垫付资金储备； 对提前开工的工程，可签发停工令或拒签工程付款签证
5	不利的施工条件因素	施工中的地质条件较原提供资料更复杂； 自然环境的变化	准备阶段做好充分调研； 加强地质勘探和工程地质工作，并使设计和施工有切合实际的防患措施； 施工组织设计应有明确、可靠的预防措施； 及时采取有效合理的技术和管理措施以应对条件的变化； 每年要提前编制夏季防洪、防雷电、防汛、冬期防寒、防冻措施计划，确保工程正常施工
6	技术因素	工程施工过程中由于技术措施不当；或者对于采用的新技术、新材料、新工艺，事先未做充分准备，仓促使用； 到货的材料、设备、机具未作试验、调试、质量检验，一旦投运出现技术问题，都可能延误工期	施工技术措施应进行认真的研究，充分准备，尽可能采用成熟、可靠的材料、设备、工艺； 对于必须采用的新技术、新材料、新工艺，要充分做好调研、编制推新的技术措施，有充分把握后再投入使用； 对于正常的材料、设备、机具要有一套完整的检验、调试、试运的质量保证和管理制度

续表

序号	影响工期的因素	具体内容	对策
7	施工组织因素	劳动力、施工机具调配不当；施工季节选择不当	协助施工单位编制并严格审批施工组织设计；仔细选择工程建设的各阶段、各单位工程的施工季节，充分做好对劳动力、机具的配备；现场施工指挥及时到位
8	不可预见事件因素	不可预见的自然灾害（如地震、洪水、地质条件的突变）；社会环境及其他不可预见的变化（如地方干扰）等	对可能预见的自然灾害应有足够的对策（如对地震、防洪、防汛）；有地质条件突变的应急措施（防突水、防瓦斯、煤层突出）；及早恢复施工，抢回损失的工期；充分做好协调社会环境工作，加强与外部环境联系，使不发生或减少对工程干扰

二、矿业工程各施工阶段进度控制

1. 施工准备阶段

征购土地；施工井筒检查钻孔；平整场地、障碍物拆除，建临时防洪设施；施测工业场地测量基点、导线、高程及标定各井筒、建筑物位置；供电、供水、通信、公路交通；解决井筒施工期间所需的提升、排水、通风、压风、排矸、供热等综合生产系统；解决施工人员生活福利系统的建筑和设施；落实施工队伍和施工设备；解决井筒凿井必备的准备工作。

2. 井筒施工阶段

安装好"三盘"（封口盘、固定盘、吊盘），凿井设备联合试运；特殊凿井段的协调施工；普通凿井段的协调施工；马头门段及装载硐室段施工；主、副井筒到底后的贯通施工；井筒施工期间遇异常条件的处理，如大涌水、煤及瓦斯突出、构造破碎带等。

3. 井下巷道与地面建筑工程施工阶段

组织矿井建设关键线路上的井巷工程的施工；主、副井交替装备的施工；井巷、硐室与设备安装交叉作业的施工；采区巷道与采区设备安装交叉作业的施工；按照立体交叉和平行流水作业的原则组织井下及地面施工与安装。

4. 竣工验收阶段

矿、土、安三类工程中收尾工程的施工；组织验收及相应的准备工作；单机试运转及矿井联合试转；矿井正式移交生产；建立技术档案，做好技术文件及竣工图纸和交接。

2G320034 施工进度计划控制要点及调整方法

一、矿业工程进度计划目标控制

1. 进度控制的目标

矿业工程施工进度控制的是工期目标，即实施施工组织优化的工期或合同工期。

2. 进度控制的范围和控制实施的关键

矿业工程进度控制范围是在控制目标的基础上确定的。包括对整个施工阶段的控制；对整个项目结构的控制，尤其是矿、土、安三类工程的综合平衡的控制；对相关工作实施进度控制；对影响进度的各项因素实施控制。组织协调是实现有效进度控制实施的关键。

3. 进度控制的任务和内容

矿业工程进度控制的主要任务是通过完善项目控制性进度计划，审查施工单位的施工进度计划，做好各项动态控制工作，协调各单位关系，预防工期拖延，以使实际进度达到计划施工进度的要求，并处理好工期索赔问题。

4. 进度控制的方法

进度控制的方法包括采用行政手段、经济手段以及管理技术方法。

二、施工进度计划控制要点

（一）优选施工方案

1. 优选施工方案的原则

（1）选择最优的矿井施工方案，合理安排与组织，尽可能缩短井巷工程关键线路的工期。

（2）选择合理的井筒施工方案，其中选择通过含水地层的施工方案是关键。

（3）充分利用网络技术，创造条件多头作业、平行作业、立体交叉作业。

（4）讲求经济效益，合理安排工程量和投资的最佳配合，以节省投资和贷款利息的偿还。为此大型矿井可实施分期建设、分期投产，早日发挥投资效益。

（5）利用永久设施（包括永久设备、永久建筑）为建井服务。

2. 优选施工方案的具体措施

（1）根据实际情况，综合分析，全面衡量，缩短井巷工程关键线路的工程量。

（2）井巷工程关键路线贯通掘进，由主、副井开拓井底车场、硐室，提前形成永久排水、供电系统，加快主、副井永久提升系统的装备，以适应为矿井加快建设而在提升能力方面的需要。由风井提前开拓巷道，提前形成通风系统，加大通风能力，适应多头掘进需要。

（3）在制定各单位工程施工技术方案时，必须充分考虑自然条件，全面分析和制定技术安全措施，并组织实施，做到灾害预防措施有力，避免发生重大安全事故。

（4）采用的施工工艺、施工装备，要经方案讨论对比，然后选择经济合理的工艺和方案。

（二）合理安排施工顺序

1. 统筹安排工程项目施工

（1）合理规划各类矿业工程项目，采用网络计划技术，确保矿、土、安三类工程项目的协调施工。

（2）积极利用永久设备，提高施工能力。

2. 认真进行施工组织

（1）认真做好施工准备工作，合理安排井筒的施工顺序，保证主要工程项目施工的有序开展。

（2）组织多头作业、平行作业、交叉作业，采用新技术、新工艺、新装备，提高井巷工程施工速度。

（3）组织高水平施工队伍施工关键线路项目，保证施工进度目标的落实。

（三）加强施工组织管理

1. 选择一个强有力的监理单位

矿井建设过程中，建设单位应当选择一个强有力的监理单位，以便矿井建设过程中实施工程进度、质量、投资的有效控制，协调好建设单位与施工单位之间的各项关系和矛盾。

2. 搞好综合平衡协调

由于关键线路并不是固定不变的，在施工过程中，随着客观条件和工程实际进度的变化，关键线路也可能随之变化。因此，搞好三类工程进度的综合平衡，避免关键线路的转化，对加快工程进度十分必要。

三、施工进度计划的调整方法

（一）矿业工程施工项目进度控制的过程

矿业工程施工项目进度控制，其控制内容包括事前阶段的进度控制、事中阶段工期控制和事后进度控制。在项目的具体实施过程中，项目管理人员要实时掌握进度计划的实际执行情况，发现进度计划出现偏差，应及时分析偏差产生的原因，并且采取有效措施，对进度计划进行调整，然后实施调整后的进度计划，确保施工进度在掌控之内。

（二）矿业工程施工进度计划调整的主要原则

工程进度调整主要包括两方面的工作，即分析进度偏差的原因和进行工程进度计划的调整。常见的进度拖延情况有：计划失误、合同变更、组织管理存在问题、技术难题未能攻克、不可抗力事件发生等。

1. 进度控制的一般性措施

（1）突出关键路线，坚持抓关键路线。

（2）加强生产要素配置管理。配置生产要素是指对劳动力、资金、材料、设备等进行存量、流量、流向分布的调查、汇总、分析、预测和控制。

（3）严格控制工序，掌握现场施工实际情况，为计划实施的检查、分析、调整、总结提供原始资料。

2. 进度拖延的事后控制措施

最关键的是要分析引起拖延的原因，通常有以下措施：

（1）对引起进度拖延的原因采取措施；

（2）投入更多的资源，加快施工进度；

（3）采取措施保证后期工程的施工按计划执行；

（4）分析进度网络，找出有工期延迟的路径；

（5）征得建设单位的同意后，缩小工程的范围，包括减少工作量或删去一些工作包（或分项工程）；

（6）改进方法和技术，提高劳动生产率；

（7）采用外包策略，让更专业的公司用更快的速度、更低的成本完成一些分项工程。

（三）矿业工程施工进度计划的调整方法

根据对矿业工程进行计划执行情况检查，如果发生进度偏差，必须及时分析原因，并根据限制条件采用合理的调整方法。通常当施工进度偏差影响到后续工作和总工期时，应及时进行计划的调整。

1. 对于矿业工程施工的关键工作实际进度较计划进度落后时，通常要缩短后续关键工作的持续时间，其调整方法可以有：

（1）重新安排后续关键工序的时间，一般可通过挖掘潜力加快后续工作的施工进度，从而缩短后续关键工作的时间，达到关键线路的工期不变。由于矿业工程施工项目受影响的因素较多，在实际调整时，应当尽量调整工期延误工序的紧后工序或紧后临近工序，尽早使项目施工进度恢复正常。

（2）改变后续工作的逻辑关系，如调整顺序作业为平行作业、搭接作业，缩短后续部分工作的时间，达到缩短总工期的目的。这种调整方法在实施时应保证原定计划工期不变，原定工作之间的顺序也不变。

（3）重新编制施工进度计划，满足原定的工期要求。由于关键工作出现偏差，如果局部调整不能奏效时，可以将剩余工作重新编制计划，充分利用某些工作的机动时间，特别是安排好配套或辅助工作的施工，达到满足施工总工期的要求。

2. 对于矿业工程施工的非关键工作实际进度较计划进度落后时，如果影响后续工作，特别是总工期的情况，需要进行调整，其调整方法可以有：

（1）当工作进度偏差影响后续工作但不影响工期时，可充分利用后续工作的时差，调整后续工作的开始时间，尽早将延误的工期追回。

（2）当工作进度偏差影响后续工作也影响总工期时，除了充分利用后续工作的时差外，还要缩短部分后续工作的时间，也可改变后续工作的逻辑关系，以保持总工期不变，其调整办法与调整关键工作出现偏差的情况类似。

3. 发生施工进度拖延时，可以增减工作项目。如某些项目暂时不建或缓建并不影响工程项目的竣工投产或动用，也不影响项目正常效益的发挥。但要注意增减工作项目不应影响原进度计划总的逻辑关系，以便使原计划得以顺利实施。矿井建设工作中，如适当调整工作面的布置，减少巷道的掘进工程量；地面建筑工程采用分期分批建设等都可以达到缩短工期的目的。

4. 认真做好资源调整工作。在工程项目的施工过程中，发生进度偏差有好多因素，如若资源供应发生异常时，应进行资源调整，保证计划的正常实施。资源调整的方法可通过资源优化的方法进行解决。如井巷施工中，要认真调配好劳动力，组织好运输作业，确保提升运输能力，保证水、电、气的供应等。

2G320035　加快井巷施工进度的主要措施

一、加快矿业工程施工进度的组织措施

矿业工程施工项目数量多、类型复杂，并且包括矿建、土建和安装三类工程项目，因此必须认真进行组织和落实，加快施工进度。在工程施工过程中，也采取下列主要措施：

1. 增加工作面，组织更多的施工队伍

针对矿业工程项目数量多的特点，在前期准备工作中，可针对不同的井筒有针对性地组织施工队伍，保证围绕井筒开工的各项准备工作顺利开展。在井筒到底转入巷道和硐室时，在满足提升运输、通风排水的条件下，尽可能多开工作面，组织多工作面的平行施工。对于地面土建工程，如果具备独立施工的条件，尽量多安排施工队伍。而进入矿井建设后期，安装工作上升为主要矛盾，要尽可能创造更多的工作面安排施工队伍进行安装作业，在条件许可的情况下最大限度地组织平行作业，可有效缩短矿井建设的总工期。

2. 增加施工作业时间

对于矿业工程的关键工程，应当安排不间断施工。对于发生延误的工序，其后续关键工作要充分利用时间，加班加点进行作业。如地面安装工程，在时间紧迫的情况下，可延长每天的工作时间，或者安排夜班作业，缩短实际安装作业天数，达到缩短工期的目的。

3. 增加劳动力及施工机械设备

要有效缩短工作的持续时间，可适当增加劳动力的数量，特别是以劳动力为主的工序。如冻结井筒冻土的挖掘工作，在机械设备不能发挥作用的情况下，如果工作面允许，可多安排劳动力进行冻土的挖掘，这样能有效加快出渣速度，提高井筒冻结段的施工进度，缩短井筒的工作时间，从而达到缩短建设工期的目的。施工中，有条件时还可以增加施工机械设备的数量，大大提高工作面的工作效率。如井筒基岩段出渣工作，如果井筒内布置 2～3 个吊桶，而只有一台抓岩设备，出渣速度难以保证。若井筒断面允许布置两台抓岩设备，就可有效提高出渣速度，这对加快井筒的施工进度十分有效。

二、加快矿业工程施工进度的技术措施

1. 优化施工方案，采用先进的施工技术

矿业工程施工技术随着科学技术的发展也在不断进步，优化施工方案或采用先进的施工技术，可以有效地缩短施工工期。如井筒表土施工，采用冻结法可确保井筒安全通过表土层，避免发生施工安全事故。井筒全深冻结施工，可有效保证井筒顺利通过基岩含水层，确保井筒的计划工期，避免了由于井筒治水而发生工期延误的可能性。巷道施工采用锚喷支护技术取代传统的砌碹支护，大大降低了工人的劳动强度，加快了施工进度，节约了投资。在地面提绞设备安装工作中，提升机控制系统选择先进的自动控制技术，尽管初期投资较大，但可节约安装工期，且其长远经济效益显著。

2. 改进施工工艺，缩短工艺的技术间隙时间

矿业工程施工项目品种繁多，不断改进施工工艺，缩短工艺之间的技术间隙时间，可缩短施工的总时间，从而实现缩短总工期的目的。如井筒冻结段内层井壁的施工，过去普遍推广的滑模套内壁工艺，由于需要专门制作滑模盘，而且在滑模施工中必须连续作业，有时施工难以保证，经常发生延误时间的现象。施工企业通过不断总结经验，改进套壁工艺，采用块模倒换的施工方法，在严格控制混凝土初凝时间基础上，实现了冻结段井筒内壁块模倒换的连续施工工艺，缩短了套壁时间，节约了施工工期，加快了冻结井筒的施工速度。

3. 采用更先进的施工机械设备，加快施工速度

矿业工程施工的主要工序已基本实现机械化，选择先进的高效施工设备，可以充分发挥机械设备的性能，达到加快施工速度的目的。如井筒基岩段施工出渣工作，采用传统的人力操纵装岩机，6～8 人操作，其出渣效率只有 $20m^3/h$ 左右；而采用先进的中心回转抓岩机，仅需要 1～2 人操作，其出渣效率可达到 $50m^3/h$ 左右，不仅节省了人力，还加快了出渣速度。再如煤巷掘进工作，特别是长距离顺槽的掘进，传统的钻爆法施工速度仅有 100～200m/月，而采用煤巷综掘机掘进，平均可达 300～500m/月，最快可达 1000m/月。因此采用更为先进的施工机械设备，是加快矿业工程施工进度的有效保证。

三、加快矿业工程施工进度的管理措施

1. 建立和健全矿业工程施工进度的管理措施

矿业工程施工企业要建立加快工程施工进度的管理措施，从施工技术、组织管理、经

济管理、配套技术等方面不断完善企业内部管理制度，提高管理技术和水平。对于承担的工程建设项目实施项目法人责任制，项目负责人负责制，进度控制责任明确，分工具体，保证项目进度的正常实施。

2. 科学规划、认真部署，实施科学的管理方法

针对矿业工程施工项目复杂的实际情况，施工企业要制定科学的管理方法，认真编制合理的施工进度计划，进行科学的施工组织。在项目管理上，采用现代管理方法，利用计算机实现施工项目的信息处理、预测、决策和对策管理。在具体工程管理工作中，强调系统工程的管理办法，实现资源优化配置与动态管理，满足建设单位的工期目标。

四、加快井巷工程关键路线施工速度的具体措施

1. 全面规划，统筹安排。特别要仔细安排矿、土、安相互交叉影响较大的工序内容。

2. 充分重视安装工程施工，并尽量提前利用永久设备，对提高施工能力也是非常有益的。

3. 采取多头作业、平行交叉作业，积极采用新技术、新工艺、新装备，提高井巷工程单进水平。

4. 把施工水平高、装备精良的重点掘进队放在关键路线上，为快速施工创造条件。

5. 充分做好各项施工准备工作，减少施工准备占用时间，降低辅助生产占用的工时。

6. 加强综合平衡，做好工序间的衔接，解决薄弱环节；利用网络技术做好动态管理，适时调整各项单位工程进度。

五、缩短矿业工程井巷过渡阶段工程工期的主要措施

1. 井筒提升试开挖阶段，要做好井架、井口棚、井内三盘（封口盘、固定盘、吊盘）安设，试开挖后即可转入正式开工。

2. 井筒提升和吊挂设计，表土段与基岩段要统一考虑。表土段施工结束，吊挂系统作必要的调整即可转入基岩段掘砌。如，采用分段排水的井筒施工，在转入基岩段施工前后，则应尽早建立转水泵站；基岩段如有强含水地层，应提前做好防排水措施工程，采用预注浆或其他防水措施。

3. 由井筒转入平巷施工的过渡阶段，提升、运输、通风、排水、供电都要作重大调整。为此，应提前半年左右做好过渡期施工的各辅助生产系统的施工组织设计，做好各项工程转换的施工准备（包括技术准备、设备准备、物资准备、人员准备），以便井筒施工结束后，尽快转入平巷施工。

4. 主、副井井底贯通前要做好各系统调整的施工设计和准备工作，确保贯通后的通风、排水、供电、运输系统调整工作迅速完成和后续施工安全。

5. 做好矿井建设期提升系统的交替装备，主要是主、副井交替装备的施工组织，争取提前使用永久提升设备。

【案例 2G320030-1】

1. 背景

某矿井开拓系统如图 2G320030-1 所示，一施工单位承担了该矿井的施工任务，施工方案为对头掘进。矿井施工准备 12 个月，主井比副井先 3 个月开工，风井比副井晚 1 个月开工，计划主、副井同时到底后进行短路贯通，然后主井进行临时改绞、副井一次装

备，副井交付使用后主井进行永久装备。井下施工不间断进行，井底车场与主要石门及运输大巷等同时安排施工，向采区方向推进。风井方向在到底后也进行改绞，然后掘进回风大巷、采区上部车场及绞车房，向下掘进轨道下山，并与主、副井在采区下部车场贯通。主、副井与风井贯通后，立即开展采区顺槽和切眼的施工，同时平行进行采区设备的安装和试运转。

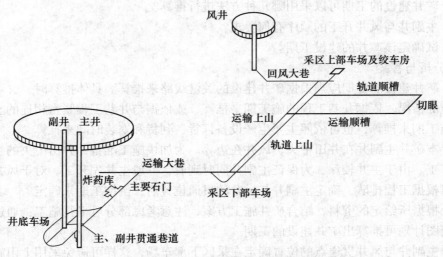

图 2G320030-1 矿井开拓系统示意图

矿井施工中主要矿建、土建及安装工程计划时间如下：

（1）主井井筒   15个月
（2）副井井筒   12个月
（3）风井井筒   10个月
（4）主、副井短路贯通巷   1个月
（5）炸药库   3个月
（6）车场巷道及主要石门   5个月
（7）运输大巷   10个月
（8）采区下部车场   3个月
（9）轨道上山   6个月
（10）运输上山   6个月
（11）回风大巷   6个月
（12）采区上部车场及绞车房 6个月
（13）轨道顺槽   6个月
（14）运输顺槽   6个月
（15）切眼   1个月
（16）主井井筒改绞   1个月
（17）主井永久装备   9个月
（18）副井永久装备   10个月
（19）风井临时改绞   1个月

（20）风井永久装备　　　　4个月

（21）采区安装　　　　　　4个月

（22）工作面安装　　　　　2个月

（23）矿井试运转　　　　　1个月

2．问题

（1）矿井建设的工期可以采用哪几种方法进行推算？

（2）主副井与风井开工的顺序有何要求？

（3）试确定该矿井的建设工期。

3．分析与答案

（1）矿井建设的工期应当根据矿井建设的关键线路来推算。具体推算时，又可以结合工程实施的情况，依据井巷工程的施工期来推算，或依据与井巷工程紧密相连的土建、安装工程施工期来推算，也可依照主要生产设备订货、到货和安装时间来推算。

（2）本矿井主副井在井田中央，风井在边界。为加快施工准备，井田中央的主副井不宜同时开工。由于主井较深，为保证主副井同时到底，一般主井先开工。对于风井的开工时间，可根据工程排队，确定主副井与风井的贯通位置后，倒推工期来确定。

（3）根据所给定的资料，结合矿井施工方案，注意考虑部分可平行施工，通过网络计划或横道图计划可推算出矿井建设的工期。

考虑主副井与风井贯通点的位置确定在采区下部车场，这样可避免采用上山施工法。

① 先计算主副井与风井贯通前的工期

主副井侧：

施工准备12 + 主井施工15 + 车场巷道及主要石门5 + 运输大巷10 + 采区下部车场3 = 45个月

风井侧：

与主副井时间差16 + 风井施工10 + 风井改绞1 + 回风大巷6 + 采区上部车场及绞车房6 + 轨道上山6 = 45个月

均为45个月，贯通点选择合理，计算正确。

② 计算主副井与风井贯通后的工期

轨道顺槽（或运输顺槽）6 + 切眼1 + 工作面安装2 + 矿井试运转1 = 10个月

由此可得到通过矿建施工为主要矛盾线推算的矿井建设工期为55个月。

③ 考虑安装工程进行推算复核

施工准备12 + 主井施工15 + 主井临时改绞1 + 副井永久装备10 + 主井永久装备9 + 矿井试运转1 = 48个月

这样，矿井建设总工期由矿建工期决定，工期为55个月。

【案例 2G320030-2】

1．背景

某矿井主井和副井井筒掘砌同时到底，井筒工程结束后迅速转入井底车场的施工，井底车场的巷道布置（部分）如图 2G320030-2 所示。为加快施工进度，施工单位编制了车场巷道的施工组织设计，设计安排充分考虑了可利用的工作面来安排施工，以组织多工作面平行作业来加快施工进度。在主井和副井没有进行贯通前，共安排了6个掘进工作面

（A、B、C、D、E、F）同时进行施工。

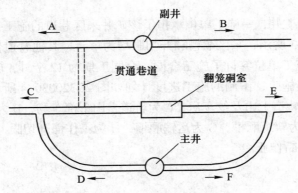

图 2G320030-2　井底巷道布置图

2. 问题

（1）井筒到底后一般应首先完成什么工作？为什么？

（2）施工单位的这种施工安排是否合理？为什么？

（3）如果主井作为临时改绞提升井筒，应尽快安排哪些项目施工？

（4）分析过渡期布置掘进工作面的原则。

3. 分析与答案

（1）在井筒施工结束后，一般应首先进行两个井筒之间的贯通，这是主副井井筒到底后的一个施工安排原则，主要是为井底车场巷道与硐室的施工创造条件，包括加大提升能力、改善通风条件、布设排水设备、增加安全出口等。因此，井筒施工结束，两个与多个井筒都应尽快贯通，没有条件的创造条件进行短路贯通。本案例没有短路贯通条件，施工单位可以提出增设临时巷道（如图中贯通巷道）实现短路贯通条件。

（2）不合理。施工单位不能安排 6 个工作面。因为在没有贯通前，利用原井筒提升设施进行提升，提升能力不足。在进行主井改装时，也只有副井一个井筒提升，这一时期不可能安排 6 个工作面同时施工，有的工作面还没有通路。只有在贯通后，才能安排 C、E 等。

（3）如果主井作为临时改绞提升井筒，必须尽快形成围绕主井井筒的进、出车巷道系统或绕道，这里应尽快安排 D、F 及翻笼硐室两侧巷道的施工，以便形成围绕主井井筒调车的绕道。对于翻笼硐室可小断面推进，以缩短工期，待后期再组织对其进行扩大断面施工。

（4）井底车场施工队伍的安排，首先考虑尽早实现短路贯通外，应集中力量加快主要矛盾线上的工程施工，加快与风井贯通。

增加工作面数量不仅由巷道是否掘进到其位置所决定，而且还受到当时的提升运输能力、通风能力等因素影响。本案例主副井没有贯通，没有改装提升设备的可能；改装提升设备必然对提升能力有限制，要求吊桶提升满足 6 个工作面排矸运输任务是困难的，必然会降低进度。因此不能一味增加工作面。

由于过分安排施工队伍，还造成人员、设备的大量窝工和资金的过早投入，以及施工队伍之间的相互影响，显然是不合理的。井底车场施工安排原则可以见相关章节。

【案例 2G320030-3】

1. 背景

某矿井为高瓦斯矿井，一施工单位承担了该矿井采区巷道的施工任务，该采区巷道的布置如图 2G320030-3 所示，采区顺槽和开切眼均为煤巷，其他巷道位于煤层底板，均为煤巷。建设单位与施工单位签订了施工合同，合同工期为 12 个月，施工单位确定该采区巷道采用下山法进行施工，编制的施工进度计划如图 2G320030-4 所示。其中，A 为采区回风大巷，B 为采区轨道上山及绞车房，C 为轨道上山下部车场，D 为胶带上山及溜煤眼，E 为采区变电所，F 为轨道顺槽，G 为运输顺槽，H 为工作面开切眼，K 为轨道运输大巷。施工安排为连续不间断作业。

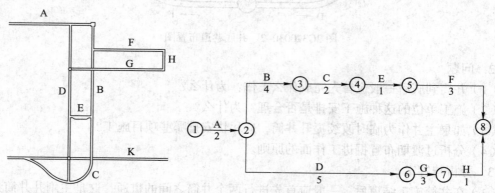

图 2G320030-3   采区巷道布置图   图 2G320030-4   采区巷道施工网络计划

2. 问题

（1）施工单位编制的网络计划计算工期是多少？所编制的网络计划能否满足施工要求？为什么？

（2）采区变电所工程 E 能否调整到胶带上山及溜煤眼工程 D 施工完成后进行？为什么？

（3）施工单位应当如何调整该施工进度计划，方能满足施工要求？

3. 分析与答案

（1）网络计划是否满足施工要求，主要考虑网络计划编制是否满足合同要求的工期，另外还要注意网络计划的编制是否正确。本题根据网络计划的计算可以知道该网络计划的关键线路是 A-B-C-E-F，计算工期是 2＋4＋2＋1＋3 = 12 个月，满足合同工期要求。但是要注意，由于背景中指出，矿井是高瓦斯矿井，根据高瓦斯矿井施工的相关规定，采区煤巷的施工必须在采区形成通风系统后才能进行。要满足这一要求，也就是说采区轨道顺槽 F、运输顺槽 G 和工作面开切眼 H 必须在轨道上山 B 或胶带上山 D 与轨道运输大巷 K 贯通后，才能安排施工。仔细审查施工单位的网络计划，并不满足这一要求，图中没有表示出这一逻辑关系。因此，施工单位编制的网络计划不满足施工要求，虽然计算工期 12 月满足合同要求，但不满足煤巷在通风系统形成后的施工条件，需要增加虚工序。

（2）变电所工程 E 调到运输上山 D 后是合理的，因为 D 有总时差 1 个月，可以用来安排合理变电所工程 E，从而可使轨道顺槽 F 提前施工，F 为关键工序，提前施工可缩短工期，并充分利用好施工队伍。

（3）施工单位可将变电所 E 调到胶带上山 D 后，轨道顺槽 F 调到下部车场 C 后，同时运输顺槽 G 也应安排在变电所 E 后。这样可保证满足施工的相关要求，同时总工期仍为 12 个月。调整情况如图 2G320030-5 所示。

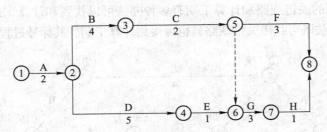

图 2G320030-5　采区巷道施工网络计划

【案例 2G320030-4】

1. 背景

某施工单位承担一矿井井底车场的施工任务，合同工期为 12 个月。施工单位根据该矿井井底车场巷道和硐室的关系，编制了井底车场施工网络进度计划（图 2G320030-6），并组织了 3 个施工队伍进行施工，各施工队伍的施工内容分别为：甲队 A、C、H；乙队 B、E、M、N；丙队 D、G、J。

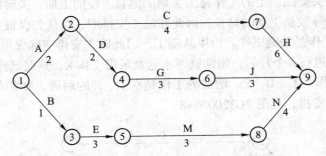

图 2G320030-6　井底车场施工网络进度计划（单位：月）

工程施工进行 3 个月后，施工单位发现井下巷道工作面涌水较大，向建设单位建议在井底车场增加临时水仓及泵房，该工作名称为 K，工期为 2 个月；工作 K 必须安排在工作 D 和 E 都完成后才能开始，并应尽早组织施工。建设单位同意增加设置临时水仓及泵房，但要求施工单位合理安排施工，确保合同工期不变。

施工单位根据建设单位的意见，及时调整了施工安排。由乙队承担临时水仓及泵房工作 K 的施工，安排在工作 D、E 结束后开始，K 完成后再进行工作 M 的施工。该施工安排及时报送给了监理单位，施工单位据此安排还提出了补偿新增工作 K 的费用和延长工程工期的索赔。

2. 问题

（1）确定施工单位编制的原网络进度计划的关键线路和计算工期。施工安排中应优先确保哪个施工队伍的施工？为什么？

（2）增加临时水仓及泵房工作后，按照施工单位的施工安排，该工程的工期将是多少？

（3）监理单位能否同意施工单位的施工安排？为什么？

（4）施工单位应当如何合理安排工作 K 的施工？由此能获得哪些补偿？

3．分析与答案

（1）网络计划的关键线路和计算工期有多种办法可以找到和计算，最常用和快捷的方法是标号法，该方法既可找出关键线路，也可得到计算工期。其标号过程见图 2G320030-7。

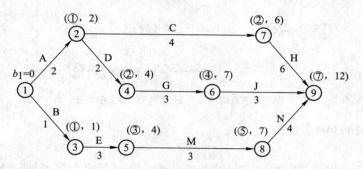

图 2G320030-7　网络进度计划标号过程

由此可得到，施工单位编制的网络进度计划的关键线路为 A → C → H（或 ①→②→⑦→⑨），计算工期为终点节点的标号值，工期是 12 个月。

由于网络计划关键线路上的工作施工工期决定着工程的工期，关键线路上的任何一个工作发生延误都会导致总工期的延长，因此在施工安排中，应优先保证关键线路上工作的施工。A、C、H 工作是关键工作，由甲队施工，因此施工安排应确保甲队的施工。

（2）工程施工进行 3 个月后，增加临时水仓及泵房工作 K，这时已经完成的工作是 A、B，正在进行的工作是 C、D、E，增加的工作是在 D、E 的后面，M 的前面，施工单位由此可得到新的施工安排，见图 2G320030-8。

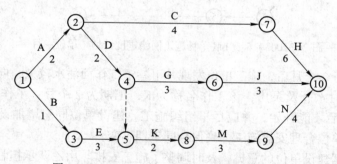

图 2G320030-8　增加工作 K 的网络进度计划

通过分析增加 K 工作后的网络进度计划，该网络的关键线路是 A → D → K → M → N 或 B → E → K → M → N，工程的施工工期将是 13 个月。由于 M、N 工作是乙队施工的，由此需要优先确保乙队的施工。

（3）由于增加 K 工作后的网络进度计划工期为 13 个月，超过了合同工期要求，因此，监理单位不能同意施工单位的施工安排。

（4）监理单位不能同意施工单位的施工安排，施工单位应当另外考虑可行的实施方案，本题中，施工单位还可以有其他方案。考虑到丙队的施工时间比较富余，因此可以安排丙队承担临时水仓及泵房工作 K 的施工任务。在工作 D、E 结束后开始，K 完成后再进行工作 G 的施工，其施工进度安排见图 2G320030-9。这时工期仍然是 12 个月，符合合同工期要求。

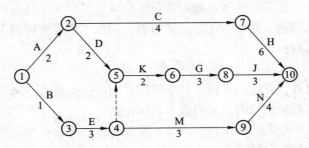

图 2G320030-9　增加工作 K 的其他方案网络进度计划

增加临时水仓及泵房工作 K 不是施工单位自身的原因，是施工单位向建设单位建议的，且已获得建设单位同意，因此施工单位可以获得增加工作 K 的费用补偿。而由于总工期不变，因此无法获得工期补偿。

2G320040　矿业工程施工质量控制及事故处理

2G320041　施工质量控制和质量保障体系

一、施工质量管理体系的概念

质量管理体系是指在质量方面指挥和控制组织的管理体系。矿业工程质量管理体系是将影响工程质量的有关矿业工程技术、管理、人员和资源等因素都综合在一起，在质量方针的指引下，为达到质量目标而互相配合、工作。矿业工程质量管理体系包括硬件和软件两大部分。矿业工程组织在进行质量管理时，首先根据达到质量目标的需要，准备必要的条件，如人员素质、试验、加工、检测设备的能力等资源；然后，通过设置组织机构，分析确定需要开发的各项质量活动（过程），分配、协调各项活动的职责和接口；通过程序的制定给出从事各项质量活动的工作方法，使各项质量活动能经济、有效、协调地进行，从而形成矿业工程质量管理体系。

建立矿业工程质量管理体系的主要依据是：国际标准化组织标准 ISO 9000：2015《质量管理体系　基础和术语》、ISO 9001：2015《质量管理体系　要求》。现行国家标准《质量管理体系　基础和术语》GB/T 19000—2016、《质量管理体系　要求》GB/T 19001—2016。

矿业工程施工阶段质量管理与保障的基本任务是：建立能够稳定施工出合格工程的施工系统，抓好每一环节的质量控制，保证工程质量全面达到或超过质量标准的要求。

二、施工质量管理的内容

1. 工序质量控制

包括施工操作质量和施工技术管理质量。

（1）确定工程质量控制的流程；

（2）主动控制工序活动条件，主要指影响工序质量的因素；

（3）及时检查工序质量，提出对后续工作的要求和措施；

（4）设置工序质量的控制点。

2. 设置质量控制点

对技术要求高、施工难度大的某个工序或环节，设置技术和监理的重点，重点控制操作人员、材料、设备、施工工艺等；针对质量通病或容易产生不合格产品的工序，提前制定有效的措施，重点控制；对于新工艺、新材料、新技术也需要特别引起重视。

3. 工程质量的预控

4. 质量检查

包括操作者的自检，班组内互检，各个工序之间的交接检查；施工员的检查和质检员的巡视检查；监理和政府质检部门的检查。具体包括：

（1）装饰材料、半成品、构配件、设备的质量检查，并检查相应的合格证、质量保证书和试验报告；

（2）分项工程施工前的预检；

（3）施工操作质量检查，隐蔽工程的质量检查；

（4）分项分部工程的质检验收；

（5）单位工程的质检验收；

（6）成品保护质量检查。

5. 成品保护

（1）合理安排施工顺序，避免破坏已有产品；

（2）采用适当的保护措施；

（3）加强成品保护的检查工作。

6. 交工技术资料

主要包括以下的文件：材料和产品出厂合格证或者检验证明，设备维修证明；施工记录；隐蔽工程验收记录；设计变更，技术核定，技术洽商；水、暖、电、声讯、设备的安装记录；质检报告；竣工图，竣工验收表等。

7. 质量事故处理

一般质量事故由总监理工程师组织进行事故分析，并责成有关单位提出解决办法。重大质量事故须报告建设单位、监理主管部门和有关单位，由各方共同解决。

三、矿业工程施工质量保障体系

1. 质量目标与质量计划

依据企业质量方针的要求，制定企业在一定时期内开展质量工作所要达到预期效果——质量目标，并提出实现质量目标的具体质量计划。依据施工图纸、设计文件、国家法律法规、国家技术标准规范、施工企业项目管理规划大纲，结合工程的实际情况和特点，编制工程项目质量计划，编制的质量计划既要有综合计划，又要有分项目、分时期、分部门的具体计划，形成质量计划体系。

2. 建立严格的质量责任制

除需要专门的质量管理机构归口管理工程质量外，企业的其他管理部门及全体员工均对本部门或本职工作负有相关的质量责任，确保企业质量体系的有效运作。

3. 设立专职质量管理机构

专职质量管理机构是经理、处长执行质量管理职能的参谋、助手和办事机构，它协助经理、处长进行日常质量管理工作，组织编制质量计划。公司、工程处设专职机构，施工队（车间）有专管小组，班组有质量管理员。

4. 健全的质量检验制度和手段

健全的质量检验制度，既要求检验工作要从项目开始，即材料、设备订货进场开始，到工序检验、最后的竣工验收的每个过程，也包括专职质量检验部门和人员的例行的检验工作，以及矿山工程施工人员的自行的检验规定。

2G320042　施工质量控制点的内涵及确定

一、工程质量及其控制点的概念

1. 工程质量的概念

工程质量是指满足建设单位需要的，符合国家法律、法规、技术规范标准、设计文件及合同规定的特性综合。对于一般工程质量来讲，其特性表现为适用性、耐久性、隐蔽性、安全性、可靠性、经济性及与环境的协调性，这是由建设工程本身和生产的特点所决定的，并形成工程质量本身的特点。影响工程质量的主要因素是人、材料、施工机械、施工方法和施工环境等。

2. 质量控制点的概念

质量控制点是指为了保证作业过程质量而确定的重点控制对象、关键部位或薄弱环节。设置质量控制点是保证达到施工质量要求的必要前提。对于质量控制点，一般要事先分析可能造成质量问题的原因，再针对原因制定对策和措施进行预控。

作为施工单位，在工程施工前应根据施工过程质量控制的要求，列出质量控制点明细，并详细列出各质量控制点的名称或控制内容、检验标准及方法等，以便在此基础上实施质量控制。

二、质量控制点的选择与控制对象

（一）选择质量控制点的一般原则

1. 施工过程中的关键工序或环节以及隐蔽工程；

2. 施工中的薄弱环节，或质量不稳定工序、部位或对象；

3. 对后续工程施工或对后续工程质量或对安全有重大影响的工序、部位或对象；

4. 采用新材料、新工艺、新技术的部位或环节；

5. 施工上无足够把握的、施工条件困难的、技术难度大的工序或环节。

（二）质量控制点重点控制对象

质量控制点重点控制对象包括：人的行为，物的质量与性能，关键的操作，施工技术参数，施工顺序，施工方法，新工艺、新技术、新材料的应用，产品质量不稳定、不合格率较高及易发生质量通病的工序，易对工程质量产生重大影响的施工方法，以及特种地基或特种结构等。

（三）矿业工程常见施工质量控制点

矿业工程施工包括矿山井巷工程、地面建筑工程以及井上井下安装工程等内容，施工项目多，质量控制面广，施工质量控制点应结合工程实际情况进行确定。常见的井巷工程及矿场地面建筑工程的施工质量控制点设置往往包括下列几方面的主要内容：

1. 工程的关键分部、分项及隐蔽工程

井筒表土、基岩掘砌工程，井壁混凝土浇筑工程，巷道锚杆支护工程，井架、井塔的

基础工程，注浆防水工程等。

2．工程的关键部位

矿井井筒锁口，井壁壁座，井筒与巷道连接处，巷道交岔点，提升机滚筒，提升天轮，地面皮带运输走廊，基坑支撑或拉锚系统等。

3．工程施工的薄弱环节

井壁混凝土防水施工，井壁接槎，巷道锚杆安装，喷射混凝土的厚度控制，地下连续墙的连接，基坑开挖时的防水等。

4．工程关键施工作业

井壁混凝土的浇筑，锚杆支护钻孔，喷射混凝土作业，巷道交岔点迎脸施工，井架的起吊组装，提升机安装等。

5．工程关键质量特性

混凝土的强度，井筒的规格，巷道的方向、坡度，井筒涌水量，基坑防水性能等级等。

6．工程采用新技术、新工艺、新材料的部位或环节

井壁大流态混凝土技术，立井井壁高强度混凝土施工方法，可压缩井壁结构，螺旋矿仓施工工艺，巷道锚注支护工艺，地面建筑屋面防水新技术等。

2G320043 施工质量通病及预防方法

一、矿业工程施工质量通病及其预防

（一）造成质量问题的通常原因

造成施工质量问题的形式虽然有许多，但是造成质量问题的原因都有一些共同的特点：

1．质量意识不高，施工人员对施工质量的重要性认识不足。

2．技术水平因素影响，包括对设计意图认识不足、施工要领不清楚、操作不正确等。

3．施工水平和施工管理水平较差。

4．施工条件复杂，必然会对保证施工质量造成一定的困难。

（二）预防质量通病的基本要求

质量通病是指在施工过程中，经常发生的、普遍存在的一些工程质量问题。质量通病预防的基本要求：

1．思想重视，严格遵守施工规程要求是预防质量问题的关键。

2．注意提前消除可能的事故因素，前续工序要为后续工序创造良好的施工质量条件，后续工序要严格验收前续工序的质量。

3．明确每个工序中的质量关键问题，是技术人员技术素质的重要反映，因此，技术人员要明确保证质量的关键技术和要求，严肃对待。

4．认真进行技术交底，特别是质量的关键内容，要使操作人员明确操作过程的重点、要点，提高操作人员的技术水平。

5．对可能出现的紧急情况要有应急措施和应急准备，随时注意施工条件的变化，及时正确应对。

二、矿业工程施工中的一些常见质量通病问题

（一）质量意识不够引起的质量问题

1．为了赶进度，在混凝土没有达到足够的强度时，要求拆模进入下道工序，如，冻

结施工中冻结时间不够，冻土还没有达到足够强度时就要求开挖施工，引起严重塌方事故。

2. 施工方法对井巷施工质量有重要影响。在岩石巷道掘进施工中，往往有为了缩短钻眼时间，减少（周边）炮眼数量，多装药，以期获得多"进尺"的效果。不重视光面爆破的施工措施，结果不仅造成巷道成形差、影响喷混凝土后续工序的质量，而且严重破坏了围岩，使巷道稳定发生困难，需要反复长期维护。

3. 轻视、疏忽隐蔽工程的质量。隐蔽工程的质量影响往往不是直接表现的，加之有后续工程掩盖、补救，检查又相对比较困难，因此施工时就相对比较随便，缺乏对保证隐蔽工程质量的自觉性，例如，井巷工程的衬砌支护中常常有因为壁后充填不充分，使支护结构受力不合理而提前失效、破坏的情况。

（二）施工方案或设计失误的影响

1. 施工方案是影响施工质量的重要因素，这在井巷施工中尤为突出。当前，井筒施工一般采用"打干井"的办法，就是在施工井筒前通过预注浆的方法堵水，大大提高了施工效果。立井施工在涌水量大时，井筒内的工作条件相当恶劣，空间小、工序变多，掘进困难，混凝土浇筑的井壁质量难以得到保证。对于不稳定表土层施工，规范要求编制专门措施，或采用特殊施工方法。现在对于通过不稳定的深厚表土层的井筒施工，采用冻结法等特殊施工方法，几乎是唯一的可能选择。

2. 基坑设计的支撑结构的安全度不够，包括因为设计方法本身的缺陷，对设计方法的认识不足，对工程地质与水文地质资料掌握不充分，不正确地引用了设计方法或设计参数。因此，在当今地质资料还不能都满足施工的准确精细要求的条件下，施工与工程设计人员实地考察，掌握第一手现场工程地质与水文资料，对于正确确定基坑支护措施是非常重要的基础。

（三）施工措施或操作不当引起质量问题

1. 可能由于对工程地质与水文地质情况认识不清，或是经验不足出现决策错误，或因为重视程度不够，致使施工措施导致的失误。例如，一次基坑的开挖深度过大与支护不及时；大范围施工引起土与地下水的扰动而危及周围建筑结构物；在没有采取降水措施的地下水位下施工基坑土钉支护等。

2. 基坑施工中没有注意避免对原状土的扰动，从而因为不正确的施工行为使土体强度等性质受到严重损失，并且对其影响认识不足，因疏忽而导致严重后果。例如，由于赶工而超挖、又没有及时覆盖导致保护层破坏；由于打桩，使淤泥等高含水土层形成超静空隙压，以及支撑的过大变形、疏忽雨期影响等，都会使原来设计的支撑结构能力大大削弱。

3. 混凝土浇筑中经常出现蜂窝、麻面的质量问题。这和混凝土施工浇捣不充分、没有严格执行分层振捣或振捣操作不正确等有关。

4. 因为对施工要领认识不够，没有了解锚杆支护作用除要靠其锚固力之外，还必须要靠托盘挤实围岩，因此在锚杆施工中不注意托盘密贴岩帮的要求，使锚杆形同虚设。现在的成功事实证明，有较高的托盘预紧力，对锚杆支护效果会起到重要作用。

（四）对质量控制的投入不足

对质量控制的投入不足表现是多方面的，或是通过省料、省工减少资金投入，或是对控制质量的措施不落实，认为与施工没有直接关系，或是疏忽施工质量又不进行或缺少必要的施工监测。例如，因为锚杆或土钉的粘结力普遍不足，或者因锚杆与喷层脱节使锚杆拔出；桩的插入深度或强度、尺寸不够，桩的偏斜造成分段施工的桩身搭接出现较大的误差；止水帷幕失效或防水效果差致使渗漏、透水而形成坑壁坍塌等。这些事故的实例都与施工不认真有密切关系。

2G320044 施工质量事故及其处理

一、质量事故的分类

住房和城乡建设部在《关于做好房屋建筑和市政基础设施工程质量事故报告和调查处理工作的通知》（建质〔2010〕111 号文）中规定，建设工程质量事故，是指由于建设、勘察、设计、施工、监理等单位违反工程质量有关法律法规和工程建设标准，使工程产生结构安全、重要使用功能等方面的质量缺陷，造成人身伤亡或者重大经济损失的事故。

工程质量事故分为 4 个等级：特别重大事故，重大事故，较大事故和一般事故。各等级的划分与《生产安全事故报告和调查处理条例》中的等级划分基本一致。只是对于工程质量一般事故中的直接经济损失部分给出了其下限，即直接经济损失在 100 万元以上1000 万元以下的范围。

二、质量事故的处理规定

按照《建设工程质量管理条例》（国务院令第 279 号）的规定，建设工程发生质量事故，有关单位应在 24h 内向当地建设行政主管部门和其他有关部门报告。对重大质量事故，事故发生地的建设行政主管部门和其他有关部门应当按照事故类别和等级向当地人民政府和上级建设行政主管部门和其他有关部门报告。特别重大质量事故的调查程序应按照国务院有关规定办理。发生重大工程质量事故隐瞒不报、谎报或者拖延报告期限的，对直接负责的主管人员和其他责任人员依法给予行政处分。

质量事故发生后，事故发生单位和事故发生地的建设行政主管部门，应严格保护事故现场，采取有效措施防止事故扩大。

质量事故发生后，应进行调查分析，查找原因，吸取教训。分析的基本步骤和要求是：

1. 通过详细的调查，查明事故发生的经过，分析产生事故的原因，如人、机械设备、材料、方法和工艺、环境等。经过认真、客观、全面、细致、准确的分析，确定事故的性质和责任。

2. 在分析事故原因时，应根据调查所确认的事实，从直接原因入手，逐步深入到间接原因。

3. 确定事故的性质。事故的性质通常分为责任事故和非责任事故。

4. 根据事故发生的原因，明确防止发生类似事故的具体措施，并应定人、定时间、定标准，完成措施的全部内容。

三、质量事故的处理程序

工程质量事故发生后，一般可按照下列程序进行处理：

1. 当发现工程出现质量缺陷或事故后，监理工程师或质量管理部门首先应以"质量通知单"的形式通知施工单位，并要求停止有质量缺陷部位和预期有关联部位及下道工序施工，需要时还应要求施工单位采取防护措施。同时，要及时上报主管部门。当施工单位自己发现发生质量事故时，要立即停止有关部位施工，立即报告监理工程师（建设单位）和质量管理部门。

2. 施工单位接到质量通知单后在监理工程师的组织与参与下，尽快进行质量事故的调查，编写质量事故报告。事故情况调查是事故原因分析的基础，调查必须全面、详细、客观、准确。

3. 在事故调查的基础上进行事故原因分析，正确判断事故原因。事故原因分析是事故处理措施方案的基础，监理工程师应组织设计、施工、建设单位等各方参加事故原因分析。

4. 在事故原因分析的基础上，研究制定事故处理方案。

5. 确定处理方案后，由监理工程师指令施工单位按既定的处理方案实施对质量缺陷的处理。

6. 在质量缺陷处理完毕后，监理工程师应组织有关人员对处理的结果进行严格的检查、鉴定和验收，写出"质量事故处理报告"，提交建设单位，并上报有关主管部门。

【案例 2G320040-1】

1. 背景

某施工单位承担了一巷道的掘进工作，该巷道断面 18m², 围岩为中等稳定的粉砂岩，工作面涌水较少，低瓦斯，施工组织设计采用钻眼爆破法施工，多台气腿式凿岩机打眼，炮眼深度 2.0m。施工中，为提高掘进循环进尺，钻眼爆破采取了加深炮眼深度、增加装药量、减少炮眼总数的技术措施，以节约工作面的钻眼爆破工序时间，达到缩短整个循环时间来提高施工速度。实际执行的效果并不理想，没有取得预期的效果。

2. 问题

（1）施工单位加深炮眼深度对提高进尺是否有帮助？

（2）增加装药量进行爆破有何危害？

（3）根据施工单位所采取的技术措施，讨论其将对工程质量产生的不良影响。

（4）应当如何安排施工，才能更加有效地提高巷道掘进进尺？

3. 分析与答案

巷道施工爆破是掘进的重要环节，而且对整个工程施工速度和质量影响较大，应当全面考虑，方可取得较好的效果。爆破工作作为掘进施工质量的控制要点，和爆破本身的质量（断面、巷道稳定及其寿命等）有重要关系，从质量控制方面应当予以重视。

（1）施工单位加深炮眼深度对提高进尺没有明显的作用，主要是本巷道采用多台气腿式凿岩机打眼，其合理的凿岩深度在 2.0m 以内，继续加大眼深不能有效地提高凿岩速度，反而会使打眼时间加长，不利于缩短循环时间。

（2）增加装药量可提高爆破进尺，但会增加装药消耗。另外过量装药会造成超挖，对围岩造成震动，不利于支护。

（3）施工单位单一追求进度而采用加深炮眼深度、增加装药量、减少炮眼总数的办法实施爆破，不仅不能达到预期的效果，反而会给后续工序带来施工困难和一些不利的影响。特别是增加装药量和减少炮眼数目，将无法保证光面爆破的效果，并使围岩受震动而破坏，导致支护质量下降，装岩机装载效率降低，实际虽有可能提高一次爆破的进尺，但不能缩短总的循环时间，同时支护质量下降，总体质量达不到要求。

（4）应当优化施工参数，采用先进的施工设备，或者组织钻眼和装岩平行作业，也可选用高效率的钻眼设备和装岩设备，以缩短循环时间，加快施工速度。当然，进一步缩短其他辅助工作的时间，也能有效提高掘进进尺。

【案例 2G320040-2】

1. 背景

某工业厂房工程采用地梁基础，按照已审批的施工方案组织实施。在第一区域施工过程中，材料已送检。为了在停电（季度）检查保养系统电路之前完成第一区域基础的施工，施工单位负责人未经监理许可，在材料送检还没有得到检验结果时，擅自决定进行混凝土施工。待地梁混凝土浇筑完毕后，发现水泥试验报告中某些检验项目质量不合格。造成该分部工程返工拆除重做，工期延误 16d，经济损失达 20000 元，并造成一定的信誉影响。

2. 问题

（1）施工单位未经监理工程师许可即进行混凝土的浇筑施工，该做法是否正确？如果不正确，正确做法是什么？

（2）为了保证该工业厂房工程质量达到设计和规范要求，施工单位应该对进场原材料如何进行质量控制？

（3）试阐述材料质量控制的要点是什么？

（4）材料质量控制的主要内容有哪些？

（5）如何处理该质量不合格项？

3. 分析与答案

工程施工应严格按照施工程序进行，一旦施工质量出现问题，相关单位必须承担相应的责任。

（1）施工单位未经监理工程师许可即进行地梁基础的混凝土浇筑的做法是完全错误的。正确的做法是：施工单位在水泥运进场之前，应向监理单位提交《工程材料报审表》，并附上该水泥的出厂合格证及相关的技术说明书，同时按规定将此批号的水泥检验报告亦附上，经监理工程师审查并确定其质量合格后，方可进入现场。

（2）材料质量控制的主要方法：严格检查验收，建立管理台账，进行收、发、储、运等环节的技术管理；正确合理地使用，避免混料和将不合格的材料使用到工程上去，要使其形成闭环管理，具有可追溯性。

（3）进入现场材料控制要点：

1）掌握材料信息，优选供货厂家。建立长期的信誉好、质量稳定、服务周到的供货商。

2）合理组织材料供应，从经过专家评审通过的合格材料供应商中购货，按计划确保施工正常进行。

3）科学合理地进行材料使用，减少材料的浪费和损失。

4）要注重材料的使用认证及辨识，以防止错误或使用不合格的材料。

5）加强材料的检查和验收，严把材料入场的质量关。

6）加强现场材料的使用管理。

（4）主要内容有：材料的质量标准；材料的取样；材料的性能；试验方法；材料的使

用范围和施工要求。

（5）如果是重要的检验项目不合格，会影响到工程的结构安全，则应推倒重来，拆除重做。即使经济上受到一些损失，但工程不会再出现问题。且这种对工程认真负责的态度也会得到建设单位的肯定，在质量问题上会更信任我们的施工单位；如果不是重要的检验项目质量不合格，且不会影响到工程的结构安全，可进行必要的工程修复达到合格，满足使用要求。

【案例 2G320040-3】

1. 背景

某施工单位的两个施工队分别施工石门两侧东、西大巷，工程进度要求基本一致。两大巷地质条件相仿，地压情况基本相同，均采用相同设计的锚喷网支护。施工 4 个月后对比抽查两巷道质量检验记录发现，两巷道施工的锚杆数量、锚固力、间排距、布置方向以及喷射混凝土强度、厚度等检查内容均合格。但直观检查发现，西大巷有严重变形，喷射混凝土离层剥落，锚杆托板松动约一半（部分在工作面附近位置），且喷层普遍不平整等现象。用 1m 靠尺测量，最大凹凸量达 320mm。现怀疑锚杆锚固力不足，各抽查检验了 20 根锚杆锚固力，测得结果见表 2G320040-1。

锚杆锚固力检测结果   表 2G320040-1

统计组数							锚固力（kN）			
锚固力（kN）	≤69.9	70~73.9	74~77.9	78~81.9	82~85.9	86~90.9	≥91	最小值	最大值	平均值	标准差
分组排序	1	2	3	4	5	6	7				
西大巷	1	4	3	4	2	4	2	68	104	83	6
东大巷	0	0	3	6	8	2	1	74	90	82	2

2. 问题

（1）根据直观检查结果，指出西大巷施工质量不符合施工质量验收要求的具体内容。

（2）根据表中数据，做出东、西两大巷锚杆锚固力试验结果的直方图。

（3）计算两队锚固力施工的工序能力指标。

（4）根据直方图或工序能力指标，比较两施工队施工能力的差异，说明西大巷施工队锚杆施工技术能力存在的问题（至少两项）。

（5）根据前面讨论，指出西大巷施工质量的问题及其对巷道严重变形的影响。

3. 分析

（1）基本项目的托板安装不合格，允许偏差项目的表面平整度超出界限（50mm）要求。巷道有严重变形，且非地压因素造成。光爆不好，巷道表面严重凹凸不平。

（2）图 2G320040 为东、西大巷锚杆锚固力试验结果的直方图。

（3）两队锚固力施工的工序能力指标：西大巷 $C_p = 1$，东大巷 $C_p = 33$。

（4）西大巷施工队锚杆施工技术能力存在的问题有：

西大巷锚固力施工的工序能力指数低于东大巷（或答：西大巷的标准差大于东大巷），因此东大巷工序能力强于西大巷。

工序能力低说明该队施工操作技术水平不稳定，操作水平差异大，操作不规范。

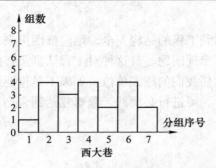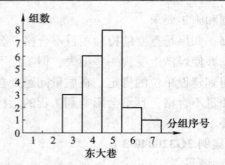

图 2G320040   东、西大巷锚杆锚固力试验结果直方图

（5）西大巷施工质量的问题及其对巷道严重变形的影响有：

1）光爆不好，造成爆破使围岩过大破坏；

2）锚杆的锚固力不稳定，表示锚杆支护能力不稳定；

3）托板安装不合格，锚杆不能发挥其支护能力；

4）喷层脱离，失去其封闭和支撑作用。

【案例 2G320040-4】

1. 背景

某矿建公司承接了一个立井井筒工程项目。在井筒施工准备期间，项目经理发现其整体液压模板圆度不够，最小直径刚好和井筒直径一致，而最大直径则比井筒直径大120mm。项目经理汇报后，经过现场整形，模板没有再次验收就投入使用。在井筒施工开始后，由于施工准备不充分，没有试模，一直到井筒施工 80m 后，才开始预留混凝土试块。在井筒施工到 200m 深度时，井筒上部淋水逐渐增大，且工作面及岩帮涌水也增大，项目部在没有采取措施的情况下继续浇筑混凝土施工。在浇筑混凝土过程中，由于不对称浇筑造成跑模事故，使井筒局部半径小于设计半径，经处理后达到合格，但脱模后蜂窝麻面现象严重，许多地方因漏振产生了大量的空洞且局部有露筋现象。继续施工 50m 后，发现上部淋水突然增大，经检查发现井筒深度 200m 处井筒开裂。经测定，混凝土强度没有达到设计要求。

2. 问题

（1）什么是质量通病？

（2）质量通病预防的原则是什么？质量控制的对策有哪些？

（3）本案例中的质量通病有哪些？针对本案例中出现的具体质量通病，应该采取哪些预防措施？分别叙述。

3. 分析与答案

矿山工程施工中质量通病随施工对象而不同，应分别对待，进行预防和控制。

（1）质量通病是指在施工过程中，经常发生的、普遍存在的一些工程质量问题。

（2）质量通病的预防原则是坚持过程控制，坚持用 PDCA 循环的思想来持续改进。质量控制的对策主要有：

1）以人的工作质量确保工程质量；

2）严格控制投入品的质量；

3）全面控制施工过程，重点控制工序质量；

4）严把分项工程质量检验评定关；

5）贯彻"预防为主"的方针；

6）严防系统性因素的质量变异。

（3）本案例中的质量通病及预防措施见表 2G320040-2。

质量通病及预防措施　　　　　　　　表 2G320040-2

序号	质量通病	预防措施
1	模板质量问题	对模板进行验收合格后再投入使用
2	混凝土试块预留不及时	做好施工准备，及时预留混凝土试块并及时试验
3	模板没有刷隔离剂	安排专人负责刷隔离剂
4	混凝土浇筑时有水进入	对井壁淋水采取用截水槽的办法、对岩帮涌水采取疏导的办法，严格控制淋水涌水进入混凝土中
5	混凝土没有对称分层浇筑	分层对称浇筑
6	混凝土振捣不规范	严格按照要求分层振捣密实

【案例 2G320040-5】

1．背景

某施工单位施工一主斜井。斜井的倾角22°，斜长1306m。根据地质资料分析，井筒在747m处将遇煤层，施工单位提前编制了穿过煤层的技术措施，经设计单位同意将该段支护改为锚喷网与支架联合支护，其中支架采用20号槽钢，间距为0.6m。施工中，掘进队队长发现煤层较完整，就未安装支架，仅采用锚喷网支护，并将施工中的混凝土回弹料复用，快速通过了该地段。第2天，技术人员检查发现过煤层段的支护有喷层开裂现象，并及时进行了汇报。经现场勘察分析后，施工技术负责人向掘进队下达了补设槽钢支架的通知单，间距为1.0~1.2m。实际施工中支架棚腿未能生根到巷道的实底中。工作面继续向前推进约25m后，该地段发生了顶板冒落事故，造成正在该地段进行风水管路回收的副班长被埋而死亡。

2．问题

（1）该斜井过煤层段混凝土喷层开裂的原因是什么？

（2）该事故发生的主要原因是什么？具体表现在哪几方面？

（3）该事故的责任应由哪些人承担？

（4）该事故应按怎样的程序进行处理？

3．分析与答案

（1）混凝土喷层开裂的原因是：围岩压力大，煤层自身强度低；混凝土喷层施工质量不符合要求。

（2）该事故发生的主要原因是：没有按技术措施进行操作；施工质量不符合要求，安全管理不严。

具体表现为：施工队随意修改支护参数；支架未落实底，不符合规定；施工质量管理不到位。

（3）该事故的责任应由：施工技术负责人、棚式支架安装人员、质检人员和监理人员承担。

（4）程序为：迅速抢救伤员，保护事故现场；组织调查组；进行现场勘察；分析事故原因，确定事故性质；写出事故调查报告；事故的审理和结案。

2G320050   矿业工程施工质量的检验与验收

2G320051   矿业工程施工质量检验验收的基本要求

一、质量检验验收对象的划分

根据《建筑工程施工质量验收统一标准》GB 50300—2013，检验批是按相同的生产条件或按规定的方式汇总起来供抽样检验用的，由一定数量样本组成的检验体。检验批是工程验收的最小单位，是更大的检验批以及分项工程乃至整个工程质量验收的基础。

《建筑工程施工质量验收统一标准》GB 50300—2013 规定，各分项工程可根据与施工方式一致且便于控制施工质量的原则，按工作班、结构关系或施工段划分为若干检验批；或者按照分项工程中的施工循环、质量控制或专业验收需要等原则来划分。

露天煤矿、有色金属等矿山工程质量验收规范规定，分项工程可以由一个或若干工序检验批组成。检验批可根据施工及质量控制和验收的实际需要划分，如露天煤矿边坡治理中的注浆加固分项工程可以将每个注浆孔的施工质量作为一个检验批的验收内容。

煤矿井巷工程检验验收不设检验批的内容，最小验收单位是分项工程。

1. 矿业工程项目检验验收过程分为单位（子单位）工程检验、分部（子分部）工程检验、分项工程检验、检验批检验。

2. 矿业工程施工中有建筑规模较大的单位工程时，可将其具有独立施工条件或能形成独立使用功能的部分作为一个子单位工程。

3. 当分部工程较大或较复杂、工期较长时，可按材料种类、施工特点、施工程序、专业系统即类别等划分为若干个子分部工程。

4. 分项工程应按主要施工工序、工种、材料、施工工艺、设备类别等进行划分，可以由一个或若干个检验批组成。

5. 检验批可根据施工及质量控制和专业验收需要按施工段等进行划分。检验批不宜划分太多。

二、质量检验批的检验要求

（一）实物检查内容

1. 对原材料、构配件和器具等产品的进场复验，应按进场的批次和产品的抽样检验方案执行；

2. 对混凝土强度、预制构件结构性能等，应按国家现行有关标准和规范规定的抽样检验方案执行；

3. 对规范中采用计数检验的项目，应按抽查总点数的合格率进行检查。

（二）资料检查

包括原材料、构配件和器具等的产品合格证（中文质量合格证明文件、规格、型号及性能检测报告等）及进场复验报告、施工过程中重要工序的自检和交接检记录、抽样检验报告、见证检测报告、隐蔽工程验收记录等。

三、工程施工质量检验验收的程序和组织

（一）检验批及分项工程的验收程序与组织

检验批由专业监理工程师组织项目专业质量检验员等进行验收，分项工程由专业监理工程师组织项目专业技术负责人等进行验收。

检验批和分项工程是建筑工程质量的基础，因此，所有检验批和分项工程均应由监理工程师或建设单位技术负责人组织验收。验收前，施工单位先填好"检验批和分项工程的质量验收记录"（有关监理记录和结论不填），并由项目专业质量检验员和项目专业技术负责人分别在检验批和分项工程质量检验中相关栏目签字，然后由监理工程师组织，严格按规定程序进行验收。

（二）分部工程验收程序与组织

分部工程应由总监理工程师（建设单位项目负责人）组织施工单位项目负责人和项目技术、质量负责人等进行验收。

（三）单位工程的验收程序及组织

1. 竣工初验收程序

当建设工程达到竣工条件后，施工单位应在自查、自评工程完成后填写工程竣工报验单，并将全部竣工资料报送项目监理机构，申请竣工验收。经项目监理机构对竣工资料及实物全面检查、验收合格后，由监理工程师签署工程竣工报验单，并向建设单位提出质量评估报告。

2. 正式验收

建设单位收到工程验收报告后，应由建设单位负责人组织施工（含分包单位）、设计、监理等单位负责人进行单位工程验收。单位工程由分包单位施工时，分包单位对所承包的工程项目应按规定的程序检查评定，总包单位应派人员参加，分包工程完成后，应将工程有关资料交总包单位，建设单位验收合格，方可交付使用。

四、矿业工程质量检验与验收的依据

（一）国家质量管理条例

《建设工程质量管理条例》（国务院令第 279 号）2000 年 1 月，国务院发布。

（二）有关建设工程统一要求

1.《建筑工程施工质量验收统一标准》GB 50300—2013。

2.《建设工程项目管理规范》GB/T 50326—2017。

（三）矿山工程质量检验与验收主要依据

1.《煤矿井巷工程施工规范》GB 50511—2010。

2.《煤矿井巷工程质量验收规范》GB 50213—2010。

3.《岩土锚杆与喷射混凝土支护工程技术规范》GB 50086—2015。

4.《煤矿巷道锚杆支护技术规范》GB/T 35056—2018。

5.《露天煤矿工程施工规范》GB 50968—2014。

6.《露天煤矿工程质量验收规范》GB 50175—2014。

7.《矿山立井冻结法施工及质量验收标准》GB/T 51277—2018。

8.《煤矿设备安装工程施工规范》GB 51062—2014。

9.《煤矿设备安装工程质量验收规范》GB 50946—2013。

10.《有色金属矿山井巷工程施工规范》GB 50653—2011。

11.《有色金属矿山井巷工程质量验收规范》GB 51036—2014。

12.《有色金属矿山井巷安装工程施工规范》GB 50641—2010。

13.《有色金属矿山井巷安装工程质量验收规范》GB 50961—2014。

14.《建材矿山工程施工及验收规范》GB 50842—2013。

15.《尾矿设施施工及验收规范》GB 50864—2013。

（四）建筑工程施工质量与验收主要依据

1.《混凝土质量控制标准》GB 50164—2011。

2.《混凝土强度检验评定标准》GB/T 50107—2010。

3.《混凝土结构工程施工规范》GB 50666—2011。

4.《混凝土结构工程施工质量验收规范》GB 50204—2015。

5.《砌体结构工程施工规范》GB 50924—2014。

6.《砌体结构工程施工质量验收规范》GB 50203—2011。

7.《钢结构工程施工规范》GB 50755—2012。

8.《钢结构工程施工质量验收标准》GB 50205—2020。

9.《地下工程防水技术规范》GB 50108—2008。

10.《地下防水工程施工质量验收规范》GB 50208—2011。

11.《建筑地基基础工程施工规范》GB 51004—2015。

12.《建筑地基基础工程施工质量验收标准》GB 50202—2018。

2G320052   施工质量检测检验方法

一、矿业工程质量检验类型与方法

（一）矿业工程质量检验的类型

根据所采用的质量检验方法，矿业工程质量检验可分为四个类型：抽查、全检、合格证检查、抽样验收检查。抽样验收检查的理论依据是概率论和数理统计，其科学性、可靠性均较强，采用控制的费用较低，是一种比较理想的控制方法，在矿业工程项目质量检验中应优先使用。

（二）矿业工程质量抽样检验方案

样本容量及判别方法的确定就属于抽样检验方案的问题。矿业工程质量抽验检验方案一般有两种类型，计数型抽检方案和计量型抽检方案。

1. 计数型抽检方案是从待检对象中抽取若干个"单位产品"组成样本，按检验结果将单位产品分为合格品或不合格品，或者计算单位产品的缺陷数，用计数制作为产品批的合格判断标准。计数方案的要点是确定样本容量 n 和合格判别界限 c。通常用（n，c）表示一个计数抽检方案。

2. 计量型抽检方案是用计量值作为产品批质量判别标准的抽检方案。该类方案的要点是确定样本容量 n、验收函数 y 和验收界限 k。

二、矿业工程项目质量检验的实施

（一）项目实施过程中的质量检验

1. 项目实施阶段的质量检验

在项目实施阶段，通过制定质量检验计划、建立质量检验制度、合理确定质量检验周期、严格实施质量检验计划等环节加以实现。

（1）制定质量检验计划。质量检验计划应就项目质量、单项工程质量、单位工程质量、分部分项工程质量、工序质量、单项质量指标等分别制定。主要内容包括：检验内容、检验手段、检验方法、抽检方案、质量标准、应记录的书籍、应使用的表格、应准备的报告、不合格品的处理方法、责任者、实施步骤等。

（2）建立质量检验制度。结合矿业工程项目特点，建立有效的合格控制制度。例如，三检制和三自检验制度就是一种有效的质量检验制度，如表2G320052所示。

三检制与三自检验制内容 表 2G320052

三检制		三自检验制	
自检	对照工艺，自我把关	自检	判断合格与否
互检	同工序及上下工序交接检	自分	合格品、不合格品分别放
专检	进料、半成品、成品检验	自做标记	自盖工号、自做标记

（3）合理确定质量检验周期。质量检验周期是指质量检验所间隔的时间。质量检验周期根据项目性质、内容等具体情况确定。

（4）严格实施。对质量检验计划、制度的严格执行，并定期对检验效果加以评价。

2. 项目收尾阶段的质量检验

项目收尾阶段的质量检验主要工作是项目验收。

（二）重要分项工程的施工质量检测

1. 混凝土工程施工质量检测

混凝土质量评价的主要内容是其强度指标。混凝土强度检测的基本方法是在现场预制试块，进行强度试验，并对强度进行评定。

井巷支护工程混凝土强度的检验可以从结构中钻取混凝土芯样，或用非破损检验方法进行检查，非破损检验方法包括回弹法、超声脉冲法、超声回弹综合法等。

2. 锚杆（锚索）工程施工质量检测

锚杆（锚索）工程质量检测包括锚杆（锚索）抗拔力检测、锚杆安装质量检测。

锚杆（锚索）抗拔力检测：锚杆抗拔力指其抵抗从岩体中拔出的能力。抗拔力是锚杆检测的重要内容。检测锚杆抗拔力的常规方法是用锚杆拉力计或扭力矩扳手进行拉力试验。

锚杆安装质量检测：锚杆安装质量包括锚杆托板安装质量、锚杆间距、锚杆孔的深度、角度、锚杆外露长度等方面的质量。

3. 喷射混凝土工程施工质量检测方法

喷射混凝土强度检测与普通混凝土的检测方法相同，主要是进行强度试验，并对强度进行评定。喷射混凝土强度检测试件的制作方法包括钻取法、喷大板试验法以及凿方切割法。除上述检测方法外，还可采用前述无损检测法。

喷射混凝土厚度检测方法：常用的有钎探法、打孔测量或取芯法检测。

喷射混凝土工程规格尺寸检测方法：目前用于工程断面规格尺寸检测的方法主要有挂线测量法、激光测距法、超声波测距法等。

观感质量检测方法：观感质量检测包括喷射混凝土有无漏喷、离鼓现象；有无仍在扩展或危及使用安全的裂缝；漏水量；钢筋网有无外露；成型、断面轮廓符合设计要求，做到墙直、拱平滑；喷射混凝土表面平整密实，用 1m 的靠尺和塞尺量测，测点 $1m^2$ 范围内凹凸不得大于 50mm。

2G320053　工程材料质量要求

一、工程材料的质量控制要点

（一）控制材料来源

掌握供货单位材料质量、价格、供货能力等方面的消息，选择好的供货单位。

（二）加强材料的质量检验

一般来说，原材料的质量检验要把住三关：

1. 入库（场）检验关。

2. 定期检验关。为避免原材料在库存期间有可能出现变质等问题，应进行的定期检查。

3. 使用前检验关。

（三）合理选择和使用（保管）材料

注意不同性质水泥的选用，不同性质材料不混用，过期材料不用；对新工艺、新材料、新技术应预先进行模拟试验，熟练基本操作。

（四）重视材料的使用认证

注意材料的质量标准、使用范围及施工要求，做好材料核对和认证。新材料的使用必须通过试验和鉴定；代用材料必须通过充分论证，保证符合工程要求。

二、工程材料的质量检验

（一）材料质量检验方法

材料质量检验的方法有：书面检验、外观检验、理化检验和无损检验四种。

（二）材料质量检验程度

材料质量检验程度指对材料进行检验的要求程度。根据材料信息和保证资料的具体情况，质量检验程度可分为免检、抽样检验和全数检验三种。

（三）材料质量检验项目

1. 水泥

水泥的检验项目应包括凝结时间、安定性、胶砂强度、氧化镁和氯离子含量，碱含量低于 0.6% 的水泥还包括碱含量，中、低热硅酸盐水泥或低热矿渣硅酸盐水泥还包括水化热。

2. 钢材

钢材主要有热轧钢筋、冷拉钢筋、型钢等。钢材的品种、规格、性能等都需要符合国家现行产品标准与设计要求，进口钢材的产品质量也需要符合设计与合同规定标准的要求。

3. 木材

木材的检验项目有含水率，还有顺纹抗压、抗拉、抗弯、抗剪强度等。

4. 天然石材

天然石材的检验项目有表面密度、空隙率、抗压强度以及抗冻性能等。

5. 混凝土用粗骨料、细骨料

粗骨料的检验项目包括颗粒级配、针片状颗粒含量、含泥量、泥块含量、压碎指标和坚固性；用于高强混凝土的粗骨料还包括岩石抗压强度。

细骨料的检验项目包括颗粒级配、细度模数、含泥量、泥块含量、坚固性、氯离子含量和有害物质含量；海砂检验项目还应包括贝壳含量；人工砂检验项目还包括石粉含量和压碎值指标，人工砂检验项目可不包括氯离子含量和有害物质含量。

6. 混凝土

混凝土的检验项目包括坍落度或工作度、表观密度、抗压强度，以及抗折强度、抗弯强度、抗冻、抗渗、干缩等。

7. 保温材料

保温材料检验项目包括表观密度、含水率、导热系数，以及抗折、抗压强度等。

8. 耐火材料

耐火材料的检验项目包括表观密度、耐火度、抗压强度，以及吸水率、重烧线收缩、荷重软化温度等。

2G320054　混凝土与砌体结构的质量要求及验收

一、混凝土工程的质量要求及验收内容

混凝土结构子分部工程可划分为模板、钢筋、预应力、混凝土、现浇结构和装配式结构等分项工程。各分项工程可根据与生产和施工方式相一致且便于控制施工质量的原则，按进场批次、工作班、楼层、结构缝或施工段划分为若干检验批。

（一）模板工程

1. 模板及支架应根据安装、使用和拆除工况进行设计，并应满足承载力、刚度和整体稳固性要求。

2. 模板及支架用材料的技术指标应符合国家现行有关标准的规定。进场时应抽样检验模板和支架材料的外观、规格和尺寸。

3. 现浇混凝土结构模板及支架的安装质量，应符合国家现行有关标准的规定和施工方案的要求。后浇带处的模板及支架应独立设置。

4. 支架竖杆和竖向模板安装在土层上时，应符合下列规定：土层应坚实、平整，其承载力或密实度应符合施工方案的要求；应有防水、排水措施；对冻胀性土，应有预防冻融措施；支架竖杆下应有底座或垫板。

（二）钢筋工程

1. 浇筑混凝土之前，应进行钢筋隐蔽工程验收，其主要内容包括：

（1）纵向受力钢筋的牌号、规格、数量、位置；

（2）钢筋的连接方式、接头位置、接头质量、接头面积百分率、搭接长度、锚固方式及锚固长度；

（3）箍筋、横向钢筋的牌号、规格、数量、间距、位置，箍筋弯钩的弯折角度及平直段长度；

（4）预埋件的规格、数量和位置。

2．钢筋进场时，应按国家现行标准的规定抽取试件做屈服强度、抗拉强度、伸长率、弯曲性能和重量偏差检验，检验结果应符合相应标准的规定。

3．钢筋弯折的弯弧内直径应符合规定。纵向受力钢筋的弯折后平直段长度应符合设计要求。箍筋、拉筋的末端应按设计要求作弯钩，并应符合规定。盘卷钢筋调直后应进行力学性能和重量偏差检验，其强度应符合国家现行有关标准的规定，其断后伸长率、重量偏差应符合规定。钢筋加工的形状、尺寸应符合设计要求。

4．钢筋的连接方式应符合设计要求。钢筋采用机械连接或焊接连接时，钢筋机械连接接头、焊接接头的力学性能、弯曲性能应符合国家现行有关标准的规定。接头试件应从工程实体中截取。螺纹采用机械连接时，螺纹接头应检验拧紧扭矩值，挤压接头应测量压痕直径，检验结果应符合现行行业标准的相关规定。

5．钢筋安装时，受力钢筋的牌号、规格和数量必须符合设计要求。钢筋应安装牢固。受力钢筋的安装位置、锚固方式应符合设计要求。当钢筋的品种、级别或规格需作变更时，应办理设计变更文件。

（三）混凝土工程

1．混凝土强度应按现行国家标准的规定分批检验评定。划入同一检验批的混凝土，其施工持续时间不宜超过 3 个月。检验评定混凝土强度时，应采用 28d 或设计规定龄期的标准养护试件。当混凝土试件强度评定不合格时，应委托具有资质的检测机构按国家现行有关标准的规定对结构构件中的混凝土强度进行推定。大批量、连续生产的同一配合比混凝土，混凝土生产单位应提供基本性能试验报告。

2．在地面配置混凝土时，应符合设计要求和国家有关标准的规定，并应符合下列规定：（1）雨期施工应有防雨措施。（2）冬期施工，冻结段混凝土的入模温度：内层井壁不得低于 10℃，外层井壁不得低于 15℃；预制钻井井壁应有防寒防冻措施。（3）炎热季节施工应采取防暴晒措施，混凝土入模温度不得超过 30℃。

3．井巷混凝土、钢筋混凝土支护工程的规格偏差、井巷混凝土支护壁厚等应符合有关规定。混凝土支护的表面无明显裂缝，孔洞、漏筋等情况不超过相关规定；壁厚充填符合有关规定。

4．井巷混凝土支护工程的基础深度、接槎、表面平整度、预埋件中心线偏移值等符合有关规定。

二、砌体结构工程的质量要求及验收内容

砌体结构工程所用的材料应有产品的合格证书、产品性能型式检测报告，质量应符合国家现行有关标准的要求。块体、水泥、钢筋、外加剂应有材料主要性能的进场复验报告，并应符合设计要求。砌体的转角处和交接处应同时砌筑。当不能同时砌筑时，应按规定留槎、接槎。在墙上留置临时施工洞口，其侧边离交接处墙面不应小于 500mm，洞口净宽度不应超过 1m。

（一）砖砌体

用于清水墙、柱表面的砖，应边角整齐，色泽均匀。砌体砌筑时，混凝土多孔砖、混凝土实心砖、蒸压灰砂砖、蒸压粉煤灰砖等块体的产品龄期不应小于 28d。有冻胀环境和条件的地区，地面以下或防潮层以下的砌体，不应采用多孔砖。

砌筑烧结普通砖、烧结多孔砖、蒸压灰砂砖、蒸压粉煤灰砖砌体时，砖应提前1～2d适度湿润，严禁采用干砖或处于吸水饱和状态的砖砌筑，块体湿润程度宜符合下列规定：烧结类块体的相对含水率60%～70%；混凝土多孔砖及混凝土实心砖不需要浇水湿润，但在气候干燥炎热的情况下，宜在砌筑前对其喷水湿润。其他非烧结类块体的相对含水率40%～50%。

砖和砂浆的强度等级必须符合设计要求。砖砌体的灰缝应横平竖直，厚薄均匀。水平灰缝厚度及竖向灰缝宽度宜为10mm，但不应小于8mm，也不应大于12mm。砌体灰缝砂浆应密实饱满，砖墙水平灰缝的砂浆饱满度不得低于80%，砖柱水平灰缝和竖向灰缝饱满度不得低于90%。

（二）砌块砌体

小砌块和芯柱混凝土、砌筑砂浆的强度等级必须符合设计要求。

砌体水平灰缝和竖向灰缝的砂浆饱满度，按净面积计算不得低于90%。

墙体转角处和纵横墙交接处应同时砌筑。临时间断处应砌成斜槎，斜槎水平投影长度不应小于斜槎高度。施工洞口可预留直槎，但在洞口砌筑和补砌时，应在直槎上下搭砌的小砌块孔洞内用强度等级不低于C20（或Cb20）的混凝土灌实。

（三）石砌体

1. 石材和砂浆的强度等级必须符合设计要求。砌体灰缝的砂浆饱满度不应小于80%。石砌体尺寸、位置的允许偏差应符合有关规定。

2. 石砌体的组砌形式应符合内外搭砌，上下错缝，拉结石、丁砌石交错设置；毛石墙拉结石每0.7m² 墙面不应少于1块。

2G320055　锚杆喷射混凝土支护质量要求及验收

一、锚杆支护的质量要求

锚杆支护应符合下列规定：

1. 锚杆的孔深和孔径应与锚杆类型、长度、直径相匹配，在作业规程中明确规定。

2. 金属锚杆的杆体在使用前应平直、除锈和除油。

3. 锚杆孔深度误差应在0～30mm 范围内。

4. 锚杆孔实际直径与设计直径的偏差应不大于1mm。

5. 锚杆孔的间排距误差不超过100mm。

6. 锚杆孔实际钻孔角度与设计角度的偏差应不大于5°。

7. 锚杆孔内的积水和岩粉应清理干净。

8. 锚杆尾端的托板应紧贴岩面或初喷面，未接触部位应背紧。

9. 锚杆体露出岩面的长度应符合设计规定。

二、喷射混凝土支护的质量要求

喷射混凝土支护应符合下列规定：

1. 原材料应符合的规定

（1）水泥宜采用硅酸盐水泥或普通硅酸盐水泥，水泥强度等级不应低于42.5级。

（2）应采用坚硬干净的中砂或粗砂，细度模数应大于2.6。

（3）应采用坚硬耐久的卵石或碎石，粒径不宜大于15mm。

（4）速凝剂或其他外加剂的掺量应通过试验确定。

（5）混凝土拌合水应符合现行标准《混凝土用水标准》JGJ 63—2006 的有关规定。

2. 混合料的配合比应准确，水泥和速凝剂称量的允许偏差为 ±2%，砂和碎石称量的允许偏差为 ±3%。

3. 混合料在运输、存放过程中，应防止雨淋、滴水及石块等杂物混入，装入喷浆机前应过筛。

4. 喷射前应设置控制喷厚的标志。

5. 喷射前应清除墙脚的岩渣，并应凿掉浮石；基础达到设计深度后，应冲洗受喷岩面；遇水易潮解、泥化的岩层，应用压气吹扫岩面。

6. 分层喷射时，后一层喷射应在前一层混凝土终凝后进行。当间隔时间超过 2h 时，应先用压气、水吹洗湿润喷层表面。

7. 喷射混凝土的回弹率，边墙不应大于 15%，拱部不应大于 25%。

8. 喷射的混凝土应在终凝 2h 后再喷水养护，养护时间不应少于 7d，喷水的次数应保持混凝土处于潮湿状态。

三、锚杆喷射混凝土支护的质量检验验收

锚杆喷射混凝土支护的质量检验验收详见本书"2G320057 矿山井巷工程的质量要求及验收"部分。

2G320056 基坑支护的质量要求及验收

基坑支护结构施工前应对放线尺寸进行校核，施工过程中应根据施工组织设计复核各项施工参数，施工完成后宜在一定养护期后进行质量验收。

围护结构施工完成后的质量验收应在基坑开挖前进行，支锚结构的质量验收应在对应的分层土方开挖前进行，验收内容应包括质量和强度检验、构件的几何尺寸、位置偏差及平整度等。

基坑开挖过程中，应根据分区分层开挖情况及时对基坑开挖面的围护墙表观质量，支护结构的变形、渗漏水情况以及支撑竖向支承构件的垂直度偏差等项目进行检查。

除强度或承载力等主控项目外，其他项目应按检验批抽取。

基坑支护工程验收应以保证支护结构安全和周围环境安全为前提。

一、排桩的质量要求及验收

1. 灌注桩排桩和截水帷幕施工前，应对原材料进行检验。灌注桩施工前应进行试成孔，试成孔数量应根据工程规模和场地地层特点确定，且不宜少于 2 个。

2. 灌注桩排桩施工中应加强过程控制，对成孔、钢筋笼制作与安装、混凝土灌注等各项技术指标进行检查验收。

3. 灌注桩排桩应采用低应变法检测桩身完整性，检测桩数不宜少于总桩数的 20%，且不得少于 5 根。采用桩墙合一时，低应变法检测桩身完整性的检测数量应为总桩数的 100%；采用声波透射法检测的灌注桩排桩数量不应低于总桩数的 10%，且不应少于 3 根。当根据低应变法或声波透射法判定的桩身完整性为Ⅲ类、Ⅳ类时，应采用钻芯法进行验证。

4. 灌注桩混凝土强度检验的试件应在施工现场随机抽取。灌注桩每浇筑 50m³ 必须至

少留置 1 组混凝土强度试件，单桩不足 50m³ 的桩，每连续浇筑 12h 必须至少留置 1 组混凝土强度试件。

5. 抗渗等级要求的灌注桩还应留置抗渗等级检测试件，一个级配不宜少于 3 组。基坑开挖前截水帷幕的强度指标应满足设计要求，强度检测宜采用钻芯法。

二、土钉墙的质量要求及验收

1. 土钉墙支护工程施工前应对钢筋、水泥、砂石、机械设备性能等进行检验。

2. 土钉墙支护工程施工过程中应对放坡系数，土钉位置，土钉孔直径、深度及角度，土钉杆体长度，注浆配比、注浆压力及注浆量，喷射混凝土面层厚度、强度等进行检验。

3. 土钉应进行抗拔承载力检验，检验数量不宜少于土钉总数的 1%，且同一土层中的土钉检验数量不应小于 3 根。

三、地下连续墙的质量要求及验收

1. 施工前应对导墙的质量进行检查。施工中应定期对泥浆指标、钢筋笼的制作与安装、混凝土的坍落度、预制地下连续墙墙段安放质量、预制接头、墙底注浆、地下连续墙成槽及墙体质量等进行检验。

2. 兼作永久结构的地下连续墙，其与地下结构底板、梁及楼板之间连接的预埋钢筋接驳器应按原材料检验要求进行抽样复验，取每 500 套为一个检验批，每批应抽查 3 件，复验内容为外观、尺寸、抗拉强度等。

3. 混凝土抗压强度和抗渗等级应符合设计要求。墙身混凝土抗压强度试块每 100m³ 混凝土不应少于 1 组，且每幅槽段不应少于 1 组，每组为 3 件；墙身混凝土抗渗试块每 5 幅槽段不应少于 1 组，每组为 6 件。作为永久结构的地下连续墙，其抗渗质量标准可按现行国家标准《地下防水工程质量验收规范》GB 50208—2011 的规定执行。

4. 作为永久结构的地下连续墙墙体施工结束后，应采用声波透射法对墙体质量进行检验，同类型槽段的检验数量不应少于 10%，且不得少于 3 幅。

四、锚杆的质量要求及验收

1. 锚杆施工前应对钢绞线、锚具、水泥、机械设备等进行检验。

2. 锚杆施工中应对锚杆位置，钻孔直径、长度及角度，锚杆杆体长度，注浆配比、注浆压力及注浆量等进行检验。

3. 锚杆应进行抗拔承载力检验，检验数量不宜少于锚杆总数的 5%，且同一土层中的锚杆检验数量不应少于 3 根。

2G320057 矿山井巷工程的质量要求及验收

一、井巷工程主要分项工程的质量要求及验收内容

（一）掘进工程

1. 冲积层掘进工程

（1）主控项目

1）掘进及其临时支护应符合施工组织设计和作业规程的有关规定。

2）掘进规格允许偏差应符合有关规定。

（2）一般项目

斜井井口和平硐硐口部分采用明槽开挖时，明槽外形尺寸的允许偏差应符合有关规定。

2. 基岩掘进工程

（1）主控项目

1）基岩采用爆破法掘进应采用光面爆破，爆破图表齐全，爆破参数选择合理。光面爆破施工应符合作业规程的规定。

2）基岩掘进的临时支护应符合作业规程的规定。

3）掘进断面规格允许偏差和掘进坡度偏差应符合有关规定。

（2）一般项目

壁座（或支撑圈）、水沟（含管线沟槽）、设备基础掘进断面规格等应符合有关规定。

3. 裸体井巷掘进工程

（1）主控项目

1）光面爆破应符合作业规程的规定，要求爆破图表齐全，爆破参数选择合理。

2）掘进断面规格允许偏差和掘进坡度偏差应符合有关规定。

（2）一般项目

光面爆破周边眼的眼痕率不应小于 60%。

（二）锚喷支护工程

1. 锚杆支护工程

（1）主控项目

1）锚杆的杆体及配件的材质、品种、规格、强度、结构等必须符合设计要求；水泥卷、树脂卷和砂浆锚固材料的材质、规格、配比、性能等必须符合设计要求。

2）锚杆安装应牢固，托板紧贴壁面、不松动。锚杆的拧紧扭矩不得小于 100N·m。

3）锚杆的抗拔力应符合要求，最低值不得小于设计值的 90%。

（2）一般项目

1）锚杆支护工程净断面规格的允许偏差应符合规定。

2）锚杆安装的间距、排距、锚杆孔的深度、锚杆方向与井巷轮廓线（或岩层层理）角度、锚杆外露长度等符合有关规定。

2. 锚索（预应力锚杆）支护工程

（1）主控项目

1）锚索（预应力锚杆）的材质、规格、承载力等必须符合设计要求；锚索（预应力锚杆）的锚固材料、锚固方式等必须符合设计要求。

2）锚索（预应力锚杆）安装的有效深度、钻孔方向的偏斜度等符合设计要求。

3）锚索（预应力锚杆）锁定后的预应力应符合设计要求。

（2）一般项目

锚索（预应力锚杆）安装的间距、排距允许偏差符合要求。

3. 喷射混凝土（金属网喷射混凝土）支护工程

（1）主控项目

1）金属网的材质、规格、品种，金属网网格的焊接、压接或绑扎，网与网之间的搭接长度应符合设计要求；喷射混凝土所用的水泥、水、骨料、外加剂的质量，喷射混凝土的配合比、外加剂掺量等符合设计要求；喷射混凝土抗压强度及其强度的检验应符合有关规定。

2）金属网喷射混凝土支护断面规格允许偏差、喷射混凝土厚度应符合有关规定。

（2）一般项目

金属网喷射混凝土的表面平整度和基础深度的允许偏差及其检验方法符合有关规定；金属网在喷射混凝土中的位置应符合有关规定。

（三）砌块支护工程

1. 钢筋混凝土弧板支护工程

（1）主控项目

1）钢筋混凝土弧板的质量验收应执行现行国家标准《混凝土结构工程施工质量验收规范》GB 50204—2015 的有关规定；壁后充填材料的质量符合设计要求。

2）弧板规格、弧板砌体的壁后充填质量、钢筋混凝土弧板支护断面规格允许偏差等应符合有关规定。

（2）一般项目

弧板接槎的允许偏差及检验方法应符合有关规定。

2. 预制混凝土块、料石、烧结砖支护工程

（1）主控项目

1）预制混凝土块、料石、烧结砖等的材质、强度、规格应符合设计要求；砂浆品种应符合设计要求，砂浆强度符合有关规定。

2）砌体工程断面规格、砌体厚度的允许偏差，砌体壁后充填与灰缝质量、墙基础等，应符合有关规定。

（2）一般项目

砌体表面质量和水沟规格允许偏差及检验方法应符合有关规定。

（四）支架支护工程

1. 刚性支架支护工程

（1）主控项目

1）各种支架及其构件、配件的材质、规格、背板和充填材料的材质、规格应符合设计要求。

2）巷道断面规格的允许偏差，水平巷道支架的前倾和后仰、倾斜巷道支架的迎山角，撑（拉）杆和垫板的安设数量、位置，背板的安设数量、位置，支架柱窝深度或底梁铺设等应符合设计有关规定。

（2）一般项目

支架梁水平度、扭矩、支架间距、立柱斜度、棚梁接口离合错位的允许偏差及检验方法应符合有关规定。

2. 可缩性支架支护工程

（1）主控项目

1）支架及其附件的材质和加工应符合设计要求；装配附件应齐全，且无锈蚀现象，螺纹部分有防锈油脂；背板和充填材料的材质、规格应符合设计要求和有关规定。

2）巷道断面规格的允许偏差，水平巷道支架的前倾和后仰、倾斜巷道支架的迎山角，撑（拉）杆和垫板的安设数量、位置，背板的安设数量、位置，支架柱窝深度或底梁铺设等应符合设计有关规定。

（2）一般项目

可缩性支架架设的搭接长度、卡缆螺栓扭矩、支架间距、支架梁扭矩、卡缆间距、底梁深度的允许偏差及检验方法应符合有关规定。

（五）混凝土支护工程

（1）主控项目

1）混凝土所用的水泥、水、骨料、外加剂的质量，混凝土的配合比、外加剂掺量等符合设计要求；混凝土抗压强度及其强度的检验应符合有关规定。

2）混凝土支护断面规格允许偏差、混凝土支护厚度应符合有关规定。

3）混凝土支护的表面质量、壁后充填材料及充填应符合有关规定。

4）建成后的井巷工程漏水量及其防水质量标准应符合有关规定。

（2）一般项目

混凝土支护的表面平整度和基础深度的允许偏差及其检验方法应符合有关规定。

二、立井井筒工程质量要求及验收主要内容

（一）立井井筒施工现浇混凝土的质量检查

立井井筒现浇混凝土井壁的施工质量检查主要包括井壁外观及厚度的检查、井壁混凝土强度的检查两个方面。

对于现浇混凝土井壁，其厚度应符合设计规定，局部（连续长度不得大于井筒周长的1/10、高度不得大于 1.5m）厚度的偏差不得小于设计厚度 50mm；井壁的表面不平整度不得大于 10mm，接槎部位不得大于 30mm；井壁表面质量无明显裂缝，1m² 范围内蜂窝、孔洞等不超过 2 处。

对于井壁混凝土的强度检查，施工中应预留试块，每 20～30m 不得小于 1 组，每组 3 块，并应按井筒标准条件进行养护，试块的混凝土强度应符合现行国家标准《混凝土强度检验评定标准》GB/T 50107—2010 和设计的相关要求。当井壁的混凝土试块资料不全或判定质量有异议时，可采用非破损检验方法（如回弹仪、超声回弹法、超声波法）或局部破损检验方法（如钻取混凝土芯样）进行检查；若强度低于规定时，应对完成的结构，按实际条件验算结构的安全度并采取必要的补强措施。应尽量减少重复检验和破损性检验。

（二）立井井筒竣工验收质量检查

1. 井筒竣工后应检查的内容

（1）井筒中心坐标、井口标高、井筒的深度以及与井筒连接的各水平或倾斜的巷道口的标高和方位。

（2）井壁的质量和井筒的总漏水量，一昼夜应测漏水量 3 次，取其平均值。

（3）井筒的断面和井壁的垂直程度。

（4）隐蔽工程记录、材料和试块的试验报告。

2. 井筒竣工验收时应提供的资料

（1）实测井筒的平面布置图，应标明井筒的中心坐标、井口标高，与十字线方向方位，与设计图有偏差时应注明造成的原因。

（2）实测井筒的纵、横断面图。

（3）井筒的实际水文资料及地质柱状图。

（4）测量记录。

（5）设计变更文件、隐蔽工程验收记录、工程材料和试块试验报告等。

（6）重大质量事故的处理记录。

3.井筒竣工验收时的质量要求

（1）井筒中心坐标、井口标高，必须符合设计要求，允许偏差应符合国家现行有关测量规范、规程的规定；与井筒相连的各水平或倾斜的巷道口的标高和方位，应符合设计规定；井筒的最终深度，应符合设计规定。

（2）锚喷支护或混凝土支护的井壁断面允许偏差和垂直程度，应符合有关规定。

（3）采用普通法施工的井筒，建成后的总漏水量：井筒深度不大于 600m，总漏水量不得大于 $6m^3/h$；井筒深度大于 600m，总漏水量不得大于 $10m^3/h$。井壁不得有 $0.5m^3/h$ 以上的集中漏水孔；采用特殊法施工的井筒段，除执行上述规定外，其漏水量应符合下列规定：钻井法施工井筒段，漏水量不得大于 $0.5m^3/h$；采用冻结法施工，冻结法施工井筒段深度不大于 400m，漏水量不得大于 $0.5m^3/h$；井筒深度大于 400m，每百米漏水增加量不得大于 $0.5m^3/h$。不得有集中漏水孔和含砂的漏水孔。

（4）矿山斜井采用冻结法施工，建成后斜井冻结段每百米漏水量不应大于 $2m^3/h$，并不得有集中出水点，水中不得含砂。

（5）施工期间，在井壁内埋设的卡子、梁、导水管、注浆管等设施的外露部分应切除；废弃的孔口、梁窝等，应以不低于永久井壁设计强度的材料封堵；施工中所开凿的各种临时硐室，需废弃的应封堵。

三、巷道工程质量要求与验收主要内容

（一）巷道竣工后应检查的内容

1.标高、坡度和方向、起点、终点和连接点的坐标位置。

2.中线和腰线及其偏差。

3.永久支护规格质量。

4.水沟的坡度、断面和水流畅通情况。

（二）巷道竣工验收时应提供的资料

1.实测平面图，纵、横断面图，井上下对照图。

2.井下导线点、水准点图及有关测量记录成果表。

3.地质素描图、柱状图和矿层断面图。

4.主要岩石和矿石标本、水文记录和水样、气样、矿石化验记录。

5.隐蔽工程验收记录、材料和试块试验报告。

（三）巷道竣工验收质量要求

1.巷道起点的标高与设计规定相差不应超过 100mm；巷道底板应平整，局部凸凹深度不应超过设计规定 100mm；巷道坡度必须符合设计规定。

2.水沟位置、标高、深度、宽度和厚度的允许偏差应符合有关规定。

3.主要运输巷道轨道的敷设、架线电机车的导线吊挂应符合有关规定。

4.裸体巷道和喷射混凝土巷道的规格质量

裸体巷道规格质量：主要巷道净宽（中线至任何一帮最凸出处的距离）不得小于设计规定，一般巷道净宽不得小于设计规定 50mm，均不应大于设计规定 150mm；主要巷道净高（腰线至顶、底板最凸出处的距离），腰线上下均不得小于设计规定，也不应大于设计规定150mm；一般巷道净高不得小于设计规定50mm（裸体一般巷道净高不得小于设计规定30mm），也不应大于设计规定150mm。

喷射混凝土厚度不应小于设计规定的90%。可在检查点断面内，从拱顶中线起每隔2～3m检查一个测点，一个断面上，拱部不应少于3个测点，总计不应少于5个测点。

5. 砌碹巷道的规格质量

巷道净宽：从中线至任何一帮的距离，主要巷道不得小于设计规定，一般巷道不得小于设计规定30mm，且均不应大于设计规定50mm。

巷道净高：腰线上下均不得小于设计规定30mm，也不应大于设计规定50mm。

拱、墙、基础的砌体厚度，局部不得小于设计规定30mm。砌体墙基础的深度，不得小于设计规定50mm。

6. 刚性支架巷道的规格质量

刚性支架巷道净宽、净高的质量要求与砌碹巷道质量要求相同。

水平巷道支架的前倾后仰允许偏差为±1°，倾斜巷道支架迎山角应符合有关规定。撑（拉）杆和垫板的安设数量、位置，背板的安设数量、位置，支架柱窝深度或底梁铺设，支架梁水平度、扭矩、支架间距、立柱斜度、棚梁接口离合错位的允许偏差及检验方法应符合有关规定。

7. 可缩性支架巷道的规格质量

巷道净宽：主要巷道不得小于设计规定，一般巷道不得小于设计规定30mm，且均不应大于设计规定100mm。

巷道净高：腰线（腰线至顶梁底面、底板最凸出处的距离）上下均不得小于设计规定30mm，也不应大于设计规定100mm。

可缩性支架水平巷道支架的前倾后仰、倾斜巷道支架迎山角，撑（拉）杆和垫板的安设数量、位置，背板的安设数量、位置，支架柱窝深度或底梁铺设，与刚性支架巷道质量要求相同。可缩性支架架设的搭接长度、卡缆螺栓扭矩、支架间距、支架梁扭矩、卡缆间距、底梁深度的允许偏差及检验方法应符合有关规定。

8. 混凝土巷道的规格质量

巷道净宽和净高：主要巷道不得小于设计规定，一般巷道不得小于设计规定30mm，且均不应大于设计规定50mm。

混凝土支护壁厚，巷道局部（连续高度、宽度1m范围内）厚度的允许偏差不得小于设计厚度30mm；井壁的表面不平整度不得大于10mm，接槎部位不得大于15mm；井壁表面质量无明显裂缝，1m^{2}范围内蜂窝、孔洞等不超过2处。

施工中应预留试块，每30～50m不得小于1组，每组3块，其养护和试块的混凝土强度要求，与立井井筒现浇混凝土井壁一样。对于混凝土的强度检查，应尽量减少重复检验和破损性检验。巷道工程破损性检验不宜超过3处。

2G320058 井巷工程质量评定和竣工验收

一、井巷工程质量评定标准

1. 检验批或分项工程质量验收的评定标准

检验批或分项工程按主控项目和一般项目验收，检验批或分项工程质量合格应符合：

（1）主控项目的质量经抽样检验均应合格。

（2）一般项目的质量经抽检合格，当采用计数检验时，除有专门要求外，一般项目的合格率应达到 80% 及以上（井巷工程应达到 70% 及以上），且不得有严重缺陷或不得影响安全使用。

（3）具有完整的施工操作依据和质量验收记录。

2．分部（子分部）工程质量检验的评定标准

分部（子分部）工程质量验收合格应符合下列规定：

（1）分部（子分部）工程所含分项工程的质量均应验收合格。

（2）质量控制资料应完整。

（3）地基与基础、主体结构和设备安装等分部工程有关安全及功能的检验和抽样检测结果应符合有关规定。

（4）观感质量验收应符合要求。

3．单位（子单位）工程质量验收合格应符合下列规定：

（1）单位（子单位）工程所含分部（子分部）工程的质量均应验收合格。

（2）质量控制资料应完整。

（3）单位（子单位）工程所含分部工程有关安全、节能、环境保护和主要使用功能的检测资料应完整。

（4）主要使用功能的抽查结果应符合相关专业质量验收规范的规定。

（5）观感质量验收应符合要求。

二、井巷工程质量评定的操作和核定

施工班组应对其操作的每道工序，每一作业循环作为一个检查点，并对其中的测点进行自检；矿山井巷工程的施工班组应对每一作业循环的分项工程质量进行自检。自检工作应做好施工自检记录。

检验批或分项工程质量评定应在施工班组自检的基础上，由监理工程师组织施工单位项目质量（技术）负责人等进行检验评定，由监理工程师核定。

分部工程应由总监理工程师（建设单位代表）组织施工单位项目负责人和技术、质量负责人等进行检验评定，建设单位代表核定。分部工程含地基与基础、主体结构的，勘察和设计单位工程项目负责人还应参加相关分部工程检验评定。

单位工程完工后，施工单位应自行组织相关人员进行检验评定，最终向建设单位提交工程竣工报告。建设单位收到竣工报告后，应由建设单位（项目）负责人组织施工（含分包单位）、设计、监理等单位（项目）负责人等进行检验评定。因勘察单位工程项目负责人参加了含地基与基础、主体结构的相关分部工程检验评定，单位工程竣工验收时可不再参加。单位工程竣工验收合格后，建设单位应在规定时间内向有关部门报告备案，并应向质量监督部门或工程质量监督机构申请质量认证，由质量监督部门或工程质量监督机构组织工程质量认证。工程未经质量认证，不得进行工程竣工结（决）算及投入使用。

单位工程观感质量和单位工程质量保证资料核查由建设（或监理）单位组织建设、设计、监理和施工单位进行检验评定。

质量检验应逐级进行。分项工程的验收是在检验批的基础上进行；分部工程的验收是

在其所含分项工程验收的基础上进行；单位工程验收在其各分部工程验收的基础上进行，有的单位工程验收是投入使用前的最终验收（竣工验收）。在全部单位工程质量验收合格后，方可进行单项工程竣工验收及质量认证。

三、井巷工程竣工验收

（一）施工单位进行竣工预验

施工单位竣工预验是指在要求监理工程师验收前由施工单位自行组织的内部验收。根据需要，预验工作一般可分为基层单位预验、项目经理预验和公司级（或分部门）预验三个层次。

1. 基层单位预验

基层单位（如施工队）对拟报竣工工程，根据施工图要求、合同规定和验收标准进行检查验收。主要包括竣工项目内容、工程质量是否符合有关规定，工程资料是否齐全等。

2. 项目经理预验

项目经理部根据施工队的报告，由项目经理组织生产、技术、质量、预算等部门进行预验，预验内容与基层单位预验内容基本相同。

3. 公司级预验

根据项目经理部的申请，竣工工程可视其重要程度和性质，由公司组织预验，也可分部门分别检查预验，并进行评价，并决定是否提请正式验收。

（二）施工单位提交验收申请报告

施工单位决定正式提请验收后，应向监理单位提交验收申请报告，监理工程师参照施工图要求、合同规定和验收标准等进行审查。

（三）根据申请报告作现场初验

监理工程师审查完验收申请报告后，若认为可以验收，则由监理人员组成有关人员对竣工的工程项目进行初验，在初验中发现的质量问题，应及时以书面通知或以备忘录等形式告之施工单位，并令其按有关的质量要求进行修正或返工。

（四）竣工验收

在施工单位预验、监理工程师初验合格的基础上，由建设单位组织设计、监理、施工等单位，在规定时间内进行正式竣工验收。

（五）其他事项

1. 参加质量验收的各方人员应具备规定的资格。

2. 项目有分包单位施工时，总包单位应参加分包单位对承建项目的检验；检验合格时分包单位应将有关资料移交总包单位，并由负责人参加整个项目的验收工作。

3. 单位工程竣工验收进行质量评定时，抽查质量检验结果如与分部工程检验评定结果不一致，应分析原因，研究确定工程最终质量等级。应尽量减少重复检验和破损性检验。

4. 隐蔽工程质量检验评定，应以有建设单位（含监理）和施工单位双方签字的工程质量检查记录为依据。

5. 应尽量减少重复检验和破损性检验。立井井筒工程破损性检验不应超过2处，其他井巷工程破损性检验不宜超过3处。

【案例 2G320050-1 】

1. 背景

某矿山施工单位核定所施工井筒的施工质量为合格，并向监理单位提交了验收的相关资料，然后组织建设、监理等单位对井筒的施工质量进行检查验收；验收中，建设单位要求钻孔实测井壁厚度，施工单位按建设单位要求在井壁上凿测量孔 6 个，由此引起井壁漏水。建设单位要求施工单位采取补救措施。事后，施工单位就补救工作向建设单位提出费用和工期索赔要求，建设单位以检查需要凿孔为由拒绝了施工单位的要求。

2. 问题

（1）在井筒质量检查验收过程中，建设单位和施工单位的做法各有何不妥？应如何做？

（2）钻凿井壁检查孔造成井壁漏水，施工单位和建设单位各应承担什么责任？

（3）井筒质量检查验收的程序是什么？井筒正式竣工验收由谁组织？

3. 分析与答案

矿山井筒工程一般为单位工程，其验收应按规定的程序进行，且必须明确工程验收的组织者。对验收中出现的问题应按相关规范及质量管理的规定进行处理。

（1）工程验收时，建设单位要求钻孔实测井壁厚度，在井壁上凿测量孔 6 个，该做法不妥。正确的做法是：建设单位要求钻孔实测井壁厚度，凿孔数不应超过 2 个。

施工单位自己核定井筒质量等级不妥。正确的做法是：施工单位对其施工的井筒申请进行质量评定。

施工单位组织建设、监理等单位对井筒的施工质量进行检查验收不妥。正确的做法是：建设单位（监理单位）负责组织有关单位对井筒的施工质量进行检验评定。

（2）钻凿井壁检查孔引起井壁漏水，施工单位对此不应承担责任，但应负责采取补救措施；建设单位应承担由此所造成的一切费用损失（包括采取补救措施的费用）和工期延误责任。

（3）井筒质量检查验收的程序应按分项、分部和单位工程依次进行。分项工程由监理工程师（建设单位技术负责人）组织施工单位项目质量（技术）负责人等进行检验评定，由监理工程师（建设单位技术负责人）核定。分部工程应由总监理工程师（建设单位代表）组织施工单位项目负责人和技术、质量负责人等进行检验评定，建设单位代表核定。分部工程含地基与基础、主体结构的，勘察和设计单位工程项目负责人还应参加相关分部工程检验评定。单位工程在施工单位预验、监理工程师初验合格的基础上，由施工单位提出申请，应由建设单位（项目）负责人组织施工（含分包单位）、设计、监理等单位（项目）负责人等进行检验评定。

井筒正式竣工验收由建设单位组织。

【案例 2G320050-2 】

1. 背景

某矿山立井工程项目，在施工阶段检查发现井筒涌水量突然增加，工作面实测涌水量超过 $10m^3/h$。抽查了该施工现场留制的混凝土试验块，其强度不到设计强度的 75%。后对已经完成部分的井筒混凝土抽检进行统计分析（包括施工阶段抽查结果），总体抽查了 500 块，统计发现存在的问题见表 2G320050-1。

某井筒混凝土质量检查统计表　　　　　**表 2G320050-1**

序号	存在问题项目	数量
1	蜂窝麻面	23
2	局部露筋	10
3	强度不足	4
4	横向裂缝	2
5	纵向裂缝	1
合计		40

2. 问题

（1）针对本工程特点，宜选择何种方法进行质量分析？

（2）绘制井筒混凝土施工质量分析图，并分析出现质量问题的主要因素。

（3）说明影响井筒混凝土施工质量和速度的关键性因素。

3. 分析与答案

（1）针对本工程特点，在几种质量控制的统计分析方法中，一般宜选择排列图的方法进行分析。

（2）根据质量检查统计表可得到质量分析表，见表 2G320050-2，并可绘出排列图（图 2G320050-1）。

某井筒混凝土施工质量分析表　　　　　**表 2G320050-2**

序号	项目	数量	频数	累计频率（%）
1	蜂窝麻面	23	23	57.5
2	局部露筋	10	33	82.5
3	强度不足	4	37	92.5
4	横向裂缝	2	39	97.5
5	纵向裂缝	1	40	100
合计		40		

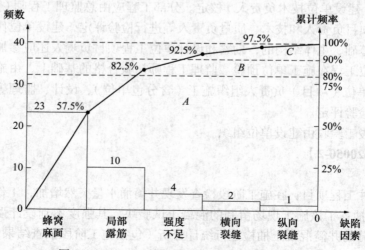

图 2G320050-1　某井筒混凝土施工质量分析图

排列图可用于找出影响项目质量的主、次因素，故也称其为主次因素排列图。习惯上通常将影响因素分为三类：① 累计频率 0～80% 范围内的有关因素视为 A 类，这是影响质量的主要因素；② 累计频率在 80%～90% 范围内的因素视为 B 类，是次要因素；③ 累计频率在 90%～100% 范围内的因素视为 C 类，是一般因素。

通过对排列图的分析可以看出，质量问题的主要因素是混凝土表面出现蜂窝麻面和局部露筋问题，次要因素是混凝土强度不足，一般因素是横向和纵向裂缝。

（3）井筒涌水是影响施工质量、速度的关键性因素。案例表明，该阶段涌水超过 $10m^3/h$，且事前没有足够的准备。可能有两种情况：一是提供地质资料不充分，实际揭露涌水量超过预测涌水量；二是施工前对此认识不足，没有采取如注浆等有效措施，达到打干井的目标。

【案例 2G320050-3】

1. 背景

某钢铁公司新上一个焦化工程项目，施工企业根据建设单位的要求编制了施工进度计划。在施工三个风机设备基础阶段，材料已送检。为了确保施工进度计划能够按节点完成，施工单位负责人未经监理许可，在材料试验报告未返回前擅自施工。将设备基础浇筑完毕后，发现砂试验报告中某些检验项目质量不合格。如果返工重新施工，工期将拖延 20d，经济损失达 2.6 万元。

2. 问题

（1）施工单位未经监理许可即进行混凝土浇筑，这样做对不对？如果不对，应如何做？

（2）为了确保该项目设备基础的工程质量达到设计和规范要求，施工单位如何对进场材料进行质量控制？

（3）施工单位在材料质量控制方面应掌握哪些要点？

（4）材料质量控制的内容有哪些？

3. 分析与答案

工程施工中应重视对材料的检验，并应掌握材料检验的具体内容。

（1）施工单位未经监理许可即进行三个风机设备基础混凝土浇筑的做法是不对的，施工单位不应该在材料送检报告未出来之前进行混凝土浇筑，应该合理调整施工进度计划，先组织已具备条件的工序部位作业，待送检报告出来后，经检验确认其质量合格后，方准材料进场组织施工。为保证三个风机基础施工进度计划的按期完成，可组织职工三班连续作业施工，确保节点按期完成。

（2）施工单位对材料质量控制可采用严格检查验收，正确合理使用。建立健全材料管理台账，进行收支储运等环节的技术管理。材料在储备过程中要分类堆放，并要做好材料标示工作，避免混料和不合格的原材料使用到工程中。

（3）施工单位在材料质量控制方面应掌握以下几点：

及时掌握材料信息，选择好的材料厂家供货；按材料计划及时组织材料供应，确保工程顺利施工；强化材料管理，严格检查验收，把好材料质量关，坚决杜绝未经检验就收货的现象；合理组织材料使用，尽量减少材料消耗；加强现场材料管理，重视材料的使用认证，以防错用或使用不合格材料。

（4）严格控制工程所用材料质量，其内容有：材料的质量标准，材料的性能，材料取样，试验方法等。

【案例 2G320050-4】

1. 背景

某施工单位承建一立井工程。应建设单位要求，合同约定建成后的井筒涌水量不超过 $10m^3/h$。施工单位施工至井深 360m 处发现岩壁有较大出水点，且井筒涌水量突然超过原地质资料提供数据的 2 倍多。施工单位经过紧急抢险处理后才完成混凝土浇筑工作，然后报告了监理工程师。三个月后验收井筒质量时，虽无集中出水，但井筒涌水量达到 $8m^3/h$。质量检验部门不予签字。建设单位怀疑井壁质量有问题强行要求在 360m 处破壁打 4 个检查孔，施工单位不仅拒绝，且提出抢险损失的索赔。事后还引起了建设单位以质量检验部门不签字为由的拒付工程款纠纷。

2. 问题

（1）质量检验单位不予签字认可是否合理？说明理由。

（2）施工单位按建成后井筒涌水量不超过 $10m^3/h$ 的合同要求组织施工是否正确？针对本案例情况，说明应如何正确应对建设单位的合同要求。

（3）井筒岩壁有出水点时可采取哪些保证井壁施工质量的措施？有较大出水点时，应如何处理？

（4）施工单位拒绝建设单位破壁检查的做法是否合理？说明理由。为降低井筒涌水量，可采用什么方法？

（5）施工单位提出的索赔要求是否合理？说明本案例索赔的正确做法。

（6）指出施工单位在拒付工程款纠纷事件中的过失。

3. 分析与答案

（1）质量检验单位不予签字认可是合理的。合同的井筒涌水量要求不符合强制性标准的 $6m^3/h$ 要求。

（2）施工单位的做法不正确。施工单位应在合同签订前明确向建设单位提出矿山建设强制性标准的性质及其 $6m^3/h$ 要求，并在投标书中提出相应的施工技术措施、工程费用和工期要求。如中标，应按投标书的 $6m^3/h$ 签订合同。

（3）岩壁有出水点时，可采取的方法有"堵、截、导"。当水大时，一般应采用导水管将水导到井内，避免冲淋正在浇筑的井壁，待混凝土凝固后进行注浆。

（4）施工单位拒绝的做法合理。按规定，破壁检查孔不得超过 2 个。为降低井壁涌水，可采用注浆方法。

（5）施工单位提出的索赔要求合理。本案例正确的索赔做法是应对突然涌水的岩壁出水点和井筒涌水进行测量，并由监理工程师对出水处理工作签证，因本案例中索赔内容属隐蔽工程，则应在浇筑混凝土前经监理工程师检查合格并签证。然后在限定时间内向建设单位提出索赔意向，并在规定时间内准备全部资料正式提出索赔报告。

（6）施工单位签署了违反工程建设标准强制性条文的合同并照此施工。

【案例 2G320050-5】

1. 背景

某工业厂房基础深 12.0m，采用钻孔灌注桩作挡土结构，桩径 800mm，间距 850mm，入土深度 16.5m，桩顶沿基坑四周浇筑钢筋混凝土缩口圈梁，连成整体。基坑支护施工时，对钻孔直径、混凝土强度、成桩质量进行了严格的监控，未发现存在质量问题。在基坑开挖时，地表发生了变形，且未被发现，待地表发生严重变形时，施工单位只得又增加了横向支撑进行加固，但由于突然的暴雨使基坑发生了坍塌，严重影响了工程进度。

2. 问题

（1）基坑开挖引起地表变形的主要原因有哪些？与基坑支护结构的施工是否有关？

（2）增加横向支撑能否有效地防止地表的变形？

（3）指出施工单位在基坑开挖过程中存在的问题。

（4）施工单位增加横向支撑的费用能否获得索赔？

3. 分析与答案

基坑开挖地表变形原因很多，既有地质方面的原因，也有施工方面的原因，应当分别说明。

（1）基坑开挖引起地表变形的主要原因包括：

1）钻孔灌注桩作挡土结构的强度和刚度不足，与设计有关。

2）钻孔灌注桩的入土深度不够，造成支护倾覆，与设计有关。

3）地下水的影响，降低了土的承载力，增大了支护荷载，与防水工程施工质量有关。

4）钻孔灌注桩施工质量达不到设计要求，造成强度与刚度不足，与支护结构的施工有关。

（2）从基坑支护结构的受力分析看，增加横向支撑能够有效增大支护的强度和刚度，能够有效防止地表变形。

（3）施工单位在基坑开挖过程中存在的问题：

1）在基坑开挖时，地表发生了变形，且未被发现，说明施工单位在基坑开挖过程中，未对基坑开挖进行监测或监测不及时。

2）突然的暴雨使基坑发生了坍塌，施工单位仍然存在一定的问题。在基坑开挖过程中，施工单位要确保基坑挡土结构的强度和稳定性，避免突发事件造成影响。

（4）施工单位应当分析产生问题的关键原因，如果不是施工单位的原因，那么，增加横向支撑的费用可以获得赔偿。

【案例 2G320050-6】

1. 背景

某巷道长 200m，围岩属于Ⅳ级，跨度 5.8m，采用钢筋网锚喷支护，设计锚杆排距 0.8m，每断面锚杆 15 根，施工后不到一个月出现冒顶事故。检查锚喷施工质量发现如下问题：

（1）设计采用 2.2m 长水泥砂浆全长粘结锚杆，锚杆长度符合设计，插入锚孔长度为 1.8m；砂浆强度不到 20MPa，且没有充填饱满；锚杆托盘没有紧贴岩面。

（2）锚杆抽样检验进场抽查单 2 份，合格；锚固力没有检查数据，也没有其他检测数据。

（3）喷射混凝土与岩壁之间有空壳现象；调查发现支护施工滞后工作面一个小班。

2. 问题

（1）出现冒顶事故的主要原因是什么？

（2）锚杆进场抽样检验是否符合规定？

（3）分析事故背景所存在的施工质量问题，以及应采取的合理措施。

（4）锚喷支护巷道施工质量检测主要包括哪些内容？

3．分析与答案

（1）出现冒顶事故的主要原因是支护质量不符合设计要求，支护没有发挥效果，造成支护失效而导致工作面出现冒顶事故。

（2）锚杆进场抽样检验不符合规定。根据规定，锚杆的杆体及配件的材质、品种、规格、强度等进场后均应抽样检查，并且同一规格的锚杆每1500根的抽样检验不应少于一次，200m巷道按设计用锚杆3750根，至少应有三次抽样检验，进场抽查单至少应有3份，且均合格。

（3）事故背景中存在的质量问题及采取措施是：

1）锚杆施工锚固力不够，尽管没有检查数据，但仍反映在注浆的强度不足且不饱满、锚杆插入长度不够、锚杆托盘没有紧贴岩面等方面，可能的原因包括锚杆孔深度不够、砂浆配合比不当、注浆操作不合理。为提高在Ⅳ级围岩中的锚杆锚固力，可以采取树脂药卷锚固。

2）本案例没有锚杆的锚固力检查数据，也没有其他检测内容，以致不能避免事故的发生。按照技术规范的要求：通过抗拔力试验来检查锚杆锚固力，每300根锚杆必须抽样一组，每组锚杆不少于3根；对于Ⅳ级围岩的巷道，应该有对锚喷支护的监测工作，重点进行对地质和支护状况观察、周边位移和拱下沉测量。

3）锚杆托盘没有做到其紧贴岩面的要求和钢筋网喷射混凝土发生空壳现象，是影响支护发挥作用的重要因素。可能的原因是没有采用光面爆破技术。在软弱围岩中采用光面爆破、实现平整的岩面有困难（Ⅳ级以上围岩），没有按照技术规范的要求采用先喷射混凝土后施工锚杆的方法。

4）技术规范要求对Ⅳ级以上的围岩巷道的锚喷支护应紧跟工作面，以保证围岩不产生离层、失稳，维护巷道的安全状态。因此，可以采用先喷射混凝土50mm，并宜在喷射混凝土终凝3h后敷设钢筋网和锚杆，然后复喷混凝土。

（4）锚喷支护巷道施工质量检测主要包括锚杆及配件的材质、锚杆数量检测、锚杆托盘的安装、锚杆锚固力检测和喷射混凝土强度检测、喷层厚度检测及支护巷道净断面规格。

【案例2G320050-7】

1．背景

某施工单位接受邀请，按照参加投标预备会→进行现场考察→编制投标文件的程序参加了一净直径7.0m、深650m立井井筒的施工招标活动，并中标。该工程施工中发生了以下事件：

（1）工程进行到第2个月时又新进了一批水泥，施工单位首次组织材料员、工程技术人员对该批水泥进行进场联合验收，合格后用于工程施工。

（2）在现浇钢筋混凝土井壁施工过程中，施工单位按照绑扎钢筋→施工单位自检→浇筑混凝土的程序组织施工。

（3）在完成500m井筒工程后，施工单位对其进行全面质量检查，结果如表2G320050-3所示。

质量检查结果表 表 2G320050-3

质量因素	不合格次数	质量因素	不合格次数
断面规格	10	井壁厚度	7
钢筋绑扎	15	井壁外观	12
混凝土强度	6		

（4）该井筒工程施工完成后采用的竣工验收程序见图 2G320050-2。

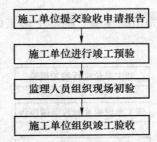

图 2G320050-2 井筒工程竣工验收程序

2．问题

（1）指出投标程序中所存在的问题并予以纠正。

（2）指出事件（1）所存在的问题并说明正确做法。

（3）指出事件（2）施工程序的不妥之处，并陈述理由。

（4）根据事件（3），采用排列图分析方法判断影响工程质量的主要因素、次要因素和一般因素。

（5）指出上述竣工验收程序框图中的问题，并画出正确的程序框图。

3．分析与答案

（1）存在的问题：现场考察与投标预备会的程序不正确。正确程序：现场考察后参加投标预备会。

（2）事件（1）所存在的问题：没有正规的材料进场验收制度（施工第二个月才首次组织检验）；监理人员未参加对进场材料的联合验收。

正确做法：施工单位应建立工程材料进场联合验收制度；进场材料应组织材料员、工程技术人员及监理人员共同进行联合验收。

（3）施工单位自检合格后开始浇筑混凝土不妥。因为钢筋工程是隐蔽工程，隐蔽工程应经过监理工程师合格认定后方能进行下一道工序。

（4）按不合格次数的多少重新排序，并计算频率及累计频率，见表 2G320050-4。

施工质量检验情况表 表 2G320050-4

因素	不合格次数	频率（%）	累计频率（%）
钢筋绑扎	15	30	30
井壁外观	12	24	54
断面规格	10	20	74

续表

因素	不合格次数	频率（%）	累计频率（%）
井壁厚度	7	14	88
混凝土强度	6	12	100

主要因素：钢筋绑扎、井壁外观和断面规格。

次要因素：井壁厚度。

一般因素：混凝土强度。

（5）程序不对，施工单位应先组织预验。框图中施工单位组织竣工验收不正确。正确的程序框图见图 2G320050-3。

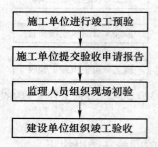

图 2G320050-3   正确的井筒工程竣工验收程序

2G320060   矿业工程项目施工成本控制与结算

2G320061   工程费用构成及计算方法

矿业工程项目的投资由建筑安装工程费，设备及工器具购置费，工程建设其他费、预备费、资金筹措费、铺底流动资金等组成，而矿业工程施工成本则主要指建筑安装工程费。

按照中华人民共和国住房和城乡建设部与中华人民共和国财政部联合发布的《建筑安装工程费用项目组成》（建标〔2013〕44 号）的规定，建筑安装工程费用项目组成可按费用构成要素来划分，也可按造价形成划分。

一、建筑安装工程费按照费用构成要素划分

建筑安装工程费按照费用构成要素划分由人工费、材料（包含工程设备，下同）费、施工机具使用费、企业管理费、利润、规费和税金组成。

（一）人工费

人工费是指按工资总额构成规定，支付给从事建筑安装工程施工的生产工人和附属生产单位工人的各项费用。内容包括：

1. 计时工资或计件工资：是指按计时工资标准和工作时间或对已做工作按计件单价支付给个人的劳动报酬。

2. 奖金：是指对超额劳动和增收节支支付给个人的劳动报酬。如节约奖、劳动竞赛奖等。

3. 津贴补贴：是指为了补偿职工特殊或额外的劳动消耗和因其他特殊原因支付给个人的津贴，以及为了保证职工工资水平不受物价影响支付给个人的物价补贴。如流动施工津贴、特殊地区施工津贴、高温（寒）作业临时津贴、高空津贴等。

4. 加班加点工资：是指按规定支付的在法定节假日工作的加班工资和在法定日工作时间外延时工作的加点工资。

5. 特殊情况下支付的工资：是指根据国家法律、法规和政策规定，因病、工伤、产假、计划生育假、婚丧假、事假、探亲假、定期休假、停工学习、执行国家或社会义务等原因按计时工资标准或计时工资标准的一定比例支付的工资。

（二）材料费

材料费是指施工过程中耗费的原材料、辅助材料、构配件、零件、半成品或成品、工程设备的费用。内容包括：

1. 材料原价：是指材料、工程设备的出厂价格或商家供应价格。

2. 运杂费：是指材料、工程设备自来源地运至工地仓库或指定堆放地点所发生的全部费用。

3. 运输损耗费：是指材料在运输装卸过程中不可避免的损耗。

4. 采购及保管费：是指为组织采购、供应和保管材料、工程设备的过程中所需要的各项费用，包括采购费、仓储费、工地保管费、仓储损耗。

工程设备是指构成或计划构成永久工程一部分的机电设备、金属结构设备、仪器装置及其他类似的设备和装置。

（三）施工机具使用费

施工机具使用费是指施工作业所发生的施工机械、仪器仪表使用费或其租赁费。

1. 施工机械使用费：以施工机械台班耗用量乘以施工机械台班单价表示，施工机械台班单价应由下列七项费用组成：

（1）折旧费：指施工机械在规定的使用年限内，陆续收回其原值的费用。

（2）大修理费：指施工机械按规定的大修理间隔台班进行必要的大修理，以恢复其正常功能所需的费用。

（3）经常修理费：指施工机械除大修理以外的各级保养和临时故障排除所需的费用。包括为保障机械正常运转所需替换设备与随机配备工具附具的摊销和维护费用，机械运转中日常保养所需润滑与擦拭的材料费用及机械停滞期间的维护和保养费用等。

（4）安拆费及场外运费：安拆费指施工机械（大型机械除外）在现场进行安装与拆卸所需的人工、材料、机械和试运转费用以及机械辅助设施的折旧、搭设、拆除等费用；场外运费指施工机械整体或分体自停放地点运至施工现场或由一施工地点运至另一施工地点的运输、装卸、辅助材料及架线等费用。

（5）人工费：指机上司机（司炉）和其他操作人员的人工费。

（6）燃料动力费：指施工机械在运转作业中所消耗的各种燃料及水、电等。

（7）税费：指施工机械按照国家规定应缴纳的车船使用税、保险费及年检费等。

2. 仪器仪表使用费：是指工程施工所需使用的仪器仪表的摊销及维修费用。

（四）企业管理费

企业管理费是指建筑安装企业组织施工生产和经营管理所需的费用。内容包括：

1. 管理人员工资：是指按规定支付给管理人员的计时工资、奖金、津贴补贴、加班加点工资及特殊情况下支付的工资等。

2. 办公费：是指企业管理办公用的文具、纸张、账表、印刷、邮电、书报、办公软件、现场监控、会议、水电、烧水和集体取暖降温（包括现场临时宿舍取暖降温）等费用。

3. 差旅交通费：是指职工因公出差、调动工作的差旅费、住勤补助费，市内交通费和误餐补助费，职工探亲路费，劳动力招募费，职工退休、退职一次性路费，工伤人员就医路费，工地转移费以及管理部门使用的交通工具的油料、燃料等费用。

4. 固定资产使用费：是指管理和试验部门及附属生产单位使用的属于固定资产的房屋、设备、仪器等的折旧、大修、维修或租赁费。

5. 工具用具使用费：是指企业施工生产和管理使用的不属于固定资产的工具、器具、家具、交通工具和检验、试验、测绘、消防用具等的购置、维修和摊销费。

6. 劳动保险和职工福利费：是指由企业支付的职工退职金、按规定支付给离休干部的经费，集体福利费、夏季防暑降温、冬季取暖补贴、上下班交通补贴等。

7. 劳动保护费：是企业按规定发放的劳动保护用品的支出，如工作服、手套、防暑降温饮料以及在有碍身体健康的环境中施工的保健费用等。

8. 检验试验费：是指施工企业按照有关标准规定，对建筑以及材料、构件和建筑安装物进行一般鉴定、检查所发生的费用，包括自设试验室进行试验所耗用的材料等费用。不包括新结构、新材料的试验费，对构件做破坏性试验及其他特殊要求检验试验的费用和建设单位委托检测机构进行检测的费用，对此类检测发生的费用，由建设单位在工程建设其他费用中列支。但对施工企业提供的具有合格证明的材料进行检测不合格的，该检测费用由施工企业支付。

9. 工会经费：是指企业按《中华人民共和国工会法》规定的全部职工工资总额比例计提的工会经费。

10. 职工教育经费：是指按职工工资总额的规定比例计提，企业为职工进行专业技术和职业技能培训，专业技术人员继续教育、职工职业技能鉴定、职业资格认定以及根据需要对职工进行各类文化教育所发生的费用。

11. 财产保险费：是指施工管理用财产、车辆等的保险费用。

12. 财务费：是指企业为施工生产筹集资金或提供预付款担保、履约担保、职工工资支付担保等所发生的各种费用。

13. 税金：是指企业按规定缴纳的房产税、车船使用税、土地使用税、印花税等。

14. 其他：包括技术转让费、技术开发费、投标费、业务招待费、绿化费、广告费、公证费、法律顾问费、审计费、咨询费、保险费等。

（五）利润

利润是指施工企业完成所承包工程获得的盈利。

（六）规费

规费是指按国家法律、法规规定，由省级政府和省级有关权力部门规定必须缴纳或计取的费用。包括：

1. 社会保险费

（1）养老保险费：是指企业按照规定标准为职工缴纳的基本养老保险费。

（2）失业保险费：是指企业按照规定标准为职工缴纳的失业保险费。

（3）医疗保险费：是指企业按照规定标准为职工缴纳的基本医疗保险费。

（4）生育保险费：是指企业按照规定标准为职工缴纳的生育保险费。

（5）工伤保险费：是指企业按照规定标准为职工缴纳的工伤保险费。

2. 住房公积金：是指企业按规定标准为职工缴纳的住房公积金。

依据《中华人民共和国环境保护税法实施条例》规定，自2018年1月1日起，不再征收"工程排污费"，改征"环境保护税"。

其他应列而未列入的规费，按实际发生计取。

（七）税金：是指国家税法规定的应计入建筑安装工程造价内的增值税、城市维护建设税、教育费附加以及地方教育附加。营业税改征增值税后，建筑安装工程费用的税金是指国家税法规定应计入建筑安装工程造价内的增值税销项税额，通常把城市维护建设税、教育费附加以及地方教育附加计入企业管理费。

二、建筑安装工程费按照工程造价形成划分

建筑安装工程费按照工程造价形成由分部分项工程费、措施项目费、其他项目费、规费、税金组成，分部分项工程费、措施项目费、其他项目费包含人工费、材料费、施工机具使用费、企业管理费和利润。

（一）分部分项工程费

分部分项工程费是指各专业工程的分部分项工程应予列支的各项费用。

1. 专业工程

专业工程是指按现行国家工程量清单规范划分的房屋建筑与装饰工程、仿古建筑工程、通用安装工程、市政工程、园林绿化工程、矿山工程、构筑物工程、城市轨道交通工程、爆破工程等各类工程。

2. 分部分项工程

分部分项工程指按现行国家工程量计算规范对各专业工程划分的项目。如房屋建筑与装饰工程划分的土石方工程、地基处理与桩基工程、砌筑工程、钢筋及钢筋混凝土工程等。

矿山工程包含露天工程和井巷工程，而井巷工程则主要包括冻结工程、钻井工程、立井井筒工程、斜井井筒工程、平硐及平巷工程、硐室工程、辅助系统工程等。

其他各类专业工程的分部分项工程划分见现行国家或行业计算规范。

（二）措施项目费

措施项目费是指为完成建设工程施工，发生于该工程施工前和施工过程中的技术、生活、安全、环境保护等方面的费用。内容包括：

1. 安全文明施工费

（1）环境保护费：是指施工现场为达到环保部门要求所需要的各项费用。

（2）文明施工费：是指施工现场文明施工所需要的各项费用。

（3）安全施工费：是指施工现场安全施工所需要的各项费用。

（4）临时设施费：是指施工企业为进行建设工程施工所必须搭设的生活和生产用的临时建筑物、构筑物和其他临时设施费用，包括临时设施的搭设、维修、拆除、清理费或摊销费等。

2. 夜间施工增加费：是指因夜间施工所发生的夜班补助费、夜间施工降效、夜间施工照明设备摊销及照明用电等费用。

3. 二次搬运费：是指因施工场地条件限制而发生的材料、构配件、半成品等一次运输不能到达堆放地点，必须进行二次或多次搬运所发生的费用。

4. 冬、雨期施工增加费：是指在冬期或雨期施工需增加的临时设施、防滑、排除雨雪，人工及施工机械效率降低等费用。

5. 已完工程及设备保护费：是指竣工验收前，对已完工程及设备采取的必要保护措施所发生的费用。

6. 工程定位复测费：是指工程施工过程中进行全部施工测量放线和复测工作的费用。

7. 特殊地区施工增加费：是指工程在沙漠或其边缘地区、高海拔、高寒、原始森林等特殊地区施工增加的费用。

8. 大型机械设备进出场及安拆费：是指机械整体或分体自停放场地运至施工现场或由一个施工地点运至另一个施工地点，所发生的机械进出场运输及转移费用及机械在施工现场进行安装、拆卸所需的人工费、材料费、机械费、试运转费和安装所需的辅助设施的费用。

9. 脚手架工程费：是指施工需要的各种脚手架搭、拆、运输费用以及脚手架购置费的摊销（或租赁）费用。

措施项目及其包含的内容详见各类专业工程的现行国家或行业计量规范。

（三）其他项目费

1. 暂列金额：是指建设单位在工程量清单中暂定并包括在工程合同价款中的一笔款项。用于施工合同签订时尚未确定或者不可预见的所需材料、工程设备、服务的采购，施工中可能发生的工程变更、合同约定调整因素出现时的工程价款调整以及发生的索赔、现场签证确认等的费用。

2. 计日工：是指在施工过程中，施工企业完成建设单位提出的施工图纸以外的零星项目或工作所需的费用。

3. 总承包服务费：是指总承包人为配合、协调建设单位进行的专业工程发包，对建设单位自行采购的材料、工程设备等进行保管以及施工现场管理、竣工资料汇总整理等服务所需的费用。

（四）规费

（五）税金

三、建筑业营业税改征增值税相关规定和变化

2016 年 3 月，财政部、国家税务总局正式颁布《关于全面推开营业税改征增值税试点的通知》（财税〔2016〕36 号）（以下简称《通知》）。根据《通知》规定，2016 年 5 月 1 日后，建筑业实行营业税改征增值税（以下简称营改增），建筑业的增值率税率和增值税征收率为 11%（适用一般计税方法）和 3%（适用简易计税方法）。为满足建筑业营改增后建设工程计价的需要，住房和城乡建设部及各省住房和城乡建设部门陆续下发"建筑业营改增建设工程计价依据调整"的通知，通过对住房和城乡建设部和各地调整办法分析，建设工程计价营改增主要变化为：

（一）适用简易计税方法计税的工程造价

适用简易计税方法计税的工程，适用 3% 的增值税征收率，简易计税方法的应纳税额，是指按照销售额和增值税征收率计算的增值税额，不得抵扣进项税额。应纳税额计算公式：应纳税额＝销售额 × 征收率。试点纳税人提供建筑服务适用简易计税方法的，以取得的全部价款和价外费用扣除支付的分包款后的余额为销售额。以下几种情况可适用简易计税方法计税：小规模纳税人发生应税行为、一般纳税人以清包工方式提供的建筑服务、一般纳税人为甲供工程提供的建筑服务、一般纳税人为建筑工程老项目（开工日期在2016年4月30日前的建筑工程项目）提供的建筑服务。

（二）适用一般计税方法计税的工程造价

工程量清单计价、定额计价均按照"价税分离"计价规则进行计价。工程造价＝税前工程造价×（1＋11%）。其中，11%为建筑业适用增值税税率（根据相关文件规定，2018年5月1日后，适用一般计税方法的建筑业增值税税率调整为10%；2019年4月1日后，适用一般计税方法计税的建筑业增值税税率调整为9%），税前工程造价为人工费、材料费、施工机具使用费、企业管理费、利润和规费之和，各费用项目均以不包含增值税可抵扣进项税额的价格计算，相应计价依据按上述方法调整。企业管理费包括预算定额的原组成内容，城市维护建设税、教育费附加以及地方教育费附加，营改增增加的管理费用等。建筑安装工程费用的税金是指国家税法规定应计入建筑安装工程造价内的增值税销项税额。

四、建筑业营业税改征增值税煤炭建设工程计价依据调整办法相关内容

中国煤炭建设协会于2016年5月制定了建筑业营改增后煤炭建设工程计价依据调整办法。

（一）调整原则

工程造价按照"价税分离"计价规则进行计价，参见一般计税方法计税的工程造价。

（二）适用范围

1. 凡煤炭建设工程开工报告（建筑工程施工许可证）注明的承包合同开工日期或未取得开工报告（建筑工程施工许可证）的承包合同注明的开工日期，在2016年5月1日（含）后的煤炭建设矿山工程、地面建筑工程、机电设备安装工程，按本调整办法执行。

2. 开工日期在2016年4月30日前的煤炭建设工程，选择适用简易计税方法的工程，包括以清包工方式提供的建筑服务和为甲供工程提供的建筑服务等，可按营改增前的计价依据执行。

（三）调整办法

1. 人工费，按现行定额中的单价计算人工费。

2. 材料费，组成材料价格的各项费用均按不含增值税进项税额后的价格确定。

3. 施工机械使用费，组成施工机械台班单价的各项费用均按不含增值税进项税额的价格确定。除税施工机械使用费＝定额施工机械费×调整系数。

4. 企业管理费及组织措施费均按不含增值税进项税额的价格确定。企业管理费增加城市维护建设税、教育费附加、地方教育费附加；调整增加危险作业意外伤害保险费。

5. 规费按原计价依据、规定执行。取消危险作业意外伤害保险费。

6. 税金是指国家税法规定应计入建安工程造价内的增值税销项税额。

注：增值税计算参见前文"建筑业营业税改增值税相关规定和变化"。

2G320062　矿业工程定额体系

一、工程定额体系的构成

矿业工程定额体系可以按照不同的原则和方法对其进行分类，见图2G320062。

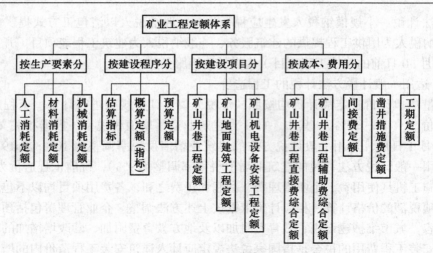

图 2G320062　矿业工程定额体系

二、矿业工程常用定额分类

（一）按反映的物质消耗的内容分类

1. 人工消耗定额：指完成一定合格产品所消耗的人工的数量标准；

2. 材料消耗定额：指完成一定合格产品所消耗的材料的数量标准；

3. 机械消耗定额：指完成一定合格产品所消耗的施工机械的数量标准。

（二）按编制程序分类

1. 施工定额

施工定额是在正常的施工技术和组织条件下，以工序或施工过程为对象，按平均先进水平制定的为完成单位合格产品所需消耗的人工、材料、机械台班的数量标准。施工定额是工程建设定额中分项最细，定额子目最多的一种定额。

2. 预算定额

预算定额是完成规定计量单位合格分项工程所需的人工、材料、施工机械台班消耗量的标准，是统一预算工程量计算规则、项目划分、计量单位的依据，是编制地区单位计价表，确定工程价格，编制施工图预算的依据，也是编制概算定额（指标）的基础；也可作为制定招标工程招标控制价、企业定额和投标报价的基础。预算定额一般适用于新建、扩建、改建工程。

3. 概算定额（指标）

概算定额是在预算定额基础上以主要分项工程综合相关分项的扩大定额，是编制初步设计概算的依据，也可作为编制估算指标的基础。

4. 估算指标

估算指标是估算指标编制项目建议书、可行性研究报告投资估算的依据，是在现有工程价格资料的基础上，经分析整理得出的。估算指标为建设工程的投资估算提供依据，是合理确定项目投资的基础。

（三）按建设工程内容分类

1. 矿业地面建筑工程定额

矿业地面建筑工程定额采用我国通用的土建定额、装饰定额等。

2. 矿业机电设备安装工程定额

矿业机电设备安装工程定额采用国家同类内容。矿业特殊凿井施工也采用机电设备安装定额。

3. 井巷工程定额

井巷工程定额是矿业工程专业定额。

（四）按定额的适用范围分类

按定额的适用范围分类可分为国家定额、行业定额、地区定额和企业定额。

1. 国家定额是指国家建设行政主管部门组织，依据现行有关的国家产品标准、设计规范、施工及验收规范、技术操作规程、质量评定标准和安全操作规程，综合全国工程建设情况、施工企业技术装备水平和管理情况进行编制、批准、发布，在全国范围内使用的定额。目前我国的国家定额有土建工程基础定额、安装工程预算定额等。

2. 行业定额是指由行业建设行政主管部门组织，依据行业标准和规范，考虑行业工程建设特点、本行业施工企业技术装备水平和管理情况进行编制、批准、发布，在本行业范围内使用的定额。目前我国的各行业几乎都有自己的行业定额。

3. 地区定额是指由地区建设行政主管部门组织，考虑地区工程建设特点，对国家定额进行调整、补充编制并批准、发布，在本地区范围内使用的定额。目前我国的地区定额一般都是在国家定额的基础上编制的地区单位计价表。

4. 企业定额是指由施工企业根据本企业的人员素质、机械装备程度和企业管理水平，参照国家、部门或地区定额进行编制，只在本企业投标报价时使用的定额。企业定额水平应高于国家、行业或地区定额，才能适应投标报价，增强市场竞争能力的要求。

（五）按构成工程的成本和费用分类

按构成工程的成本和费用分类，可将定额分为构成直接工程成本的定额（直接费定额、其他直接费定额和现场经费定额等）、构成间接费的定额（企业管理费、财务费用和其他费用定额等）以及构成工程建设其他费用的定额（土地征用费、拆迁安置费、建设单位管理费定额等）。

2G320063 工程量清单计价方法及其应用

一、工程量清单的构成

工程量清单是指载明建设工程的分部分项工程项目、措施项目、其他项目、规费项目和税金项目的名称和相应数量等内容的明细清单。在建设工程发承包及实施过程的不同阶段，可分别称为招标工程量清单、已标价工程量清单等。招标工程量清单应由具有编制能力的招标人或受其委托、具有相应资质的工程造价咨询人编制，由分部分项工程项目清单、措施项目清单、其他项目清单、规费项目清单和税金项目清单组成。

1. 分部分项工程项目清单必须载明项目编码、项目名称、项目特征、计量单位和工程数量。

2. 措施项目清单必须根据相关工程现行国家计量规范的规定编制，应根据拟建工程的实际情况列项。

3. 其他项目清单应按照暂列金额、暂估价（包括材料暂估单价、工程设备暂估单价、专业工程暂估价）、计日工和总承包服务费内容进行列项。

4. 规费项目清单应按照社会保险费（养老保险费、失业保险费、医疗保险费、工伤保险费、生育保险费）、住房公积金进行列项。

5. 税金项目清单包括增值税。

已标价工程量清单则是指构成合同文件组成部分的投标文件中已标明价格，且承包人已确认的工程量清单。

二、工程量清单的计价方法

工程量清单应采用综合单价计价，综合单价是指完成一个规定清单项目所需的人工费、材料和工程设备费、施工机具使用费、企业管理费、利润及一定范围内的风险费用。建设工程发承包及实施阶段的工程造价由分部分项工程费、措施项目费、其他项目费、规费和税金组成。

1. 招标控制价与投标价

招标控制价是招标人根据国家或省级、行业建设主管部门颁发的有关计价依据和办法，以及拟定的招标文件和招标工程量清单，结合工程具体情况编制的工程最高投标限价。投标价则指投标人投标时响应招标文件要求所报出的对已标价工程量清单汇总后标明的总价，投标人必须按招标工程量清单填报价格。招标控制价是《建设工程工程量清单计价规范》GB 50500—2013 中的表述，《中华人民共和国招标投标法实施条例》中的表述为最高投标限价。

2. 分部分项工程和措施项目中的单价项目，应根据招标文件和招标工程量清单项目中的特征描述及要求确定综合单价。

3. 措施项目中的总价项目计价应根据招标文件及拟建工程的施工组织设计或施工方案确定。措施项目中的安全文明施工费必须按国家或省级、行业建设主管部门的规定计算，不得作为竞争性费用。

4. 其他项目计价：暂列金额和专业工程暂估价应按招标工程量清单中列出的金额填写；材料、工程设备暂估价应按招标工程量清单中列出的单价计入综合单价；计日工和总承包服务费按招标工程量清单中列出的内容和要求计算。材料（设备）暂估价、确认价均应为除税单价，结算价格差额只计取税金。专业工程暂估价应为营改增后的工程造价。

5. 建设工程发承包，必须在招标文件、合同中明确计价中的风险内容及其范围，不得采用无限风险、所有风险或类似语句规定风险内容及范围。风险幅度确定原则：风险幅度均以材料（设备）、施工机具台班等对应除税单价为依据计算。

6. 规定在建筑业营改增后适用一般计税方法计税的建筑工程，在发承包及实施阶段的各项计价活动，包括招标控制价的编制、投标报价、竣工结算等，除税务部门另有规定外，必须按照"价税分离"计价规则进行计价，具体要素价格适用增值税税率执行财税部门的相关规定。规定在建筑业营改增后选择适用简易计税方法计税的建筑工程，在发承包及实施阶段的各项计价活动，可参照原合同价或营改增前的计价依据执行，并执行财税部门的规定。

2G320064   工程量变更及费用计算

一、合同价款调整的事项

1. 当下列事项发生，发承包双方应当按照合同约定调整合同价款：

（1）法律法规变化；

（2）工程变更；

（3）项目特征不符；

（4）工程量清单缺项；

（5）工程量偏差；

（6）计日工；

（7）物价变化；

（8）暂估价；

（9）不可抗力；

（10）提前竣工（赶工补偿）；

（11）误期赔偿；

（12）索赔；

（13）现场签证；

（14）暂列金额；

（15）发承包双方约定的其他调整事项。

2. 合同价款调整的程序

（1）出现合同价款调增事项（不含工程量偏差、计日工、现场签证、索赔）后的 14d 内，承包人应向发包人提交合同价款调增报告并附上相关资料；承包人在 14d 内未提交合同价款调增报告的，应视为承包人对该事项不存在调整价款请求。

（2）出现合同价款调减事项（不含工程量偏差、施工索赔）后的 14d 内，发包人应向承包人提交合同价款调减报告并附相关资料；发包人在 14d 内未提交合同价款调减报告的，应视为发包人对该事项不存在调整价款请求。

（3）发（承）包人应在收到承（发）包人合同价款调增（减）报告及相关资料之日起 14d 内对其核实，予以确认的应书面通知承（发）包人。发（承）包人在收到合同价款调增（减）报告之日起 14d 内未确认也未提出协商意见的，视为承（发）包人提交的合同价款调增（减）报告已被发（承）包人认可。发（承）包人提出协商意见的，承（发）包人应在收到协商意见后的 14d 内对其核实，予以确认的应书面通知发（承）包人。承（发）包人在收到发（承）包人的协商意见后 14d 内既不确认也未提出不同意见的，视为发（承）包人提出的意见已被承（发）包人认可。

（4）发包人与承包人对合同价款调整的不同意见不能达成一致，只要对承发包双方履约不产生实质影响，双方应继续履行合同义务，直到其按照合同约定的争议解决方式得到处理。

（5）经发承包双方确认调整的合同价款，作为追加（减）合同价款，与工程进度款或结算款同期支付。

二、合同价款调整费用计算的有关规定

1. 国家的法律、法规、规章和政策发生变化影响工程造价的，应按省级或行业建设主管部门或其授权的工程造价管理机构据此发布的规定调整合同价款。

2. 施工中出现施工图纸（含设计变更）与招标工程量清单项目的特征描述不符，应按照实际施工的项目特征，重新确定相应工程量清单项目的综合单价，并调整合同价款。

　　3. 因工程变更引起已标价工程量清单项目或其工程数量发生变化时，应按下列规定调整：

　　（1）已标价工程量清单中有适用于变更工程项目的，项目的单价，按合同中已有的综合单价确定；

　　（2）已标价工程量清单中没有适用但有类似于变更工程项目的，可在合理范围内参照类似项目的单价；

　　（3）已标价工程量清单中没有适用也没有类似于变更工程项目的，由承包人根据变更工程资料、计量规则和计价办法、工程造价管理机构发布的信息价格和承包人报价浮动率提出变更工程项目的单价，报发包人确认后调整。

　　承包人报价浮动率可按下列公式计算：

　　1）招标工程

　　承包人报价浮动率 $L =$（$1 -$ 中标价 / 招标控制价）$\times 100\%$

　　2）非招标工程

　　承包人报价浮动率 $L =$（$1 -$ 报价 / 施工图预算）$\times 100\%$

　　（4）已标价工程量清单中没有适用也没有类似于变更工程项目，且工程造价管理机构发布的信息价格缺价的，由承包人根据变更工程资料、计量规则、计价办法和通过市场调查等取得有合法依据的市场价格提出变更工程项目的单价，报发包人确认后调整。

　　4. 工程变更引起施工方案改变并使措施项目发生变化时，承包人提出调整措施项目费的，应事先将拟实施的方案提交发包人确认，并应详细说明与原方案措施项目相比的变化情况。拟实施的方案经发承包双方确认后执行，并按照规范规定调整措施项目费。

　　5. 对于招标工程量清单项目，当应予计算的实际工程量与招标工程量清单出现的偏差和工程变更等原因导致的工程量偏差超过 15% 时，可进行调整。当工程量增加 15% 以上时，增加部分的工程量的综合单价应予调低；当工程量减少 15% 时，减少后剩余部分的工程量的综合单价应予调高。

　　6. 合同履行期间，因人工、材料、工程设备、机械台班价格波动影响合同价款时，应根据合同约定，按规范规定的方法调整合同价款。

　　7. 因不可抗力事件导致的费用，发、承包双方应按以下原则分别承担并调整工程价款。

　　（1）合同工程本身的损害、因工程损害导致第三方人员伤亡和财产损失以及运至施工现场用于施工的材料和待安装的设备的损害，由发包人承担；

　　（2）发包人、承包人人员伤亡由其所在单位负责，并承担相应费用；

　　（3）承包人的施工机械设备的损坏及停工损失，由承包人承担；

　　（4）停工期间，承包人应发包人要求留在施工现场的必要的管理人员及保卫人员的费用由发包人承担；

　　（5）工程所需清理、修复费用，由发包人承担。

2G320065 施工成本控制方法

矿业工程施工成本控制方法主要有：成本分析表法、工期—成本同步分析法、挣值法、价值工程方法。

一、成本分析表法

项目成本分析表法是指利用各种表格进行成本分析和控制的方法。应用成本分析表法可以清晰地进行成本比较研究。常见的成本分析表有月成本分析表、成本日报或周报表、月成本计算及最终预测报告表。

二、工期—成本同步分析法

成本控制与进度控制之间有着必然的同步关系。因为成本是伴随着工程进展而发生的。如果成本与进度不对应，说明项目进展中出现虚盈或虚亏的不正常现象。

施工成本的实际开支与计划不相符，往往是由两个因素引起的：一是在某道工序上的成本开支超出计划；二是某道工序的施工进度与计划不符。因此，要想找出成本变化的真正原因，实施良好有效的成本控制措施，必须与进度计划的适时更新相结合。

三、挣值法

挣值法是对成本－进度进行综合控制的一种分析方法。通过比较已完工程预算成本（BCWP）与已完工程实际成本（ACWP）之间的差值，可以分析由于实际价格的变化而引起的累计成本偏差；通过比较已完工程预算成本（BCWP）与拟完工程预算成本（BCWS）之间的差值，可以分析由于进度偏差而引起的累计成本偏差。并通过计算后续未完工程的计划成本余额，预测其尚需的成本数额，从而为后续工程施工的成本、进度控制及寻求降本挖潜途径指明方向。

四、价值工程方法

价值工程方法是进行事前成本控制的重要方法，在设计阶段，研究工程设计的技术合理性，探索有无改进的可能性，在提高功能的条件下，降低成本。同样它可以应用在施工阶段，通过价值工程活动，进行施工方案的技术经济分析，确定最佳施工方案，降低施工成本。

2G320066 永久设施的利用与费用管理

一、永久设施利用的一般概念

1. 利用永久设施的基础

矿山工程建设的辅助生产系统与采矿生产有许多相似的内容，这些辅助设施的建成，既为矿山建设工程的施工提供便利，也为这些设施早日发挥作用提供了条件。矿山工程建设是需要一定建设周期的，建设工程投资是一个渐进的过程，对于已经建成的竣工工程，在该项目建成移交前也存在着维护看管的问题。因此充分地利用已竣工工程和永久设备服务于基建工程，一方面从整体上减少了建设成本的重复投入，同时也赢得施工准备时间，缩短建设时间，使建设、施工双方共赢。

2. 利用永久设施的依据

为了明确建设和承包施工方在利用永久建筑物、永久设备所连带的经济利益关系。就永久设施的利用和相关事项的处理问题，国家有关主管部门的文件曾指出，建设工程概算指标的"凿井措施工程费指标"项目的编制，应考虑利用部分永久工程的情况。在实施中，建设单位应统筹安排，尽量无偿提供永久建筑给施工单位使用。

3. 永久设施利用的要求

（1）加强已竣工的单位工程实物管理

一般情况竣工验收后的实物应由建设单位负责管理，必要时也可委托施工单位代为管理；建设单位需要暂时使用的已竣工单位工程，应与建设单位订立协议，明确管理责任和经济责任，并在移交前重新全面整修，所有维修费用应由使用单位列入施工成本；如施工单位作为营利性用途，应实行有偿使用的办法，补偿经费移交时一并纳入建设单位。

（2）做好停建、缓建项目和工程报废的处理

尤其对于矿山井巷工程因地质、自然条件变化造成已施工的部分失去使用价值时，应按规定做好技术鉴定工作，附相关技术文件（资料、图纸、价值计算以及报废原因等），报经主管部门批准，不得擅自处理。报废工程损失属无效投资支出，计入单项工程成本。

二、永久设施利用实施办法

（一）实施原则

所有列入凿井措施工程费范围内的永久建筑物、构筑物和永久设备的利用，对承包施工单位而言是无偿使用的；而在使用凿井措施工程以外的永久工程、永久设备时，则应是遵循有偿使用的原则。

根据永久工程和设备的完工时间与施工组织所需要时间之间的相吻合情况，更为主要的是考虑建设单位是否同意使用。利用永久工程和设备的双方必须通过合同的方法来明确双方的责任和权利，经济利益确定和费用来源更应以合同的方式加以明确。

（二）实施办法和内容

依据矿山工程造价费用定额的现行规定，施工方利用永久建筑工程和设备的费用来源是：

1. 属于施工准备工程的工程和设备，从费用性质看是在项目施工的准备阶段的四通一平工程，它是指为建设项目开工前修建的临时场外公路、轨电线路、输水管路、通信线路等工程费用，以及为修建凿井措施工程而发生的平整场地费用。四通一平工程属于发包人工作，也可以委托给承包人办理，但其费用应由发包人承担负责，所以承包方在利用这部分永久工程和设备时是可以无偿使用的。到移交生产前，由施工单位使用和代管期间的维护费用，可以列入建设工程其他费用指标，该项费用由建设单位安排使用。

2. 承包方使用属于凿井措施工程费范围内的永久工程和设备，原则上是无偿使用的，在工程项目实施过程中建设单位应统筹安排，尽量提供给施工单位使用。

3. 属于临时设施费范围内的工程，一般其费用来源是直接工程费项下的现场经费。中标工程报价或工程量清单报价中已包含了此项费用，承包方在使用这部分永久工程时，其费用由承包方承担，具体支付数额和方式，双方在合同中约定。

4. 当利用永久压风管路、矿灯、充电电机车运输和永久轨道等永久工程和设备时，由于是属于直接费项下的内容，应由承包方负责支出。

5. 利用永久压风机房设备，其费用来源由直接定额费中的机械费列支，同样由承包方负责支出。

6. 利用永久建筑工程维修补助费：按工业广场内永久建筑工程造价的 0.5% 计算，由建设单位安排和使用。

【案例 2G320060-1】

1. 背景

某施工单位承担了一井筒的施工，井深 500m，其建筑安装工程费除税金以外主要包括：人工费 780 万元，材料费（含工程设备）600 万元，利润 150 万元，规费 210 万元。合同还约定施工机械使用费：折旧 180 万元，大修及经常修理 30 万元，燃料动力费 270 万元，机械人工费 90 万元，安拆费及场外运费 60 万元。工程工期 15 个月。如果工程量增减在 5% 以内时，仅有人工费、材料费（含工程设备）、施工机具使用费作调整。工程停工时的计费与正常相同。工程施工中，发生下述 3 个事件：

（1）井筒穿过一含水层，施工单位凭经验通过，但发生了淹井，造成设备损失 10 万元，返修井壁 20 万元，事故处理 80 万元，停工 0.5 个月，处理 1 个月。

（2）施工中发生不可抗力事件，造成施工机具损失 8 万元，施工现场待安装设备损失 16 万元。施工单位工伤 10 万元，施工方窝工损失 10 万元，工程清理修复 20 万元，影响工期 1 个月。

（3）建设单位提出要求井筒加深 10m，需要材料费 7 万元，人工费 8 万元，增加工期 0.2 月。

2. 问题

（1）建筑安装工程费用税前造价组成还缺少哪一项？

（2）事件（1）造成的直接损失是哪些？施工单位应吸取的教训是什么？

（3）针对事件（2），施工单位可索赔哪些？

（4）针对事件（3），工程变更应如何调价？

3. 分析与答案

（1）建筑安装工程费由人工费、材料费（含工程设备）、施工机具使用费、企业管理费、利润、规费、税金组成。因此，本工程费用组成还缺少企业管理费。

（2）事件（1）造成的直接损失费是：施工设备损失费、事故处理及相关费用、井筒修复费，还有人工费、施工机械使用损失费、企业管理费损失。但得不到工期和费用索赔，原因是施工单位没有做好井筒防水工作，应吸取的教训是"有疑必探"，认真做好井筒防水预案，确保发生事故时能有效地进行处理。

（3）针对事件（2），施工单位可索赔费用及工期。可索赔施工现场待安装设备损失 16 万元，工程清理修复费 20 万元，工期延长 1 个月。

（4）针对事件（3），井筒加深 10m，工程量增减在 5% 以内，故仅有人工费、材料费（含工程设备）、施工机具使用费作调整。材料费 7 万元，人工费 8 万元应增加；另外工期 0.2 个月的施工机械折旧、大修及维修、动力费、机械人工费应当按比例补偿，其值为 $0.2 \times (180 + 30 + 270 + 90)/15 = 7.6$ 万元。

合同总价调整应增加：$7 + 8 + 7.6 = 22.6$ 万元

【案例 2G320060-2】

1. 背景

某矿业工程项目的施工合同总价为 8000 万元，合同工期 18 个月，在施工过程中，发生如下事件：

（1）在施工过程中由于建设单位提出对原有设计文件进行修改，使施工单位停工1.5个月（全场性停工）。施工单位向监理工程师提出工期索赔和费用索赔，其中费用索赔计算中有以下一项（费率为合同约定）：由于建设单位修改变更设计图纸延误，损失1.5个月的企业管理费：企业管理费＝合同总价÷工期×管理费费率×延误时间＝8000万元÷18个月×7%×1.5个月＝46.67万元。

（2）在巷道整体支护混凝土工程施工中，为了使施工质量得到保证，施工单位除了按设计文件要求对基底进行妥善处理外，还将混凝土的强度由C30提高到C35。施工单位提出由于基础混凝土强度的提高索赔15万元。

2. 问题

（1）监理工程师应如何处理施工单位提出的索赔？

（2）是否同意事件（1）中的费用索赔？

（3）是否同意因施工单位提高混凝土强度的费用索赔？

3. 分析与答案

（1）监理工程师应当同意由于设计变更而造成的工期延长和相应的费用损失。因为施工单位的工期影响是由于建设单位提出设计变更引起的。而对基础混凝土强度的提高不应给予赔偿，因为是施工单位自身所采取的措施，且未经监理和建设单位同意。

（2）建设单位由于修改设计造成了施工全场性的停工，不仅直接拖延了施工单位完成项目的时间，还可能导致施工单位的人员调动、生产效率下降及机械设备闲置等损失，因此，应同意给予施工单位的费用补偿。但背景材料中所列的计算方法不正确，因为管理费的计算不能以合同价为基数乘相应费率，而通常应以人工费与机械费的和（或人工费或分部分项工程费）为基数乘相应的费率来计算，所以监理工程师不应同意以上提出的索赔费用，而应要求施工单位重新进行计算。

（3）对施工单位提高混凝土强度的费用，不应同意其索赔要求。因这一保证质量措施是施工单位的技术措施，而不是规范、设计、合同的要求，施工单位要求的变更没有经建设单位的同意。本案例的施工单位也没有表明其有申请索赔的行为以及建设单位同意变更的指示，所以这一措施造成的成本增加应由施工单位自己承担。

【案例 2G320060-3】

1. 背景

某施工单位承担了一井筒的施工项目，该工程项目施工合同价为560万元，合同工期为6个月，施工合同规定：

（1）开工前建设单位向施工单位支付合同价20%的预付款。

（2）建设单位自第一个月起，按施工单位的实际完成产值10%的比例扣保留金，保留金限额为合同价的3%，保留金到第三月底全部扣完。

（3）预付款在最后两个月扣除，每月扣50%。

（4）工程进度款按月结算，不考虑调价。

（5）建设单位供料价款在发生当月的工程款中扣回。

（6）若施工单位每月实际完成的产值不足计划产值的90%时，建设单位可按实际完成产值的8%的比例扣留工程进度款，各月实际产值见表2G320060。

<table>
<tr><td colspan="7" align="center">进度计划与产值数据表（单位：万元）　　　　　　表 2G320060</td></tr>
</table>

时间（月）	1	2	3	4	5	6
计划完成产值	70	90	110	110	100	80
实际完成产值	70	80	120	110	100	80
建设单位供料价款	8	12	15			

2. 问题

（1）该工程的工程预付款是多少万元？应扣留的保留金为多少万元？

（2）第 1 个月到第 3 个月各月签证的工程款是多少？应签发的付款凭证金额是多少？

（3）3 月底时建设单位已支付施工单位各类工程款多少万元？

3. 分析与答案

（1）工程预付款为：560×20% = 112 万元

保留金为：560×3% = 16.8 万元

（2）第 1 个月：签证的工程款为：70×（1−0.1）= 63 万元

应签发的付款凭证金额为：63−8 = 55 万元

第 2 个月：本月实际完成产值不足计划产值的 90%，即 80/90 = 88.9%＜90%

签证的工程款为：80×（1−0.1）−80×8% = 65.6 万元

应签发的付款凭证金额为：65.6−12 = 53.6 万元

第 3 个月：本月扣保留金为：16.8−（70＋80）×10% = 1.8 万元

应签证的工程款为：120−1.8 = 118.2 万元

应签发的付款凭证金额为：118.2−15 = 103.2 万元

（3）合同终止时建设单位已支付施工单位工程款为：112＋55＋53.6＋103.2 = 323.8 万元

【案例 2G320060-4】

1. 背景

某井筒工程 2017 年 3 月 1 日签署合同，合同价 1000 万元，合同约定采用价格指数法调整物价变化引起的合同价款调整，其中固定部分占合同比重为 0.2。2018 年 3 月 1 日结算时与基期价格指数相比，钢材涨价 15%，水泥涨价 20%，人工涨价 22%，其余价格未发生变化，其中钢材、水泥和人工占可调值部分的比例分别为 10%、25% 和 35%。

2. 问题

（1）计算工程实际结算价。

（2）调整的价格差额是多少？

3. 分析与答案

（1）由于钢材、水泥和人工占可调值部分的比例分别为 10%、25% 和 35%，则可调值部分中价格未发生波动的比例为 1−0.1−0.25−0.35 = 0.3；

工程实际结算价 = 1000×[0.2＋0.8（1.15×0.1＋1.2×0.25＋1.22×0.35＋1×0.3）]
　　　　　　　　= 1113.6 万元

（2）调整的价格差额 = 1113.6−1000 = 113.6 万元

2G320070　矿业工程项目施工招标投标管理

2G320071　工程项目招标承包的形式和内容

一、工程项目招标承包的形式

矿业工程项目的施工招标承包方式主要有以下几种情况：

1. 项目总承包

项目总承包即从可行性研究、勘察设计、施工、设备订货、职工培训直到竣工验收，全部工作交由一个承包公司完成。这种承包方式要求承包公司有丰富的经验和雄厚的实力。目前，它主要适用于洗煤厂、机厂之类的单项工程或集中住宅区的建筑群等。总承包商的选择是关键。

2. 分阶段平行承发包

把矿业工程项目某些阶段或某一阶段的工作分别招标承包给若干单位。如把矿井建设分为可行性研究、勘察设计、施工、设备订货、培训等几个阶段分别进行招标承包。这是目前多数项目采用的承包方式。

3. 专项招标承包

这是指某一建设阶段的某一专门项目，由于专业技术性较强，需由专门的企业进行建设。如立井井筒凿井、各种特殊法凿井等专项招标承包。也有对提升机、通风机、综采设备等实行专项承包的做法。

二、矿业工程项目招标承包的内容

根据矿业工程建设特点，从工程项目的角度可按照下列内容进行招标。

1. 以矿井、洗煤厂的单项工程设计所包括的全部工程内容进行招标。

2. 按施工组织设计规定的工程阶段进行招标，如施工准备、井筒、主巷道及硐室、洗煤厂、场内工业及公用建筑、生活区建筑、公路、铁路、通信、供水、供电等若干独立工程进行招标。

3. 已报建的在建项目应按可独立划分的工程进行招标。

三、招标方式

根据《中华人民共和国招标投标法》规定，招标方式为公开招标和邀请招标两类。

（一）公开招标

公开招标是指招标人通过报刊、广播、电视等公开方式发布招标公告，邀请不特定的法人或者其他组织投标。其特点是能保证竞争的充分性：

1. 招标人以招标公告的方式邀请投标；

2. 邀请投标的对象为不特定的法人或者其他组织。

（二）邀请招标

邀请招标是指招标人以投标邀请书的方式邀请特定的法人或者其他组织投标。其特征体现在有限竞争：

1. 招标人向三个以上（含三个）具备承担招标项目能力、资信良好的特定法人或者其他组织发出投标邀请；

2. 邀请投标的对象是特定的法人或者其他组织。

2G320072 项目招标投标文件的内容及其编制

一、招标文件内容

工程招标代理机构与招标人应当签订书面委托合同，并按双方约定的标准收取招标代理费。

招标文件一般包括下列内容：

1. 招标公告或投标邀请书；
2. 投标人须知；
3. 合同主要条款；
4. 投标文件格式；
5. 采用工程量清单招标的，应当提供工程量清单；
6. 技术条款；
7. 设计图纸；
8. 评标标准和方法；
9. 投标辅助材料；
10. 其他要求资料（如当地准入条件要求，准入备案资料要求等）。

招标人应当在招标文件中规定实质性要求和条件，并用醒目的方式标明。

招标人可以要求投标人在提交符合招标文件规定要求的投标文件外，提交备选投标方案，但应当在招标文件中做出说明，并提出相应的评审和比较办法。

招标文件规定的各项技术标准应符合国家强制性标准。

招标文件中规定的各项技术标准均不得要求或标明某一特定的专利、商标、名称、设计、原产地或生产供应者，不得含有倾向或者排斥潜在投标人的其他内容。如果必须引用某一生产供应者的技术标准才能准确或清楚地说明拟招标项目的技术标准时，则应当在参照后面加上"或相当于"的字样。

二、招标文件编制要求

招标文件的编制要求主要体现在以下几个方面：

1. 内容全面；
2. 条件合理；
3. 标准和要求明确。

招标文件应明确说明以下几点内容：

（1）投标人资质、资格标准；

（2）工程的地点、内容、规模、费用项目划分、分部分项工程划分及其工程量计算标准；

（3）工程的主要材料、设备的技术规格及工程施工技术的质量标准、工程验收标准，投标的价格形式；

（4）投标文件的内容要求和格式标准，投标期限要求，标书允许使用的语言；

（5）相关的优惠标准，合同签订及执行过程中对双方的奖、惩标准，货币的支付要求和兑换标准；

（6）投标保证金、履约保证金等的标准；

（7）投标人投标及授予合同的基本标准等。

4. 内容统一、文字规范简练

施工招标项目需要划分标段、确定工期的，招标人应当合理划分标段、确定工期，并在招标文件中载明。对工程技术上紧密相连、不可分割的单位工程不得分割标段。

三、投标文件内容

投标人应当按照招标文件的要求编制投标文件。投标文件应当对招标文件提出的实质性要求和条件做出响应。

投标文件一般包括下列内容：

1. 投标函；

2. 投标报价；

3. 施工组织设计；

4. 商务和技术偏差表。

投标人根据招标文件载明的项目实际情况，拟在中标后将中标项目的部分非主体、非关键性工作进行分包的，应当在投标文件中载明。

四、投标文件编制要求

投标文件的编制要求主要体现在以下几方面：

1. 投标文件要内容完整、格式符合招标文件的要求；

2. 投标文件中必须明确的内容；

3. 投标人应按招标文件的划定和要求编制投标文件；

4. 投标文件应对招标文件提出的实质性要求做出明确响应；

5. 投标人不得以低于成本价竞标或其他不正当手段骗取中标。

投标文件应按规定的"投标文件格式"进行编写，递交的投标文件不予退还。逾期送达或未送达指定地点的投标文件，招标人不予受理。投标截止期前，允许投标人对已递交的投标文件修改、撤回，但应以书面形式通知招标人，修改的内容为投标文件的组成部分。投标截止期后投标人不得修改投标文件的内容。招标人应以书面形式对修改、澄清、调整内容进行确认。

2G320073 工程项目施工招标投标管理要求

一、招标投标管理基本要求

工程项目招标投标的性质及基本规定如下：

1. 工程项目招标投标的性质

招标投标是指业主提供工程发包、货物或服务采购的条件和要求，邀请众多投标人参加投标，并按照规定程序从中选择交易对象的一种市场交易行为。

工程投标是指各投标人依据自身能力和管理水平，按照工程招标文件规定的统一要求递交投标文件，以争取获得实施资格。

2. 关于工程项目实行招投标的规定

对必须招标的项目，任何单位和个人不得将其化整为零或者以其他任何方式规避招标。

施工招标可采用项目的全部工程招标、单位工程招标、特殊专业工程招标等方法，但不得对单位工程的分部、分项工程进行招标。

二、招投标管理机构及其职责

1. 住房和城乡建设部负责全国工程建设施工招标投标的管理工作，其主要职责是：贯彻执行国家有关工程建设招标投标的法律、法规和方针、政策，制定施工招标投标的规定和办法；指导、检查各地区、各部门招标投标工作。

2. 省、自治区、直辖市人民政府建设行政主管部门，负责管理本行政区域内的施工招标投标工作，其主要职责是：贯彻执行国家有关工程建设招标投标的法规和方针、政策，制定施工招标投标实施办法；监督、检查有关施工招标投标活动；审批咨询、监理等单位代理施工招标投标业务的资格。

3. 各级施工招标投标管理机构具体负责本行政区域内施工招标投标的管理工作。主要职责是：审查招标单位的资质；审查招标申请书和招标文件；审定标底；监督开标、评标、定标和议标；调解招标投标活动中的纠纷；监督承发包合同的签订、履行。

4. 行业基本建设管理部门对行业招投标工作进行监督管理工作，包括招标投标代理机构，设计、施工、监理单位的地方备案及日常监督管理。

三、开标 评标 定标的要求

开标、评标、定标活动，由招标人（招标单位或招标代理机构）主持进行；招标人应邀请有关部门参加开标会议，当众宣布评标、定标办法，启封投标书及补充函件，公布投标书的主要内容。

1. 拒收投标文件情形

投标文件有下列情形之一的，招标人应当拒收：

（1）逾期送达；

（2）未按招标文件要求密封。

2. 否决投标的情形

投标文件有下列情形之一的，评标委员会应当否决其投标：

（1）投标文件未经投标单位盖章和单位负责人签字；

（2）投标联合体没有提交共同投标协议；

（3）投标人不符合国家或者招标文件规定的资格条件；

（4）同一投标人提交两个以上不同的投标文件或者投标报价，但招标文件要求提交备选投标的除外；

（5）投标报价低于成本或者高于招标文件设定的最高投标限价；

（6）投标文件没有响应招标文件的实质性要求和条件；

（7）投标人有串通投标、弄虚作假、行贿等违法行为。

评标委员会由建设单位及其上级主管部门和建设单位邀请的有关单位组成。评标专家从专家库中随机抽取。

评标、定标应采用科学的方法。按照平等竞争、公正合理原则，一般应对投标单位的报价、工期、主要材料用量、施工方案、工程业绩、企业信誉等进行综合评价，择优确定中标单位。

2G320074   施工项目招标投标条件与程序

一、施工招标条件及形式

（一）施工招标应具备的条件

1. 招标人已经依法成立；

2. 初步设计及概算应当履行审批手续的，已经批准；

3. 有相应资金或资金来源已经落实；

4. 有招标所需的设计图纸及技术资料。

（二）招标内容和方式

1. 招标内容

矿业工程施工招标可以对一个单项工程项目招标，如矿井、选矿厂、专用铁路或公路等，也可以是一个或几个单位工程内容的招标，如井筒项目、巷道项目、厂房或办公楼等建（构）筑物。

2. 招标组织形式

招标的组织形式有自行招标和委托招标两种。

（1）自行招标

自行招标，就是具有编制招标文件和组织评标能力的招标人，可向有关行政监督部门进行备案后，自行办理招标事宜。

（2）委托招标

委托招标，就是招标人委托招标代理机构，在招标代理权限范围内，以招标人的名义组织招标工作。作为一种民事法律行为，委托招标属于委托代理的范畴。

根据《中华人民共和国招标投标法》的规定，招标人依法可以自行招标的，任何单位和个人不得强制其委托招标代理机构办理招标事宜；招标人委托招标的，招标人有权自行选择招标代理机构，任何单位和个人不得以任何方式为招标人指定招标代理机构。

二、招标工作的基本程序

招标的一般程序如下：组织招标机构→编制招标文件→发出招标通告或邀请函→投标人资格预审→发售招标文件→召开标前会议、组织现场踏勘→接受投标书→开标→初评→技术评审→商务评审→综合评审报告→决标→发出意向书→签订承包合同。

招标人在矿业工程招标程序中应注意的事项主要有：

1. 资格预审

资格预审的目的，一是保证投标人能够满足完成招标工作的要求；二是优选综合实力较强的投标人。

资格预审文件发售时间不少于5个工作日，发售截止日到资格预审申请文件提交日不少于5个工作日。

2. 现场考察和标前会议

招标人通过现场考察和标前会议，使投标人充分了解工程项目的现场自然条件、施工条件以及周围环境条件。

3. 开标和决标

确定中标人前，招标人不得与投标人就投标价格、投标方案等实质性内容进行谈判。招标人应该根据评标委员会提出的评标报告和推荐的中标候选人确定中标人，也可以授权评标委员会直接确定中标人。

招标人不得以不合理的标段或工期限制或者排斥潜在投标人或者投标人。依法必须进行施工招标的项目的招标人不得利用划分标段规避招标。

招标文件应当明确规定所有评标因素，以及如何将这些因素量化或者据以进行评估。

在评标过程中，不得改变招标文件中规定的评标标准、方法和中标条件。

招标文件应当规定一个适当的投标有效期，以保证招标人有足够的时间完成评标和与中标人签订合同。投标有效期从投标人提交投标文件截止之日起计算。

在原投标有效期结束前，出现特殊情况的，招标人可以书面形式要求所有投标人延长投标有效期。投标人同意延长的，不得要求或被允许修改其投标文件的实质性内容，但应当相应延长其投标保证金的有效期；投标人拒绝延长的，其投标失效，但投标人有权收回其投标保证金。因延长投标有效期造成投标人损失的，招标人应当给予补偿，但因不可抗力需要延长投标有效期的除外。

施工招标项目工期较长的，招标文件中可以规定工程造价指数体系、价格调整因素和调整方法。

招标人应当确定投标人编制投标文件所需要的合理时间；但是，依法必须进行招标的项目，自招标文件开始发出之日起至投标人提交投标文件截止之日止，最短不得少于20日。

招标人根据招标项目的具体情况，可以组织潜在投标人踏勘项目现场，向其介绍工程场地和相关环境的有关情况。潜在投标人依据招标人介绍情况作出的判断和决策，由投标人自行负责。

招标人不得单独或者分别组织任何一个投标人进行现场踏勘。

对于潜在投标人在阅读招标文件和现场踏勘中提出的疑问，招标人可以书面形式或召开投标预备会的方式解答，但需同时将解答以书面方式通知所有购买招标文件的潜在投标人。该解答的内容为招标文件的组成部分。

招标人设有最高投标限价的，应当在招标文件中明确最高投标限价或者最高投标限价的计算方法。招标人不得规定最低投标限价。

三、施工投标条件

招标人针对招标项目的具体情况，可以提出各种不同的招标要求。通常投标人应满足的招标条件和要求的内容有以下几方面：

1. 企业资质等基本要求

为保证实现项目的目标，招标人一般都对投标人有资质及相关等级要求，并有相关营业范围的企业营业执照、项目负责人的执业条件等。

2. 技术要求

投标人应满足招标人相关的技术要求，具体体现在投标书对招标文件的实质性响应方面。投标书应能显示投标人在完成招标项目中的技术实力，满足标的要求的好坏和程度，符合招标文件关于标的的技术内容，包括项目的工程内容及工程量、工程质量标准和要求、工期、安全性等方面，以及设备技术条件，尤其是专业性强的招标项目，招标人往往会要求投标人出示相关业绩证明。

3. 资金条件

满足资金条件包括投标人具有完成项目所需要的足够资本，招标人为保险起见，还会要求投标人应有一定的注册资本金。除此之外，投标时还应提交足够的投标担保，以及获取项目时的履约担保等要求。

4. 其他条件

招标人还可以根据项目要求提出一些考核性要求或其他方面的专门性要求，例如项目的投标形式（总承包投标，或不允许联合体承包投标等），要求投标人有良好的商务信誉、没有经营方面的不良记录等。

四、施工投标程序

施工投标程序及其执行要点主要有：

1. 投标文件应在规定的截止日期前密封送达投标地点，截止期后到达的投标文件将会拒收。接收投标书后，投标人有权要求招标人或其代理人提供签收证明。

2. 投标人可以在投标文件截止日之前书面通知招标人，表达投标人的撤标、补充或者修改投标文件的意愿和做法。

3. 评标委员会或招标人将认定与招标文件有实质性不符的投标文件为无效文件。

4. 开标应当按照规定时间、地点和程序，以公开的方式进行。

5. 评标委员会可以要求投标人对投标文件中含义不明确的地方进行必要的澄清，但澄清不得超过投标文件的范围或改变投标文件的实质性内容。

五、投标报价的基本要求及其策略

（一）投标报价的基本要求

1. 投标报价的地位

投标报价是承包企业对招标工作的响应，是获得工程项目的主要竞争方式，是投标获胜的关键因素。尤其是报价工作，在评标的份额中占有较大的比重。

2. 投标报价的基本要求

项目投标是以获取项目并通过项目为企业获取利益为目的，因此，投标报价要做到对招标人有较大的吸引力，也要考虑使项目在满足招标项目对工程质量和工期要求的前提下，获取自身利益的最大化。

投标文件是投标人对项目能力的展示，投标文件应当对招标文件提出的实质性要求和条件做出响应。投标文件应满足招标文件的要求。

低报价是最常用的报价策略，但是按规定，投标人不得以低于成本的报价竞标。

（二）矿业工程项目报价及其策略

投标策略主要来自投标企业经营者的决策魄力和能力，以及对工程项目实践经验的积累和对投标过程中突发情况的反应。在实践中常见的投标策略有：

提出改进技术方案或改进设计方案的新方案，或利用拥有的专利、工法以显示企业实力。

以较快的工程进度缩短建设工期，或有实现优质工程的保证条件。

（三）拟定投标报价

1. 确定投标报价的基本工作

这是投标报价的基础工作，一般分为两个步骤，首先是确定基础单价，然后是编制工程单价。

2．其他费用的确定要点

（1）风险费用估计

在确定风险费时，要考虑可能存在的风险形式和具体内容。矿业工程项目常有的风险有：

由合同形式决定的风险，如固定总价合同在工程成本上估价精确较低时或合同中工程量计算准确程度较低的风险。

当项目工期长，则存在材料价格、借贷等风险情况时应考虑市场风险。

矿业工程项目常常遇到有地质复杂、勘探不充分的情况，因此，因地质条件引起的风险，常常是矿业工程项目考虑的内容。

由项目的技术复杂程度、对工程的熟悉程度等因素影响技术风险。

风险费是容易引起争议的内容，因此在确定风险费用时要有依据，不与合同内容矛盾、重复。

（2）利润的确定

利润的确定和企业施工水平有关，与投标环境以及投标策略紧密联系。

3．投标报价的一般技巧

拟定投标报价应该与投标策略紧密结合，灵活运用。投标报价的一般技巧主要有：

（1）愿意承揽的矿业工程或当前自身任务不足时，报价宜低，采用"下限标价"；当前任务饱满或不急于承揽的工程，可采取"暂缓"的计策，投标报价可高。

（2）对一般矿业工程投标报价宜低；特殊工程投标报价宜高。

（3）对工程量大但技术不复杂的工程投标报价宜低；技术复杂、地区偏僻、施工条件艰难或小型工程投标报价宜高。

（4）竞争对手多的项目报价宜低；自身有特长又较少有竞争对手的项目报价可高。

（5）工期短、风险小的工程投标报价宜低；工期长又是以固定总价全部承包的工程，可能冒一定风险，则投标报价宜高。

（6）在同一工程中可采用不平衡报价法，并合理选择高低内容；但以不提高总价为前提，并避免畸高畸低，以免导致投标作废。

（7）对外资、合资的项目可适当提高。当前我国的人工工资、材料、机械、管理费及利润等取费标准低于国外。

4．对投标人的要求

招标人可以在招标文件中要求投标人提交投标保证金。投标保证金除现金外，可以是银行出具的银行保函、保兑支票、银行汇票或现金支票，并应从投标人的基本账户转出。

投标保证金一般不得超过招标项目估算价的2%，但最高不得超过80万元人民币。投标保证金有效期应当与投标有效期一致。

投标人应当按照招标文件要求的方式和金额，将投标保证金随投标文件提交给招标人或其委托的代理机构。

投标人应当在招标文件要求提交投标文件的截止时间前，将投标文件密封送达投标地点。招标人收到投标文件后，应当向投标人出具标明签收人和签收时间的凭证，在开标前任何单位和个人不得开启投标文件。

在招标文件要求提交投标文件的截止时间后送达的投标文件，招标人应当拒收。

依法必须进行施工招标的项目提交投标文件的投标人少于三个的，招标人在分析招标失败的原因并采取相应措施后，应当依法重新招标。重新招标后投标人仍少于三个的，属于必须审批、核准的工程建设项目，报经原审批、核准部门审批、核准后可以不再进行招标；其他工程建设项目，招标人可自行决定不再进行招标。

投标人在招标文件要求提交投标文件的截止时间前，可以补充、修改、替代或者撤回已提交的投标文件，并书面通知招标人。补充、修改的内容为投标文件的组成部分。

在提交投标文件截止时间后到招标文件规定的投标有效期终止之前，投标人不得补充、修改、替代或者撤回其投标文件。投标人补充、修改、替代投标文件的，招标人不予接受；投标人撤回投标文件的，其投标保证金将被没收。

在开标前，招标人应妥善保管好已接收的投标文件、修改或撤回通知、备选投标方案等投标资料。

【案例 2G320070-1】

1. 背景

某国企的煤电一体化项目工程全部由国有资金投入。该项目为该集团发展建设规划的重要项目之一，其中矿井建设项目已列入当年集团年度固定资产投资计划，概算已经由董事会及地方国资管理部门批准，但项目核准批文尚未下发，用地征地工作尚未全部完成。但为了矿井早日投产，矿井项目筹建方已经委托设计单位完成全部设计，其中井筒施工图及有关技术资料齐全。现决定对矿井项目 3 个立井井筒施工进行施工招标。因估计除本集团施工企业参加投标外，还可能有外部其他集团施工企业参加投标，故业主委托咨询单位编制了两个标底，准备分别用于对本集团和其他施工企业投标价的评定。筹建方对投标单位就招标文件所提出的所有问题统一作了书面答复，并以备忘录的形式分发给各投标单位，备忘录采用的表格形式见表 2G320070。

<table>
<tr><td colspan="5" align="center">业主备忘录　　　　　　　　　　　　　　　　　　　　表 2G320070</td></tr>
<tr><th>序号</th><th>问题</th><th>提问单位</th><th>提问时间</th><th>答复</th></tr>
<tr><td>1</td><td></td><td></td><td></td><td></td></tr>
<tr><td>…</td><td></td><td></td><td></td><td></td></tr>
<tr><td>n</td><td></td><td></td><td></td><td></td></tr>
</table>

在书面答复投标单位的提问后，筹建处组织各投标单位进行了施工现场踏勘。在投标截止日期前 10d，筹建处书面通知各投标单位，由于某种原因，决定将项目中的风井施工工程从原招标范围内删除，另行组织招标。

2. 问题

该项目施工招标在哪些方面存在问题或不当之处？

3. 分析与答案

本案例要求掌握项目招标应具备的条件。

（1）本项目核准文件未下发说明项目还尚未批准建设，另征地工作尚未全部完成，因此项目还不具备施工招标的必要条件,因而尚不能进行施工招标。

(2)不应编制两个标底,因为根据规定,一个工程只能编制一个标底,不能对不同的投标单位采用不同的标底进行评标。

(3)筹建对投标单位提问只能针对具体的问题做出明确答复,但不应提及具体的提问单位(投标单位),也不必提及提问的时间,因为按《中华人民共和国招标投标法》第二十二条规定,招标人不得向他人透露已获取招标文件的潜在投标人的名称、数量以及可能影响公平竞争的有关招标投标的其他情况。

(4)根据《中华人民共和国招标投标法》的规定,若招标人需改变招标范围或变更招标文件,应在投标截止日期至少15d(而不是10d)前以书面形式通知所有招标文件收受人。若迟于这一时限发出变更招标文件的通知,则应将原定的投标截止日期适当延长,以便投标单位有足够的时间充分考虑这种变更对报价的影响,并将其在投标文件中反映出来。本案例背景资料未说明投标截止日期是否已相应延长。

(5)现场踏勘应安排在书面答复投标单位提问之前,因为投标单位对施工现场条件也可能提出问题。

【案例 2G320070-2】

1. 背景

某集团准备建设一对大型矿井。工程采取公开招标的方式,将工程按单位工程划分,共分 10 个标段进行招标,先期对矿井的 4 个井筒进行招标。招标工作从 2012 年 7 月 2 日开始,到 8 月 30 日结束,历时 60d。招标工作的具体步骤如下:

(1)成立招标组织机构。

(2)发布招标公告和资格预审通告。

(3)进行资格预审。7 月 10—15 日出售资格预审文件,10 家省内外具备矿山施工的企业购买了资格预审文件,其中的 8 家于 7 月 18 日递交了资格预审文件。经招标工作委员会审定后,7 家单位通过了资格预审,每家被允许投 2 个井筒的施工标段。

(4)编制招标文件。

(5)编制标底。

(6)组织投标。7 月 22 日,招标单位向上述 7 家单位发出资格预审合格通知书。7 月 25 日,向各投标人发出招标文件。8 月 1 日,召开标前会。8 月 5 日组织投标人踏勘现场,解答投标人提出的问题。8 月 18 日,各投标人递交投标书,每井筒标段均有 4 家以上投标人参加竞标。8 月 20 日,在公证员出席的情况下,当众开标。

(7)组织评标。评标小组按事先确定的评标办法进行评标,对合格的投标人进行评分,推荐中标单位和后备单位,写出评标报告。8 月 22 日,招标工作委员会听取评标小组汇报,决定了中标单位,发出中标通知书。

(8)8 月 30 日,招标人与中标单位签订合同。

2. 问题

(1)上述招标工作内容的顺序作为招标工作先后顺序是否妥当?如果不妥,请确定合理的顺序。

(2)简述编制投标文件的步骤及主要内容。

3. 分析与答案

（1）不妥当。合理的顺序应该是：成立招标组织机构；编制招标文件；编制标底；发售招标公告和资格预审通告；进行资格预审；发售招标文件；组织现场踏勘；召开标前会；接收投标文件；开标；评标；确定中标单位；发出中标通知书；签订承发包合同。

（2）编制投标文件的步骤包括：

1）组织投标班子，确定投标文件编制的人员；

2）仔细阅读投标须知、投标书附件等各个招标文件；

3）结合现场踏勘和投标预备会的结果，进一步分析招标文件；

4）校核招标文件中的工程量清单；

5）根据工程类型编制施工规划或施工组织设计；

6）根据工程价格构成进行工程预算造价，确定利润方针，计算和确定报价；

7）形成投标文件，进行投标担保。

投标文件的主要内容为：

1）投标函；

2）投标报价；

3）施工组织设计；

4）商务和技术偏差表。

投标人根据招标文件载明的项目实际情况，拟在中标后将中标项目的部分非主体、非关键性工作进行分包的，应当在投标文件中载明。

2G320080　矿业工程施工合同变更与索赔管理

2G320081　施工合同变更及处理方法

一、《建设工程施工合同（示范文本）》简介

住房和城乡建设部、国家工商行政管理总局对《建设工程施工合同（示范文本）》（GF—2013—0201）进行了修订，制定了《建设工程施工合同（示范文本）》（GF—2017—0201）（以下简称《示范文本》）。

《示范文本》由合同协议书、通用合同条款和专用合同条款三部分组成。

（一）合同协议书

《示范文本》中的合同协议书共计13条，主要包括：工程概况、合同工期、质量标准、签约合同价和合同价格形式、项目经理、合同文件构成、承诺、签订时间、签订地点、补充协议、合同生效、合同人数等重要内容，集中约定了合同当事人基本的合同权利和义务。

（二）通用合同条款

通用合同条款是合同当事人根据《中华人民共和国建筑法》《中华人民共和国民法典》等法律法规的规定，就工程建设的实施及相关事项，对合同当事人的权利义务做出的原则性约定。

通用合同条款共计20条，具体条款分别为：一般约定、发包人、承包人、监理人、工程质量、安全文明施工与环境保护、工期和进度、材料与设备、试验与检验、变更、价格调整、合同价格、计量与支付、验收和工程试车、竣工结算、缺陷责任与保修、违约、

不可抗力、保险、索赔和争议解决。

（三）专用合同条款

专用合同条款是对通用合同条款原则性约定的细化、完善、补充、修改或另行约定的条款。合同当事人可以根据不同建设工程的特点及具体情况，通过双方的谈判、协商对相应的专用合同条款进行修改补充。

二、施工合同文件的组成及解释顺序

（一）施工合同文件的组成

（1）中标通知书（如果有）；

（2）投标函及其附录（如果有）；

（3）专用合同条款及其附件；

（4）通用合同条款；

（5）技术标准和要求；

（6）图纸；

（7）已标价工程量清单或预算书；

（8）其他合同文件。

上述各项合同文件包括合同当事人就该项合同文件所作出的补充和修改，属于同一类内容的文件，应以最新签署的为准。

（二）施工合同文件的优先解释顺序

施工合同文件各组成部分应能够互相解释、互相说明。除专用合同条款另有约定外，上述顺序就是合同的优先解释顺序。当合同文件出现含糊不清或者当事人有不同理解时，按照合同争议的解决方式处理。

三、矿业工程项目施工合同变更

施工合同变更，是指合同成立以后和履行完毕以前双方当事人对合同的内容进行的修改。合同价款、工程内容、工程的数量、质量要求和标准、实施程序等一切改变都属于合同变更。

《中华人民共和国民法典》规定：合同成立后，合同的基础条件发生了当事人在订立合同时无法预见的、不属于商业风险的重大变化，继续履行合同对于当事人一方明显不公平的，受不利影响的当事人可以与对方重新协商；在合理期限内协商不成的，当事人可以请求人民法院或者仲裁机构变更或者解除合同。人民法院或者仲裁机构应当结合案件的实际情况，根据公平原则变更或者解除合同。

（一）合同变更的基本要求

1. 合同变更的期限为合同订立之后到合同没有完全履行之前。

2. 合同变更依据合同的存在而存在。

3. 合同变更是对原合同部分内容的变更或修改。

4. 合同变更一般需要有双方当事人的一致同意。

5. 合同变更属于合法行为。合同变更不得具有违法行为，违法协商变更的合同属于无效变更，不具有法律约束力。

6. 合同变更须遵守法定的程序和形式。

7. 合同变更并没有完全取消原来的债权债务关系，合同变更涉及的未履行的义务没有消失，没有履行义务的一方仍须承担不履行义务的责任。

（二）合同变更的原因

1. 业主新的变更指令，对建筑的新要求。

2. 由于设计人员、监理人员、承包商事先没有很好地理解业主的意图，导致图纸修改。

3. 工程环境的变化，预定的工程条件不准确，要求实施方案或实施计划变更。

4. 由于产生新技术新知识，有必要更改设计、原实施方案，或由于业主指令及业主责任的原因造成承包商施工方案的改变。

5. 政府部门对工程新的要求。

6. 由于合同实施出现问题，必须调整合同目标或修改合同条款。

（三）矿业工程施工合同变更的范围

矿业工程施工合同变更的范围主要包括以下几方面：

1. 对合同中任何工作工程量的改变。

2. 任何工作质量或其他特性的变更。

3. 工程任何部分标高、位置和尺寸的改变。

4. 删减任何合同约定的工作内容。

5. 进行永久工程所必需的任何附加工作、永久设备、材料供应或其他服务的变更。

6. 改变原定的施工顺序或时间安排。

7. 承包人在施工中提出的合理化建议。

8. 其他变更。

（四）矿业工程合同变更的程序

1. 业主（监理工程师）申请的变更

在矿业工程颁发工程接受证书前的任何时间，业主（监理工程师）可以发布变更指示或以要求承包商递交建议书的任何一种方式提出变更。

（1）业主指示变更

业主在确属需要时有权发布变更指示。指示的内容包括详细的变更内容、变更工程量、变更项目的施工技术要求和有关部门文件图纸，以及变更处理的原则。

（2）要求承包商递交建议书后再确定的变更

该项变更程序是由业主将计划变更事项和要求递交实施变更建议书的通知送给承包商，然后业主会根据承包商的答复做出变更的决定，并尽快通知承包商。

2. 承包商申请的变更

承包商可以对合同内任何一个项目或工作向业主（监理工程师）提出详细变更请求报告，但未经业主（监理工程师）批准，承包商不得擅自变更。

四、矿业工程合同变更的计价方法

（一）确定方法

矿业工程合同实施过程中，承包商按照业主（监理工程师）的变更指示实施变更工作后，往往会涉及对变更工程的计价问题。变更工程的价格或费率，往往是双方协商时的焦点。计算变更工程应采用的费率或价格，可分为以下四种情况：

1. 变更工作在工程量表中有同种工作内容的单价，应以该费率计算变更工程费用。实施变更工作未导致工程施工组织和施工方法发生实质性变动，不应调整该项目的单价。

2．工程量表中虽然列有同类工作的单价或价格，但对具体变更工作而言已不适用，则应在原单价和价格的基础上制定合理的新单价或价格。

3．变更工作的内容在工程量表中没有同类工作的费率和价格，应按照与合同单价水平相一致的原则，确定新的费率或价格。任何一方不能以工程量表中没有此项价格为借口，将变更工作的单价定得过高或过低。

4．对于不是合同规定的"固定费率项目"，在如下情况可以对相关工作内容调整价格或费率。

（1）该工作实测的工程量超过工程量表或其他资料表中所列数量的 10%。

（2）该工程量变化量与其费率或价格的乘积超过中标合同价款（原合同价款）总额的 0.01%。

（3）由于该项工作数量变化导致该项工作的单位成本变化超过 1%。

（二）确定程序

承包人首先在工程变更确定后 14d 内，提出变更工程价款的报告，经工程师确认后调整合同价款，在双方确定变更后 14d 内承包人不向工程师提出变更工程价款报告的，视为该项变更不涉及合同价款的变更。工程师应在收到变更工程价款报告之日起 14d 内予以响应，工程师无正当理由不响应的，自变更工程价款报告送达之日起 14d 后视为变更工程价款报告已被确认。工程师不同意承包人提出的变更价款的，按合同规定的有关争议解决的约定处理。

2G320082 施工合同索赔方法与索赔管理

一、矿业工程项目施工索赔

工程索赔是指在合同履行过程中，对于并非自己的过错，而是应由对方承担责任的情况造成的实际损失向对方提出经济补偿和（或）时间补偿的要求。

索赔是工程承包中经常发生的正常现象。由于施工现场条件、气候条件的变化，施工进度、物价的变化，以及合同条款、规范、标准文件和施工图纸的变更、差异、延误等因素的影响，使得工程承包中不可避免地出现索赔。

索赔是指合同一方因对方不履行或未正确履行合同规定义务或未能保证承诺的合同条件，而遭受损失后向对方提出的补偿要求。

1．索赔的依据

（1）合同文件的依据

合同文件应能相互解释，互为说明。发包人与承包人有关工程的洽商、变更等书面协议或文件视为本合同的组成部分。

（2）法律法规的依据

订立合同所依据的法律法规。

（3）相关证据

2．索赔文件的编制内容

（1）综述部分

说明索赔事项发生的日期和过程；为该索赔事项付出的努力和附加成本；具体索赔要求。

（2）论证部分

应逐项论证说明自己具有索赔权的理由。

（3）索赔款项（或工期）计算部分

（4）证据部分

二、索赔管理

1. 索赔成立的条件

索赔的成立，应该同时具备以下三个前提条件：

（1）与合同对照，事件已造成了承包人工程项目成本的额外支出，或直接工期损失；

（2）造成费用增加或工期损失的原因，按合同约定不属于承包人的行为责任或风险责任；

（3）承包人按合同规定的程序和事件提交索赔意向通知书和索赔报告。

以上三个条件必须同时具备，缺一不可。

2. 承包人的索赔程序

（1）意向通知

首先由承包人发出索赔意向通知。承包人必须在索赔事件发生后的 28d 内向工程师递交索赔意向通知，声明将对此事件索赔。

（2）提交索赔报告和有关资料

索赔意向通知提交后的 28d 内，或业主（监理工程师）同意的其他合理时间，承包人应递送正式的索赔报告。这是索赔程序中最重要的一环。

（3）索赔报告评审

接到承包人的索赔意向通知后，业主（监理工程师）应认真研究、审核承包人报送的索赔资料，以判定索赔是否成立，并在 28d 内予以答复。

（4）确定合理的补偿额

3. 业主的索赔

业主也可因承包人未能按合同约定履行自己的义务或发生错误而给业主造成损失时，按合同约定向承包人提出索赔。

三、矿业工程项目常见工程索赔类型

（一）因合同文件缺陷引起的索赔

因合同引起的索赔类型有因为合同文件的组成问题引起索赔、关于合同文件有效性引起的索赔以及因图纸或工程量表中的错误引起的索赔。

（二）因为发包方违约引起的索赔

因为发包方违约的形式相对较多，包括发包方提出变更以及其他的自身违约；发包方指定的分包方或供货方未履行或未完全履行合同的影响导致对承包方的违约；以及工程师指示不当、能力不足的失误等原因造成对承包方的违约等。

（三）客观条件变化引起索赔

因为政策变化、自然条件变化和客观障碍等引起的索赔。

四、矿山工程常见索赔项目和内容

（一）合同缺陷

1. 合同文本自身的原因，包括文本不完善，内容有遗漏或语义不清，甚至有错误、有矛盾等；对文本解释有歧义而在合同签订时又没有充分解释清楚，造成索赔。

2. 合同文件不全，依据不足或非正式，造成索赔争议。

3. 施工资料不足。

（二）发包人违约

1. 发包人更改设计

2. 发包人工作不力违约

发包人工作不力违约主要集中表现在施工准备不足（场地准备、技术资料准备、设备采购到货延误）和延误支付工程款项等方面。

3. 指定分包方（供应商）违约

由发包方指定的分包方违约，应由发包方承担违约责任。

4. 工程师指令或失误

工程师对承包方提出加速施工、提前进行下道工序施工、提前完工，随意变更设计、更换材料或暂时停工等，都可能造成工程质量、工期影响以及承包方在费用等方面的多投入。如，工程师凭经验，认为井筒渗漏水需要注浆，最后，注浆又无效果，需要重新采取封堵水措施，承包方提出了该段井壁内容的索赔。

（三）客观条件变化造成的索赔

1. 法规、政策的变化

国家或地方、部门政策的变化导致工程费用改变、造价增加、费率提高等情况，如国家定价的价格、征收标准或税率提高、外汇制度或汇率的改变等。

2. 自然条件的不利变化

这种自然条件变化一般是属于不可合理估计的、与原合同提供条件不符的不利因素，经工程师证明，发包方应给予相应的额外费用补偿。对于矿山工程，最多的就是地质条件的恶化，遇到地质报告内容所没有的地质构造、断层、溶洞等；但有时围岩变硬，与地质资料的报告情况偏差较大，而爆破作业困难，也属于索赔范围。

人力不可抗拒灾害主要是指自然灾害，由这类灾害造成的损失应向投保的保险公司索赔。在许多合同中承包人以业主和承包人共同的名义投保工程一切保险，这种索赔可同业主一起进行。

（四）工程暂停、中止合同的索赔

1. 施工过程中，工程师有权下令暂停工程或任何部分工程，只要这种暂停命令并非承包人违约或其他意外风险造成的，承包人不仅可以得到要求工期延长的权利，而且可以就其停工损失获得合理的额外费用补偿。

2. 中止合同和暂停工程的意义是不同的。有些中止的合同是由于意外风险造成的，另一种中止合同是"错误"引起的中止，例如，发包方认为承包人不能履约而中止合同，如果没有充分证据说明发包方的正确，承包方可以据实申请索赔。

五、施工索赔的内容

1. 工期索赔

矿业工程施工中，常常会发生一些未能预见的干扰事件使施工不能顺利进行，或使预定的施工计划受到干扰，最终造成工期延长，这样，对合同双方都会造成损失。由此可以提出工期索赔。

施工单位提出工期索赔的目的通常有两个：

一是免去或推卸自己对已产生的工期延长的合同责任，使自己不支付或尽可能不支付工期延长的罚款；二是进行因工期延长而造成的费用损失的索赔。

对已经产生的工期延长，建设单位一般采用两种解决办法：一是不采取加速措施，工程仍按原方案和计划实施，但将合同工期顺延；二是指施工单位采取加速措施，以全部或部分弥补已经损失的工期。

2. 费用索赔

矿业工程施工中，费用索赔的目的是承包方为了弥补自己在承包工程中所发生的损失，或者是为了弥补已经为工程项目所支出的额外费用，还有可能是承包方为取得已付出的劳动的报酬。费用索赔必须是已经发生且已垫付的工程各种款项，对于承包方利润索赔必须根据相关的规定进行。

矿业工程施工费用索赔的具体内容涉及费用的类别和具体的计算两个方面。由于各种因素造成工程费用的增加，如果不是承包方的责任，原则上承包方都可以提出索赔。

六、索赔的证据

索赔的证据，应该包括事情的全过程和事情的方方面面。可作为常用证据的材料一般有：

1. 双方法律关系的证明材料

招标投标文件、中标通知书、投标书、合同书等。

2. 索赔事由的证明

（1）规范、标准及其他技术资料，地质、工程地质与水文地质资料，设计施工图纸资料，工程量清单和工程预算书，进度计划任务书与施工进度安排资料。

（2）设备、材料采购、订货、运输、进场、入库、使用记录和签单凭证等。

（3）国家法律、法规、规章，国家公布的物价指数、工资指数等政府文件。

3. 索赔事情经过的证明

（1）各种会议纪要、协议和来往书信及工程师签单；各种现场记录（包括施工记录、现场气象资料、现场停电停水及道路通行记录或证明）、各种实物录像或照片，工程验收记录、各种技术鉴定报告，隐蔽工程签单记录。

（2）受影响后的计划与措施，人、财、物的投入证明。

（3）要注意事情经过的证明应包括承包方采取措施防止损失扩大的内容；否则，被扩大的损失将不予补偿。

4. 索赔要求相关的依据和文件

合同文本、国家规定、各种会计核算资料等。

5. 其他参照材料

如果有其他类似情况的处理过程和结论作为参照的案例，对于解决索赔问题是非常有帮助的。

【案例 2G320080-1】

1. 背景

某矿山工程，业主与施工单位签订了施工合同，除税金外的合同总价为 8600 万元，其中：现场管理费率 15%，企业管理费率 8%，利润率 5%，合同工期 730d。为保证施工安全，合同中规定施工单位应安装满足最小排水能力 900m³/h 的排水设施，并安装 900m³/h 的备用排水设施，两套设施合计 15900 元。合同中还规定，施工中如遇业主原因造成工程停工或窝工，业主对施工单位自有机械按台班单价的 60% 给予补偿，对施工单位租赁机械按租赁费给予补偿（不包括运转费用）。

该工程施工过程中发生以下两项事件：

（1）施工过程中业主通知施工单位某分项工程需进行设计变更，由此造成施工单位的机械设备窝工 12d。

（2）某巷道掘进工作面，施工过程中由于地下断层相互贯通及地下水位不断上升等不利条件，原有排水设施满足不了排水要求，施工工区涌水量逐渐增加，使施工单位被迫停工，并造成施工设备被淹没。按照合同约定，该事件定性为不可抗力事件。

为保证施工安全和施工进度，业主指令施工单位紧急购买增加额外排水设施，尽快恢复施工，施工单位按业主要求购买并安装了两套 900m³/h 的排水设施，恢复了施工。

就以上两项事件，施工单位按合同规定的索赔程序向业主提出索赔，见表 2G320080。

索赔费用计算表　　　　　　　　　　　　　　　　　表 2G320080

项目	机械台班单价（元/台班）	时间（d）	金额（元）
空压机	310	12	3720
耙装机（租赁）	1500	12	18000
风钻	1000	12	12000
混凝土搅拌机（租赁）	600	12	7200
合计			40920

事件（1）由于业主修改工程设计 12d 造成施工单位机械设备窝工费用索赔：

现场管理费：$40920 \times 15\% = 6138$ 元

企业管理费：$(40920 + 6138) \times 8\% = 3764.64$ 元

利润：$(40920 + 6138 + 3764.64) \times 5\% = 2541.13$ 元

合计：53363.77 元

事件（2）由于不可抗力事件的费用索赔：

备用排水设施及额外增加排水设施费：$15900 \div 2 \times 3 = 23850$ 元

被地下涌水淹没的机械设备损失费：15900 元

额外排水工作的劳务费：8650 元

合计：48400 元

2. 问题

（1）指出事件（1）中施工单位的哪些索赔要求不合理，为什么？审核机械设备窝工费用索赔时，核定施工单位提供的机械台班单价属实，并核定机械台班单价中运转费用分别为：空压机为 93 元/台班，耙装机为 300 元/台班，风钻为 190 元/台班，混凝土搅拌机为 140 元/台班，最终应核定的索赔费用应是多少？

（2）事件（2）中施工单位可获得哪几项费用的索赔？核定的索赔费用应是多少？

3. 分析与答案

（1）事件（1）中施工单位索赔不合理的有：

1）自有机械索赔要求不合理。因合同规定业主应按自有机械使用费的 60% 补偿。

2）租赁机械索赔要求不合理。因合同规定租赁机械业主按租赁费补偿。

3）现场管理费、企业管理费索赔要求不合理，因某巷道掘进工作面窝工没有造成全工地的停工。

4）利润索赔要求不合理，因机械窝工并未造成利润的减少。

工程师核定的索赔费用为：

$$3720×60\% = 2232 \text{ 元}$$
$$18000-300×12 = 14400 \text{ 元}$$
$$12000×60\% = 7200 \text{ 元}$$
$$7200-140×12 = 5520 \text{ 元}$$
$$2232 + 14400 + 7200 + 5520 = 29352 \text{ 元}$$

（2）事件（2）可索赔的费用为：

1）可索赔额外增加的排水设施费。

2）可索赔额外增加的排水工作劳务费。

核定的索赔费用应为：15900 + 8650 = 24550 元

【案例 2G320080-2】

1. 背景

某施工单位与业主签订了一矿井地面矿仓及运输走廊的施工合同，合同约定：

（1）该工程工期为 18 个月，如是承包方的责任造成工期延长，每延长 1 个月罚款 5 万元。

（2）工程施工材料由施工单位自行购买，如出现质量问题由施工单位承担全部责任。

（3）施工中与现场其他施工单位之间的关系协调由施工单位自身负责，业主不参与。

（4）工程若需要变更，必须提前 14d 通知业主及设计单位，否则造成的工期延误由施工单位承担责任。

在工程的实施过程中，部分材料施工单位无处购买，施工单位提前 15d 通知了业主，业主供应材料延误工期 0.5 个月；在运输走廊施工中，由于采用的水泥强度等级较高，施工单位因施工技术水平的限制要求变更，业主不予同意；另外，由于运输走廊上部与选矿厂房连接，而选矿厂房因地基处理发生工期延误，虽没有影响选矿厂房的施工工期，但使运输走廊施工进度发生拖延，最终延误工期 0.5 个月。

2. 问题

（1）施工单位与业主之间的合同约定有哪些不合理之处？

（2）施工单位要求进行工程变更的做法是否有不合理之处？

（3）工程结算时，业主要对施工单位工期拖延 1 个月进行罚款 5 万元，是否合理？

3. 分析与答案

（1）施工单位与业主之间的合同约定有部分不合理之处。1）施工现场关系的协调不应由施工单位负责，而应由业主负责，因为施工单位不是总承包单位，业主负责更有利于开展工作；2）工程变更的约定没有相关依据。

（2）施工单位要求进行工程变更的做法，不合理之处在于变更水泥强度等级，不能因为施工单位的施工技术水平低而修改设计，施工单位应积极提高自身的施工技术水平，才能更好地确保工程质量。

（3）工程结算时，业主要对施工单位工期拖延1个月进行罚款5万元，是不合理的。因为工期拖延1个月，并不是施工单位的责任。施工材料原定由施工单位购买，但施工单位无法实施，已在规定时间内通知了业主，是业主供应材料延误工期0.5个月；运输走廊施工进度发生拖延0.5个月，关键原因是选矿厂房发生工期延误，虽没有对选矿厂房工期造成影响，但对运输走廊施工产生了影响，由于业主不能很好地进行协调工程总进度计划，由此造成的损失由业主自己负责，不应向施工单位进行罚款。

【案例2G320080-3】

1．背景

某矿建施工单位承担了一立井井筒的施工任务，根据业主提供的地质资料，表土无流沙，厚度不到30m，基岩部分最大涌水量不到 $30m^3/h$。因此，施工单位决定采用普通井圈背板施工法进行表土施工，基岩采用钻眼爆破法施工，采用吊泵进行排水。

在井筒表土施工时，施工单位发现有3.5m厚的流沙层，采用普通井圈背板施工法无法通过，只得采用化学注浆的方法通过，造成工期延误1个月，费用增加120万元。

井筒基岩施工中，井筒实际涌水量大于 $50m^3/h$，必须采用工作面预注浆法堵水，造成工程延误2个月，费用增加200万元。

井筒施工结束进行验收时，发现井筒总的涌水量为 $15m^3/h$，不符合规范要求。业主要求进行壁后浆堵水，施工单位为此增加费用130万元，工期延长1个月。

2．问题

（1）施工单位在哪些情况下可以进行工程的变更？

（2）针对本井筒的施工实际情况，施工单位应如何进行索赔？

（3）本工程施工单位索赔的费用和工期分别是多少？

3．分析与答案

（1）施工单位在下列情况下可以进行工程的变更：

1）合同中任何工作工程量的改变；

2）工作质量或其他特性的变更；

3）工程任何部分标高、位置和尺寸的改变；

4）删减任何合同约定的工作内容；

5）进行永久工程所必需的任何附加工作、永久设备、材料供应或其他服务的变更；

6）改变原定的施工顺序或时间安排；

7）施工中提出的合理化建议；

8）其他变更，如暂停施工、工期延长、不可抗力发生等也可进行变更。

（2）针对本井筒的施工实际情况，施工单位可针对工程条件发生变化而导致的工程变更进行索赔，具体程序是：首先向业主（监理工程师）发出索赔意向通知，然后提交索赔报告和有关资料，业主在对索赔报告进行评审后确定合理的补偿额。本工程对表土采用化学注浆和基岩采用工作面预注浆所发生的工期延长及费用增加均可进行索赔；而对井筒验收的涌水量超过规定进行壁后注浆不可以进行索赔，因为这是施工单位井壁施工质量欠佳造成渗漏水严重的后果，是施工单位自己的责任。

（3）本工程施工单位可索赔到的费用是120＋200＝320万元，工期是1＋2＝3个月。

【案例 2G320080-4 】

1．背景

某金属矿山建设工程项目，承包商为了避免今后可能支付延期赔偿金的风险，要求将矿井移交的时间延长 12 个月，所提出的理由如下：

① 现场劳务不足；

② 主、副井改绞，因施工方采购的材料供应不足而使工期延误 3 个月；

③ 主、副风井贯通施工时，无法预见的恶劣地质条件，使施工难度增大；

④ 主井永久装备时，甲方采购的设备因特大暴雨未按规定时间运抵现场；

⑤ 主、副井井底车场施工，工作面多，涌水量大，排水困难，矸石提升能力不够，造成进度减慢；

⑥ 业主工程款拨付不到位。

2．问题

（1）上述哪些原因引起的延误不是承包商应承担的风险，且可以批准为工程延期？

（2）永久装备时，甲方采购的设备因特大暴雨不能按规定时间到达现场，双方应各自承担自己的损失，工期不顺延，这样处理对吗？

（3）上述哪些是业主的责任？应如何处理？

3．分析与答案

（1）承包商所提出的理由中，③、④、⑥三个方面原因引起的延误不是承包商应承担的风险，且可以批准为工期延误。

（2）这样处理不对，因为特大暴雨虽然属于不可抗力，但此不可抗力是对甲方和设备供货商而言的，而对于甲方和承包商这一合同关系，甲方设备未能及时到位，是甲方违约，工期应该顺延。

（3）上述③、④、⑥是业主的责任，处理如下：

对③要根据实际情况，报请监理（业主）同意后延长工期；并由业主承担由此造成的损失。

对④要求监理（业主）顺延工期，并赔偿误工损失。

对⑥要求业主按合同约定准时拨付工程款，否则业主应承担由此造成的损失。

2G320090　矿业工程施工安全管理

2G320091　矿业工程施工安全管理体系

一、安全生产管理体系的基本内容

2021 年 6 月发布的《中华人民共和国安全生产法》（2021 年修订），于 2021 年 9 月 1 日起施行。《中华人民共和国安全生产法》条文明确规定：安全生产工作应当以人为本，坚持人民至上、生命至上，把保护人民生命安全摆在首位，树牢安全发展理念，坚持安全第一、预防为主、综合治理的方针，从源头上防范化解重大安全风险。安全生产工作实行管行业必须管安全、管业务必须管安全、管生产经营必须管安全，强化和落实生产经营单位主体责任与政府监管责任，建立生产经营单位负责、职工参与、政府监管、行业自律和社会监督的机制。

（一）施工安全管理基本要求

1. 组织职工认真学习、贯彻执行国家安全生产方针和有关法规，树立遵章守纪、自觉反对"三违"（即违章指挥、违章操作、违反劳动纪律）的好风气。

2. 建立健全以安全生产责任制为核心的各项安全生产规章制度，落实各部门、各岗位在安全生产中的责任和奖惩办法。

3. 编制和督促实施安全技术措施计划，结合实际情况采用科学技术和安全装备，落实隐患整改措施，改善劳动条件，不断提高抗灾能力。

4. 制定防尘措施，定期对井下作业环境进行检测，对接触粉尘人员进行健康检查，做好职工的健康管理工作。

5. 有计划地组织职工进行技术培训和安全教育，提高职工的技术素质和安全意识。特殊工种要经过专门的技术培训、经主管部门考试合格后颁发上岗操作证，持证上岗。

6. 定期组织全矿安全生产检查，开展群众性的安全生产竞赛活动。

7. 在实行任期目标责任制或签订经济承包合同中应有矿业工程安全生产的近期规划，以及实现目标、规划的措施和检查办法。

8. 对本矿业企业发生的伤亡事故应按规定及时统计、上报，及时组织调查、分析和处理，坚持"四不放过"原则。

9. 建立健全有关安全生产的记录和档案资料。

（二）施工安全管理基本制度

矿业工程建设、施工单位为加强安全生产管理，落实安全责任，完善自我约束、自我激励机制，必须建立以安全生产责任制为核心的安全管理制度。

强化企业安全生产主体责任。弘扬人民至上、生命至上、安全第一的思想，坚持安全发展理念。以建立"人人有责、层层负责、各负其责"的安全生产责任体系，健全"明责知责、履责尽责、失职追责"的安全生产责任运行机制。坚持"管理、装备、素质、系统"并重原则。

1. 安全生产责任制度

安全生产责任制度是建筑生产中最基本的安全管理制度，是所有安全规章制度的核心。建立健全安全生产责任制，按照"党政同责、一岗双责、齐抓共管、失职追责"的要求，建立健全覆盖企业各层级、各部门、各岗位的安全生产制度，形成人人有责、各负其责、权责清晰的安全生产责任体系。

2. 群防群治制度

群防群治制度是职工群众进行预防和治理安全的一种制度。这一制度也是"安全第一、预防为主、综合治理"的具体体现，是企业进行民主管理的重要内容。

3. 安全教育与培训制度

这是实现矿山安全生产的一项重要基础工作，全员培训接受教育。其主要内容包括：安全思想教育、安全法制教育、劳动纪律教育、安全知识教育和技术培训、典型事故案例分析等。

4. 安全监督检查制度

安全监督检查制度是上级管理部门或企业自身对安全生产状况进行定期或不定期检查的制度。

5．事故处理报告制度

施工中发生事故时，建筑企业应当采取紧急措施减少人员伤亡和事故损失，并按照国家有关规定及时向有关部门报告的制度。

6．安全责任追究制度

建设单位、设计单位、施工单位、监理单位，由于没有正确履行职责造成人员伤亡和事故损失的，视情节给予相应处理；情节严重的，责令停业整顿，降低资质等级或吊销资质证书；构成犯罪的，依法追究刑事责任。

7．重大隐患排查制度

建设单位、施工单位要建立健全重大隐患排查制度，形成制度化，定期、定时对项目存在的隐患、重大隐患进行排查。通过排查发现的隐患，针对重大隐患要定人、定期限进行整改并完善措施。2020 年 11 月 2 日应急管理部第 31 次部务会议审议通过《煤矿重大事故隐患判定标准》，2020 年 11 月 20 日中华人民共和国应急管理部令第 4 号颁布，自 2021 年 1 月 1 日起施行。

标准共 20 条，从 15 个方面概括了煤矿生产、建设期间存在的各种重大隐患：超能力、超强度或者超定员组织生产；瓦斯超限作业；煤与瓦斯突出矿井，未依照规定实施防突出措施；高瓦斯矿井未建立瓦斯抽采系统和监控系统，或者系统不能正常运行；通风系统不完善、不可靠；有严重水患，未采取有效措施；超层越界开采；有冲击地压危险，未采取有效措施；自然发火严重，未采取有效措施；使用明令禁止使用或者淘汰的设备、工艺；煤矿没有双回路供电系统；新建煤矿边建设边生产，煤矿改扩建期间，在改扩建的区域生产，或者在其他区域的生产超出安全设施设计规定的范围和规模；煤矿实行整体承包生产经营后，未重新取得或者及时变更安全生产许可证而从事生产，或者承包方再次转包，以及将井下采掘工作面和井巷维修作业进行劳务承包；煤矿改制期间，未明确安全生产责任人和安全管理机构，或者在完成改制后，未重新取得或者变更采矿许可证、安全生产许可证和营业执照；其他重大事故隐患。针对这 15 个方面涉及的重大隐患情况判定标准做了详细解释，便于企业进行排查整改。

二、安全生产管理体系的贯彻工作

安全生产管理体系的贯彻运行，是靠一系列制度的落实。《中华人民共和国安全生产法》规定，国家实行生产安全事故责任追究制度；同时规定，生产经营单位应当建立健全并落实生产安全事故隐患排查治理制度，采取技术、管理措施，及时发现并消除事故隐患。国家鼓励生产经营单位投保安全生产责任保险。

《中华人民共和国安全生产法》强调，国家加强生产安全事故应急能力建设，在重点行业、领域建立应急救援基地和应急救援队伍，鼓励生产经营单位和其他社会力量建立应急救援队伍，配备相应的应急救援装备和物资，提高应急救援的专业化水平。

这一系列方针、制度及管理体系和措施的建立，为促进安全生产工作，奠定了坚实的法律保障和制度保障。

2G320092 工程安全事故分级及处理

一、工程事故分级

工程安全事故是指生产经营活动（工程建设施工）中造成人身伤亡或财产等直接经济

损失的安全事故。工程安全事故分级由事故的严重程度和造成损失的大小确定。

（一）工程事故分级依据

1.《生产安全事故报告和调查处理条例》

2007 年 4 月 9 日国务院以中华人民共和国国务院令第 493 号发布了《生产安全事故报告和调查处理条例》自 2007 年 6 月 1 日起实施。该条例为生产经营单位在生产活动中发生的造成人身伤亡或直接经济损失的安全事故等级划分提供了必要的依据。

2.《煤矿生产安全事故报告和调查处理规定》

在国家公布《生产安全事故报告和调查处理条例》后，国家安全生产监督管理总局和国家煤矿安全监察局依据上述条例以及《煤矿安全监察条例》和国务院其他有关规定，于 2008 年颁发并实施了《煤矿生产安全事故报告和调查处理规定》。规定制定的目的，是为了规范煤矿生产安全事故报告和调查处理，落实事故责任追究，防止和减少煤矿生产安全事故。规范适用于各类煤矿，包括与煤炭生产、建设直接相关的煤矿地面生产系统、附属场所等企业和作业经营活动范围，对其他各类矿山同样有参考作用。

（二）工程事故分级规定

1. 工程事故分级

根据《生产安全事故报告和调查处理条例》规定，生产安全事故分为特别重大事故、重大事故、较大事故和一般事故 4 级。

特别重大事故，是指造成 30 人以上（含 30 人，下同）死亡，或者 100 人以上重伤（包括急性工业中毒，下同），或者 1 亿元以上直接经济损失的事故。

重大事故，是指造成 10 人以上 30 人以下（不包括 30 人，下同）死亡，或者 50 人以上 100 人以下重伤，或者 5000 万元以上 1 亿元以下直接经济损失的事故。

较大事故，是指造成 3 人以上 10 人以下死亡，或者 10 人以上 50 人以下重伤，或者 1000 万元以上 5000 万元以下直接经济损失的事故。

一般事故，是指造成 3 人以下死亡，或者 10 人以下重伤，或者 1000 万元以下直接经济损失的事故。

2. 事故数据统计的相关事项

（1）事故发生之日起 30 日内，事故造成的伤亡人数发生变化的，应当按照变化后的伤亡人数重新确定事故等级。事故抢险救援时间超过 30 日的，应当在抢险救援结束后重新核定事故伤亡人数或者直接经济损失。重新核定的事故伤亡人数或者直接经济损失与原报告不一致的，按照重新核定的事故伤亡人数或者直接经济损失确定事故等级。

（2）事故造成的直接经济损失包括：人身伤亡后所支出的费用，含医疗费用（含护理费用）、丧葬及抚恤费用、补助及救济费用、歇工工资；善后处理费用，含处理事故的事务性费用、现场抢救费用、清理现场费用、事故赔偿费用；财产损失价值，含固定资产损失价值、流动资产损失价值。

二、工程安全事故处理

（一）事故的应急处理要求

1. 发生事故后，事故现场有关人员应当立即报告本单位负责人；负责人接到报告后，应当于 1h 内报告事故发生地县级以上人民政府安全生产监督管理部门和负有安全生产监督管理职责的有关部门报告。

情况紧急时，事故现场有关人员可以直接向事故发生地县级以上人民政府安全生产监督管理部门和负有安全生产监督管理职责的有关部门报告。

2．事故发生单位负责人接到事故报告后，应立即启动事故相应应急预案，或者采取有效措施，组织抢救，防止事故扩大，减少人员伤亡和财产损失。

3．事故发生后，有关单位和人员应当妥善保护事故现场以及相关证据，任何单位和个人不得破坏事故现场、毁灭证据。因事故抢险救援必须改变事故现场状况的，应当绘制现场简图并做出书面记录，妥善保存现场重要痕迹、物证。

（二）报告事故的规定

1．安全生产监督管理部门和负有安全生产监督管理职责的有关部门接到事故报告后，应当依照事故等级，按规定向有关上级部门和本级人民政府报告事故情况，并通知公安机关、劳动保障行政部门、工会和人民检察院。

必要时，安全生产监督管理部门和负有安全生产监督管理职责的有关部门可以越级上报事故情况。

安全生产监督管理部门和负有安全生产监督管理职责的有关部门应逐级上报事故情况，每级上报的时间延时不得超过2h。

2．报告事故内容应包括：

（1）事故发生单位概况（单位全称、所有制形式和隶属关系、生产能力、证照情况等）；

（2）事故发生的时间、地点以及事故现场情况；

（3）事故类别（顶板、瓦斯、机电、运输、放炮、水害、火灾、其他）；

（4）事故的简要经过、入井人数、被困人员情况（人数、环境）和生产状态等；

（5）事故已经造成伤亡人数、下落不明的人数和初步估计的直接经济损失；

（6）已经采取的措施；

（7）其他应当报告的情况。

3．事故报告要求

（1）事故报告应当及时、准确、完整，任何单位和个人不得迟报、漏报、谎报或者瞒报事故。

（2）自事故发生之日起30日内，事故造成的伤亡人数发生变化的，应当及时补报。初次报告由于情况不明没有报告的，应在查清后及时续报；报告后出现新情况的，应当及时补报或者续报。事故伤亡人数发生变化的，有关单位应当在发生的当日内及时补报或者续报。

（三）事故调查与事故调查报告

1．事故调查与调查组

（1）事故的调查由专门成立的事故调查组负责进行。

（2）根据《生产安全事故报告和调查处理条例》的规定，根据事故等级不同，事故调查分别由事故所在地所相应的省、市（设区的市）、县级人民政府负责，并直接组织调查组进行调查，也可以授权或委托有关部门组织事故调查组进行调查。

特别重大事故由国务院或国务院授权有关部门组织事故调查组进行调查。

未造成人员伤亡的一般事故，县级人民政府也可以委托事故发生单位组织事故调查组进行调查。

（3）事故调查组的组成

事故调查组的组成应当遵循精简、高效的原则。

根据事故的具体情况，事故调查组由有关人民政府、安全生产监督管理部门、负有安全生产监督管理职责的有关部门、监察机关、公安机关以及工会派人组成，并应当邀请人民检察院派人参加。

特别重大事故以下等级事故，事故发生地与事故发生单位不在同一个县级以上行政区域的，由事故发生地人民政府负责调查，事故发生单位所在地人民政府应当派人参加。

事故调查组成员应当具有事故调查所需要的知识和专长，并与所调查的事故没有直接利害关系。事故调查组可以聘请有关专家参与调查。

（4）事故调查组应当坚持实事求是、依法依规、注重实效的三项基本要求和"四不放过"（即事故原因没查清不放过、责任人员没处理不放过、整改措施没落实不放过、有关人员没受到教育不放过）的原则，做到诚信公正、恪尽职守、廉洁自律，遵守事故调查组的纪律，保守事故调查的秘密，不得包庇、袒护负有事故责任的人员或者借机打击报复。

（5）事故调查组履行事故调查职责，具体包括：查明事故发生的经过、原因、类别、人员伤亡情况及直接经济损失；有隐瞒事故的，应当查明隐瞒过程和事故真相；认定事故的性质和事故责任；提出对事故责任人员和责任单位的处理建议；总结事故教训，提出防范和整改措施，并于规定时限内提交事故调查报告。

2. 事故调查报告

（1）调查报告的主要内容有：事故发生单位概况；事故发生经过、事故救援情况和事故类别；事故造成的人员伤亡和直接经济损失；事故发生的原因和事故性质；事故责任的认定以及对事故责任者的处理建议；事故防范和整改措施等。

（2）抢险救灾结束后，现场抢险救援指挥部应当及时向事故调查组提交抢险救援报告及有关图纸、记录等资料。

（四）法律责任

1. 事故发生单位对事故发生负有责任的，按事故等级分别进行罚款，并依法暂扣或者吊销其有关证照等处分。

2. 事故发生单位主要负责人未依法履行安全生产管理职责，导致事故发生的，应承担行政责任与刑事责任，根据事故等级按年收入比例进行罚款；属于国家工作人员的，并依法给予处分；构成犯罪的，依法追究刑事责任。

3. 事故发生单位及其有关人员有下列行为之一的，对事故发生单位及主要负责人、直接负责的主管人员和其他直接责任人员处以罚款；属于国家工作人员的，并依法给予处分；构成违反治安管理行为的，由公安机关依法给予治安管理处罚；构成犯罪的，依法追究刑事责任：谎报或者瞒报事故的；伪造或者故意破坏事故现场的；转移、隐匿资金、财产，或者销毁有关证据、资料的；拒绝接受调查或者拒绝提供有关情况和资料的；在事故调查中作伪证或者指使他人作伪证的以及事故发生后逃匿的。

2G320093 施工安全规程相关条款

一、平巷和倾斜巷运输

（一）斜井、平巷断面尺寸

1. 巷道净断面必须满足行人、运输、通风和安全设施及设备安装、检修、施工的需要，并符合下列要求：

（1）采用轨道机车运输的巷道净高，自轨面起不得低于2m。架线电机车运输巷道的净高，在井底车场内、从井底到乘车场，不小于2.4m；其他地点，行人的不小于2.2m，不行人的不小于2.1m。

（2）采（盘）区内的上山、下山和平巷的净高不得低于2m，薄煤层内的不得低于1.8m。

（3）巷道净断面的设计，必须按支护最大允许变形后的断面计算。

2. 新建矿井、生产矿井新掘运输巷的一侧，从巷道道碴面起1.6m的高度内，必须留有宽0.8m（综合机械化采煤及无轨胶轮车运输的矿井为1m）以上的人行道，管道吊挂高度不得低于1.8m。

生产矿井已有巷道人行道的宽度不符合上述要求时，必须在巷道的一侧设置躲避硐，2个躲避硐的间距不得超过40m。躲避硐宽度不得小于1.2m，深度不得小于0.7m，高度不得小于1.8m，躲避硐内严禁堆积物料。

采用无轨胶轮车运输的矿井人行道宽度不足1m时，必须制定专项安全技术措施，严格执行"行人不行车，行车不行人"的规定。

在人车停车地点的巷道上下人侧，从巷道道碴面起1.6m的高度内，必须留有宽1m以上的人行道，管道吊挂高度不得低于1.8m。

（二）一般性要求

1. 人力推车1次只准推1辆车。严禁在矿车两侧推车。同向推车的间距，在轨道坡度小于或等于5‰时，不得小于10m；坡度大于5‰时，不得小于30m。严禁放飞车和在巷道坡度大于7‰时人力推车。

2. 采用轨道机车运输时，轨道机车的选用应当遵守下列规定：

（1）突出矿井必须使用符合防爆要求的机车。

（2）新建高瓦斯矿井不得使用架线电机车运输。

（3）低瓦斯矿井的主要回风巷、采区进（回）风巷应当使用符合防爆要求的机车；低瓦斯矿井进风的主要运输巷道，可以使用架线电机车，并使用不燃性材料支护。

3. 立井井口必须用栅栏或金属网围住，进出口设置栅栏门。井筒与各水平的连接处必须有栅栏。栅栏门只准在通过人员或车辆时打开。

（三）机车运输

采用轨道机车运输时，应当遵守下列规定：

1. 生产矿井同一水平行驶7台及以上机车时，应当设置机车运输监控系统；同一水平行驶5台及以上机车时，应当设置机车运输集中信号控制系统。新建大型矿井的井底车场和运输大巷，应当设置机车运输监控系统或者运输集中信号控制系统。

2. 列车或者单独机车均必须前有照明，后有红灯。

3. 列车通过的风门，必须设有当列车通过时能够发出在风门两侧都能接收到声光信号的装置。

4. 巷道内应当装设路标和警标。

5. 必须定期检查和维护机车，发现隐患及时处理。机车的闸、灯、警铃（喇叭）、连接装置和撒砂装置，任何一项不正常或者失爆时，机车不得使用。

6. 正常运行时，机车必须在列车前端。机车行近巷道口、硐室口、弯道、道岔或者噪声大等地段，以及前有车辆或者视线有障碍时，必须减速慢行，并发出警示信号。

7. 两辆机车或者两列列车在同一轨道同一方向行驶时，必须保持不小于 100m 的距离。

8. 同一区段线路上，不得同时行驶非机动车辆。

9. 必须有用矿灯发送紧急停车信号的规定。非危险情况下，任何人不得使用紧急停车信号。

10. 机车司机开车前必须对机车进行安全检查确认；启动前，必须关闭车门并发出开车信号；机车运行中，严禁司机将头或身体探出车外；司机离开座位时，必须切断电动机电源，取下控制手把（钥匙），扳紧停车制动。在运输线路上临时停车时，不得关闭车灯。

11. 新投用机车应当测定制动距离，之后每年测定 1 次。运送物料时制动距离不得超过 40m；运送人员时制动距离不得超过 20m。

（四）人员乘坐人车时，必须遵守下列规定：

1. 听从司机及跟车工的指挥，开车前必须关闭车门或者挂上防护链。

2. 人体及所携带的工具、零部件，严禁露出车外。

3. 列车行驶中及尚未停稳时，严禁上、下车和在车内站立。

4. 严禁在机车上或者任何两车厢之间搭乘。

5. 严禁扒车、跳车和超员乘坐。

（五）斜井运输

1. 长度超过 1.5km 的主要运输平巷或者高差超过 50m 的人员上下的主要倾斜井巷，应当采用机械方式运送人员。运送人员的车辆必须为专用车辆，严禁使用非乘人装置运送人员。严禁人、物料混运。

2. 新建、扩建矿井严禁采用普通轨斜井人车运输。

3. 倾斜井巷内使用串车提升时，必须遵守下列规定：

（1）在倾斜井巷内安设能够将运行中断绳、脱钩的车辆阻止住的跑车防护装置。

（2）在各车场安设能够防止带绳车辆误入非运行车场或者区段的阻车器。

（3）在上部平车场入口安设能够控制车辆进入摘挂钩地点的阻车器。

（4）在上部平车场接近变坡点处，安设能够阻止未连挂的车辆滑入斜巷的阻车器。

（5）在变坡点下方略大于 1 列车长度的地点，设置能够防止未连挂的车辆继续往下跑车的挡车栏。

上述挡车装置必须经常关闭，放车时方准打开。兼作行驶人车的倾斜井巷，在提升人员时，倾斜井巷中的挡车装置和跑车防护装置必须是常开状态并闭锁。

（六）立井提升

1. 存放时间超过 1 年的提升钢丝绳，在悬挂前必须再进行性能检测，合格后方可使用。

2. 升降人员或升降人员和物料用的缠绕式提升钢丝绳，自使用后每 6 个月进行一次性能检测；悬挂吊盘的钢丝绳，每 12 个月检验 1 次；升降物料用的缠绕式提升钢丝绳，悬挂使用 12 个月时进行第一次性能检验，以后每 6 个月检验 1 次。

3. 在用中的缠绕式提升钢丝绳定期检验时，安全系数小于下列规定值时，应当及时更换：

（1）专为升降人员用的小于7；

（2）升降人员和物料用的钢丝绳：升降人员时小于7；升降物料时小于6；

（3）专为升降物料用的和悬挂吊盘用的小于5。

（七）吊桶提升

1. 选用的吊桶必须具有"产品合格证"。

2. 立井凿井期间采用吊桶升降人员时，应当遵守下列规定：

（1）采用不旋转提升钢丝绳，吊桶上方必须装保护伞帽。

（2）吊桶必须沿钢丝绳罐道升降。无罐道段，吊桶升降距离不得超过40m；凿井时吊盘下面不装罐道的部分也不得超过40m；悬挂吊盘的钢丝绳可以兼作罐道使用，但必须制定专项措施。

（3）乘坐人员必须挂牢安全绳，严禁身体任何部位超出吊桶边缘。

（4）吊桶边缘不得坐人，装有物料的吊桶不得乘人。

（5）严禁用自动翻转式、底卸式吊桶升降人员。

（6）吊桶提升到地面时，人员必须在井盖门关闭，吊桶停稳后从井口平台进出吊桶。

（7）吊桶内每人占有的有效面积应不小于0.2m²。严禁超员。

3. 立井中用吊桶升降人员时的最大速度：在使用钢丝绳罐道时，不得超过提升高度数值平方根数的1/4，且最大不超过7m/s；无罐道时，不得超过1m/s。

4. 立井中用吊桶升降物料时的最大速度：在使用钢丝绳罐道时，不得超过提升高度数值平方根数的2/5，且最大不超过8m/s；无罐道时，不得超过2m/s。

（八）罐笼提升

专为升降人员和升降人员与物料的罐笼（包括有乘人间的箕斗），必须符合下列要求：

1. 罐底必须满铺钢板，需要设孔时，必须设置牢固可靠的门；两侧用钢板挡严，并不得有孔。

2. 进出口必须装设罐门或罐帘，高度不得小于1.2m。罐门或罐帘下部边缘至罐底的距离不得超过250mm，罐帘横杆的间距不得大于200mm。罐门不得向外开。

3. 提升矿车的罐笼内必须装有阻车器。

4. 单层罐笼和多层罐笼的最上层净高（带弹簧的主拉杆除外）不得小于1.9m，其他各层净高不得小于1.8m。

5. 罐笼内每人占有的有效面积应不小于0.18m²。罐笼每层内1次能容纳的人数应当明确规定。超过规定人数时，把钩工必须制止。

6. 罐笼提升时加速度和减速度，都不得超过0.75m/s²。升降人员时，其最大速度不得超过提升高度数值平方根数的1/2，且最大不得超过12m/s；升降物料时，其最大速度不得超过提升高度数值平方根数的3/5。

二、井巷工程施工通风与防尘

（一）井巷工程施工通风

1. 井巷掘进工作面需要的风量

岩巷、煤巷和半煤岩巷掘进工作面的需风量，应考虑下列因素分别计算，取其最大值。

（1）按瓦斯涌出量计算需风量。按工作面回风流中瓦斯的平均绝对瓦斯涌出量进行计算,并考虑备用风量系数。掘进工作面回风流中瓦斯的浓度不应超过 1.0%,炮掘工作面的备用风量系数取 1.8～2.5。

(2)按使用炸药量计算需风量。每千克一级煤矿许用炸药爆破后稀释炮烟所需的新鲜风量最小为 25m³/min;每千克二、三级煤矿许用炸药爆破后稀释炮烟所需的新鲜风量最小为 10m³/min。

(3)按工作人员数量计算需风量。需要考虑用风地点同时工作的最多人数,每人每分钟供给风量不得少于 4m³。

(4)按风速进行验算需风量。根据《煤矿安全规程》规定的最高风速进行验算。

2.井巷内的风质、风速要求

(1)采掘工作面的进风流中,氧气浓度不低于 20%,二氧化碳浓度不超过 0.5%。

(2)井巷中的风流速度应符合表 2G320093-1 的要求。

井巷中的允许风流风速 表 2G320093-1

井巷名称	允许风速（m/s）	
	最低	最高
无提升设备的风井和风硐		15
专为升降物料的井筒		12
风桥		10
升降人员和物料的井筒		8
主要进、回风巷		8
架线电机车巷道	1.0	8
输送机巷,采区进、回风巷	0.25	6
采煤工作面、掘进中的煤巷和半煤岩巷	0.25	4
掘进中的岩巷	0.15	4
其他通风人行巷道	0.15	

(3)高瓦斯矿井、有煤（岩）与瓦斯（二氧化碳）突出危险的矿井的每个采区和开采容易自燃煤层的采区,必须设置至少 1 条专用回风巷。

(4)压入式局部通风机和启动装置,必须安装在进风巷道中,距掘进巷道回风口不得小于 10m。

(5)使用局部通风机通风的掘进工作面,不得停风;因检修、停电、故障等原因停风时,必须人员全部撤至新鲜风流中,并切断电源。正常工作和备用局部通风机均失电停止运转后,当电源恢复时,正常的局部通风机和备用局部通风机均不得自行启动,必须人工开启。井下局部通风机恢复通风前,必须由专职瓦斯检查员检查瓦斯。只有在局部通风机及其开关附近 10m 以内风流中的瓦斯浓度都不超过 0.5% 时,方可由指定人员开启局部通风机。

(6)岩石巷道掘进时,较长的独头巷道不宜采用压入式通风机。混合式通风适用于瓦斯涌出量很低的独头长巷道通风,或者断面较大而且通风要求较高的巷道。设备布置时要注意,压入式局部通风机的出风口距离抽出式局部通风机的吸风口不得小于 15m。

（7）掘进的工作面每次爆破前，必须派专人和瓦斯检查员共同到停掘的工作面检查工作面及其回风流中的瓦斯浓度，瓦斯浓度超限时，必须先停止在掘进工作面的工作，然后处理瓦斯，只有在两个工作面及其回风流中的瓦斯浓度都在 1.0% 以下时，掘进的工作面方可爆破。

（8）煤巷、半煤岩巷和有瓦斯涌出的岩巷的掘进通风方式应采用压入式。

（9）因检修、停电或其他原因停止建井风机运转时，必须制定停风措施。

（10）掘进工作面应实行独立通风。

（11）必须建立测风制度，对掘进工作面和其他用风地点，应根据实际需要随时测风。井筒施工进入基岩段后，每 10d 进行 1 次全面测风。

（12）掘进巷道贯通前，综合机械化掘进巷道相距 50m 前、其他巷道相距 20m 前，必须停止一个工作面的作业，做好调整通风系统的工作。

（13）进风井口必须布置在粉尘、有害和高温气体不能侵入的地方。已布置在粉尘、有害的高温气体能侵入的地点的，应制定安全措施。

3. 矿井必须采用机械通风，并应遵守的相关规定

（1）使用建井风机时，应安装 2 台同等能力的通风机，其中 1 台备用，备用通风机必须能在 10min 内启动，使用主要通风机的，通风机必须安装在地面。

（2）立井施工在安装吊盘后必须实行机械通风。井筒施工及主、副（风）井贯通前，建井风机应安装在地面，离地高度不得小于 1m，距离井口不得小于 20m，且不得放在井架上。

（3）建井风机或主要通风机应避开永久通风机房及风道的位置，不影响施工期间的运输和提升。建井风机必须与各局部通风机实现风电闭锁，当建井风机停止运转时，局部通风机必须停止运转。

（4）主、副（风）井贯通后，应尽快改装通风设备，安装建井风机或地面主要通风机，实现全风压通风。

（5）高瓦斯、煤（岩）与瓦斯（二氧化碳）突出矿井不得将建井风机安装在井下，且在进入二期工程前，必须形成地面风机供风的全风压通风系统。

（6）矿井进入三期工程前，地面主要通风机必须投入使用并保持正常运行，实现全风压通风。

（二）井巷工程施工粉尘防治的重要规定

1. 作业场所空气风尘含量限制规定

为了消除煤尘、岩尘和水泥粉尘的危害，必须采取综合措施，作业场所中的粉尘浓度、作业方式等必须符合有关规定。

综合防尘的具体要求是作业场所空气中的粉尘（总粉尘、呼吸性粉尘）浓度应符合表 2G320093-2 的要求。

作业场所空气中粉尘浓度标准　　　　　　　　　表 2G320093-2

粉尘种类	游离 SiO_2 含量（%）	时间加权平均容许浓度（mg/m^3）	
		总尘	呼尘
煤尘	< 10	4	2.5

续表

粉尘种类	游离 SiO$_2$ 含量（%）	时间加权平均容许浓度（mg/m^3）	
		总尘	呼尘
矽尘	10 ≤ ～ ≤ 50	1	0.7
	50 < ～ < 80	0.7	0.3
	≥ 80	0.5	0.2
水泥尘	< 10	4	1.5

注：1. 总粉尘：是指用一般敞口采样器采集到一定时间内悬浮在空气中的全部固体微粒。

2. 呼吸性粉尘：能被吸入人体肺部并滞留于肺泡区的浮游粉尘。其空气动力直径小于 7.07 μm 的极细微粉尘，是引起尘肺病的主要粉尘。

3. 时间加权平均容许浓度是以时间加权数规定的 8h 工作日、40h 工作周的平均容许接触浓度。

2. 矿业工程防尘工作规定及要求

（1）必须建立防尘供水系统。没有防尘供水管路的掘进工作面不得施工。主要运输巷、带式输送机斜井与平巷、掘进巷道、卸载点等地点都必须敷设防尘供水管路。

（2）对产生煤（岩）尘的地点必须采取综合防尘措施：

1）掘进工作面及特殊凿井法施工的防尘措施必须符合：掘进井巷和硐室时，必须采取湿式钻眼、冲洗井壁巷帮、水炮泥、爆破喷雾、装岩（煤）洒水和净化风流等综合防尘措施。立井凿井期间冻结段和在遇水膨胀的岩层中掘进不宜采用湿式钻眼时，可采用干式钻眼，但必须采取捕尘措施，并使用个体防尘保护用品；

2）在煤、岩层中钻孔，应采取湿式钻孔。煤（岩）与瓦斯（二氧化碳）突出煤层或软煤层中瓦斯抽放钻孔难以采取湿式钻孔时，可采取干式钻孔，但必须采取捕尘、降尘措施，工作人员必须佩戴防尘保护用品；

3）在有煤尘爆炸危险煤层中掘进时，必须有预防和隔绝煤尘爆炸的措施；

4）煤层掘进巷道同与其相连的巷道间，采用独立通风并有煤尘爆炸危险的地点同与其相连通的巷道间，必须用水棚或岩粉棚隔开；

5）必须及时清除巷道中的浮煤，清扫或冲洗沉积煤尘，定期撒布岩粉。

（3）凿岩、出渣前，应清洗工作面 10m 内的岩壁。进风道、人行道及运输巷道的岩壁，每季至少清洗一次。

（4）风流中的粉尘应采取净化风流措施予以防治。净化风流是通过在井巷含尘风流中安装水幕和除尘器，或其他净化风流的设备，而将矿尘捕获的防尘措施。

（5）无法实施洒水防尘的工作地点，可用密闭抽尘措施来降尘。

（6）全矿通风系统应每年测定一次（包括主要巷道）通风阻力，并经常检查局部通风和防尘设施，发现问题，及时处理。

2G320094 矿山企业安全生产标准化要求

一、《企业安全生产标准化基本规范》GB/T 33000—2016 的颁发背景

国家安监总局陆续在煤矿、危险化学品、烟花爆竹等行业开展了安全生产标准化创建活动，有效地提升了企业的安全生产管理水平。但各行业的安全标准化工作要求不尽相

同，有必要出台一个规范，对各行业已开展的安全生产标准化工作在形式要求、基本内容、考评办法等方面作出比较一致的规定。国家安全生产监督管理总局于2017年3月28日发布了新版《企业安全生产标准化基本规范》GB/T 33000—2016（以下简称《基本规范》），自2017年4月1日起实施。

通过建立安全生产责任制，制定安全管理制度和操作规程，排查治理隐患和监控重大危险源，建立预防机制，规范生产行为，使各生产环节符合有关安全生产法律法规和标准规范的要求，人、机、物、环（境）处于良好的生产状态，并持续改进，不断加强企业安全生产规范化建设。

企业通过落实企业安全生产主体责任，通过全员全过程参与，建立并保持安全生产管理体系，全面管控生产经营活动各环节的安全生产与职业卫生工作，实现安全健康管理系统化、岗位操作行为规范化、设备设施本质安全化、作业环境器具定置化，并持续改进。

二、《基本规范》的内涵

1. 基本内容

《基本规范》的内容包括：范围、规范性引用文件、术语和定义、一般要求、核心要求等五章。在核心要求这一章中，对企业安全生产的目标、组织机构、安全投入、安全管理制度、人员教育培训、设备设施运行管理、作业安全管理、隐患排查和治理、重大危险源监控、职业健康、应急救援、事故的报告和调查处理、绩效评定和持续改进等方面的内容作了具体规定。

2.《基本规范》的主要特点

（1）管理方法的先进性。采用了国际通用的PDCA动态循环的现代安全管理模式。

（2）内容的系统性。《基本规范》的内容涉及安全生产的各个方面，而且这些方面是有机、系统的结合，具有系统性和全面性。

（3）较强的可操作性。《基本规范》对核心要素都提出了具体、细化的内容要求。

（4）广泛适用性。《基本规范》总结归纳了煤矿、危险化学品、金属非金属矿山、烟花爆竹、冶金、机械等已经颁布的行业安全生产标准化标准中的共性内容，提出了企业安全生产管理的共性基本要求，是各行各业安全生产标准化的"基本"标准，保证了各行各业安全生产管理工作的一致性。

（5）管理的可量化性。《基本规范》吸收了传统标准化量化分级管理的思想，有配套的评分细则，可得到量化的评价结果，能较真实地反映企业安全管理的水平和改进方向，也便于企业有针对性地改进和完善。

（6）强调预测预报。《基本规范》要求企业根据生产经营状况及隐患排查治理情况，运用定量的安全生产预测预警技术，建立企业安全生产状况及发展趋势的预警指数系统。

2G320095 矿井施工水害及其防治方法

煤矿防治水工作应当坚持预测预报、有疑必探、先探后掘、先治后采的原则，根据不同水文地质条件，采取探、防、堵、疏、排、截、监等综合防治措施。煤矿必须落实防治水的主体责任，推进防治水工作由过程治理向源头预防、局部治理向区域治理、井下治理向井上下结合治理、措施防范向工程治理、治水为主向治保结合的转变，构建理念先进、基础扎实、勘探清楚、科技攻关、综合治理、效果评价、应急处置的防治水工作体系。煤炭企业、煤矿的主要负责人（法定代表人、实际控制人）是本单位防治水工作的第一责任人，总工程师（技术负责人）负责防治水的技术管理工作。煤矿应当根据本单位的水害情况，配备满足工作需要的防治水专业技术人员，配齐专用的探放水设备，建立专门的探放水作业队伍，储备必要的水害抢险救灾设备和物资。水文地质类型复杂、极复杂的煤矿，还应当设立专门的防治水机构、配备防治水副总工程师。

煤炭企业、煤矿应当结合本单位实际情况建立健全水害防治岗位责任制、水害防治技术管理制度、水害预测预报制度、水害隐患排查治理制度、探放水制度、重大水患停产撤人制度以及应急处置制度等。煤矿主要负责人必须赋予调度员、安检员、井下带班人员、班组长等相关人员紧急撤人的权力，发现突水（透水、溃水，下同）征兆、极端天气可能导致淹井等重大险情，立即撤出所有受水患威胁地点的人员，在原因未查清、隐患未排除之前，不得进行任何采掘活动。煤炭企业、煤矿应当编制本单位防治水中长期规划（5年）和年度计划，并组织实施。煤矿防治水应当做到"一矿一策、一面一策"，确保安全技术措施的科学性、针对性和有效性。

一、矿井水害的类型

按照造成灾害的水源和受害部位。矿井水害可分为以下几类，如表 2G320095 所示。

矿井水害类型 表 2G320095

矿井水害类型	水源	受害部位
地表水灌入矿井、工业广场和生活区	地表水、大气降水	施工中的井筒、矿井井下、工业广场或生活区
含水层中的地下水大量涌入矿井	含水层中的地下水	施工中的井筒或矿井井下
老空区积水、淤泥涌入矿井	老空区积水淤泥	矿井井下

二、矿井涌水特征

（一）大气降水为主要充水水源的涌水特征

主要指直接受大气降水渗入补给的矿床，多属于包气带中、埋藏较浅、充水层裸露、位于分水岭地段的矿床或露天矿区。其充（涌）水特征与降水、地形、岩性和构造等条件有关。

1. 矿井涌水动态与当地降水动态相一致，具有明显的季节性和多年周期性的变化规律。

2. 多数矿床随着采深增加矿井涌水量逐渐减少，其涌水高峰值出现滞后且时间加长。

3. 矿井涌水量的大小还与降水性质、强度、持续时间及入渗条件有密切关系。

（二）以地表水为主要充水水源的涌水特征

地表水充水矿床的涌水规律有以下特征：

1. 矿井涌水动态随地表水的丰枯呈季节性变化，且其涌水强度与地表水的类型、性质和规模有关。受季节流量变化大的河流补给的矿床，其涌水强度亦呈季节性周期变化。

有常年性大水体补给时，可造成定水头补给稳定的大量涌水，并难于疏干。有汇水面积大的地表水补给时，涌水量大且衰减过程长。

2. 矿井涌水强度还与井巷到地表水体间的距离、岩性与构造条件有关。一般情况下，其间距愈小，则涌水强度愈大；其间岩层的渗透性愈强，涌水强度愈大；当其间分布有厚度大而完整的隔水层时，则涌水甚微，甚至无影响；其间地层受构造破坏愈严重，井巷涌水强度亦愈大。

3. 采矿方法的影响。依据矿床水文地质条件选用正确的采矿方法，开采近地表水体的矿床，其涌水强度虽会增加，但不会过于影响生产。如选用的方法不当，可造成崩落裂隙与地表水体相通或形成塌陷，发生突水和泥砂冲溃。

（三）以地下水为主要充水水源的矿床

能造成井巷涌水的含水层称矿床充水层。当地下水成为主要涌水水源时，有如下规律：

1. 矿井涌水强度与充水层的空隙性及其富水程度有关。

2. 矿井涌水强度与充水层厚度和分布面积有关。

3. 矿井涌水强度及其变化，还与充水层水量组成有关。

（四）以老采空区水为主要充水水源的矿床

在我国许多老矿区的浅部，老采空区（包括被淹没井巷）星罗棋布，且其中充满大量积水。它们大多积水范围不明，连通复杂，水量大，酸性强，水压高。如果现生产井巷接近或崩落带达到老采空区，便会造成突水。

三、矿井涌水通道

矿体及其周围虽有水存在，但只有通过某种通道，它们才能进入井巷形成涌水或突水，这是普遍规律。涌水通道可分为两类：

（一）地层的空隙、断裂带等自然形成的通道

1. 地层的裂隙与断裂带

岩石地层中的节理型裂隙往往比较发育，若彼此连通，即可形成裂隙涌水通道。依据勘探及开采资料，我们把断裂带分为两类，即隔水断裂带和透水断裂带。

2. 岩溶通道

岩溶空间可从细小的溶孔直到巨大的溶洞，空间复杂多变。它们可彼此连通，成为沟通各种水源的通道，也可形成孤立的无水管道。我国许多金属与非金属矿区，都深受其害。

3. 孔隙通道

主要是指松散层粒间的孔隙输水通路。它可在开采矿床和开采上覆松散层的深部基岩矿床时遇到。前者多为均匀涌水，仅在大颗粒地段和有丰富水源的矿区才可导致突水；后者多在建井时期造成危害。此类通道可输送本含水层水入井巷，也可成为沟通地表水的通道。

（二）由于采掘活动等人为引起的涌水通道

这类通道是由于不合理勘探或开采造成的，应杜绝产生此类通道。

1. 顶板冒落裂隙通道：采用崩落法采矿造成的透水裂隙，如抵达上覆水源时，则可导致该水源涌入井巷，造成水灾。

2. 底板突破通道：当巷道底板下有间接充水层时，便会在地下水压力和矿山压力作用下，破坏底板隔水层，形成人工裂隙通道，导致下部高压地下水涌入井巷造成水灾。

3. 钻孔通道：在各种勘探钻孔施工时均可沟通矿床上、下各含水层或地表水，如在勘探结束后对钻孔封闭不良或未封闭，开采中揭露钻孔时就会造成突水事故。

四、矿井水害的预防与防治方法

根据井田内受采掘破坏或者影响的含水层及水体、井田及周边老空（火烧区）水分布状况、矿井涌水量、突水量、开采受水害影响程度和防治水工作难易程度，将矿井水文地

质类型划分为简单、中等、复杂和极复杂 4 种类型。

（一）地面防治水

1. 矿井井口和工业场地内建筑物的地面标高必须高于当地历年最高洪水位；否则应当修筑堤坝、沟渠或者采取其他可靠防御洪水的措施。不能采取可靠安全措施的，应当封闭填实该井口。在山区还必须避开可能发生泥石流、滑坡等地质灾害危险的地段。矿井在雨季前，应当全面检查防范暴雨、洪水引发事故灾害的措施落实情况。

2. 矿井应当根据矿井的地质构造、水文地质条件、煤尘赋存条件、围岩物理性质、开采方法及岩层移动规律等因素确定相应的防隔水煤（岩）柱的尺寸；矿井防隔水煤（岩）柱已经确定，不得随意改动。严禁开采和破坏煤层露头的防隔水煤（岩）柱；严禁在各类防隔水煤（岩）柱中进行采掘活动。

（二）地表水治理

地表水治理措施如下：

1. 合理确定井口位置。井口标高必须高于当地历史最高洪水位，或修筑坚实的高台，或在井口附近修筑可靠的排水沟和拦洪坝，防止地表水经井筒灌入井下。

2. 填堵通道。为防雨雪水渗入井下，在矿区内采取填坑、补凹、整平地表或建不透水层等措施。

3. 整治河流。1）整铺河床。河流的某一段经过矿区，而河床渗透性强，可导致大量河水渗入井下，在漏失地段用黏土、料石或水泥修筑不透水的人工河床，以制止或减少河水渗入井下。2）河流改道。如河流流入矿区附近，可选择合适地点修筑水坝，将原河道截断，用人工河将河水引出矿区以外。

4. 修筑排（截）水沟。山区降水后以地表水或潜水的形式流入矿区，地表有塌陷裂缝时，会使矿区涌水量大大增加。在这种情况下，可在井田外缘或漏水区的上方迎水方向修筑排水沟，将水排至影响范围之外。

（三）地下水的排水疏干

在调查和探测到水源后，最安全的方法是预先将地下水源全部或部分疏放出来。疏干方法有 3 种：地表疏干、井下疏干和井上下相结合疏干。

1. 地表疏干

在地表向含水层内打钻，并用深井泵或潜水泵从相互沟通的孔中把水抽到地表，使开采地段处于疏干降落漏斗水面之上，达到安全生产的目的。

2. 井下疏干

当地下水源较深或水量较大时用井下疏干的方法可取得较好的效果。根据不同类型的地下水，有疏放老孔积水和疏放含水层水等方法。

（四）地下水探放

1. 地下矿山工程地质和水文地质观测工作。水文地质工作是井下水害防治的基础，应查明地下水源及其水力联系。

2. 水文地质条件复杂、极复杂的矿井，在地面无法查明矿井全部水文地质条件和充水因素时，应坚持有掘必探的原则，加强探放水工作。

3. 在矿井受水害威胁的区域，进行巷道掘进前，应当采用钻探、物探和化探等方法查清水文地质条件。地测机构应当提出水文地质情况分析报告，并提出水害防范措施，经矿井总工程师组织生产、安监和地测等有关单位审查批准后，方可进行施工。

4．采掘工作面遇有下列情况之一时，应当立即停止施工，进行探放水：

（1）接近水淹或可能积水的井巷、老空或相邻煤矿时；

（2）接近含水层、导水断层、溶洞和导水陷落柱时；

（3）打开隔离煤柱进行放水前；

（4）接近可能与河流、湖泊、水库、蓄水池、水井等相通的断层破碎带时；

（5）接近有出水可能的钻孔时；

（6）接近水文地质条件复杂的区域时；

（7）接近有积水的灌浆区时；

（8）接近其他可能突水的地区时。

探水前，应当确定探水线并绘制在采掘工程平面图上，编制探放水设计，并有相应的安全技术措施。探放水设计应经审定批准。矿井采掘工作面探放水应由专业人员和专职探放水队伍使用专用探放水钻机进行施工。

（五）地下水的隔离与堵截

1．隔离水源。隔离水源的措施可分为留设隔离煤（岩）柱防水和建立隔水帷幕带防水两类方法：

（1）隔离煤（岩）柱防水。为防止煤（矿）层开采时各种水流进入井下，在受水威胁的地段留一定宽度或厚度的煤（矿）柱。严禁开采和破坏煤层露头的防隔水煤（岩）柱；严禁在各类防隔水煤（岩）柱中进行采掘活动。

（2）隔水帷幕带。隔水帷幕带就是将预先制好的浆液通过井巷向前方所打的具有角度的钻孔，压入岩层的裂缝中，浆液在孔隙中渗透和扩散，再经凝固硬化后形成隔水的帷幕带，起到隔离水源的作用。

2．地下突水堵截。为预防采掘过程中突然涌水而造成波及全矿的淹井事故，通常在巷道一定的位置设置防水闸门和防水墙。

（六）矿山排水

矿山的排水能力要达到以下要求。

1．金属非金属矿山。井下主要排水设备，至少应由同类型的3台泵组成。工作泵应能在20h内排出一昼夜的正常涌水量；除检修泵外，其他水泵应能在20h内排出一昼夜的最大涌水量。井筒内应装备2条相同的排水管，其中1条工作，1条备用。

水仓应由两个独立的巷道系统组成。涌水量大的地下矿山，每个水仓的容积，应能容纳2～4h井下正常涌水量。一般地下矿山主要水仓总容积，应能容纳6～8h的正常涌水量。

2．煤矿。必须有工作、备用和检修的水泵。工作水泵的能力，应能在20h内排出地下矿山24h的正常涌水量（包括充填水和其他用水）。备用水泵的能力应不小于工作水泵能力的70%。工作水泵和备用水泵的总能力，应能在20h内排出地下矿山24h的最大涌水量。检修水泵的能力应不小于工作水泵能力的25%。水文地质条件复杂的地下矿山，可在主泵房内预留一定数量的水泵位置或者增加相应的排水能力。

排水管路必须有工作、备用的水管。工作水管的能力应能配合工作水泵在20h内排出地下矿山24h的正常涌水量。工作水管和备用水管的总能力，应能配合工作水泵和备用水泵在20h内排出地下矿山24h的最大涌水量。

五、地下矿山水灾的预测和突水预兆

（一）一般性要求

1. 矿山防治水工作应当坚持"预测预报、有疑必探、先探后掘、先治后采"的原则，采取探、防、堵、疏、排、截、监的综合治理措施。

2. 掌握矿井开采受水害影响的程度及防治水工作的难易程度。矿井水文地质类型划分为简单、中等、复杂、极复杂等4种。

3. 加强水文地质观测及管理：

（1）对新开凿的井筒、主要穿层石门及开拓巷道，应该及时进行水文地质观测和编录，并绘制井筒、石门、巷道的实测水文地质剖面图或展开图。

对新凿立井、斜井、垂深每延深10m，应当观测1次涌水量。掘进至新的含水层时，如果不到规定的距离，也应当在含水层的顶底板各测1次涌水量。

（2）遇突水点，应当收集记录突水时间、位置、涌水量、水质和含砂等参数，分析突水原因。突水点按照每小时突水量分为4个等级：

小突水点：$30m^3/h \leqslant Q \leqslant 60m^3/h$；中突水点：$60m^3/h < Q \leqslant 600m^3/h$；大突水点：$600m^3/h < Q \leqslant 1800m^3/h$；特大突水点：$Q > 1800m^3/h$。

（3）对于大中型煤矿发生$300m^3/h$以上的突水、小型煤矿发生$60m^3/h$以上的突水，或者因突水造成采掘区域和矿井被淹的，应及时上报地方人民政府负责煤矿安全生产监督管理部门、煤炭行业管理部门和驻地煤矿安全监察机构。

4. 水文地质条件复杂、极复杂矿井应当每月至少开展1次水害隐患排查及治理活动，其他矿井应当每季度至少开展1次水害隐患排查及治理活动。

（二）地下矿山水灾的预测

地下矿山水灾的预测是指在开采前，根据地质勘探的水文地质资料及专门进行的水害调查资料，确定地下矿山水灾的危险程度，并编制地下矿山水灾预测图。

1. 地下矿山水灾危险程度的确定

（1）用突水系数来确定地下矿山水害的危险程度。突水系数是含水层中静水压力（Pa）与隔水层厚度（m）的比值，其物理意义是单位隔水层厚度所能承受的极限水压值；

（2）按水文地质的影响因素来确定地下矿山水害的危险程度。该方法是按水文地质的复杂程度，将矿区的水害危险程度划分为5个等级。

2. 地下矿山水灾预测图的编制

根据隔水层厚度和矿区各地段的水压值，计算某开采水平的突水系数，编制相应比例的简单突水预测图，然后根据矿区突水系数的临界值，圈定安全区和危险区。水灾预测图的另一种编制方法是在开采平面图上圈定地下水灾的等级区域，据此制定最佳地下矿山规划和防治水害的措施，加强危险区域的监测，保证安全生产。

（三）地下矿山突水预兆

1. 一般预兆

（1）岩层变潮湿、松软；岩帮出现滴水、淋水现象，且淋水由小变大；有时岩帮出现铁锈色水迹；

（2）工作面气温降低，或出现雾气或硫化氢气味；

（3）有时可听到水的"嘶嘶"声；

（4）矿压增大，发生冒顶片帮及底鼓。

2. 工作面底板灰岩含水层突水预兆

（1）工作面压力增大，底板鼓起，底鼓量有时可达500mm以上；

（2）工作面底板产生裂隙，并逐渐增大；

（3）沿裂隙或煤帮向外渗水，随着裂隙的增大，水量增加。当底板渗水量增大到一定程度时，煤帮渗水可能停止，此时水色时清时浊，底板活动时水变浑浊；底板稳定时水色变清；

（4）底板破裂，沿裂缝有高压水喷出，并伴有"嘶嘶"声或刺耳水声；

（5）底板发生"底爆"，伴有巨响，地下水大量涌出，水色呈乳白或黄色。

3. 松散孔隙含水层突水预兆

（1）突水部位发潮、滴水且滴水现象逐渐增大，仔细观察发现水中含有少量细砂；

（2）发生局部冒顶，水量突增并出现流沙，流沙常呈间歇性，水色时清时混，总的趋势是水量、砂量增加，直至流沙大量涌出；

（3）顶板发生溃水、溃沙，这种现象可能影响到地表，致使地表出现塌陷坑。

以上预兆是典型的情况，在具体的突水事故过程中，并不一定全部表现出来，所以应该细心观察，认真分析、判断。

2G320096   矿井施工火灾类型及防止与控制

一、矿井火灾的成因与类型

根据发火的原因，火灾分为内因火灾和外因火灾。

1. 内因火灾

内因火灾的形成除矿岩本身有氧化自热特点外，还必须有聚热条件。当热量得到积聚时，必然产生升温现象，温度升高又导致矿岩加速氧化。当温度达到该物质的发火点时，则发生自燃火灾。内因火灾只能发生在具有自燃性矿床的矿山，且必须具备一定的条件，发火原因十分复杂；其初期阶段不易发现，很难找到火源中心的准确位置，扑灭此类火灾比较困难。内因火灾经常发生在下列地点：采空区，特别是大量遗煤而又未及时封闭或封闭不严时、巷道两侧受地压破坏的煤块、巷道中长期堆积的浮煤、巷道发生冒顶后的高冒空洞中、与老窑相连通处。

2. 外因火灾

外因火灾的发生原因有：各种明火引燃易燃物或可燃物；各类油料在运输、保管和使用时所引起的火灾；炸药在运输、加工和使用过程中发生的火灾；电气设备的绝缘损坏和性能不良引发的火灾。外因火灾可以发生在矿井矿山施工的任何时间、任何地点，但一般多发生在井口楼、井筒、机电硐室、火药库以及安有机电设备的巷道或工作面内。如果外因火灾是在矿井内发生，那么火灾就会在有限的空间和有限的空气流中燃烧，由于通风不畅，燃烧的烟尘难以排出地面，从而积聚并生成大量有毒有害气体，达到危害生命的浓度，极易造成重大事故。

二、矿井火灾的预防措施

（一）内因火灾的主要预防措施

煤炭自燃必须同时具备三个条件：

1．有自燃倾向性的碎煤堆积；

2．有蓄积热量的环境和条件；

3．连续不断的供氧。

根据内因火灾的发生条件，其预防措施主要为采用合理的开拓开采方法，减少丢煤，提高煤炭回收率；加强通风以及注水、注浆等特殊措施。

（二）外因火灾预防一般要求

具体预防措施可从以下几方面考虑：一是要防止失控的热源；二是尽量采用耐燃或难燃材料，对可燃物进行有效管理或消除，避免可燃物的大量积存；三是建立外因火灾预警预报系统；四是防灭火设施的配置与管理。

1．防火要求

（1）建设单位应结合生产、生活供水，建立消防管路系统，保证足够的消防用水。消防管路系统可以与防尘供水系统共用。

（2）工作人员必须熟悉灭火器材的使用方法。

（3）每季度应当对地面消防水池、井上下消防管路系统、防火门、消防材料库和消防器材的设置情况进行 1 次检查，并做好记录，发现问题，要及时解决。

（4）生产和在建矿井必须制定井上、下防火措施。矿井的所有地面建筑物、煤堆、矸石山、木料场等处的防火措施和制度，必须符合国家有关防火的规定。

（5）新建矿井的永久井架和井口房、以井口为中心的联合建筑，必须用不燃性材料建筑。对现有生产矿井用可燃性材料建筑的井架和井口房，必须制定防火措施。

（6）矿井必须设地面消防水池。地面的消防水池必须经常保持不少于 $200m^3$ 的水量。消防用水同生产、生活用水共用同一水池时，应当有确保消防用水的措施。

（7）井口房和通风机房附近 20m 内，不得有烟火或用火炉取暖。

（8）进风井口应装设防火铁门，防火铁门必须严密并易于关闭，打开时不妨碍提升、运输和人员通行，并定期维修。如果不设防火铁门，必须有防止烟火进入矿井的安全措施。

（9）井上必须设置消防材料库。井上消防材料库应设在井口附近，但不得设在井口房内。

（10）地面要害车间、井上下爆炸材料库、机电设备硐室、检修硐室、材料库、井底车场、使用带式输送机或液力偶合器的巷道、掘进工作面附近的巷道中，应备有足够的灭火器材，其数量、规格和存放地点，应在灾害预防和处理计划中确定。

2．井下外因火灾预防要求

井下外因火灾的预防措施，主要包括加强火源管理、加强爆破和机电设备管理等。

（1）井下和井口房内不得从事电焊、气焊和喷灯焊接等工作。如果必须在井下主要硐室、主要进风井巷和井口房内进行电焊、气焊和喷灯焊接等工作，则每次必须制定安全措施，由矿长批准并遵守下列规定：

1）指定专人在场检查和监督。

2）电焊、气焊和喷灯焊接等工作地点的前后两端各 10m 的井巷范围内，应是不燃性材料支护，并应有供水管路，有专人负责喷水，焊接前应当清理或隔离焊碴飞溅区域内的可燃物。上述工作地点应至少备有 2 个灭火器。

3）在井口房、井筒和倾斜巷道内进行电焊、气焊和喷灯焊接等工作时，必须在工作地点的下方用不燃性材料设施接收火星。

4）电焊、气焊和喷灯焊接等工作地点的风流中，瓦斯浓度不得超过0.5%，只有在检查证明作业地点附近20m范围内巷道顶部和支护背板后无瓦斯积存时，方可进行作业。

5）电焊、气焊和喷灯焊接等作业完毕后，作业地点应再次用水喷洒，并有专人在工作地点检查1h，发现异状，立即处理。

6）煤与瓦斯突出矿井井下进行电焊、气焊和喷灯焊接时，必须停止突出煤层的掘进、回采、钻孔、支护以及其他所有扰动突出煤层的作业。

7）严禁不具备资质条件的电焊（气割）工入井动火作业。在井口和井筒内动火作业时，必须撤出井下所有作业人员。在主要进风巷动火作业时，必须撤出回风侧所有人员。煤层中未采用砌碹或者喷浆封闭的主要硐室和主要进风大巷中，不得进行电焊、气焊和喷灯焊接等工作。

（2）井下必须设消防管路系统。井下消防管路系统应每隔100m设置支管和阀门，带式输送机巷道中应每隔50m设置支管和阀门。

（3）井筒、平硐与各水平的连接处及井底车场，主要绞车道与主要运输巷、回风巷的连接处，井下机电设备硐室，主要巷道内带式输送机机头前后两端各20m范围内，都必须用不燃性材料支护。在井下和井口房，严禁采用可燃性材料搭接临时操作间、休息室。

（4）任何人发现井下火灾时，应视火灾性质、灾区通风和瓦斯情况，立即采取一切可能的方法直接灭火，控制火势，并迅速报告调度室。调度室在接到井下火灾报告后，应立即按灾害预防和处理计划通知有关人员组织抢救灾区人员和实施灭火工作。

（5）开采容易自燃和自燃煤层时，必须开展自然发火监测工作，建立自然发火监测系统，确定煤层自然发火标志气体及临界值，健全自然发火预测预报及管理制度。

（6）井下严禁使用灯泡取暖和使用电炉。

三、矿井火灾的处理方法

现阶段用于矿井的灭火技术主要有火区密封技术灭火、灌浆灭火、均压灭火、阻化灭火、惰气压注灭火以及新型的凝胶灭火、泡沫灭火等技术手段。火区密封技术也是矿井经常采用的技术。

（一）火区密封技术

火区密封技术是在火区尽可能小的范围，设置防火墙。

1. 防火墙及其位置的选择

防火墙要选用不燃性材料构筑；瓦斯火区的防火墙位置应尽可能地接近火区，以缩小火区封闭范围（具有瓦斯爆炸危险时，可适当扩大火区封闭范围）；构筑防火墙的位置应尽可能地设在坚实的围岩中，如是煤巷或裂隙岩体，则要对防火墙周围巷道壁加固、封闭；防火墙距新鲜风流的距离应在5~10m，便于运料施工。

2. 防火墙的封闭顺序

为了便于隔离火区，应首先封闭或关闭进风侧的防火墙，然后再封闭回风侧的防火墙；同时，还应优先封闭向火区供风的主要通道（或主干风流），然后再封闭那些向火区供风的旁侧风道（或旁侧风流）。

（二）火区快速封闭技术

轻质膨胀型封闭堵漏材料——聚氨酯是一种新型的具有独特性能的快速封闭材料。其具有气密性好、粘结力强、可发泡膨胀、耐高温、防渗水隔潮等特点，主要用于建立快速密闭时的喷涂密封、煤壁喷涂堵漏风等。

（三）火区管理技术

火区封闭后，矿井防灭火工作仅仅是个开始。在火区没有彻底熄灭之前，必须加强火区的管理。火区管理技术工作包括对火区所进行的资料分析、整理以及对火区的观测检查等工作。

2G320097　预防矿山煤尘和瓦斯灾害的主要方法

一、预防和控制煤矿瓦斯爆炸灾害的技术措施

（一）一般规定

矿井瓦斯等级鉴定应当以独立生产系统的矿井为单位。井工煤矿（包括新建矿井、改扩建矿井、资源整合矿井、生产矿井等）、鉴定机构（单位）应当按照《煤矿瓦斯等级鉴定办法》（煤安监技装〔2018〕9号）进行煤矿瓦斯等级鉴定。

煤矿企业将煤矿瓦斯等级鉴定结果报省级煤炭行业管理部门和省级煤矿安全监察机构，由省级煤炭行业管理部门按年度汇总报国家煤矿安全监察局、国家能源局，并抄送省级煤矿安全监管部门。

低瓦斯矿井每2年应当进行一次高瓦斯矿井等级鉴定，高瓦斯、突出矿井应当每年测定和计算矿井、采区、工作面瓦斯（二氧化碳）涌出量，并报省级煤炭行业管理部门和煤矿安全监察机构。经鉴定或者认定为突出矿井的，不得改定为非突出矿井。

新建矿井在可行性研究阶段，应当依据地质勘探资料、所处矿区的地质资料和相邻矿井相关资料等，对井田范围内采掘工程可能揭露的所有平均厚度在0.3m及以上的煤层进行突出危险性评估，评估结果应当在可研报告中表述清楚。

经评估为有突出危险煤层的新建矿井，建井期间应当对开采煤层及其他可能对采掘活动造成威胁的煤层进行突出危险性鉴定，鉴定工作应当在主要巷道进入煤层前开始。所有需要进行鉴定的新建矿井在建井期间，鉴定为突出煤层的应当及时提交鉴定报告，鉴定为非突出煤层的突出鉴定工作应当在矿井建设三期工程竣工前完成。

新建矿井在设计阶段应当按地质勘察资料、瓦斯涌出量预测结果、邻近矿井瓦斯等级、煤层突出危险性评估结果等综合预测瓦斯等级，作为矿井设计和建井期间井巷揭煤作业的依据。

低瓦斯矿井应当在以下时间前进行并完成高瓦斯矿井等级鉴定工作：（1）新建矿井投产验收；（2）矿井生产能力核定完成；（3）矿井改扩建工程竣工；（4）新水平、新采区或开采新煤层的首采面回采满半年；（5）资源整合矿井整合完成。

（二）防止瓦斯积聚

瓦斯积聚是指局部空间的瓦斯浓度达到2%，其体积超过 $0.5m^3$ 的现象。

1. 加强通风

用适当的风量将井下涌出的瓦斯及时冲淡并排到地面，是预防瓦斯积聚的基本措施。为此应该做到：

（1）合理选择通风系统，正确确定矿井风量，并进行合理分配，使井下所有工作地点都有足够的风量。

（2）施工组织设计和作业规程中必须有通风设计，进行风量计算，明确通风方式、风机选型、风筒直径及通风机安装位置；建井二期工程的通风设计由项目技术负责人组织编制，报工程处总工程师审批；建井三期工程的通风设计由工程处总工程师组织编制，报集团公司总工程师审批。

煤巷、半煤岩巷和有瓦斯涌出的岩巷的掘进通风方式应采用压入式，如采用混合式，必须制定安全措施。不得采用抽出式（压气、水力引射器不受此限）。

瓦斯喷出区域、煤（岩）和瓦斯（二氧化碳）突出煤层的掘进通风方式必须采用压入式。

（3）生产水平和采（盘）区必须实行分区通风。准备采区，必须在采区构成通风系统后，方可开掘其他巷道；采用倾斜长壁布置的，大巷必须至少超前2个区段，并构成通风系统后，方可开掘其他巷道。采煤工作面必须在采（盘）区构成完整的通风、排水系统后，方可回采。

（4）采、掘工作面应当实行独立通风。

（5）掘进巷道必须采用矿井全风压通风或者局部通风机通风。

2. 瓦斯检查与监测

（1）对煤矿和存在有害气体的矿井，应严格按照相关的矿业安全规程的规定，进行瓦斯检查。瓦斯检查与监测是及时发现与处理瓦斯积聚的前提。

（2）当井下巷道的瓦斯浓度超限时，应立即停止工作，撤出人员，切断电源，进行处理。排放瓦斯时，严禁"一风吹"，并做到回风系统内断电、撤人、巷道入口设警戒。

（3）瓦斯自动检测报警断电装置按《煤矿安全规程》执行说明的要求安设。瓦斯自动检测报警器和断电装置相当于是人的眼睛，是瓦斯危险的警报器，是防止瓦斯事故的保障。任何人不得随意更改、挪动或故意破坏。按照《煤矿安全规程》必须建立瓦斯检查制度，并遵守下列规定：

1）项目负责人、技术负责人、爆破工、掘进队长、通风队长、工程技术人员、班长、流动电钳工下井时，必须携带便携式甲烷报警仪。瓦斯检查工必须携带便携式甲烷检测报警仪和光学甲烷检测仪。安全监测工必须携带便携式甲烷检测报警仪。

2）进入基岩段后，所有掘进工作面、硐室、使用中的机电设备的设置地点、有人作业的地点都应纳入检查范围。

3）掘进工作面的瓦斯浓度检查次数如下：低瓦斯矿井中每班至少检查2次；高瓦斯矿井中每班至少检查3次。

4）突出煤层、有瓦斯喷出危险或者瓦斯涌出较大、变化异常的采掘工作面，必须有专人经常检查。

5）采掘工作面二氧化碳浓度应每班至少检查2次。

6）瓦斯检查人员必须执行瓦斯巡回检查制度和请示报告制度，并认真填写瓦斯检查班报。每次检查结果必须记入瓦斯检查班报手册和检查地点的记录牌上，并通知现场工作人员。甲烷浓度超过规定时，瓦斯检查人员有权责令现场人员停止工作，并撤到安全地点。

3. 及时处理积聚的瓦斯

处理积聚瓦斯的方法有向瓦斯积聚地点加大风量和提高风速，将瓦斯冲淡排出或将其封闭，必要时应采取抽放措施。

（1）必须从施工管理上采取措施，防止瓦斯积聚；当发生瓦斯积聚时，必须及时处理。必须有因停电和检修主要通风机停止运转或通风系统遭到破坏以后恢复通风、排除瓦斯和送电的安全措施。恢复正常通风后，所有受到停风影响的地点，都必须经过通风、瓦斯检查人员检查，证实无危险后，方可恢复工作。所有安装电动机及其开关的地点附近20m的巷道内，都必须检查瓦斯，只有甲烷浓度符合《煤矿安全规程》（2022年版）规定时，方可开启；

（2）临时停工的地点，不得停风；否则必须切断电源，设置栅栏、警标，禁止人员进入，并向调度室报告。恢复已封闭的停工区或掘进工作接近这些地点时，必须事先排除其中积聚的瓦斯。排放瓦斯工作必须制定安全技术措施；

（3）严禁在停风或瓦斯超限的区域内作业；

（4）立井施工需要停风作业时必须制定专项安全措施。

（三）防止瓦斯引燃引爆

1. 入井人员必须随身携带自救器、标识卡和矿灯，严禁携带烟草和点火物品，严禁穿化纤衣服。井下严禁使用灯泡取暖和使用电炉。井下和井口房内不得进行电焊、气焊和喷灯焊接等作业。如果必须在井下主要硐室、主要进风井巷和井口房内进行电焊、气焊和喷灯焊接等工作，每次必须制定安全措施，由矿长批准并遵守《煤矿安全规程》（2022年版）相关规定。

2. 加强放炮和火工品管理。炮眼封泥必须使用水炮泥。炮眼深度和炮眼的封泥长度应当符合《煤矿安全规程》（2022年版）相关规定。采掘工作面，使用煤矿许用毫秒延期电雷管时，最后一段的延期时间不得超过130ms。只有在放炮地点附近20m以内风流中瓦斯浓度低于1%时，才允许装药放炮。

3. 井下防爆电气设备的运行、维护和修理，必须符合防爆性能的各项技术要求。

4. 防止机械摩擦火花引燃瓦斯。

5. 避免高速移动的物质产生的静放电现象。

二、井下巷道瓦斯浓度限制要求

（一）矿井瓦斯检查制度

1. 煤矿和存在有害气体的矿井，都必须建立瓦斯检查制度。低瓦斯矿井每班至少检查2次；高瓦斯矿井每班至少检查3次；突出煤层、有瓦斯喷出危险或者瓦斯涌出较大、变化异常的采掘工作面，必须有专人经常检查。

2. 本班没有工作的工作面，每班至少应在工作面检查一次。

3. 瓦斯检查人员必须执行瓦斯巡回检查制度和请示汇报制度。检查结果应同时记入检查地点的记录牌上，并同时通知现场工作人员。瓦斯超过相关条文规定时，瓦斯检查员有权责令现场人员停止工作，并撤到安全地点。

（二）巷道瓦斯浓度限制规定

1. 采区回风巷、采掘工作面回风巷风流中甲烷浓度超过1.0%或者二氧化碳浓度超过1.5%时，必须停止工作，撤出人员，采取措施，进行处理。

2. 掘进工作面及其他作业地点风流中瓦斯浓度达到1.0%时，必须停止用电钻打眼；爆破地点附近20m以内风流中瓦斯浓度达到1.0%时，严禁爆破。

掘进工作面及其他作业地点风流中、电动机或其开关安设地点附近 20m 以内风流中的瓦斯浓度达到 1.5% 时，必须停止工作，切断电源，撤出人员，进行处理。

3. 掘进工作面及其他巷道内，体积大于 0.5m³ 的空间内积聚的瓦斯浓度达到 2.0% 时，附近 20m 内必须停止工作，撤出人员，切断电源，进行处理。

4. 因甲烷浓度超过规定被切断电源的电气设备，必须在甲烷浓度降到 1.0% 以下时，方可通电开动。

5. 局部通风机因故停止运转，在恢复通风前，必须首先检查瓦斯，只有停风区中最高甲烷浓度不超过 1.0% 和最高二氧化碳浓度不超过 1.5%，且局部通风机及其开关附近 10m 以内风流中的瓦斯甲烷浓度都不超过 0.5% 时，方可由人工开启局部通风机。

6. 二、三期工程总回风流中瓦斯或二氧化碳浓度超过 0.75% 时，必须立即查明原因，进行处理。

三、预防煤尘灾害的技术措施

（一）一般规定

建设项目的地质精查报告中，必须有各煤层的煤尘爆炸性鉴定资料。揭露煤层时，建设单位应委托国家授权单位进行煤尘爆炸性鉴定工作，鉴定结果必须报煤矿安全监察机构备案并提供给施工单位，施工单位应根据鉴定结果采取相应的安全措施。

（二）预防煤尘灾害的技术措施

必须建立防尘供水系统。没有防尘供水管路的掘进工作面不得施工。主要运输巷、带式输送机斜井与平巷、上山与下山、采区运输巷与回风巷、采煤工作面运输巷与回风巷、掘进巷道、卸载点等地点都必须敷设防尘供水管路，并安设支管和阀门。

对产生煤（岩）尘的地点必须采取综合防尘措施：

1. 掘进工作面及特殊凿井法施工的防尘措施必须符合：

掘进井巷和硐室时，必须采取湿式钻眼、冲洗井壁巷帮、水炮泥、爆破喷雾、装岩（煤）洒水和净化风流等综合防尘措施。

立井凿井期间冻结段和在遇水膨胀的岩层中掘进不宜采用湿式凿岩钻眼时，可采用干式钻眼，但必须采用捕尘措施，并使用个体防尘保护用品。

2. 掘进机作业的防尘必须符合下列规定：

掘进机作业，应当使用内、外喷雾装置，内喷雾装置的工作压力不得小于 2MPa，外喷雾装置的工作压力不得小于 4MPa。

井工煤矿掘进机作业时，应采用内、外喷雾及通风除尘等综合措施。掘进机无水或喷雾装置不能正常使用时，必须停机。

3. 在煤、岩层中钻孔，应采取湿式钻孔。煤（岩）与瓦斯（二氧化碳）突出煤层或软煤层中瓦斯抽放钻孔难以采取湿式钻孔时，可采取干式钻孔，但必须采取捕尘、降尘措施，工作人员必须佩戴防尘保护用品。

4. 在有煤尘爆炸危险煤层中掘进时，必须有预防和隔绝煤尘爆炸的措施。煤层掘进巷道同与其相连的巷道间，采用独立通风并有煤尘爆炸危险的地点同与其相连通的巷道间，必须用水棚或岩粉棚隔开。必须及时清除巷道中的浮煤，清扫或冲洗沉积煤尘，定期撒布岩粉。

5. 施工单位应当每年制定综合防尘措施、预防和隔绝煤尘爆炸措施及管理制度，并组织实施。每周至少检查 1 次煤尘隔爆设施的安装地点、数量、水量或岩粉量及安装质量是否符合要求。

2G320098 安全事故紧急避险及应急预案主要内容

为了在发生重大事故后能及时予以控制，防治重大事故的蔓延，有效地组织抢救和救助，矿山企业应对已初步认定的危险场所和部位进行重大事故危险源评估；对所有的被认为重大危险源的部位或场所，应事先进行重大后果定量预测，减少或预防事故造成的危害程度。

一、安全事故应急管理与避险措施

1. 安全生产事故应急管理

矿山事故应急救援工作是在预防为主的前提下，贯彻统一指挥，分级负责，区域为重，矿山企业单位自救和互救以及社会救援相结合的原则。其中，做好预防工作是事故应急救援工作的基础，除平时做好安全防范、排除隐患，避免和减少事故外，要落实好救援工作的各项准备措施，一旦发生事故，能得到及时施救。矿山重大事故具有发生突然，扩散迅速，造成的危害极大的特点，决定了救援工作必须迅速、准确和有效。采取单位自救、互救和矿山专业救援队相结合。并根据事故的发展情况，充分发挥事故单位及地方的优势和作用。

（1）事故应急救援的基本任务

立即组织营救受害人员，组织撤离或者采取其他措施保护危害区域内的其他人员，抢救遇险人员是应急救援的首要任务；迅速控制危险源，尽可能的消除灾害；做好现场清理，消除危害后果；查清事故原因，评估危害程度。

（2）应急救援行动的一般程序

接警与响应→应急启动→救援行动→应急恢复→应急结束。

接警与响应，按事故性质、严重程度、事态发展趋势及控制能力，应急救援实行分级响应机制。政府按生产安全事故的可控性、严重程度和影响范围启动不同的响应等级，对事故实行分级响应。目前我国对应急响应级别划分了四个级别：Ⅰ级为国家响应；Ⅱ级为省、自治区、直辖市响应；Ⅲ级为市、地、盟响应；Ⅳ级为县响应。

2. 避险措施

国家安全监管总局 国家煤矿安监局关于印发《煤矿井下安全避险"六大系统"建设完善基本规范（试行）的通知》（安监总煤装〔2011〕33 号）；国家安全生产监督管理总局安监总管〔2010〕168 号《金属非金属地下矿山安全避险"六大系统"安装使用和监督检查暂行规定》。这两个规定明确了矿山安全避险必须具备的基本安全避险设施：煤矿井下及金属非金属地下矿山安全避险"六大系统"（以下简称"六大系统"）是指监测监控系统、人员定位系统、紧急避险系统、压风自救系统、供水施救系统和通信联络系统。所有井工煤矿必须按规定建设完善"六大系统"，达到"系统可靠、设施完善、管理到位、运转有效"的要求。

二、生产安全事故应急预案内容

制定安全事故应急救援预案的目的主要有以下两个方面：一是将紧急事件局部化，在可能的情况下予以消除，防止突发性重大或连锁事故发生；二是在事故发生后迅速有效地控制和处理事故，尽量减少或降低事故对人、财产和环境的影响。

安全事故应急预案是针对可能发生的重大事故所需要的应急准备和响应行动而制定的指导性文件。根据《生产经营单位生产安全事故应急预案编制导则》GB/T 29639—2020要求，生产经营单位应根据经营单位情况建立应急预案体系。预案体系由综合应急预案，专项应急预案，现场处置方案三级预案体系组成。安全生产应急救援预案重要内容要体现预案的方针原则、事故应急策划、事故应急准备、事故应急响应、现场恢复、预案管理与评审改进六大要素。

具体内容应按综合应急预案、专项应急预案、现场处置方案三个层次进行编制。

《生产经营单位生产安全事故应急预案编制导则》GB/T 29639—2020 要求内容：

1. 综合应急预案

（1）应急预案编制的目的，应急预案编制所依据的法律、法规、规章、标准和规范性文件以及相关应急预案等，应急预案适用的工作范围和事故类型、级别，生产经营单位应急预案体系的构成情况，应急预案工作原则。

（2）生产经营单位存在或可能发生的事故风险种类、发生的可能性以及严重程度及影响范围等。

（3）应急组织机构及职责，生产经营单位的应急组织形式及组成单位或人员，构成部门的职责。

（4）根据生产经营单位检测监控系统数据变化状况、事故险情紧急程度和发展态势或有关部门提供的预警信息进行预警，明确预警的条件、方式、方法和信息发布的程序，明确信息报告程序。

（5）针对事故危害程度、影响范围和生产经营单位控制事态的能力，对事故应急响应进行分级，明确分级响应的基本原则。根据事故级别的发展态势，描述应急指挥机构启动、应急资源调配、应急救援、扩大应急等响应程序。针对可能发生的事故风险、事故危害程度和影响范围，制定相应的应急处置措施，明确处置原则和具体要求。明确现场应急响应结束的基本条件和要求。

（6）信息公开范围、程序以及通报原则，后期处置相关内容，有关保障措施，以及应急预案管理、应急预案演练、应急预案修订、备案和具体实施要求。

2. 专项应急预案

（1）事故风险分析。分析事故发生的可能性以及严重程度、影响范围等。

（2）应急指挥机构及职责。根据事故类型，明确应急指挥机构总指挥、副总指挥以及各成员单位或人员的具体职责。

（3）处置程序。明确事故及事故险情信息报告程序和内容、报告方式和责任等内容。

（4）处置措施。针对可能发生的事故风险、事故危害程度和影响范围，制定相应的应急处置措施，明确处置原则和具体要求。

3. 现场处置方案

（1）事故风险分析。主要包括：事故类型，事故发生的区域、地点或装置的名称，事故发生的可能时间、事故的危害严重程度及其影响范围，事故前可能出现的征兆，事故可能引发的次生、衍生事故。

（2）应急工作职责。根据现场工作岗位、组织形式及人员构成，明确各岗位人员的应急工作分工和职责。

（3）应急处置。包括事故应急处置程序、现场应急处置措施以及应急报警要求等。

（4）主要注意事项。包括：佩戴个人防护器具方面的注意事项，使用抢险救援器材方面的注意事项，采取救援对策或措施方面的注意事项，现场自救和互救注意事项，现场应急处置能力确认和人员安全防护等事项，应急救援结束后的注意事项，其他需要特别警示的事项等。

三、生产安全事故应急预案管理

应急预案的管理实行属地为主、分级负责、分类指导、综合协调、动态管理的原则。

中华人民共和国应急管理部负责全国应急预案的综合协调管理工作。县级以上地方各级人民政府应急管理部门负责本行政区域内应急预案的综合协调管理工作。县级以上地方各级其他负有安全生产监督管理职责的部门按照各自的职责负责有关行业、领域应急预案的管理工作。生产经营单位主要负责人负责组织编制和实施本单位的应急预案，并对应急预案的真实性和实用性负责；各分管负责人应当按照职责分工落实应急预案规定的职责。

2G320099　施工现场职业健康安全管理要求

一、职业健康安全管理体系的基本组成

在职业健康安全领域，国家专门制定了相关法律法规（如《中华人民共和国劳动法》《中华人民共和国安全生产法》《中华人民共和国职业病防治法》《中华人民共和国消防法》《中华人民共和国道路交通安全法》《中华人民共和国矿山安全法》等）。这些法律法规所确立的职业健康安全制度和要求是我国职业健康安全管理体系建立的制度、政策和技术背景。

职业安全健康管理体系的作用是为管理职业健康安全风险和机遇提供一个框架。职业健康安全管理体系的目的和预期结果是防止对工作人员造成与工作相关的伤害和健康损害，并提供健康安全的工作场所。因此对组织而言，采取有效的预防和保护措施以消除危险源和最大限度地降低职业健康安全风险至关重要。

组织通过其职业健康安全管理体系应用措施时，能够提高其职业健康安全绩效。如果及早采取措施以把握改进职业健康安全绩效机会，职业健康安全管理体系将会更加有效和高效。

我国于 2020 年 3 月发布并实施了新版的《职业健康安全管理体系 要求及使用指南》GB/T 45001—2020，该体系标准覆盖了 ISO 45001：2018《职业健康安全管理体系 要求及使用指南》的所有技术内容，并考虑了国际上有关职业健康安全管理体系现有文件的技术内容。

（一）职业健康安全管理体系的内容

职业健康安全管理体系的内容由组织所处环境、领导作用和工作人员参与、策划、支持、运行、绩效评价、改进等一级要素和各二级要素构成。在体系中各个二级要素相互联系、相互作用共同有机地组成了一个完整的职业健康安全管理体系。

组织所处环境涉及内部和外部议题，一旦组织采纳，就需要在策划和建立管理体系时予以应对。组织最高管理者的领导作用和承诺是管理体系成功并实现其预期成果的关键，最高管理者负有亲自参与或指导的特定职责。工作人员宜能够报告危险情况，以便组织采

取措施。工作人员及其代表的协商和参与是管理体系取得成功的关键因素。

（二）职业健康安全管理体系的实施

《职业健康安全管理体系 要求及使用指南》GB/T 45001—2020 基于"策划—实施—检查—改进（PDCA）"的概念。通过策划、实施、检查、改进四个环节迭代循环，不断改进。实现对职业健康安全风险、机遇的确定，制定职业健康安全目标、促成与组织职业健康安全方针一致的结果。在实施策划过程中按组织职业健康安全方针与目标有效的监视与测量，按照检查结果采取措施持续改进职业健康安全绩效，实现预期结果。

二、职业健康管理体系的特点

（一）领导作用与承诺

领导作用与承诺是职业安全健康管理体系中重要的要素之一，其作用体现在体系的众多方面，包括为体系的正常运行配置充分的资源、建立管理机构并赋予相应的权利等。

（二）员工参与和协商

强调员工积极参与体系的建立、实施与持续改进的重要性是职业安全健康管理体系的重要特点，它是体系成功建立与实施的基础。

（三）危害辨识与风险评价

危害辨识与风险评价是职业安全健康管理体系的独有特点。它既是体系策划的重要基础，也是体系及其要素持续改进的主要依据。

（四）支持

组织应确定并提供建立、实施、保持和持续改进职业健康安全管理体系所需的资源，确保工作人员具备胜任工作的能力。

（五）绩效评价

职业安全健康管理体系的评价可分为三个层次：第一为监视、测量、分析和评价绩效（合规评价），主要评价日常安全健康管理活动对管理方案、运行标准以及适用法律、法规及其他要求的符合情况；第二为内部审核，主要评价体系对职业安全健康计划的符合性与满足方针和目标要求的有效性；第三为管理评审，主要评价职业安全健康管理体系的整体能否满足企业自身、利害相关方、员工及主管部门的要求，以确保其持续的适宜性、充分性、有效性。

（六）改进

持续改进的基本思想是通过适当的手段来提高职业安全健康绩效和改进体系本身。通过有效的改进措施持续改进职业健康安全管理体系的适宜性、充分性、有效性。

【案例 2G320090-1】

1. 背景

某施工单位在施工一风井井筒时发生了以下三次事故：

（1）项目经理安排了 1 名刚由掘进工改为维修工而又未经培训的工人去维修吊盘气动绞车，由于他对气动绞车一无所知，不但不会修，反而把气动绞车提升的抓斗坠落井底，使井底工作面的 1 名工人被砸成重伤。

（2）在施工过程中对信号工管理不严，井上井下信号工脱岗，由未经培训的班长操作信号，把吊桶送入井底水中还不知道。绞车司机也违章操作，结果将吊桶沉入井底水中，造成 1 名工人被淹身亡。

（3）在安装井筒罐道梁时，考虑工期短、提升量小，提升系统没有安装罐道绳，吊桶在提升过程中发生严重摇摆而无法控制，使吊桶碰撞管路而脱钩，吊桶坠落在吊盘上，使吊盘上的 3 名工作人员 1 死 2 伤。

2. 问题

（1）分析这三次事故违反了安全规程的哪些要求？相关规程是如何规定的？

（2）根据三次事故的性质，按事故严重性分类各属于哪一类？

3. 分析与答案

（1）安全规程有关立井施工安全内容明确指出，井筒施工必须注意安全，可针对相关条款进行分析。

事故一：项目经理违章指挥且违反了维修工未进行转岗培训的规定，《煤矿建设安全规范》AQ 1083—2011 规定：煤矿施工单位必须对职工进行安全培训，经考核合格后方可上岗作业。调整工作岗位或离岗一年以后重新上岗的，应当重新接受安全培训。

事故二：违反了煤矿安全规程"井内和井口的信号必须由专职信号工发送"的规定。为了便于工作联系，井内的每一个工作地点都必须设置独立的信号装置，井下的信号内容是特定的，不能随意改动。由于井内与井口的信号联系频繁，必须由专职信号工发送信号。

由于工作岗位重要，专职信号工必须由责任心强、视觉听觉良好、熟悉信号和操作并经培训后持证的人员担任。另外，绞车司机违章操作，安全规程规定当吊桶下放到工作面时，即使没有信号也必须停车。

事故三：违反煤矿安全规程"吊桶升降距离超过 40m，必须安装罐道绳，吊桶必须沿钢丝绳罐道升降"的规定。凿井期间，立井用吊桶升降人员时，一是使用不旋转钢丝绳，防止吊桶旋转给人造成头晕头昏，身体不适无法工作；二是装设钢丝绳罐道，使吊桶沿罐道运行，既防止旋转，又不使吊桶碰撞管路或井壁。在凿井期间，尚未装设罐道时的吊桶升降距离不得超过 40m。

（2）事故一、事故二和事故三均为一般事故。

【案例 2G320090-2】

1. 背景

某施工单位承包了一立井井筒与井底车场的施工项目。施工中，某一夜班，主提升绞车由司机张某一人值班，在下放吊桶时打盹，导致吊桶全速过放，在井底位置的李某正穿过吊桶下方从井筒一侧到另一侧去移动水泵，因躲闪不及被当场砸死。事故发生后，井下作业人员由于恐慌争先上井，赵某没有保险带，为了安全就挤在吊桶中央。吊盘信号工在把吊桶稳好后就发出提升信号升井。在升井过程中，突遇断电，赵某被甩出吊桶坠落身亡。事故发生后，项目经理立即组织事故调查小组，并上报了施工单位有关领导，同时恢复施工。经调查，赵某是新招聘的工人，以前从未从事过井下作业，尚未签订劳动合同，到了施工单位只经过 3 天的简单培训就下井进行作业。

2. 问题

（1）请说明事故发生过程中有哪些人违章？违章的内容是什么？

（2）项目经理在本次事故中有哪些违章行为？相关规定是什么？

（3）项目经理组织事故调查小组有何不妥，应该如何做？叙述事故的处理程序。

3. 分析与答案

井下发生伤亡事故一般都有违章行为，应分别说明。处理方法应根据相关规定进行。

（1）违章人员和内容有：绞车司机打盹；李某违章穿越吊桶下方；赵某乘吊桶没带保险带；吊盘信号工发现乘吊桶人员违章而继续打点升井。

（2）项目经理违章行为包括：

1）安排主提升司机 1 人操作，要求必须是 1 人操作，1 人监护。

2）安排未经合格培训的人员下井作业，要求下井作业人员必须经过培训合格并取得下井资格证方可下井作业。

（3）项目经理无权组织事故调查小组。

事故发生后，事故发生单位必须以最快方式（一般 2h 之内），将事故的简要情况向上级主管部门和事故发生地的市、县级建设行政主管部门及检察、劳动（如有人身伤亡）部门报告；事故发生单位属于国务院部委的，应同时向国务院有关主管部门报告。同时，事故发生单位应当在 24h 内写出书面报告，按上述程序和部门逐级上报。

事故发生后，首先要迅速抢救伤员，并保护事故现场。

发生人员轻伤、重伤事故，由企业负责人或指定的人员组织施工生产、技术、安全、劳资和工会等有关人员组成事故调查组，进行调查。

死亡事故由企业主管部门会同事故发生地的市（或区）劳动部门、公安部门、人民检察院、工会组成事故调查组进行调查。

较大伤亡事故应按照企业的隶属关系，由省、自治区、直辖市企业主管部门或国务院有关主管部门，公安、监察、检察部门、工会组成事故调查组进行调查。也可邀请有关专家和技术人员参加。

特大事故发生后，按照事故发生单位的隶属关系，由省、自治区、直辖市人民政府或者国务院归口管理部门组织特大事故调查组，负责事故的调查工作。特大事故调查组应当根据所发生事故的具体情况，由事故发生单位归口管理部门、公安部门、监察部门、计划综合部门、劳动部门等单位派员组成，并应邀请人民检察机关和工会派员参加。必要时，调查组可以聘请有关方面的专家协助进行技术鉴定、事故分析和财产损失的评估工作。

【案例 2G320090-3】

1. 背景

某立井井筒采用表土层注浆加固的方法治理破裂的井壁，为防止注浆时浆液压力过大对井壁产生破坏而造成井筒涌水事故，必须制定相关应急预案，确保一旦发生事故时可迅速组织抢险救灾。

本工程采用的应急预案是一旦发生井壁破裂漏水，迅速在井筒内架设槽钢井圈，防止井壁破裂范围扩大，同时采用喷混凝土封闭。工程实施前，制定了注浆方案，每天中班进行注浆施工，注浆时严格控制注浆压力，同时施工单位还将槽钢井圈堆放在井口指定位置，以便应急使用。

2. 问题

（1）应急预案的主要内容包括哪些？

（2）针对井筒表土注浆，施工单位所制定的应急预案是否可行？

（3）要确保工程施工安全，施工前和施工中还应注意什么问题？

3. 分析与答案

根据工程实际情况进行分析，制定符合实际的应急预案，同时应进行操练。

（1）应急预案的主要内容包括：应对事故发生的方法；应对事故处理的人、材、物准备；应急预案实施操作与演练；主要安全注意事项。

（2）针对井筒表土层注浆加固治理井壁破坏，采用在井筒内架设槽钢井圈并加喷混凝土的方法是可行的。该方法施工快捷，有利于保护井壁，从而可达到防止井壁破裂范围进一步扩大的作用，但方案的实施应注意考虑相关细节。

在该案例中，预案有一定的局限性。比如，井筒内架设槽钢井圈并加喷混凝土应在注浆加固前施工，不应在注浆后发生井壁破裂漏水后实施。

（3）要确保工程施工安全，还应当注意：

1）针对应急预案工程实施，应明确组织领导和责任单位人员分工。

2）施工前要准备好应急施工的全部材料、工具、辅助设施等，并应进行演练。此外，槽钢井圈应进行试拼装，提前安装，井筒内应布置喷射混凝土输送管路，漏浆涌水时，停止注浆及时喷射混凝土加固封堵，井口还应准备喷混凝土材料及施工机械。编制应急预案施工技术措施，安排好参与应急抢险的人员，一旦发生险情能立即到位投入抢险工作。

3）施工中要安排专门人员进行监测，落实通信联系和报告方式。注浆施工要严格按设计的相关参数进行操作。

【案例 2G320090-4】

1. 背景

某矿井 1231 采区顺槽布置在煤层中，其施工采用掘进机进行掘进。一天早班工作面发生了停电事故，该班工人进行了撤离，并在该巷道的入口处悬挂了标志，但工作面在工人撤出后 4h 发生了瓦斯爆炸事故，没有人员伤亡，经事故调查发现，瓦斯爆炸的原因是除尘风机电源损坏未能形成停电闭锁，使得掘进头的抽出式风机在来电时自动启动运行，电气火爆，同时因瓦斯浓度太高，达到爆炸范围而引起爆炸事故。

2. 问题

（1）如何预防这类事故的发生？

（2）针对本巷道的情况，瓦斯浓度应当如何限制？

3. 分析与答案

（1）因瓦斯浓度超标而引发的瓦斯爆炸事故是目前矿山比较常见的情况，其主要原因是它具备了瓦斯爆炸的必要条件，如果一旦有明火，必定引起爆炸。要预防这类事故，必须从两个方面加以控制：

1）加强通风和瓦斯监测管理，保证通风设备的正常运转，保证工作面有足够的新鲜风量。

2）杜绝一切明火，包括机电设备所产生的明火。本案例因为工人忘记关闭电源，风机启动产生火花，继而引发瓦斯爆炸。

（2）由于工作面瓦斯浓度是预防瓦斯爆炸的必要条件，因此应对采掘工作面的瓦斯浓度进行控制。巷道瓦斯浓度的控制标准是：

1）工作面回风巷风流中瓦斯浓度超过 1% 或二氧化碳浓度超过 1.5% 时，必须停止工作，撤出人员，并由总工程师负责采取措施，进行处理。

2）工作面放炮地点附近 20m 以内风流中瓦斯浓度达到 1% 时，严禁放炮；回风流中瓦斯浓度达到 1.5% 时，必须停止工作，撤出人员，切断电源，进行处理；电动机或其开关附近 20m 以内风流中瓦斯浓度达到 1.5% 时，必须停止运转，撤出人员，切断电源，进行处理。

3）工作面内体积大于 $0.5m^3$ 的空间、局部积聚瓦斯浓度达到 2% 时，附近 20m 内必须停止工作，撤出人员，切断电源，进行处理。

4）因瓦斯浓度超限而切断电源的电气设备，都必须在瓦斯浓度降到 1% 以下时，方可复电开动机器。

5）因停电，主通风机或局部通风机停止运转后，在恢复通风前必须有恢复通风、排除瓦斯和送电的安全措施，必须首先检查巷道内瓦斯浓度，证实瓦斯浓度不超过 1%、二氧化碳浓度不超过 1.5% 时，以及局部通风机及其开关地点附近 10m 以内风流中瓦斯浓度都不超过 0.5% 时，方可开动主通风机或局部通风机，恢复正常通风。

2G320100 矿业工程施工现场管理

2G320101 施工现场管理内容及文明施工要求

一、施工现场管理的内容

现场工作是完成项目合同内容的最直接、最主要的场所，其管理的内容几乎涉及施工过程的全部内容，包括项目开始合理规划施工用地、施工总平面布置设计及过程中的动态调整、现场工作管理和检查、现场文明施工、安全风险分级管控和隐患排查治理双重预防工作机制推进情况的检查、项目竣工后的清场移交等。

按照"把风险化解在隐患之前，把隐患消除在事故之前"的原则，转变安全管理理念，由查隐患向防风险转变，实现安全风险辨识和隐患排查治理工作机制的闭环管理。组织建立并落实安全风险分级管控和隐患排查治理双重预防工作机制，督促、检查本单位的安全生产工作，及时消除生产安全事故隐患，进一步强化矿山施工企业安全管理，提升安全保障能力。

（一）现场制度管理

根据工程进展以及各种规章制度，做好现场检查落实工作，要重点检查安全风险分级管控工作制度，安全风险的辨识范围、方法和安全风险的辨识、评估、管控工作流程等的落实情况，以及将安全风险辨识评估结果应用于指导生产计划、作业规程、操作规程、灾害预防与处理计划、应急救援预案以及安全技术措施等技术文件的编制和完善的情况；以及按照事故隐患排查治理工作机制对排查出的事故隐患进行分级，按事故隐患等级进行治理、督办、验收等工作的落实情况。

1. 现场组织建立并落实安全风险分级管控和隐患排查治理双重预防工作机制，落实本单位全员安全生产责任制。现场应配足各专业工程技术人员和专职安全生产监管人员等管理人员，管理人员应具备相应的资质证书，包括安全资格证。

2. 特种作业人员必须持证上岗；特种作业人员数量按规定配备并满足安全生产需要；所有井下作业人员都取得入井证，并持证上岗。

3. 坚持日生产（调度）会议制度。坚持安全风险分级管控和事故隐患排查治理安全会议记录制度，要有安全风险的辨识范围、方法和安全风险的辨识、评估、管控工作流程，安全风险辨识评估结果应用情况等记录；安全检查、事故隐患排查及整改记录，重大事故隐患、重大危险源建档登记管理制度，职工"三违"、处罚记录，事故追查记录，上级安全文件贯彻记录等。

4. 项目部必须有安全投入计划，且按计划投入到位，有安全投入明细台账。

5. 坚持执行和落实管理干部下井制度。

6. 坚持执行工伤社会保险及职业病防治管理制度。

7. 项目部应编制培训计划，有培训场所、教师、教材，或委托相应单位培训。

8. 项目部应监督检查矿井井下单班作业人数是否超过规定。对于灾害严重矿井：高瓦斯、煤（岩）与瓦斯（二氧化碳）突出、水文地质类型复杂与极复杂、冲击地压矿井，综掘工作面人数≤18人，炮掘工作面人数≤15人；对于其他矿井，综掘工作面人数≤16人，炮掘工作面人数≤12人。

（二）现场技术管理

1. 施工图纸必须经过会审并有记录；项目开工前须经上级主管部门组织开工验收；按规定编制、报批施工组织设计；必须做到一工程一措施，施工过程中遇地质条件、施工工艺发生变化时，及时编制专项安全技术补充措施；工程开工前须对相关管理人员和所有施工人员进行措施贯彻、考试，贯彻记录、考试结果要存档备查；工期较长的单位工程除开工前贯彻外，至少每月再复贯一次。

2. 施工现场必须建立完善的安全工程技术档案，及时填绘反映实际情况的下列图纸：单位工程地质和水文地质图，开拓系统平面布置图，通风系统图，井下运输系统图，安全监测监控布置图，排水、防尘、防火注浆、压风、抽放瓦斯等管路系统图，井上下通信系统图，井上、下配电系统图，井下避灾路线图等。

3. 项目开工前应积极与建设单位联系，进行测绘控制点的桩点、资料交接，接桩后，应按规程要求经检测确认无误后方可使用。应及时、准确地完成巷道施工的中腰线标定并按规定及时复测，重要巷道的开口应有标定工作设计图和可靠的测量起算数据；巷道开口时须对作为起算数据的上一级导线（点）进行检测；3000m以上贯通测量应有设计、审批、总结，贯通测量精度符合规程规定或工程要求；坚持巷道开口、贯通、停头、复工及工程进度等通知单制度；贯通通知单应按规定提前20m（煤巷综合机械化作业50m）送达调度室和有关部门；测量原始资料和成果记录规范、完整。

4. 必须有建设方提供的矿井地质、水文地质报告；坚持作业规程中有掘进工作面的地质及水文地质说明；巷道施工前，地质预报（预想剖面图、地质及水文地质说明）应及时送达调度室和有关部门。井筒开凿到底后，应当先施工永久排水系统，并在进入采区施工前完成。

（三）"一通三防"管理

"一通三防"是指煤矿安全生产中的矿井通风、防治瓦斯、防治矿井粉尘、防灭火的技术管理工作的简称。

1. 矿井通风系统包括矿井通风方式、通风方法、通风网络和通风设施方面的内容。矿井必须采用机械通风，两个及以上的井筒在井底贯通后，需投入建井风机，形成全风压通风系统，并随着二、三期工程的开展，提前编制通风设计，及时调整通风系统，防止风流短路，杜绝扩散通风和不合理的串联通风。局部通风机安装必须实现"三专两闭锁"（专用开关、专用电缆、专用变压器及风电闭锁、瓦斯电闭锁）并保证正常运转，不得出现无计划停风。必须采用抗静电、阻燃风筒。

2. 施工煤矿矿井一期工程时，现场须设专职通风瓦斯管理人员和通风、瓦斯检查人员；施工煤矿二、三期工程时，现场必须设立通风瓦斯管理机构（通风队）并配备相应的专业技术人员，负责矿井的通风、防治瓦斯、煤尘、防灭火以及安全监控工作。

3. 建立、健全并严格落实"一通三防"管理制度和工作责任制；每年编制通风，防治瓦斯、粉尘、防灭火安全措施计划；有局部通风管理牌板，调度值班记录、通风队值班记录、通风设施检查记录、防灭火检查记录、测风记录，瓦斯台账。建立一通三防汇报记录，做好一通三防的上传下达、信息反馈工作，按要求将有关情况报送建设方。

4. 通风队必须随时了解矿井通风、有害气体含量以及防尘、消尘情况等并认真记录，坚持日报表、汇总每月报表，审批后报送各有关单位。发现矿井气流局部紊乱，通风设施损坏，风流反向，有害气体异常涌出，应立即向调度部门汇报，同时汇报分管领导及安监部门，依据领导决策迅速果断处理。

5. 矿井粉尘（简称矿尘）是指矿井施工过程中所产生的各种矿物细微颗粒的总称。矿尘的危害主要为污染作业环境、降低工作场所能见度；危害职工身体健康，长期吸入后引起身体器官病变，重者导致尘肺病；矿尘中的煤尘有的具有燃烧爆炸性，在一定条件下会发生爆炸；加速机械、电气设备的损坏。预防煤尘爆炸的措施主要有：采取冲洗法、撒布岩粉、粘结法和清扫法等防止煤尘达到爆炸浓度；采取加强明火管理、防止爆破火源、防止电气火源和静电火源、防止摩擦和撞击火化等防止引爆煤尘的措施；采用设置岩粉棚、水棚、自动隔爆棚等隔爆措施。

6. 做好综合防尘工作。坚持采用湿式钻眼，如采取干式钻眼时必须有捕尘措施。坚持冲洗岩帮、装岩时洒水降尘、喷射混凝土时采用潮喷机和除尘风机、放炮使用水炮泥并喷雾降尘、巷道内有风流净化装置、掘进工作面回风流中距迎头 50m 内必须安装净化水幕、井下煤（岩）转载点设防尘喷雾设施、作业人员按规定佩带个人防护用品、掘进机作业时采用内外喷雾措施、及时清除巷道中的浮尘、清扫或冲洗沉积煤尘等防尘降尘措施；建立粉尘测定制度，有实测记录。

7. 煤矿通风安全监控：井筒施工进入基岩段后，必须装备甲烷风电闭锁装置，进入二期工程后必须安装矿井安全监控系统并保证 24h 连续运转。二期工程的施工组织设计、作业规程和安全措施必须对安全监控设备的种类、数量和位置，信号和电源电缆的敷设、断电区域等做出明确规定，并绘制布置图和断电控制图。

8. 施工非煤矿井时，必须执行金属非金属地下矿山安全规程。矿山企业应建立、健全通风防尘、辐射防护专业机构，配备必要的技术人员和工人，并列入生产人员编制。通风防尘专职人员名额，应不少于接尘人数的 5%～7%。

（四）提升（悬吊）及运输系统管理

1. 建立完善的机房管理制度，内容包括提升机房岗位责任制、操作规程、交接班制度、消防管理制度、要害场所管理制度；并坚持完整的工作记录，包括运行、维修记录和钢丝绳检查记录、八大保护试验记录；有提升连接装置探伤报告和罐笼防坠试验报告、钢丝绳径试验报告，且质量合格。

2. 严格遵循提升机房的管理制度，提升机必须配备正、副司机，1人开车1人监护；

上下人时必须由正司机操作；机房内有完整的电控系统图、制动系统图、润滑系统图、提升机主要技术特征等技术资料；配备绝缘手套、绝缘靴、绝缘垫等安全用具，以及灭火器、砂箱、工具等防灭火设施；保证提升机房采光照明良好，有应急照明设施。

3. 落实提升系统的安全、正常运行措施。提升机的安装、调试必须有记录；提升机安装完毕应由有资质的部门进行性能测试；提升机高压电机、电缆、高压柜应由有资质的部门进行电气试验；保证提升系统具备双回路或内环供电；保证供电与信号通讯通畅；供电系统应提升信号要声光兼备，提升机房与井口要有直通电话。保证提升机保护装置完好，过卷保护、过速保护、过负荷和欠电压保护、限速保护、深度指示器传动失效保护、闸皮磨损或闸间隙保护、松绳保护、减速功能保护等八大保护装置安全正常运行。

4. 每一提升系统，都必须设有单独信号装置，且符合安全规程相关要求。

5. 立井施工悬吊系统管理：悬吊系统安装有检查、验收记录；悬吊装置要有质量检验报告单；独眼井临时改绞须布置安全梯；罐笼提升必须有防坠装置；各悬吊、提升钢丝绳有出厂质保书和质量试验报告，质量合格；有提升连接装置探伤报告和各种销轴探伤报告，且质量合格；天轮平台周围应设围栏，应有检修人员安全行走通道；井架的过卷高度满足提升要求；井架安装避雷设施及接地装置。

6. 上下人员的主要斜井（巷），垂深超过50m时，应采用机械运送人员；当采用人车运送时，车辆上须装有可靠的防坠器。

7. 斜井（巷）使用串车提升时，须坚持"一坡三挡"（即上下部车场阻车器、挡车栏、倾斜井巷中的跑车防护装置）。

8. 采用滚筒驱动带式输送机运输时，各保护装置必须齐全灵敏。开停胶带输送机时，必须采用明确可靠的声光信号联系。

（五）设备、材料管理

1. 设立完整的设备管理机构和管理规章制度，包括机电设备管理部门和防爆检查管理小组（如必需）；电气试验制度，设备运行、维修、保养制度，设备定期检修制度，有机电事故分析追查制度，设备包机制度，防爆设备入井安装、验收制度。

2. 坚持严格的库房管理，应有完整的设备台账及主要大型设备的技术档案，设备的技术档案包括：设备使用说明书、调试安装验收单、试验记录、设备历次事故记录、设备大修及技术改造记录、安装图纸、有井下电气设备布置图，设备有账、卡、图牌板；井下移动电气设备全上架，五小件（电铃、按钮、打点器、三通、四通）上板，有标志牌，防爆电器设备和五小件贴有入井合格证。

3. 严格按安全规程做好各设备的安全使用管理工作，如：耙矸机有使用、维护、固定措施，作业时有照明，耙矸机绞车的刹车装置完好、可靠，应有封闭式金属挡绳栏和防耙斗出槽的护栏；在高瓦斯区域、煤与瓦斯突出危险区域煤巷掘进工作面，严禁使用钢丝绳牵引的耙矸机；掘进机上装有只准用以开关电气控制回路的开、闭专用工具，掘进机有前照明灯和尾灯，非操作侧装有能紧急停止运转的按钮。

4. 材料管理

材料仓库管理制度健全并上墙，验收记录齐全；室外材料分类堆放整齐，标识齐全；室内材料、配件分类上架，标识齐全；油脂与其他材料分开存放；消防器材齐全、有效；所有材料账、卡、物相符。

（六）防暑、防汛、防雷、防冻管理

1. 夏季施工季节，要切实制定夏季施工安全技术措施，做好防暑降温、防汛、防台、防雷工作，要密切注意气象部门的天气预报，加强夏季施工安全生产的领导。要完善应急救援预案，贮备必需的应急器材，预防突发事故的发生。

2. 变电所、高建筑物都应有避雷装置；凡用电设备外壳必须有可靠的保护接地装置。

3. 井口、井口要害场所，必要时修筑堤坝、沟渠或采取其他防水措施；凡是能被雨水淋到的电气设备，必须遮盖严密并防止被风吹走；工厂、生活区场内水沟畅通，各项排水系统完善。

4. 冬期施工必须做好防冻工作，冬季取暖必须有安全保障措施。

二、文明施工管理的要求

（一）地面建筑工程文明施工要点

1. 建立文明施工责任制，划分区域，明确管理负责人，实行挂牌制，做到施工现场清洁、整齐。

2. 工作地点的水电风要有专人管理，要保持其设备完好。

3. 施工现场的临时设施，包括生产、材料、照明、动力线路，要搭设或埋设整齐。

4. 工人操作地点和周围必须清洁整齐。除设有符合规定的装置外，不得在施工现场熔融沥青或者焚烧油毡、油漆以及其他会产生有毒有害烟尘和恶臭气体的物质。

5. 混凝土及岩石在运输工程中，要做到不漏不剩，若有洒、漏要及时清理。

（二）矿井工程文明施工要点

1. 妥善处理施工泥浆水，未经处理不得直接排入城市排水设施和河流；禁止将有毒有害废弃物用作土方回填；定点进行废矿石、矸石等排放，并符合卫生和环境保护的要求。

2. 设置专人进行井下卫生工作，保持井底车场、运输大巷和石门、主要斜巷、采区上下山、采区主要运输巷及车场经常保持清洁，无淤泥、无积水、无杂物；运输调度室、井下运输机电硐室、机车库等要整洁卫生。

3. 水沟畅通，盖板齐全、稳固、平整；井下作业区材料堆放整齐、工器具摆放有序；各种施工用管线、电缆必须悬挂整齐，并做到"风、水、电、气、油"五不漏。

4. 严格执行井下施工和施工环境的降尘措施，采用合理的通风方式，及时排除炮烟。工作面采用湿式凿岩。出碴时洒水冲洗岩堆，降低粉尘浓度，工作人员佩带防尘口罩，搞好个人防护。

2G320102　施工现场调度工作内容

一、矿山施工调度工作的地位和内容

（一）矿山施工调度工作的作用

矿山工程施工调度工作是落实施工作业计划的一个有力措施，通过调度工作及时解决施工中已发生的各种问题，并预防可能发生的问题。另外，施工调度工作也对作业计划不准确的地方给予补充，实际是对施工作业计划的不断调整。

（二）矿山施工调度工作的主要内容

1. 督促检查施工准备工作。

2. 检查和调节劳动力和物资供应工作。

3. 检查和调节地面和地下工作平面及空间管理。

4. 检查和处理总包与分包的协作配合关系。

5. 及时发现施工过程中的各种故障，调节生产中的各个薄弱环节。

二、矿山施工调度工作的原则和方法

（一）矿山工程调度工作的依据

矿山施工调度工作基础是施工作业计划和施工组织设计，调度部门一般无权改变作业计划的内容。但在遇到特殊情况无法执行原计划时，可通过一定程序，经技术部门同意进行调度工作。

（二）矿山工程施工调度原则

1. 安全第一，生产第二。

2. 一般工程服从于重点工程和竣工工程。

3. 交用期限迟的工程服从于交用期限早的工程。

4. 小型或结构简单的工程服从于大型或结构复杂的。

5. 矿山调度工作必须做到准确、及时、严肃、果断。

（三）矿山工程调度的基本方法

搞好调度工作，关键在于掌握现场第一手资料，熟悉各个施工具体环节，针对问题，研究对策进行调度。

坚持调度会议，除了危及工程质量和安全的行为应当机立断随时纠正或制止外，对于其他方面的问题，一般应采取队长（班组长）调度会进行讨论解决。

对于安全隐患，必须及时处理和汇报。

2G320103 施工技术档案管理及竣工资料移交要求

一、施工技术档案管理

施工技术档案是记录和反映工程设计、生产技术、基本建设和科学研究等活动的、具有一定时间保存价值，并按规定的归档制度保管起来，作为真实的历史记录的技术文件资料，技术档案来源于技术资料，却不同于技术资料。技术资料是通过收集、复制和通过交流、馈赠、购买等方式获得的技术文件资料，是企业技术方面的参考资料；而技术档案是本企业在工程建设中自然形成的技术文件转化而来的，是工程施工的直接成果，对施工起到指导和依据作用。

（一）井巷工程施工技术档案内容

矿业工程施工企业技术档案的内容有两部分：一部分是施工组织管理方面的技术档案，它是企业在施工过程中，对施工组织、施工管理、施工技术以及重大问题的记录，经验总结和处理措施。该档案由施工企业保存，作为本单位今后的施工参考资料。另一部分是工程技术档案，它是指施工企业在建设项目中自身所承担的任务，从开工到竣工全部设计图纸及技术资料的汇总。该档案待工程竣工后，通过整理、编目，正式移交给建设单位使用。

1. 施工组织管理技术档案内容

（1）施工组织设计资料；

（2）施工技术管理资料；

（3）施工总结材料；

（4）施工中重大技术决定、技术措施、科研成果、创造发明、技术革新、技术改造资料；

（5）上级主管部门颁发的指令、命令、决定、决议文件；

（6）有关矿山施工的技术标准、规范及各种管理制度；

（7）重大质量、安全事故的损失情况，原因分析及处理措施、处理结果；

（8）施工日志。

2．工程技术档案内容

（1）初步设计、施工图、设备清单、工程概算、预算及其调整文件；

（2）工程竣工图纸和竣工单位工程一览表；

（3）施工图会审记录、设计修改文件和设计变更通知单；

（4）设备、材料、构件的出厂合格证；

（5）主体结构和重要部位的试件、试块、焊接及设备检验、材料检验资料；

（6）工程质量检查合格证书、施工过程中的质量检查记录和施工质量事故处理记录；

（7）隐蔽工程资料和验收记录；

（8）工程地质、测量记录资料和作为本工程项目施工使用的永久性基点位置坐标资料；

（9）建筑物、构筑物在施工过程中的测量定位资料和沉陷观察、裂缝观察、变形观察记录及处理情况；

（10）设备及系统调试、试压、试运转记录；

（11）设计单位、施工安装单位、产品生产厂家对建筑物、构筑物、机械设备、电器设备以及各种安全保护、监测监控装置和各种附属设施所提供的使用、维护、操作、保养、注意事项等方面的图、文资料；

（12）竣工验收交接报告书和工程竣工决算。

（二）工程技术档案的管理特点

工程技术档案属于基本建设档案，是科技档案中的一个种类。基本建设档案包括基本建设工程的规划、设计档案、基本建设施工档案和以竣工图为核心的工程竣工档案。

1．工程技术档案（科技档案）的特点

（1）专业性特点

工程技术档案（科技档案）专业性的特点是指工程技术档案形成于特定的专业技术领域，是相应的专业技术活动的产物，它集中表现在形成领域、形成过程、记录方式和内容性质四个方面。

（2）成套性特点

工程技术档案（科技档案）成套性的特点，同样是由科技生产活动的特点所决定的。科技生产活动的开展都是以一个独立的项目或基于某一特有的现象进行的。围绕一个独立科技记载和反映不同工作阶段的不同内容相区别，又以总体的科技程序和科技内容紧密衔接，构成了一个反映该项科技生产活动的、论据相互间密不可分的有机整体。

（3）现实性特点

工程技术档案（科技档案）现实性特点，是档案具有现实使用性。其档案文件在其归档以后，像其他档案一样具有凭证功能，用来进行历史查考；还具有继续指导以后科研和生产的重要特点。由于矿业工程与生产系统具有相似性和延续性的特点，因此，矿业工程技术档案的现实性特点更为突出。

2. 工程技术档案管理工作的性质和任务

技术档案管理工作是一种专业性、管理性、服务性工作，是在企业总工程师领导下，由专人和专门机构采用科学的方法对档案进行管理。技术档案管理工作是具有下列几个性质：

（1）专业性

技术档案工作是项专业性工作，尽管技术档案是各种不同专业和不同工作活动的记录和产物，各有其不同的特点，但其工作都遵循着收集、整理、保管、鉴定、利用等的共同规律和原则，从而形成带有自己完整体系的专业性工作。

（2）管理性

工程技术档案工作是企业管理的组成部分，起着企业技术管理工作的部分职能。

（3）服务性

技术档案工作直接服务于技术管理、生产管理、科学研究、设计组织管理，起着技术后勤和技术保障的作用。

（4）机要性

机要性是所有档案工作特点的反映。科技档案是科技生产活动的真实记录，客观地记录了相关科技生产活动的过程与成果，是再现原有科技生产活动的依据。随着社会信息化程度的日益提高，信息逐步成为一种重要的战略资源，如果失去对信息资源的控制和支配，国家、单位、个人的利益将受到威胁。

工程技术档案管理工作的任务是：按照一定的原则和要求，系统地收集、记录工程施工全过程中具有保存价值的技术文件材料。并按规定加以整理、分类归档，等工程全部竣工后，将应该移交的工程技术档案完整地移交给工程接收单位的技术档案管理部门，并保存好留存的技术档案。

二、井巷工程竣工验收资料的组成及移交要求

（一）井巷工程竣工验收资料的组成

根据《煤炭建设工程资料管理标准》NB/T 51051—2016，井巷工程项目竣工验收资料由管理资料、技术资料和质量控制资料三大部分组成。

1. 工程管理资料

（1）施工管理资料

1）工程施工合同

2）开工报告

3）施工单位资质及相关专业人员岗位证书

4）施工单位工程质量保证体系表

5）建设单位工程质量保证体系表

6）设计勘察单位工程质量保证体系表

7）监理单位工程质量保证体系表

8）工程质量事故报告

9）工程质量事故处理记录

10）施工现场质量管理检查记录

11）单位工程质量认证申请书

12）单位工程质量认证书

（2）施工过程中报监理审批的各种报验报审表

1）工程技术文件报审表

2）施工进度计划报审表

3）工程开工报审表

4）工程复工报审表

5）月工、料、机报审表

6）月工程进度款报审表

7）工程变更费用报审表

8）费用索赔申请表

9）工程款支付申请表

10）工程延期申请表

11）监理工程师通知单

12）监理工程师通知回复单

（3）单位（子单位）工程竣工验收资料

1）单位（子单位）工程竣工质量验收汇总记录表

2）单位（子单位）工程质量控制资料核查记录表

3）单位（子单位）工程观感质量验收记录表

4）单位工程竣工预验收报验表

5）单位（子单位）工程竣工报告（施工单位）

2．工程技术资料

（1）施工组织设计及施工方案

1）施工组织设计（施工方案）内部审核表

2）危险性较大的分部分项工程施工方案专家论证评审表

（2）设计变更文件

1）设计交底、图纸会审记录

2）设计变更通知单

3）工程洽商记录

（3）竣工图

3．质量控制资料

（1）施工记录资料

1）隐蔽工程检查验收记录

2）交接检查记录

3）工程定位及复测记录

4）工程施工测量记录

（2）施工试验记录

1）钢材出厂合格证及试验报告

2）焊接试（检）验报告、焊条（剂）合格证

3）水泥出厂合格证或出厂试验报告

4）其他原材料出厂合格证或试验报告

5）防水材料出厂合格证、试验报告

6）构件合格证

7）混凝土用水 pH 值化验单

8）锚杆、锚索锚固剂出厂合格证、抗拔力检测记录

9）井筒漏水量实测资料

10）砂浆试块试验报告

11）砌筑砂浆试块试验报告

12）砌筑砂浆试块强度统计、评定记录

13）砂浆配合比申请、通知单

14）混凝土抗压强度试验报告

15）混凝土试块强度统计、评定记录

16）混凝土抗渗试验报告

17）重大工程质量事故及处理记录

18）实测设备基础图

19）地质、水文地质资料，包括：地质预测和综合分析报告，注浆加固地层记录和质量评定报告，主要巷道、硐室地质剖面图、素描图或井筒实测柱状图。

（3）过程验收资料

1）工序质量验收记录

2）分项工程质量验收记录

（二）井巷工程竣工资料的移交要求

竣工移交资料是项目建设过程的技术总结，代表了项目从策划到项目建成、试生产整个过程的全部历史，是以图纸、文字和其他文件材料等载体形式表示的项目成果的结晶；它是生产单位长期保存的重要技术档案以及今后生产、维护、改扩建的依据。因此，要求移交资料的内容必须真实、准确并与工程实际相符，且符合国家相关的技术规范、标准和规程要求；其质量须符合国家有关档案资料管理和验收的相应要求。

井巷工程项目竣工验收合格后，由施工单位按工程施工合同约定的时间向建设单位移交竣工资料，并编制移交清单，双方签字、盖章。

2G320104　施工环境保护措施

一、施工对环境的影响

（一）施工引起的环境问题

矿业工程施工引起的环境问题类型较为复杂，依据问题性质将矿山环境问题划分为："三废"问题、地面变形问题、矿山排（突）水、供水、生态环保三者之间的矛盾问题、沙漠化和水土流失等问题。

1."三废"污染

施工中伴有大量施工废水、废渣和废气外排，排放大量二氧化硫、一氧化碳、二氧化氮、粉尘等有害毒气和热辐射，污染地下水源，污染矿区生产生活环境，严重损害矿业工程的施工人员及居民的身体健康。

2. 对地形的影响

（1）矿业工程建设过程中由于开挖常引起地层的变形、裂缝甚至塌陷，导致地表的大面积的沉降，对土地资源造成严重的破坏。尤其是施工中的疏干排水及地下水因为失衡而流渗深处，会造成区域性地下水位大幅度下降，从而导致采矿地区以及周边地区的地下水资源干涸，使得该地区的地下水资源严重受到破坏，从而影响了当地的工农业生产甚至是人们的正常生活。

（2）危及地面建筑物的安全。当地下采空区面积不断增大时，会破坏岩石的应力平衡状态，在一定条件下会引起周边土体位移和地下水位下降，导致淤泥层固结压缩，岩层就会产生塌陷、滑坡、泥石流和边坡不稳定，从而在采矿区上方形成塌陷区。而地表塌陷最直接、最明显的影响是使塌陷区上的建筑物（房屋、管道、公路、桥梁等）变形乃至破坏，引起生态条件突变，从而导致生态系统突变，给人们的生产和生活带来了相当大的影响和危害。

（二）施工废弃物的影响

矿山固体废弃物有煤矸石、尾矿、生活垃圾、锅炉炉渣和煤泥等，固体废弃物的排放以及露天堆放，对环境的影响主要表现在对大气、水体和土壤等环境要素的影响，其影响大小决定于矸石的产量、理化性质、场地选择及处理方式。

矿业工程施工及生产过程中产生的固体废弃物中多含有有毒以及有害的物质，如果长期堆放，不仅侵占土地和农田，造成扬尘污染，而且经降雨淋溶后易于分解，会渗透到土壤以及水源中，恶化水土条件；同时还破坏了地面植被和地形地貌生态景观，造成水土流失和土地的沙漠化、荒漠化。有的废弃物还带有自燃性，释放有害气体，影响矿区周围的空气质量。

由于施工队矿区周围的大气、水质、土壤等造成严重污染，施工污水、泥浆排放到地面，对生活水源等造成污染，使生态环境遭到破坏。

二、施工环境保护措施

（一）施工环境保护的原则

开采矿产资源，必须遵守国家有关环境保护的法律规定，防止污染矿山环境。根据《中华人民共和国环境保护法》《中华人民共和国矿产资源法》及有关法律、法规规定，我国保护环境的基本原则是经济建设与环境保护协调发展；以防为主，防治结合，综合治理；谁开发谁保护，谁破坏谁治理的原则。矿业工程施工过程中的每一个环节都要采取措施防治与保护环境。

1. 对新建矿山，要科学合理地制定工作计划和方案，严格执行环境影响评价报告制度。评价报告不批准，不得立项，不准建设施工。

2. 防止环境污染和其他灾害的环境保护工程必须与主体工程同时设计、同时施工、同时投产。环境保护设施没有建成或达不到规定要求的建设项目不予验收、不准投产，强行投产的要追究责任。

3. 矿井地面工业场地布置、矿区绿化要进行系统规划，必须坚持环境保护与治理恢复并举的原则，保证矿山生态环境保护工作的连续性。

4．矿山应采用新技术和新方法进行建设，科学施工，并建立矿山环境监测系统，对矿山环境问题和地质灾害进行监测和及时预警。

（二）施工过程中的环境保护措施

1．施工过程中，严格按规范施工。要以资源的最大化利用和环境保护为前提，以不产生废料等污染为准绳，施工过程中要兼顾周边环境的植被保护，减少对地表进行的大规模扰动。工程完工后，按照国家相关制度应及时进行该区生态环境的恢复治理等工作。

2．采用先进的施工技术，严格遵循施工中的卫生、环保要求，加强施工通风、洒水、除尘以及其他井下的环境控制措施和环境保护。施工中严格执行有关卫生防护的规定。

3．做好个人安全防护工作。

2G320105　矿山废弃物处理方法及管理规定

一、矸石、废石的处理方法及管理规定

（一）矸石、废石的处理方法

固体废物污染控制需从两方面着手：一是通过改革生产工艺，发展物质的循环利用工艺等方式防治固体废物污染；二是综合利用废物资源，进行无害化处理与处置。对于处理方法，主要是堆积和排弃以及综合利用，应明确这两种方法的适用条件，具体应注意：

1．堆积和排弃

（1）对有利用价值的矸石、矿石，应根据其性质因地制宜地加以综合利用，可以建设热电联合车间、建材厂等。

（2）对含硫高和其他有害成分的矸石应经处理后排弃。对粗粒干尾矿（煤矸石）进行输送和堆积。

2．利用

（1）煤矸石可用于发电、生产水泥、矸石砖、免烧砖、空心砌块、建筑陶瓷、轻骨料、充填材料等。

（2）对于某些固体废物，由于含有一定量植物生长的肥分和微量元素，可用于改良土壤结构等。如：自燃后的煤矸石所含的硅、钙等成分，可增强植物的抗倒伏能力，起硅钙肥的作用；粉煤灰形似土壤，透气性好，它不仅对酸性或黏性土壤以及盐碱地有改良作用，还可以提高土壤上层的表面湿度，以及促熟和保肥作用。

（3）回收能源。煤矸石的热值大约为 $800\sim8000kJ/kg$，在粉煤灰和锅炉渣中也常含有10%以上的未燃尽炭，可从中直接回收炭或用以烧制砖瓦。某些有机废物可通过一定的配料制取沼气回收能源。

（二）矸石、废石处理管理规定

1．场地与排放要求

（1）矿山的剥离物、废石、表土及尾矿等，必须运往废石场堆置排弃或采取综合利用措施，不得向江河、湖泊、水库和废石场以外的沟渠倾倒。

（2）对具有形成矿山泥石流条件、排水不良及整体稳定性差的废石场，严禁布置在可能危及露天采矿场、井（硐）口、工业场地、居住区、村镇、交通干线等重要建、构筑物

安全的上方；当采用可靠的安全防护工程措施，并征得有关部门同意，方可布置在一般性建筑物、构筑物的上方。

（3）凡具有利用价值的固（液）体废物必须进行处理，最大限度地予以回收利用。对有毒固（液）体废物的堆放，必须采取防水、防渗、防流失等防止危害的措施，并设置有害废物的标志。

（4）严禁在城市规划确定的生活居住区、文教区、水源保护区、名胜古迹、风景游览区、温泉、疗养区和自然保护区等界区内建设排放有毒有害的废气、废水、废渣（液）、恶臭、噪声、放射性元素等物质（因子）的工程项目。在上述地区原则上也不准开矿，如要开矿必须经国家有关主管部门审批。

（5）散尘设备必须配置密封抽风除尘系统，并应选用高效除尘器。

2．设施规定

（1）防治污染和其他公害的设施必须与主体工程同时设计、同时施工、同时投产使用。

（2）废石场应设置截水、导水沟，防止外部水流入废石场，防止泥石流危及下游环境。

（3）输送含有毒有害或有腐蚀性物质的废水沟渠、管道，必须采取防止渗漏和腐蚀的措施。

（4）露天采矿场和排土场的废水含有害物质时，应设置集水沟（管）予以收集，导入废水调节池（库），并采取相应的废水处理措施。

（5）排土场必须分期进行覆土植被。如排土场有可能发生滑坡和泥石流等灾害的，必须进行稳定处理。

二、尾矿、固体废弃物的处理方法及管理规定

（一）尾矿的处理方法

1．对于尾矿固体废弃物的处理，应最大限度地予以回收利用，如果堆放应设置标志。对含有毒性矿物成分尾矿的堆放，必须采取防水、防渗、防流失等防止危害的措施。

2．选矿工艺流程的选择，除其工艺本身的技术经济合理外，还应考虑"三废"处理技术的可行性和可靠性。在多种可供选择的选矿工艺中应优先选用易于进行"三废"处理，并有成熟处理经验的生产工艺。

3．处理细粒含水尾矿的设施，一般由尾矿水力输送、尾矿库和排水（包括回水）三个系统组成。其水力输送系统可根据选矿厂尾矿的排出点和尾矿库的地势高差确定自流或压力输送或两者联合输送，将尾矿用流槽、管道或有尾矿首先经厂区的浓缩回水后，再用砂泵、管道送至尾矿库。

4．尾矿还可用作矿井的充填料，充填前先将尾矿用旋流器进行分级，粗粒级尾矿可充填入井下采空区。

（二）防治尾矿污染环境的管理规定

1．产生尾矿的企业必须制定尾矿污染防治计划，建立污染防治责任制度，并采取有效措施，防治尾矿对环境的污染和危害。并按规定向当地环境保护行政主管部门进行排污申报登记。

2．必须执行防止尾矿污染的设施与主体工程同时设计、同时施工、同时投产使用的规定。

3. 选矿企业必须有完善的尾矿处理设施，包括尾矿的贮存设施（尾矿库、赤泥库、灰渣库等）、浆体输送系统、澄清水回收系统、渗透水截流及回收系统、排洪工程、尾矿综合利用及其他污染防治设施。

4. 贮存含有害废物的尾矿，其尾矿库必须采取防渗漏措施。

5. 尾矿贮存设施必须有防止尾矿流失和尾矿尘土飞扬的措施。

6. 尾矿库失事将使下游重要城镇、工矿企业或铁路干线遭受严重灾害者，其设计等级可以提高一等。

7. 因发生事故或其他突然事件，造成或者可能造成尾矿污染事故的企业，必须立即采取应急措施处理，及时通报可能受到危害的单位和居民，并向当地环境保护行政主管部门和企业主管部门报告，接受调查处理。

2G320106　放射性防护标准与防护方法

一、辐射防护标准

《电离辐射防护与辐射源安全基本标准》GB 18871—2002 是我国关于放射性防护的国家标准，标准详细规定了辐射的职业控制要求、实践控制的主要要求等内容，包括放射性矿物开采、选冶，放射性物质的加工，核设施，废物管理设施，实践过程和潜在照射的剂量限制，以及防护的最优化，实物保护，纵深保护、良好的工程实践内容，监测与验证等方面，还包括了对辐射的非密封源工作场所进行了分级的划分；标准同时还明确了辐射领域的防护与安全工作方面的责任内容与责任人员。

根据《电离辐射防护与辐射源安全基本标准》GB 18871—2002 和《有色金属矿山井巷工程施工规范》GB 50653—2011 的相关规定，含铀、钍放射性元素的矿山，井下作业地点氡在空气中的最大允许浓度为 $3.7kBq/m^3$，氡子体的潜能值不超过 $6.4\mu J/m^3$。

二、辐射防护的主要方法

人体受到辐射照射的途径有两种：一种是人体处于空间辐射场的外照射，如封闭源的 γ、β 射线和医疗透视 X 光照射等；另一种是摄入放射性物质，对人体或对某些器官或组织造成的内照射。如，铀矿工人吸入氡及其离子体等。辐射的防护方法，因辐照方式的不同而有区别。

（一）外照射的防护方法

可采取缩短受辐照时间，或加大与辐射源间的距离，或根据受照时间长短、距离远近，采用对辐射源进行屏蔽或对受照者进行屏蔽，如佩戴橡胶或铅质手套、围裙和防护眼罩等。

（二）内照射的防护方法

1. 稀释、分散法：对气态或液态放射性污染物，可采用稀释、分散法（如大容量通风换气等）降低其活度水平，减少其可能进入人体的剂量。

2. 包容、集中法：将分散的放射性物质贮存于具有工程防护设施的专门结构内，尽量减少其向外的释放。

（三）井下氡及其子体防治

根据《电离辐射防护与辐射源安全基本标准》GB 18871—2002 和《有色金属矿山井巷工程施工规范》GB 50653—2011 的相关规定，井下氡及其子体采取如下防治方法：

1. 井下氡及其子体的浓度超过卫生限值时，必须采取通风排氡、控制和隔离氡源等技术措施，并加强个体防护。

井下空气中氡的主要来源有矿（岩）壁、矿石和地下水中析出，以及地面空气中的氡随入风风源进入。通过通风排氡，可以稀释空气中的氡及其子体的浓度。在井巷工程中控制氡源应尽量避开采空区和控制每次爆破的矿（岩）石数量，并应将爆破的矿（岩）石及时运离井下。进风井（巷道）应设在无氡或其浓度较小的地方。隔离氡源可采取喷射混凝土（或喷浆）封闭矿（岩）壁，地下水归入水沟并用盖板盖严。采取以上技术措施，可起到净化空气，降低氡及其子体浓度的作用。同时还应加强个体防护，缩短接触氡源时间和佩戴高效防护口罩等。

2. 有放射性的矿山井巷工程施工时，作业人员不应在井下吸烟、饮水和就餐。

有放射性元素的矿山井下，水和食物容易被放射性的 X 射线污染，食品安全不能得到保证。井下吸烟，人体容易受到 X 射线的内照射，危害更大。

三、放射性污染防治规定

根据《中华人民共和国放射性污染防治法》相关规定，矿产开发中放射性污染的防治规定如下：

1. 国家对放射性污染的防治，实行预防为主、防治结合、严格管理、安全第一的方针。

2. 开发利用或者关闭铀（钍）矿的单位，应当在申请领取采矿许可证或者办理退役审批手续前编制环境影响报告书，报国务院环境保护行政主管部门审查批准。

开发利用伴生放射性矿的单位，应当在申请领取采矿许可证前编制环境影响报告书，报省级以上人民政府环境保护行政主管部门审查批准。

3. 与铀（钍）矿和伴生放射性矿开发利用建设项目相配套的放射性污染防治设施，应当与主体工程同时设计、同时施工、同时投入使用。

放射性污染防治设施应当与主体工程同时验收；验收合格的，主体工程方可投入生产或者使用。

4. 铀（钍）矿开发利用单位应当对铀（钍）矿的流出物和周围的环境实施监测，并定期向国务院环境保护行政主管部门和所在地省、自治区、直辖市人民政府环境保护行政主管部门报告监测结果。

5. 对铀（钍）矿和伴生放射性矿开发利用过程中产生的尾矿，应当建造尾矿库进行贮存、处置；建造的尾矿库应当符合放射性污染防治的要求。

6. 铀（钍）矿开发利用单位应当制定铀（钍）矿退役计划。铀矿退役费用由国家财政预算安排。

7. 核设施营运单位、核技术利用单位、铀（钍）矿和伴生放射性矿开发利用单位，应当合理选择和利用原材料，采用先进的生产工艺和设备，尽量减少放射性废物的产生量。

2G330000 矿业工程项目施工相关法规与标准

矿业工程项目施工过程中，必须遵守国家的法律和法规，同时还必须遵守相关的规范及标准，这样才能保证工程施工的正常进行和项目按预定的时间进行生产或使用。矿业工程项目施工除了要遵守国家规定的一般工程建设的法律和规定外，针对矿业工程项目的特点，还必须遵守《中华人民共和国矿产资源法》和《中华人民共和国矿山安全法》，涉及爆破工作的必须遵守《民用爆炸物品安全管理条例》的规定，工程施工必须遵守各类施工相关标准和施工安全规程的相关内容及要求。

2G331000 矿业工程项目施工相关法律规定

2G331010 矿产资源法的有关规定

2G331011 矿产资源管理及探查建设的规定

一、矿产资源有关规定

（一）矿产资源属性

1. 矿产资源属于国家所有，由国务院行使国家对矿产资源的所有权。地表或者地下的矿产资源的国家所有权，不因其所依附的土地的所有权或者使用权的不同而改变。

2. 勘查、开采矿产资源，必须依法分别申请，经批准取得探矿权、采矿权，并办理登记；国家保护探矿权和采矿权不受侵犯，保障矿区和勘查作业区的生产秩序、工作秩序不受影响和破坏。从事矿产资源勘查和开采的，必须符合规定的资质条件。

3. 除下列可以转让外，探矿权、采矿权不得转让。禁止将探矿权、采矿权倒卖牟利。

（1）探矿权人在完成规定的最低勘查投入后，经依法批准，可以将探矿权转让他人。

（2）已取得采矿权的矿山企业，因企业合并、分立，与他人合资、合作经营，或者因企业资产出售以及有其他变更企业资产产权的情形而需要变更采矿权主体的，经依法批准可以将采矿权转让他人采矿。

4. 国家实行探矿权、采矿权有偿取得的制度；国家对探矿权、采矿权有偿取得的费用，可以根据不同情况规定予以减缴、免缴。具体办法和实施步骤由国务院规定。开采矿产资源，必须按照国家有关规定缴纳资源税和资源补偿费。

（二）矿产资源管理

1. 国务院地质矿产主管部门主管全国矿产资源勘查、开采的监督管理工作。国务院有关主管部门协助国务院地质矿产主管部门进行矿产资源勘查、开采和监督管理工作。

省、自治区、直辖市人民政府地质矿产主管部门主管本行政区域内矿产资源勘查、开采的监督管理工作。省、自治区、直辖市人民政府有关主管部门协助同级地质矿产主管部门进行矿产资源勘查、开采的监督管理工作。

2. 国家对国家规划矿区、对国民经济具有重要价值的矿区和国家规定实行保护性开采的特定矿种，实行有计划的开采；未经国务院有关主管部门批准，任何单位和个人不得开采。

3. 开采许可制度

（1）开采下列矿产资源的，由国务院地质矿产主管部门审批，并颁发采矿许可证：

1）国家规划矿区和对国民经济具有重要价值的矿区内的矿产资源；

2）前项规定区域以外可供开采的矿产储量规模在大型以上的矿产资源；

3）国家规定实行保护性开采的特定矿种；

4）领海及中国管辖的其他海域的矿产资源；

5）国务院规定的其他矿产资源。

（2）开采石油、天然气、放射性矿产等特定矿种的，可以由国务院授权的有关主管部门审批，并颁发采矿许可证。

（3）国家规划矿区的范围、对国民经济具有重要价值的矿区的范围、矿山企业矿区的范围依法划定后，由划定矿区范围的主管机关通知有关县级人民政府予以公告。矿山企业变更矿区范围，必须报请原审批机关批准，并报请原颁发采矿许可证的机关重新核发采矿许可证。

二、勘查与矿山建设

（一）勘查要求

国务院矿产储量审批机构或者省、自治区、直辖市矿产储量审批机构负责审查批准供矿山建设设计使用的勘探报告，并在规定的期限内批复报送单位。勘探报告未经批准，不得作为矿山建设设计的依据。

（二）矿山建设

1. 设立矿山企业，必须符合国家规定的资质条件，并依照法律和国家有关规定，由审批机关对其矿区范围、矿山设计或者开采方案、生产技术条件、安全措施和环境保护措施等进行审查，审查合格的，方予批准。

2. 矿山建设必须得到国务院授权的有关主管部门同意，且不得在下列地区从事开采矿产资源的建设工作：

（1）港口、机场、国防工程设施圈定地区以内；

（2）重要工业区、大型水利工程设施、城镇市政工程设施附近一定距离内；

（3）铁路、重要公路两侧一定距离以内；

（4）重要河流、堤坝两侧一定距离以内；

（5）国家划定的自然保护区、重要风景区，国家重点保护的不能移动的历史文物和名胜古迹所在地；

（6）国家规定不得开采矿产资源的其他地区。

2G331012　矿产资源开采的规定

一、矿山开采规定

1. 开采矿产资源，必须采取合理的开采顺序、开采方法和选矿工艺。矿山企业的开采回采率、采矿贫化率和选矿回收率应当达到设计要求。

2. 在开采主要矿产的同时，对具有工业价值的共生和伴生矿产应当统一规划、综合开采，综合利用，防止浪费；对暂时不能综合开采或者必须同时采出而暂时还不能综合利用的矿产以及含有有用组分的尾矿，应当采取有效的保护措施，防止损失破坏。

3. 开采矿产资源，必须遵守国家劳动安全卫生规定，具备保障安全生产的必要条件。

4. 开采矿产资源，必须遵守有关环境保护的法律规定，防止污染环境。

5. 开采矿产资源，应当节约用地。耕地、草原、林地因采矿受到破坏的，矿山企业应当因地制宜地采取复垦利用、植树种草或者其他利用措施。开采矿产资源给他人生产、生活造成损失的，应当负责赔偿，并采取必要的补救措施。

6. 在建设铁路、工厂、水库、输油管道、输电线路和各种大型建筑物或者建筑群之前，建设单位必须向所在省、自治区、直辖市地质矿产主管部门了解拟建工程所在地区的矿产资源分布和开采情况。非经国务院授权的部门批准，不得压覆重要矿床。

7. 国务院规定由指定的单位统一收购的矿产品，任何其他单位或者个人不得收购；开采者不得向非指定单位销售。

8. 矿产储量规模适宜由矿山企业开采的矿产资源、国家规定实行保护性开采的特定矿种和国家规定禁止个人开采的其他矿产资源，个人不得开采。

二、法律责任主要内容

（一）擅自开采和越界开采

1. 违反本法规定，未取得采矿许可证擅自采矿的，擅自进入国家规划矿区、对国民经济具有重要价值的矿区范围采矿的，擅自开采国家规定实行保护性开采的特定矿种的，责令停止开采、赔偿损失，没收采出的矿产品和违法所得，可以并处罚款；拒不停止开采，造成矿产资源破坏的，依照《中华人民共和国刑法》（以下简称《刑法》）的有关规定对直接责任人员追究刑事责任。

2. 超越批准的矿区范围采矿的，责令退回本矿区范围内开采、赔偿损失，没收越界开采的矿产品和违法所得，可以并处罚款；拒不退回本矿区范围内开采，造成矿产资源破坏的，吊销采矿许可证，依照《刑法》的有关规定对直接责任人员追究刑事责任。

（二）破坏性开采

违反国家矿产资源法规定，采取破坏性的开采方法开采矿产资源的，处以罚款，可以吊销采矿许可证；造成矿产资源严重破坏的，依照《刑法》的有关规定对直接责任人员追究刑事责任。

（三）其他

买卖、出租或者以其他形式转让矿产资源的，没收违法所得，处以罚款。将探矿权、采矿权倒卖牟利的，吊销勘查许可证、采矿许可证，没收违法所得，处以罚款。

以暴力、威胁方法阻碍从事矿产资源勘查、开采监督管理工作的国家工作人员依法执行职务的，依照《刑法》的有关规定追究刑事责任；拒绝、阻碍从事矿产资源勘查、开采监督管理工作的国家工作人员依法执行职务未使用暴力、威胁方法的，由公安机关依照治安管理处罚条例的规定处罚。

矿山企业之间的矿区范围的争议，由当事人协商解决，协商不成的，由有关县级以上地方人民政府根据依法核定的矿区范围处理；跨省、自治区、直辖市的矿区范围的争议，由有关省、自治区、直辖市人民政府协商解决，协商不成的，由国务院处理。

2G331020　矿山安全法的有关规定

2G331021　矿山建设安全保障的有关规定

一、矿山建设安全设施要求

1. 矿山建设工程的安全设施必须和主体工程同时设计、同时施工、同时投入生产和使用。

2. 矿山建设工程的设计文件，必须符合矿山安全规程和行业技术规范，并按照国家规定经管理矿山企业的主管部门批准；不符合矿山安全规程和行业技术规范的，不得批准。矿山建设工程安全设施的设计必须有劳动行政主管部门参加审查。矿山安全规程和行业技术规范，由国务院管理矿山企业的主管部门制定。

3. 矿山设计下列项目必须符合矿山安全规程和行业技术规范：

（1）矿井的通风系统和供风量、风质、风速；

（2）露天矿的边坡角和台阶的宽度、高度；

（3）供电系统；

（4）提升、运输系统；

（5）防水、排水系统和防火、灭火系统；

（6）防瓦斯系统和防尘系统；

（7）有关矿山安全的其他项目。

4. 矿山建设工程安全设施竣工后，由管理矿山企业的主管部门验收，并须有劳动行政主管部门参加；不符合矿山安全规程和行业技术规范的，不得验收，不得投入生产。

二、矿山安全设施保障

1. 矿山建设工程应当按照经批准的设计文件施工，保证施工质量；工程竣工后，应当按照国家有关规定申请验收。

建设单位应当在验收前 60 日向管理矿山企业的主管部门、劳动行政主管部门报送矿山建设工程安全设施施工、竣工情况的综合报告。

2. 管理矿山企业的主管部门（煤矿安全监督管理部门）、劳动行政主管部门应当自收到建设单位报送的矿山建设工程安全设施施工、竣工情况的综合报告之日起 30 日内，对矿山建设工程的安全设施进行检查。不符合矿山安全规程、行业技术规范的，不得验收，不得投入生产或者使用。

3. 矿山应当有保障安全生产、预防事故和职业危害的安全设施，并符合下列基本要求：

（1）每个矿井至少有两个独立的能行人的直达地面的安全出口。矿井的每个生产水平（中段）和各个采区（盘区）至少有两个能行人的安全出口，并与直达地面的出口相通。

（2）每个矿井有独立的采用机械通风的通风系统，保证井下作业场所有足够的风量；但是，小型非沼气矿井在保证井下作业场所所需风量的前提下，可以采用自然通风。

（3）井巷断面能满足行人、运输、通风和安全设施、设备的安装、维修及施工需要。

（4）井巷支护和采场顶板管理能保证作业场所的安全。

（5）相邻矿井之间、矿井与露天矿之间、矿井与老窑之间留有足够的安全隔离矿柱。矿山井巷布置留有足够的保障井上和井下安全的矿柱或者岩柱。

（6）露天矿山的阶段高度、平台宽度和边坡角能满足安全作业和边坡稳定的需要。船采沙矿的采池边界与地面建筑物、设备之间有足够的安全距离。

（7）有地面和井下的防水、排水系统，有防止地表水泄入井下和露天采场的措施。

（8）溜矿井有防止和处理堵塞的安全措施。

（9）有自然发火可能性的矿井，主要运输巷道布置在岩层或者不易自然发火的矿层内，并采用预防性灌浆或者其他有效的预防自然发火的措施。

（10）矿山地面消防设施符合国家有关消防的规定。矿井有防灭火设施和器材。

（11）地面及井下供配电系统符合国家有关规定。

（12）矿山提升运输设备、装置及设施符合下列要求：

1）钢丝绳、连接装置、提升容器以及保险链有足够的安全系数；

2）提升容器与井壁、罐道梁之间及两个提升容器之间有足够的间隙；

3）提升绞车和提升容器有可靠的安全保护装置；

4）电机车、架线、轨道的选型能满足安全要求；

5）运送人员的机械设备有可靠的安全保护装置；

6）提升运输设备有灵敏可靠的信号装置。

（13）每个矿井有防尘供水系统。地面和井下所有产生粉尘的作业地点有综合防尘措施。

（14）有瓦斯、矿尘爆炸可能性的矿井，采用防爆电器设备，并采取防尘和隔爆措施。

（15）开采放射性矿物的矿井，符合下列要求：

1）矿井进风量和风质能满足降氡的需要，避免串联通风和污风循环；

2）主要进风道开在矿脉之外，穿矿脉或者岩体裂隙发育的进风巷道有防止氡析出的措施；

3）采用后退式回采；

4）能防止井下污水散流，并采取封闭的排放污水系统。

（16）矿山储存爆破材料的场所符合国家有关规定。

（17）排土场、矸石山有防止发生泥石流和其他危害的安全措施，尾矿库有防止溃坝等事故的安全设施。

（18）有防止山体滑坡和因采矿活动引起地表塌陷造成危害的预防措施。

（19）每个矿井配置足够数量的通风检测仪表和有毒有害气体与井下环境检测仪器。开采有瓦斯突出的矿井，装备监测系统或者检测仪器。

（20）有与外界相通的、符合安全要求的运输设施和通信设施。

（21）有更衣室、浴室等设施。

2G331022　矿山建设事故法律责任的有关规定

一、违法责任

违反《中华人民共和国矿山安全法》规定，有下列行为之一的，由劳动行政主管部门责令改正，可以并处罚款；情节严重的，提请县级以上人民政府决定责令停产整顿；对主管人员和直接责任人员由其所在单位或者上级主管机关给予行政处分：

1. 未对职工进行安全教育、培训，分配职工上岗作业的；

2. 使用不符合国家安全标准或者行业安全标准的设备、器材、防护用品、安全检测仪器的；

3. 未按照规定提取或者使用安全技术措施专项费用的；

4. 拒绝矿山安全监督人员现场检查或者在被检查时隐瞒事故隐患、不如实反映情况的；

5. 未按照规定及时、如实报告矿山事故的。

二、安全责任和行政责任

1. 矿长不具备安全专业知识的，安全生产的特种作业人员未取得操作资格证书上岗作业的，由劳动行政主管部门责令限期改正，提请县级以上人民政府决定责令停产，调整配备合格人员后，方可恢复生产。

2. 矿山建设工程安全设施的设计未经批准擅自施工的，由管理矿山企业的主管部门责令停止施工；拒不执行的，由管理矿山企业的主管部门提请县级以上人民政府决定由有关主管部门吊销其采矿许可证和营业执照。

3. 矿山建设工程的安全设施未经验收或者验收不合格擅自投入生产的，由劳动行政主管部门会同管理矿山企业的主管部门责令停止生产，并由劳动行政主管部门处以罚款；拒不停止生产的，由劳动行政主管部门提请县级以上人民政府决定由有关主管部门吊销其采矿许可证和营业执照。

4. 已经投入生产的矿山企业，不具备安全生产条件而强行开采的，由劳动行政主管部门会同管理矿山企业的主管部门责令限期改进，逾期仍不具备安全生产条件的，由劳动行政主管部门提请县级以上人民政府决定责令停产整顿或者由有关主管部门吊销其采矿许可证或者营业执照。

5. 当事人对行政处罚决定不服的，可以在接到处罚决定通知之日起十五日内向作出处罚决定的机关的上一级机关申请复议；当事人也可以在接到处罚决定通知之日起十五日内直接向人民法院起诉。复议机关应当在接到复议申请之日起六十日内作出复议决定。当事人对复议决定不服的，可以在接到复议决定之日起十五日内向人民法院起诉。复议机关逾期不作出复议决定的，当事人可以在复议期满之日起十五日内向人民法院起诉。当事人逾期不申请复议也不向人民法院起诉、又不履行处罚决定的，作出处罚决定的机关可以申请人民法院强制执行。

6. 矿山企业主管人员违章指挥、强令工人冒险作业，因而发生重大伤亡事故的，依照《刑法》的有关规定追究刑事责任。

7. 矿山企业主管人员对矿山事故隐患不采取措施，因而发生重大伤亡事故的，比照《刑法》的有关规定追究刑事责任。

8. 矿山安全监督人员和安全管理人员滥用职权、玩忽职守、徇私舞弊，构成犯罪的，依法追究刑事责任；不构成犯罪的，给予行政处分。

三、矿山建设事故处理

1. 矿山发生事故后，事故现场有关人员应当立即报告矿长或者有关主管人员；矿长或者有关主管人员接到事故报告后，必须立即采取有效措施，组织抢救，防止事故扩大，尽力减少人员伤亡和财产损失。

2. 矿山发生重伤、死亡事故后，矿山企业应当在24h内如实向劳动行政主管部门和管理矿山企业的主管部门报告。

3. 劳动行政主管部门和管理矿山企业的主管部门接到死亡事故或者一次重伤 3 人以上的事故报告后，应当立即报告本级人民政府，并报各自的上一级主管部门。

4. 发生伤亡事故，矿山企业和有关单位应当保护事故现场；因抢救事故，需要移动现场部分物品时，必须做出标志，绘制事故现场图，并详细记录；在消除现场危险，采取防范措施后，方可恢复生产。

5. 矿山企业对矿山事故中伤亡的职工按照国家规定给予抚恤或者补偿。

6. 矿山事故发生后，有关部门应当按照国家有关规定，进行事故调查处理。发生一般矿山事故，由矿山企业负责调查和处理。发生重大矿山事故，由政府及其有关部门、工会和矿山企业按照行政法规的规定进行调查和处理。

7. 矿山事故调查处理工作应当自事故发生之日起 90 日内结束；遇有特殊情况，可以适当延长，但是不得超过 180 日。矿山事故处理结案后，应当公布处理结果。

8. 矿山企业主管人员有下列行为之一，造成矿山事故的，按照规定给予纪律处分；构成犯罪的，由司法机关追究刑事责任：

（1）违章指挥、强令工人违章、冒险作业的；

（2）对工人屡次违章作业熟视无睹，不加制止的；

（3）对重大事故预兆或者已发现的隐患不及时采取措施的；

（4）不执行劳动行政主管部门的监督指令或者不采纳有关部门提出的整顿意见，造成严重后果的。

2G331030 爆破器材安全管理的有关规定

2G331031 爆炸器材购买、运输、存贮、销毁等管理规定

一、爆炸器材的购买

1. 爆炸器材使用单位申请购买爆炸器材的，应当向所在地县级人民政府公安机关提出购买申请，并提交下列有关材料：

（1）工商营业执照或者事业单位法人证书；

（2）《爆破作业单位许可证》或者其他合法使用的证明；

（3）购买单位的名称、地址、银行账户；

（4）购买的品种、数量和用途说明。

《民用爆炸物品购买许可证》应当载明许可购买的品种、数量、购买单位以及许可的有效期限。

2. 爆炸器材使用单位凭《民用爆炸物品购买许可证》购买爆炸器材，还应当提供经办人的身份证明。

3. 购买爆炸器材，应当通过银行账户进行交易，不得使用现金或者实物进行交易。

4. 购买爆炸器材的单位，应当自爆炸器材买卖成交之日起 3 日内，将购买的品种、数量向所在地县级人民政府公安机关备案。

二、爆炸器材的运输

1. 运输爆炸器材，收货单位应当向运达地县级人民政府公安机关提出申请，并提交

包括下列内容的材料：

（1）爆炸器材生产企业、销售企业、使用单位以及进出口单位分别提供的《民用爆炸物品生产许可证》《民用爆炸物品销售许可证》《民用爆炸物品购买许可证》或者进出口批准证明；

（2）运输爆炸器材的品种、数量、包装材料和包装方式；

（3）运输爆炸器材的特性、出现险情的应急处置方法；

（4）运输时间、起始地点、运输路线、经停地点。

《民用爆炸物品运输许可证》应当载明收货单位、销售企业、承运人、一次性运输有效期限、起始地点、运输路线、经停地点，爆炸器材的品种、数量。

2. 运输爆炸器材的，应当凭《民用爆炸物品运输许可证》，按照许可的品种、数量运输。

3. 经由道路运输爆炸器材的，应当遵守下列规定：

（1）携带《民用爆炸物品运输许可证》；

（2）爆炸器材的装载符合国家有关标准和规范，车厢内不得载人；

（3）运输车辆安全技术状况应当符合国家有关安全技术标准的要求，并按照规定悬挂或者安装符合国家标准的易燃易爆危险物品警示标志；

（4）运输爆炸器材的车辆应当保持安全车速；

（5）按照规定的路线行驶，途中经停应当有专人看守，并远离建筑设施和人口稠密的地方，不得在许可以外的地点经停；

（6）按照安全操作规程装卸民用爆炸物品，并在装卸现场设置警戒，禁止无关人员进入；

（7）出现危险情况立即采取必要的应急处置措施，并报告当地公安机关。

4. 爆炸器材运达目的地，收货单位应当进行验收后在《民用爆炸物品运输许可证》上签注，并在3日内将《民用爆炸物品运输许可证》交回发证机关核销。

5. 禁止携带爆炸器材搭乘公共交通工具或者进入公共场所。禁止邮寄爆炸器材，禁止在托运的货物、行李、包裹、邮件中夹带爆炸器材。

三、爆炸器材的存贮

1. 爆炸器材应当储存在专用仓库内，并按照国家规定设置技术防范设施。

2. 储存爆炸器材应当遵守下列规定：

（1）建立出入库检查、登记制度，收存和发放爆炸器材必须进行登记，做到账目清楚，账物相符；

（2）储存的爆炸器材数量不得超过储存设计容量，对性质相抵触的爆炸器材必须分库储存，严禁在库房内存放其他物品；

（3）专用仓库应当指定专人管理、看护，严禁无关人员进入仓库区内，严禁在仓库区内吸烟和用火，严禁把其他容易引起燃烧、爆炸的物品带入仓库区内，严禁在库房内住宿和进行其他活动；

（4）爆炸器材丢失、被盗、被抢，应当立即报告当地公安机关。

3. 在爆破作业现场临时存放爆炸器材的，应当具备临时存放爆炸器材的条件，并设专人管理、看护，不得在不具备安全存放条件的场所存放爆炸器材。

4. 爆炸器材变质和过期失效的，应当及时清理出库，并予以销毁。销毁前应当登记造册，提出销毁实施方案，报省、自治区、直辖市人民政府国防科技工业主管部门、所在地县级人民政府公安机关组织监督销毁。

四、爆炸器材的销毁

1. 爆炸器材变质和过期失效的，应当及时清理出库，并予以销毁。销毁前应当登记造册，提出销毁实施方案，报省、自治区、直辖市人民政府国防科技工业主管部门、所在地县级人民政府公安机关组织监督销毁。

2. 国防科技工业主管部门、公安机关对没收的非法爆炸器材，应当组织销毁。

2G331032 爆炸器材使用的管理规定

1. 严禁转让、出借、转借、抵押、赠送、私藏或者非法持有爆炸器材。

2. 爆破作业单位的主要负责人是本单位爆炸器材安全管理责任人，对本单位的爆炸器材安全管理工作全面负责。

爆破作业单位应当建立安全管理制度、岗位安全责任制度，制订安全防范措施和事故应急预案，设置安全管理机构或者配备专职安全管理人员。

3. 无民事行为能力人、限制民事行为能力人或者曾因犯罪受过刑事处罚的人，不得从事爆破作业。

4. 爆破作业单位应当建立爆炸器材登记制度，如实将本单位生产、销售、购买、运输、储存、使用爆炸器材的品种、数量和流向信息输入计算机系统。

5. 申请从事爆破作业的单位，应当具备下列条件：

（1）爆破作业属于合法的生产活动；

（2）有符合国家有关标准和规范的爆炸器材专用仓库；

（3）有具备相应资格的安全管理人员、仓库管理人员和具备国家规定执业资格的爆破作业人员；

（4）有健全的安全管理制度、岗位安全责任制度；

（5）有符合国家标准、行业标准的爆破作业专用设备；

（6）法律、行政法规规定的其他条件。

6. 爆破作业单位应当对本单位的爆破作业人员、安全管理人员、仓库管理人员进行专业技术培训。爆破作业人员应当经设区的市级人民政府公安机关考核合格，取得《爆破作业人员许可证》后，方可从事爆破作业。

7. 爆破作业单位应当按照其资质等级承接爆破作业项目，爆破作业人员应当按照其资格等级从事爆破作业。爆破作业的分级管理办法由国务院公安部门规定。

8. 在城市、风景名胜区和重要工程设施附近实施爆破作业的，应当向爆破作业所在地设区的市级人民政府公安机关提出申请，提交《爆破作业单位许可证》和具有相应资质的安全评估企业出具的爆破设计、施工方案评估报告。

实施前款规定的爆破作业，应当由具有相应资质的安全监理企业进行监理，由爆破作业所在地县级人民政府公安机关负责组织实施安全警戒。

9. 爆破作业单位跨省、自治区、直辖市行政区域从事爆破作业的，应当事先将爆破作业项目的有关情况向爆破作业所在地县级人民政府公安机关报告。

10. 爆破作业单位应当如实记载领取、发放爆炸器材的品种、数量、编号以及领取、发放人员姓名。领取爆炸器材的数量不得超过当班用量，作业后剩余的爆炸器材必须当班清退回库。

爆破作业单位应当将领取、发放爆炸器材的原始记录保存 2 年备查。

11. 实施爆破作业，应当遵守国家有关标准和规范，在安全距离以外设置警示标志并安排警戒人员，防止无关人员进入；爆破作业结束后应当及时检查、排除未引爆的爆炸器材。

12. 爆破作业单位不再使用爆炸器材时，应当将剩余的爆炸器材登记造册，报所在地县级人民政府公安机关组织监督销毁。

13. 违反《民用爆炸物品安全管理条例》规定，在使用爆炸器材中发生重大事故，造成严重后果或者后果特别严重，构成犯罪的，依法追究刑事责任。

14. 违反本条例规定，从事爆破作业的单位有下列情形之一的，由公安机关责令停止违法行为或者限期改正，处 10 万元以上 50 万元以下的罚款；逾期不改正的，责令停产停业整顿；情节严重的，吊销《爆破作业单位许可证》：

（1）爆破作业单位未按照其资质等级从事爆破作业的；

（2）营业性爆破作业单位跨省、自治区、直辖市行政区域实施爆破作业，未按照规定事先向爆破作业所在地的县级人民政府公安机关报告的；

（3）爆破作业单位未按照规定建立爆炸器材领取登记制度、保存领取登记记录的；

（4）违反国家有关标准和规范实施爆破作业的。

爆破作业人员违反国家有关标准和规范的规定实施爆破作业的，由公安机关责令限期改正，情节严重的，吊销《爆破作业人员许可证》。

15. 违反本条例规定，爆炸器材从业单位有下列情形之一的，由公安机关处 2 万元以上 10 万元以下的罚款；情节严重的，吊销其许可证；有违反治安管理行为的，依法给予治安管理处罚：

（1）违反安全管理制度，致使爆炸器材丢失、被盗、被抢的；

（2）爆炸器材丢失、被盗、被抢，未按照规定向当地公安机关报告或者故意隐瞒不报的；

（3）转让、出借、转借、抵押、赠送爆炸器材的。

2G332000　矿业工程项目施工相关标准

2G332010　矿业工程施工相关标准

2G332011　矿业工程地基处理的有关要求

一、地基设计要求

（一）《建筑基坑支护技术规程》JGJ 120—2012 相关内容

1. 按地基变形设计或应作变形验算且需进行地基处理的建筑物或构筑物，应对处理后的地基进行变形验算。

2. 受较大水平荷载或位于斜坡上的建筑物及构筑物，当建造在处理后的地基上时，应进行地基稳定性验算。

3. 强夯置换法在设计前必须通过现场试验确定其适用性和处理效果。

（二）《建筑地基基础设计规范》GB 50007—2011 相关内容

1. 根据建筑物地基基础设计等级及长期荷载作用下地基变形对上部结构的影响程度，地基基础设计应符合下列规定：

（1）所有建筑物的地基计算均应满足承载力计算的有关规定；

（2）设计等级为甲级、乙级的建筑物，均应按地基变形设计；

（3）设计等级为丙级的建筑物有下列情况之一时应作变形验算：

1）地基承载力特征值小于 130kPa，且体型复杂的建筑；

2）在基础上及其附近有地面堆载或相邻基础荷载差异较大，可能引起地基产生过大的不均匀沉降时；

3）软弱地基上的建筑物存在偏心荷载时；

4）相邻建筑距离近，可能发生倾斜时；

5）地基内有厚度较大或厚薄不均的填土，其自重固结未完成时。

（4）对经常受水平荷载作用的高层建筑、高耸结构和挡土墙等，以及建造在斜坡上或边坡附近的建筑物和构筑物，尚应验算其稳定性；

（5）基坑工程应进行稳定性验算；

（6）建筑地下室或地下构筑物存在上浮问题时，尚应进行抗浮验算。

2. 山区（包括丘陵地带）地基的设计，应对下列设计条件分析认定：

（1）建设场区内，在自然条件下，有无滑坡现象，有无影响场地稳定性的断层、破碎带；

（2）在建设场地周围，有无不稳定的边坡；

（3）施工过程中，因挖方、填方、堆载和卸载等对山坡稳定性的影响；

（4）地基内岩石厚度及空间分布情况、基岩面的起伏情况、有无影响地基稳定性的临空面；

（5）建筑地基的不均匀性；

（6）岩溶、土洞的发育程度，有无采空区；

（7）出现危岩崩塌、泥石流等不良地质现象的可能性；

（8）地面水、地下水对建筑地基和建设场区的影响。

3. 复合地基设计应满足建筑物承载力和变形要求。当地基土为欠固结土、膨胀土、湿陷性黄土、可液化土等特殊性土时，设计采用的增强体和施工工艺应满足处理后地基土和增强体共同承担荷载的技术要求。

4. 复合地基承载力特征值应通过现场复合地基载荷试验确定，或采用增强体载荷试验结果和其周边土的承载力特征值结合经验确定。

5. 扩展基础的计算应符合下列规定：

（1）对柱下独立基础，当冲切破坏锥体落在基础底面以内时，应验算柱与基础交接处以及基础变阶处的受冲切承载力；

（2）对基础底面短边尺寸小于或等于柱宽加两倍基础有效高度的柱下独立基础，以及墙下条形基础，应验算柱（墙）与基础交接处的基础受剪切承载力；

（3）基础底板的配筋，应按抗弯计算确定；

（4）当基础的混凝土强度等级小于柱的混凝土强度等级时，尚应验算柱下基础顶面的局部受压承载力。

6. 基坑工程设计应包括下列内容：

（1）支护结构体系的方案和技术经济比较；

（2）基坑支护体系的稳定性验算；

（3）支护结构的强度、稳定和变形计算；

（4）地下水控制设计；

（5）对周边环境影响的控制设计；

（6）基坑土方开挖方案；

（7）基坑工程的监测要求。

二、地基施工要求

1. 当利用压实填土作为建筑工程的地基持力层时，在平整场地前，应根据结构类型、填料性能和现场条件等，对拟压实的填土提出质量要求。未经检验查明以及不符合质量要求的压实填土，均不得作为建筑工程的地基持力层。

2. 在建设场区内，由于施工或其他因素的影响有可能形成滑坡的地段，必须采取可靠的预防措施。对具有发展趋势并威胁建筑物安全使用的滑坡，应及早采取综合整治措施，防止滑坡继续发展。

3. 下列建筑物应在施工期间及使用期间进行沉降变形观测：

（1）地基基础设计等级为甲级建筑物；

（2）软弱地基上的地基基础设计等级为乙级建筑物；

（3）处理地基上的建筑物；

（4）加层、扩建建筑物；

（5）受邻近深基坑开挖施工影响或受场地地下水等环境因素变化影响的建筑物；

（6）采用新型基础或新型结构的建筑物。

2G332012　矿业工程基坑支护施工的有关要求

一、《建筑地基基础设计规范》GB 50007—2011 相关要求

1. 基坑土方开挖应严格按设计要求进行，不得超挖。基坑周边堆载不得超过设计规定。土方开挖完成后应立即施工垫层，对基坑进行封闭，防止水浸和暴露，并应及时进行地下结构施工。

2. 基槽（坑）开挖到底后，应进行基槽（坑）检验。当发现地质条件与勘察报告和设计文件不一致，或遇到异常情况时，应结合地质条件提出处理意见。

二、《建筑基坑支护技术规程》JGJ 120—2012 相关要求

1. 基坑支护应满足下列功能要求：

（1）保证基坑周边建（构）筑物、地下管线、道路的安全和正常使用；

（2）保证主体地下结构的施工空间。

2. 当场地内有地下水时，应根据场地及周边区域的工程地质条件、水文地质条件、周边环境情况和支护结构与基础形式等因素，确定地下水控制方法。当场地周围有地表水汇流、排泄或地下水管渗漏时，应对基坑采取保护措施。

3. 当基坑底为隔水层且层底作用有承压水时，应进行坑底突涌验算，必要时可采取水平封底隔渗或钻孔减压措施保证坑底土层稳定。

4. 当基坑开挖面上方的锚杆、土钉、支撑未达到设计要求时，严禁向下超挖土方。

5. 采用锚杆或支撑的支护结构，在未达到设计规定的拆除条件时，严禁拆除锚杆或支撑。

6. 基坑周边施工材料、设施或车辆荷载严禁超过设计要求的地面荷载限值。

7. 安全等级为一级、二级的支护结构，在基坑开挖过程与支护结构使用期内，必须进行支护结构的水平位移监测和基坑开挖影响范围内建（构）筑物、地面的沉降监测。

三、《岩土锚杆与喷射混凝土支护工程技术规范》GB 50086—2015 相关要求

1. 锚喷支护的设计与施工，必须做好工程勘察工作，因地制宜，正确有效地加固围岩，合理利用围岩的自承能力。

2. 对下列地质条件的锚喷支护设计应通过试验后确定：

（1）膨胀性岩体；

（2）未胶结的松散岩体；

（3）有严重湿陷性的黄土层；

（4）大面积淋水地段；

（5）能引起严重腐蚀的地段；

（6）严寒地区的冻胀岩体。

3. 喷射混凝土的设计强度等级不应低于 C20；对于竖井及重要隧洞和斜井工程，喷射混凝土的设计强度等级不应低于 C25；喷射混凝土的 1d 龄期的抗压强度不应低于 8MPa。钢纤维喷射混凝土的设计强度等级不应低于 C20，其抗拉强度不应低于 2MPa，抗弯强度不应低于 6MPa。

4. 喷射混凝土的支护厚度最小不应低于 50mm，最大不应超过 200mm。

5. 施工前应认真检查和处理锚喷支护作业区的危石，施工机具应布置在安全地带。

6. 在 V 级围岩中进行锚喷支护施工时应遵守下列规定：

（1）锚喷支护必须紧跟开挖工作面；

（2）应先喷后锚喷射混凝土厚度不应小于 50mm，喷射作业中应有人随时观察围岩变化情况；

（3）锚杆施工宜在喷射混凝土终凝 3h 后进行。

2G332013 立井井筒施工对检查钻孔的有关要求

通过井筒施工检查钻孔可以获得有关的地质和水文地质资料，以此作为井筒施工的依据。对此，《煤矿井巷工程施工规范》GB 50511—2010、《煤矿井巷工程质量验收规范》GB 50213—2010 和《有色金属矿山井巷工程设计规范》GB 50915—2013 都有相关规定。

一、《煤矿井巷工程施工规范》GB 50511—2010 规定

（一）检查钻孔资料

井筒开工前，应完成检查孔施工，并应有完整的、真实的检查孔资料。

（二）检查钻孔布置

1. 立井井筒

（1）具备下列情况之一者，检查孔可布置在井筒范围内：

1）地质构造、水文条件中等以下，且无煤层瓦斯及其他有害气体突出危险；

2）专为探测溶洞或特殊施工需要的检查孔。

（2）井底距离特大含水层较近，以及采用冻结法施工的井筒，检查孔不应布置在井筒范围内。

（3）井筒检查孔距井筒中心不应超过 25m。

（4）当地质构造复杂时，检查孔的数目和布置应根据具体条件确定。

（5）检查孔的终深宜大于井筒设计深度 10m。

2. 斜井、平硐

斜井、平硐检查钻孔的数量、深度和布置方式，应根据具体条件确定。《煤矿建设安全规范》AQ 1083—2011 规定斜井检查孔沿与斜井纵向中心线平行线布置的检查孔不少于 3 个。

（三）检查孔的施工规定

1. 检查孔钻进过程中，每钻进 30～50m 应进行一次测斜，钻孔偏斜率应控制在 1.0% 以内。

2. 检查孔应按下列规定全孔取芯：

（1）孔径不小于 75mm 时，黏土层与稳定岩层中取芯率不宜小于 75%；破碎带、软弱夹层、砂层中取芯率不宜小于 60%。

（2）应采用物探测井法核定土（或岩）芯层位，土（或岩）芯应编号装箱保存。

3. 检查孔在岩层钻进中，每一层应采取一个样品进行物理力学试验。当层厚超过 5m 时，应适当增加采样数量；可采煤层的顶、底板应单独采样。

4. 洗井应采用机械方法对抽水层段反复抽洗，并应将岩粉和泥浆全部清除，直至孔内流出清水为止。

5. 所穿过各主要含水层（组），应分层进行抽水试验。试验中水位降低不宜少于 3 次，每次降深应相等，其稳定时间不少于 8h；困难条件下，水位降低不应小于 1m；每层抽水的最后一次降水，应采取水样，测定水温和气温，并应进行水质化验分析。

6. 检查孔钻完后，除施工尚应利用的孔外，其他检查孔在清除孔壁和孔底的岩粉后，应用水泥砂浆封堵严实，其抗压强度不应低于 10MPa，并应设立永久性标志。

二、《有色金属矿山井巷工程设计规范》GB 50915—2013 规定

竖井、斜井施工图设计必须有工程地质检查钻孔资料，对于已有勘探资料表明，地质条件简单和不通过含水冲积层的井筒，符合下列条件之一者，可不打工程地质钻孔：

1. 在竖井井筒周围 25m 范围内有勘探钻孔，并符合检查孔要求的工程地质和水文地质资料；

2. 矿区内已有生产矿井，掌握新设计井筒通过的岩层物理性质、水文地质及其变化规律，并经主管部门确认。

2G332014 矿井施工水害防治的有关要求

一、《煤炭工业矿井设计规范》GB 50215—2015 对排水设施（设计）的重要规定

（一）矿井水仓

1. 井下水仓应为两条独立互不渗漏的巷道组成。

2. 矿井正常涌水量在 1000m³/h 及其以下，井底水仓的有效容量应能容纳 8h 矿井正常涌水量。采区水仓的有效容量应能容纳 4h 采区正常涌水量。

（二）排水设备

主排水设备的选择应符合下列规定：

1. 主排水泵的工作水泵的总能力，必须在 20h 内排出矿井 24h 的正常涌水量（包括充填水及其他用水）。备用水泵的能力应不少于工作水泵台数的 70%。

2. 工作水泵和备用水泵的总能力应能在 20h 内排出矿井 24h 的最大涌水量。

（三）主排水管路

选择主排水管应符合下列规定：

1. 主排水管应设工作和备用水管，其中工作水管的能力，应当能配合工作水泵在 20h 内排出矿井 24h 的正常涌水量。

2. 全部管路的总能力，应当能配合工作水泵和备用泵在 20h 内排出矿井 24h 的最大涌水量。

二、《有色金属采矿设计规范》GB 50771—2012 对排水设施（设计）的规定

井下主要排水设备必须由工作、备用、检修水泵组成。其中工作水泵的能力，应能在 20h 内排出矿井 24h 包括充填水及其他用水等正常涌水量。备用和检修水泵各不得少于一台。工作和备用水泵的总能力，应能在 20h 内排出矿井 24h 的最大涌水量。

三、《有色金属采矿设计规范》GB 50771—2012 对水害预防的规定

（一）一般规定

地下开采矿山，应计算最低开拓阶段以上各阶段的涌水量。一般情况下，各阶段涌水量计算应包括正常涌水量和最大涌水量。当矿体采动后导水裂隙带波及地面时，还必须按阶段计算陷落区降雨渗入量。

（二）有突水危险的矿山

凡有突水危害的矿山，应设计地下水位观测孔。水文地质条件复杂，采用预先疏干或防渗帷幕的矿山，均应设计系统的地下水观测网。

四、《煤矿井巷工程施工规范》GB 50511—2010 和《煤矿井巷工程质量验收规范》GB 50213—2010 关于立井施工与验收的重要规定

（一）立井施工

立井井筒施工，当通过涌水量大于 10m³/h 的含水岩层时，必须进行注浆堵水。

（二）立井验收

1. 普通法施工全井筒建成后，井筒深度 ≤ 600m 的总漏水量 ≤ 6m³/h，井筒深度 > 600m 的总漏水量 ≤ 10m³/h，井壁不得有 0.5m³/h 以上的集中出水水孔。

2. 采用特殊法施工的井筒段，除执行上述规定外，其漏水量应符合下列规定：钻井法施工井筒段，总漏水量 ≤ 0.5m³/h；冻结法施工井筒段，井筒深度 ≤ 400m，总漏水量 ≤ 0.5m³/h，井筒深度 > 400m，每百米漏水增加量 ≤ 0.5m³/h；不得有集中出水孔和含砂的水孔。

五、关于掘进工作面施工实行"先探（水）后掘（进）"的原则

（一）《煤矿井巷工程施工规范》GB 50511—2010 关于"先探（水）后掘（进）"的重要规定

当掘进工作面遇有下列情况之一时，应先探水后掘进：

1. 近溶洞、水量大的含水层；

2. 接近可能与河流、湖泊、水库、蓄水池、含水层等相通的断层；

3. 接近被淹井巷、老空或老窑；

4. 接近水文地质复杂的地段。

当掘进工作面发现有异状流水、异味气体，发生雾气、水叫、巷道壁渗水、顶板淋水加大、底板涌水增加时，应停止作业，找出原因，并及时进行处理。

（二）《有色金属采矿设计规范》GB 50771—2012 关于"先探（水）后掘（进）"的重要规定

凡井巷施工有突水危险的矿山，都必须采用超前探水或其他防水措施，并估算其工程量及投资。

六、防水措施的安全规定

（一）关于探放水的安全规定

1. 探放水钻孔的直径、位置、方向、数量、每次钻进的深度、超前距离等，应在探放水施工设计中明确。

2. 钻进中应测定钻孔的长度、方向和倾角，并应标注在巷道的平、剖面图上。

3. 探水钻进前，应安装孔口管、三通、阀门、水压表等。钻孔内的水压过大时，应采用反压和防喷装置钻进，并应采取防止孔口管和煤岩壁突然鼓出的措施。

4. 钻进中应根据预想地质柱状图、钻孔位置、水质、气体化验结果进行综合分析，应预计透水距离和时间，并应提前做好防护工作。

5. 探放采空区的积水，应对有害和易燃气体加强检验和防护，并应防止有害气体进入火区或其他作业地点。

6. 钻孔穿透积水区前，应初步估算积水量，钻孔穿透积水区后，应核对积水量，可根据排水能力和水仓容量增钻放水孔或控制放水量，放水过程中应经常测定水压，并应记录放水量、检查各孔口管和岩石的稳定状况。

7. 在探放水钻孔施工前，必须通知临近巷道的施工作业人员，并应预先确定避灾路线。

（二）《有色金属矿采矿设计规范》GB 50771—2012 关于施工防渗帷幕的规定

采用防渗帷幕时，必须具备下列水文地质基础条件：

1. 区域地下水进入矿坑的通道在平面和剖面上都比较窄；

2. 进水通道两侧和底部应有稳定、可靠和连续分布的隔水层或相对隔水层；

3. 含水层必须具备良好的灌注条件，其灌注深度不宜大于 400m。

（三）《煤矿防治水细则》（2018 年 9 月 1 日施行）对井下探放水相关规定

1. 水文地质类型复杂、极复杂矿井应当每月至少开展一次水害隐患排查，其他矿井应当每季度至少开展一次。

2. 在地面无法查明水文地质条件时，应当在采掘前采用物探、钻探或者化探等方法查清采掘工作面及其周围的水文地质条件。采掘工作面遇有下列情况之一的，必须进行探放水：

（1）接近水淹或者可能积水的井巷、老空或者相邻煤矿时；

（2）接近含水层、导水断层、溶洞或者导水陷落柱时；

（3）打开隔离煤柱放水时；

（4）接近可能与河流、湖泊、水库、蓄水池、水井等相通的导水通道时；

（5）接近有出水可能的钻孔时；

（6）接近水文地质条件不清的区域时；

（7）接近有积水的灌浆区时；

（8）接近其他可能突水的地区时。

3. 严格执行井下探放水"三专"要求。由专业技术人员编制探放水设计，采用专用钻机进行探放水，由专职探放水队伍施工。严禁使用非专用钻机探放水。

严格执行井下探放水"两探"要求。采掘工作面超前探放水应当同时采用钻探、物探两种方法，做到相互验证，查清采掘工作面及周边老空水、含水层富水性以及地质构造等情况。有条件的矿井，钻探可采用定向钻机，开展长距离、大规模探放水。

4. 布置探放水钻孔应当遵循下列规定：

（1）探放老空水和钻孔水。老空和钻孔位置清楚时，应当根据具体情况进行专门探放水设计，经煤矿总工程师组织审批后，方可施工；老空和钻孔位置不清楚时，探水钻孔成组布设，并在巷道前方的水平面和竖直面内呈扇形，钻孔终孔位置满足水平面间距不得大于3m，厚煤层内各孔终孔的竖直面间距不得大于1.5m。

（2）探放断裂构造水和岩溶水等时，探水钻孔沿掘进方向的正前方及含水体方向呈扇形布置，钻孔不得少于3个，其中含水体方向的钻孔不得少于2个。

（3）探查陷落柱等垂向构造时，应当同时采用物探、钻探两种方法，根据陷落柱的预测规模布孔，但底板方向钻孔不得少于3个，有异常时加密布孔，其探放水设计由煤矿总工程师组织审批。

（4）煤层内，原则上禁止探放水压高于1MPa的充水断层水、含水层水及陷落柱水等。如确实需要的，可以先构筑防水闸墙，并在闸墙外向内探放水。

5. 在预计水压大于0.1MPa的地点探水时，预先固结套管，并安装闸阀。止水套管应当进行耐压试验，耐压值不得小于预计静水压值的1.5倍，兼做注浆钻孔的，应当综合注浆终压值确定，并稳定30min以上；预计水压大于1.5MPa时，采用反压和有防喷装置的方法钻进，并制定防止孔口管和煤（岩）壁突然鼓出的措施。

6. 探放水钻孔除兼作堵水钻孔外，终孔孔径一般不得大于94mm。

7. 探放老空水时，预计可能发生瓦斯或者其他有害气体涌出的，应当设有瓦斯检查员或者矿山救护队员在现场值班，随时检查空气成分。如果瓦斯或者其他有害气体浓度超过有关规定，应当立即停止钻进，切断电源，撤出人员，并报告矿井调度室，及时处理。揭露老空未见积水的钻孔应当立即封堵。

2G332015 井巷施工揭露煤层或有煤、沼气突出煤层的有关要求

一、突出煤层揭露的一般规定

1. 井巷施工遇到突出煤层时，采掘作业应当符合以下规定：

（1）严禁采用水力采煤法、倒台阶采煤法及其他非正规采煤法。

（2）容易自燃的突出煤层在无突出危险区或者采取区域防突措施有效的区域内进行放顶煤开采时，煤层瓦斯含量不得大于$6m^3/t$。

（3）采用上山掘进时，上山坡度在25°～45°的，应当制定包括加强支护、减小巷道

空顶距等内容的专项措施，并经煤矿总工程师批准；当上山坡度大于 45° 时，应当采用双上山或伪倾斜上山等掘进方式，并加强支护。

（4）坡度大于 25° 的上山掘进工作面采用爆破作业时，应当采用深度不大于 1m 的炮眼远距离全断面一次爆破。

（5）预测或者认定为突出危险区的采掘工作面，严禁使用风镐作业。

（6）掘进工作面与煤层巷道交叉贯通前，被贯通的煤层巷道必须超过贯通位置，其超前距不得小于 5m，并且贯通点周围 10m 内的巷道应加强支护。在掘进工作面与被贯通巷道距离小于 50m 的作业期间，被贯通巷道内不得安排作业，保持正常通风，并且在掘进工作面爆破放炮时不得有人；在贯通相距 50m 以前实施钻孔一次透，只允许向一个方向掘进。

（7）在突出煤层的煤巷中安装、更换、维修或回收支架时，必须采取预防煤体垮落而引起突出的措施。

（8）突出矿井的所有采掘工作面，使用安全等级不低于三级的煤矿许用含水炸药。

2. 突出煤层的任何区域的任何工作面进行揭煤和采掘作业期间，必须采取安全防护措施。突出矿井的入井人员必须随身携带隔离式自救器。

3. 所有突出煤层外的掘进巷道（包括钻场等）距离突出煤层的最小法向距离小于 10m 时（在地质构造破坏带为小于 20m 时），必须先探后掘。在距突出煤层突出危险区法向距离小于 5m 的邻近煤、岩层内进行采掘作业前，必须对突出煤层相应区域采取区域防突措施并经区域效果检验有效。

4. 在同一突出煤层正在采掘的工作面应力集中范围内，不得安排其他工作面进行回采或者掘进。应力集中范围由煤矿总工程师确定。

二、开采有煤与瓦斯突出煤层的规定

开采有煤与瓦斯突出煤层应符合下列规定：

1. 在突出矿井中开采煤层群时，应优先选择开采保护层防治突出措施。

2. 开采保护层后，在被保护层中受到保护的区域可按无突出危险区进行采掘作业；在受到保护的区域，必须采取综合防治突出措施。

三、井巷揭穿（开）突出煤层必须遵守的规定

《煤矿安全规程》（2022 年版）第二百一十四条规定：

1. 在工作面距煤层法向距离 10m（地质构造复杂、岩石破碎的区域 20m）之外，至少施工 2 个前探钻孔，掌握煤层赋存条件、地质构造、瓦斯情况等。

2. 从工作面距煤层法向距离大于 5m 处开始，直至揭露煤层全过程都应当采取局部综合防突措施。

3. 揭露工作面距煤层法向距离 2m 至进入顶（底）板 2m 范围，均应当采用远距离爆破掘进工艺。

4. 厚度小于 0.3m 的突出煤层，在满足第 1 条的条件下可直接采用远距离爆破掘进工艺揭穿。

5. 禁止使用震动爆破揭穿突出煤层。

四、其他规定

在煤与瓦斯突出或有煤尘爆炸危险的矿井，以及有腐蚀性物质的矿井采用机车运输，必须符合国家现行安全规程的规定。

2G332020 工程施工安全规程的相关内容

2G332021 爆破安全施工的有关要求

一、爆破作业条件和安全距离的规定

（一）爆破作业条件规定

1. 爆破前应对爆区周围的自然条件和环境状况进行调查，了解危及安全的不利环境因素，采取必要的安全防范措施。

2. 爆破作业场所有下列情形之一时，不应进行爆破作业（除应急抢险爆破外）：

（1）距工作面 20m 以内的风流中瓦斯含量达到或超过 1% 或有瓦斯突出征兆的。

（2）爆破会造成巷道涌水、堤坝漏水、河床严重阻塞、泉水变迁的。

（3）岩体有冒顶或边坡滑落危险的。

（4）硐室、炮孔温度异常的。

（5）地下爆破作业区的有害气体浓度超过规程规定的。

（6）爆破可能危及建（构）筑物、公共设施或人员的安全而无有效防护措施的。

（7）作业通道不安全或堵塞的。

（8）支护规格与支护说明书的规定不符或工作面支护损坏的。

（9）危险区边界未设警戒的。

（10）光线不足、无照明或照明不符合规定的。

（11）未按规程要求做好准备工作的。

3. 露天、水下爆破装药前，应与当地气象、水文部门联系，及时掌握气象、水文资料，遇有特殊恶劣气候、水文情况时，应停止爆破作业，所有人员应立即撤到安全地点。

4. 采用电爆网络时，应对高压电、射频电等进行调查，对杂散电进行测试；发现存在危险，应立即采取预防或排除措施。

5. 在残孔附近钻孔时应避免凿穿残留炮孔，在任何情况下均不允许钻残孔。

（二）爆破振动安全允许距离

1. 评估爆破对不同类型建（构）筑物、设施设备和其他保护对象的振动影响，应采用不同的安全判据和允许标准。

2. 地面建筑物、电站（厂）中心控制室设备、隧道与巷道、岩石高边坡和新浇大体积混凝土的爆破振动判据，采用保护对象所在地基础质点峰值振动速度和主振频率。爆破振动安全允许标准参见《爆破安全规程》GB 6722—2014 中的规定。

3. 在复杂环境中多次进行爆破作业时，应从确保安全的单段药量开始，逐步增大到允许药量，并控制一次爆破规模。

4. 核电站及受地震惯性力控制的精密仪器、仪表等特殊保护对象，应采用爆破振动加速度作为安全判据，安全允许质点加速度由相关管理单位确定。

（三）爆破空气冲击波安全允许距离

1. 露天及地下爆破作业，对人员和其他保护对象的空气冲击波安全允许距离由设计确定。

2. 空气冲击波超压的安全允许标准：对不设防的非作业人员为 $0.02 \times 10^5 Pa$，掩体中

的作业人员为 $0.1 \times 10^5 Pa$。

（四）个别飞散物安全允许距离

1. 一般工程爆破个别飞散物对人员的安全距离应符合《爆破安全规程》GB 6722—2014 的规定；对设备或建（构）物的安全允许距离，应由设计确定。

2. 抛掷爆破时，个别飞散物对人员、设备和建筑物的安全允许距离应由设计确定。

二、地下爆破施工安全规定

（一）一般规定

1. 地下爆破可能引起地面塌陷和山坡滚石时，应在通往塌陷区和滚石区的道路上设置警戒，树立醒目的标志，防止人员误入。

2. 工作面的空顶距离超过设计或超过作业规程规定的数值时，不应爆破。

3. 采用电力起爆时，爆破主线、区域线、连接线，不应与金属管物接触，不应靠近电缆、电线、信号线、铁轨等。

4. 距井下爆破器材库 30m 以内的区域不应进行爆破作业。在离爆破器材库 30~100m 区域内进行爆破时，人员不应停留在爆破器材库内。

5. 地下爆破时，应明确划定警戒区，设立警戒人员和标识，并应采用适合井下的声响信号。发布的"预警信号""起爆信号""解除警报信号"，应确保受影响人员均能辨识。

6. 地下爆破出现不良地质或渗水时，应采取相应的支护和防水措施；出现严重地压、岩爆、瓦斯突出、温度异常及炮孔喷水时，应立即停止爆破作业，制定安全方案和处理措施。

7. 爆破后，应进行充分通风，检查处理边帮、顶板安全，做好支护，确认地下爆破作业场所空气质量合格、通风良好、环境安全后方可进行下一循环作业。

8. 在城市、大海、河流、湖泊、水库、地下积水下方及复杂地质条件下实施地下爆破时，应作专项安全设计并应有切实可行的应急预案。

9. 地下爆破应有良好的照明，距爆破作业面 100m 范围内照明电压不得超过 36V。

（二）井巷掘进爆破规定

1. 用爆破法贯通巷道，两工作面相距 15m 时，只准从一个工作面向前掘进，并应在双方通向工作面的安全地点设置警戒，待双方作业人员全部撤至安全地点后，方可起爆。

2. 间距小于 20m 的两个平行巷道中的一个巷道工作面需进行爆破时，应通知相邻巷道工作面的作业人员撤到安全地点。

3. 井筒掘进起爆时，应打开所有的井盖门；与爆破作业无关的人员应撤离井口。

4. 用钻井法开凿竖井井筒时，破锅底和开马头门的爆破作业应制定安全技术措施，并报单位爆破技术负责人批准。

5. 用冻结法施工竖井井筒，冻结段的爆破作业应制定安全技术措施，并报单位爆破技术负责人批准。

（三）地下采场爆破

1. 浅孔爆破采场应通风良好、支护可靠并应至少有两个人行安全出口；特殊情况下不具备两个安全出口时，应报单位爆破技术负责人批准。

2. 深孔爆破采场在爆破前应做好以下准备工作：

（1）建立通往爆区井巷的良好通行条件和装药现场的作业条件，必要时在适当位置建立防冲击波阻波墙；

（2）巷道中应设有通往爆破区和安全出口的明显路标，并设联通爆破作业区和地表爆破指挥部的通信线路；

（3）现场划定爆破危险区，并在通往爆破危险区的所有井巷的入口处设置明显的警示标识；

（4）验收合格的深孔应用高压风吹干净，列出深孔编号，废孔应作出明显标识。

3. 地下深孔爆破作业，在装药开始后，爆区50m范围内不应进行其他爆破。

（四）煤矿井下爆破（包括有瓦斯或煤尘爆炸危险的地下工程爆破）

1. 井下爆破工作应由专职爆破员担任，在煤与瓦斯突出煤层中，专职爆破员应固定在同一工作面工作，并应遵守下列规定：

（1）爆破作业应执行装药前、爆破前和爆破后的"一炮三检"制度；

（2）专职爆破员应经专门培训，考试合格，持证上岗；

（3）专职爆破员应依照爆破作业说明书进行作业。

2. 在有瓦斯和煤尘爆炸危险的工作面爆破作业，应具备下列条件：

（1）工作面有风量、风速、风质符合煤矿安全规程规定的新鲜风流；

（2）使用的爆破器材和工具，应经国家授权的检验机构检验合格，并取得煤矿矿用产品安全标识；

（3）掘进爆破前，应对作业面20m以内的巷道进行洒水降尘；

（4）爆破作业面20m以内，瓦斯浓度应低于1%。

3. 煤矿井下爆破作业，必须使用煤矿许用炸药和煤矿许用电雷管，不应使用导爆管或普通导爆索。

煤矿和有瓦斯矿井选用许用炸药时，应遵守煤炭行业规定；同一工作面不应使用两种不同品种的炸药。

4. 煤矿井下爆破使用电雷管时，应遵守下列规定：

（1）使用煤矿许用瞬发电雷管或煤矿许用毫秒延时电雷管；

（2）使用煤矿许用毫秒延时电雷管时，从起爆到最后一段的延时时间不应超过130ms。

5. 煤矿井下应使用防爆型起爆器起爆；开凿或延深通达地面的井筒时，无瓦斯的井底工作面可使用其他电源起爆，但电压不应超过380V，并应有防爆型电力起爆接线盒。

6. 炮孔填塞长度应符合下列要求：

（1）炮孔深度小于0.6m时，不应装药、爆破；在特殊条件下，如挖底、刷帮、挑顶等确需炮孔深度小于0.6m的浅孔爆破时，应封满炮泥，并应制定安全措施；

（2）炮孔深度为0.6～1.0m时，封泥长度不应小于炮孔深度的1/2；

（3）炮孔深度超过1.0m时，封泥长度不应小于0.5m；

（4）炮孔深度超过2.5m时，封泥长度不应小于1.0m；

（5）光面爆破时，周边光爆孔应用炮泥封实，且封泥长度不应小于0.3m；

（6）工作面有两个或两个以上自由面时，在煤层中最小抵抗线不应小于0.5m，在岩层中最小抵抗线不应小于0.3m；浅孔装药二次爆破时，最小抵抗线和封泥长度均不应小于 0.3m；

（7）炮孔用水炮泥封堵时，水炮泥外剩余的炮孔部分应用黏土炮泥或不燃性的、可塑性松散材料制成的炮泥封实，其长度不应小于 0.3m；

（8）无封泥，封泥不足或不实的炮孔不应爆破。

7. 在有瓦斯或煤尘爆炸危险的采掘工作面，应采用毫秒延时爆破；掘进工作面应全断面一次起爆；采煤工作面，可分组装药，但一组装药应一次起爆且不应在一个采煤工作面使用两台起爆器同时进行爆破。

三、露天爆破施工安全规定

（一）一般规定

1. 露天爆破需设避炮掩体时，掩体应设在冲击波危险范围之外，并构筑坚固紧密，掩体位置和方向应能防止飞石和有害气体的危害。

2. 通达避炮掩体的道路不应有任何障碍。

3. 起爆站应设在避炮掩体内或设在警戒区外的安全地点。

4. 露天爆破时，起爆前应将机械设备撤至安全地点或采用就地保护措施。

5. 露天爆破严禁采用裸露药包。

6. 当怀疑有盲炮时，应对爆后挖运作业进行监督和指挥，防止挖掘机盲目作业引发爆炸事故。

7. 雷雨天气、多雷地区和附近有通信机站等射频源时，进行露天爆破时不应采用普通雷管起爆网路。

8. 松软岩土或砂矿床爆破后，应在爆区设置明显标识，发现空穴、陷坑时应进行安全检查，确认无危险后，方准许恢复作业。

9. 在寒冷地区的冬季实施爆破，应采用抗冻爆破器材。

（二）深孔爆破

1. 验孔时，应将孔口周围 0.5m 范围内的碎石、杂物清除干净，孔口岩壁不稳者，应进行维护。

2. 深孔验收标准：孔深允许误差 ±0.2m，间排距允许误差 ±0.2m，偏斜度允许误差 2%；发现不合格钻孔应及时处理，未达验收标准不得装药。

3. 爆破工程技术人员在装药前应对第一排各钻孔的最小抵抗线进行测定，对形成反坡或有大裂隙的部位应考虑调整药量或间隔填塞。底盘抵抗线过大的部位，应进行处理，使其符合爆破要求。

4. 装药过程中出现堵塞等现象时，应停止装药并及时疏通。如已装入雷管或起爆药包，不应强行疏通，应注意保护好雷管或起爆药包并采取其他补救措施。

5. 装药结束后，应进行检查验收，未经检查验收不得进行填塞作业。

6. 台阶爆破初期应采取自上而下分层爆破形成台阶，如需进行双层或多层同时爆破，应有可靠的安全措施。

7. 高台阶抛掷爆破应与预裂爆破结合使用。

（三）复杂环境深孔爆破

1. 复杂环境深孔爆破工程应设立指挥部，统筹安排设计施工及善后工作；设计前应对爆区周围人员、地面和地下建（构）筑物及各种设备、设施分布情况等进行详细的调查研究，爆破前还应进行复核。

2. 爆破孔深一般应限制在 20m 之内，并严格控制钻孔偏差。

3. 应采用毫秒延时爆破，并严格控制可能重叠段的段数；应按环境要求限制单段最大爆破药量，并采取必要的减振措施。

4. 填塞长度应大于底盘抵抗线与装药顶部抵抗线平均值的 1.2 倍。

（四）浅孔爆破

1. 露天浅孔开挖应采用台阶法爆破。

2. 在台阶形成之前进行爆破应加大填塞长度和警戒范围。

3. 装填的炮孔数量，应以一次爆破为限。

4. 采用浅孔爆破平整场地时，应尽量使爆破方向指向一个临空面，并避免指向重要建（构）筑物。

5. 破碎大块时，单位炸药消耗量应控制在 $150g/m^3$ 以内，应采用齐发爆破或短延时毫秒爆破。

2G332022　立井安全施工的有关要求

一、《煤矿安全规程》（2022 年版）有关立井安全施工的相关内容

1. 立井永久或者临时支护到井筒工作面的距离及防止片帮的措施必须根据岩性、水文地质条件和施工工艺在作业规程中明确规定。

2. 立井井筒穿过预测涌水量大于 $10m^3/h$ 的含水岩层或破碎带，应当采用地面或工作面预注浆法进行堵水或者加固。注浆前，必须编制注浆工程设计和施工组织设计。

3. 采用注浆法防治井壁漏水时，应当制定专项措施并遵守下列规定：

（1）最大注浆压力必须小于井壁承载强度。

（2）位于流沙层的井筒段，注浆孔深度必须小于井壁厚度 200mm。井筒采用双层井壁支护时，注浆孔应当穿过内壁进入外壁 100mm。当井壁破裂必须采用破壁注浆时，必须制定专门措施。

（3）注浆管必须固结在井壁中，并装有阀门。钻孔可能发生涌砂时，应当采取套管法或者其他安全措施。采取套管法注浆时，必须对套管与孔壁的固结强度进行耐压试验，只有达到注浆综压后才可使用。

4. 采用冻结法开凿立井井筒时，应当遵守下列规定：

（1）冻结深度应当穿过风化带延深至稳定的基岩 10m 以上。基岩段涌水较大时，应当加深冻结深度。

（2）第一个冻结孔应当全孔取芯，以验证井筒检查孔资料的可靠性。

（3）钻进冻结孔时，必须测定钻孔的方向和偏斜度，测斜的最大间隔不得超过 30m，并绘制冻结孔实际偏斜平面位置图。偏斜度超过规定时，必须及时纠正。因钻孔偏斜影响冻结效果时，必须补孔。

（4）水文观测孔应当打在井筒内，不得偏离井筒的净断面，其深度不得超过冻结下部隔水层。

（5）冻结管应当采用无缝钢管，并采用焊接或者螺纹连接。冻结管下入钻孔后应当进行试压，发现异常时，必须及时处理。

（6）开始冻结后，必须经常观察水文观测孔的水位变化。只有在水文观测孔冒水7天且水量正常，或者提前冒水的水文观测孔水压曲线出现明显拐点且稳定上升7天，确定冻结壁已交圈后，才可以进行试挖。在冻结和开凿过程中，要定期检查盐水温度和流量、井帮温度和位移，以及井帮和工作面盐水渗漏等情况。检查应当有详细记录，发现异常，必须及时处理。

（7）开凿冻结段采用爆破作业时，必须使用抗冻炸药，并制定专项措施。爆破技术参数应当在作业规程中明确。

（8）掘进施工过程中，必须有防止冻结壁变形和片帮、断管等的安全措施。

（9）生根壁座应当设在含水较少的稳定坚硬岩层中。

（10）冻结深度小于300m时，在永久井壁施工全部完成后方可停止冻结；冻结深度大于300m时，停止冻结的时间由建设、冻结、掘砌和监理单位根据冻结温度场观测资料共同研究确定。

（11）冻结井筒的井壁结构应当采用双层或者复合井壁，井筒冻结段施工结束后应当及时进行壁间充填注浆。注浆时壁间夹层混凝土温度应当不低于4℃，且冻结壁仍处于封闭状态，并能承受外部水静压力。

（12）在冲积层段井壁不应预留或者后凿梁窝。

（13）当冻结孔穿过布有井下巷道和硐室的岩层时，应当采用缓凝浆液充填冻结孔壁与冻结管之间的环形空间。

（14）冻结施工结束后，必须及时用水泥砂浆或者混凝土将冻结孔全孔充满填实。

5. 向井下输送混凝土时，必须制定安全技术措施。混凝土强度等级大于C40或者输送深度大于400m时，严禁采用溜灰管输送。

6. 使用伞钻时，应当遵守下列规定：

（1）井口伞钻悬吊装置、导轨梁等设施的强度及布置，必须在施工组织设计中验算和明确。

（2）伞钻摘挂钩必须由专人负责。

（3）伞钻在井筒中运输时必须收拢绑扎，通过各施工盘口时必须减速并由专人监视。

（4）伞钻支撑完成前不得脱开悬吊钢丝绳，使用期间必须设置保险绳。

二、《金属非金属矿山安全规程》GB 16423—2020 有关立井安全施工的重要内容

1. 立井表土层掘进应遵守下列规定：

（1）施工前应制定专门的施工安全技术措施。

（2）井筒内应设梯子，不应用简易提升设施升降人员。

（3）在含水表土层施工时，应采取降低水位、防止井壁砂土流失导致空帮的技术措施。

（4）采用井圈或其他临时支护时，临时支护应安全可靠、紧靠工作面，并及时进行永久支护；在永久支护前，每班应派专人观测地面沉降和临时支护后面的井帮变化情况；发现危险预兆立即停止工作，撤出人员，进行处理。

2. 立井施工时，应设悬挂式金属安全梯。安全梯的电动绞车能力应不小于5t。并应设有手动绞车，以备断电时提升井下人员。若采用具备电动和手动两种性能的安全绞车悬吊安全梯，可不设手动绞车。

3. 井筒内每个作业地点，都应设有独立的声、光信号系统和通讯装置通达井口。掘进与砌壁平行作业时，从吊盘和掘进工作面发出的信号，应有明显区别，并指定专人负责。应设井口信号工，整个信号系统应由井口信号工与卷扬机房和井筒工作面联系。

4. 立井防坠的安全管理要求包括：

（1）立井施工时，应采取防止物件下坠的措施。井口应设置临时封口盘，封口盘上设井盖门，井盖门两端应安设栅栏。封口盘和井盖门的结构应坚固严密。卸矸设施应严密，不允许漏渣、漏水。井下作业人员携带的工具、材料，必须拴绑牢固或置于工具袋内，不应向（或在）井筒内投掷物料或工具。

（2）罐笼提升竖井与各水平的连接处应设置下列设施：

1）足够的照明及视频监视装置；

2）通往罐笼间的进出口设常闭安全门，安全门只应在人员或车辆通过时打开；

3）井口周围应设置高度不小于 1.5m 的防护栏杆或金属网；

4）候罐平台等应设梯子和高度不小于 1.2m 的防护栏杆；

5）铺设轨道时设置阻车器；

6）筒两侧的马头门应有人行绕道连通。

（3）其他竖井应设置：

1）梯子间出口与各水平之间应设人行通道；通道应设防护栏杆，栏杆高度不小于 1.2m，通道入口处应设栅栏门；

2）禁止人员通行或接近的井口应设置栅栏和明显的警示标志。

5. 立井施工吊盘不少于两层。升降吊盘作业前，必须严格检查绞车、悬吊钢丝绳及信号装置，同时撤出吊盘下的所有作业人员。移动吊盘，应有专人指挥，移动完毕必须加以固定，将吊盘与井壁之间的空隙盖严，并经检查确认可靠，方准作业。

6. 用吊桶提升的安全要求包括：

（1）吊桶上方应设坚固的保护伞。

（2）井架上应有防止吊桶过卷的装置，悬挂吊桶的钢丝绳应设稳绳装置。

（3）吊桶内的岩渣应低于桶口边缘 0.1m，装入桶内的长物件必须牢固绑在吊桶梁上。

（4）吊桶上的关键部件，每班应检查一次。

（5）吊桶运行通道的井筒周围，不应有未固定的悬吊物件。

（6）吊桶须沿导向钢丝绳升降；竖井开凿初期无导向绳时，或吊盘下面无导向绳部分的升降距离不得超过 40m。

（7）乘吊桶人数不得超过规定人数，乘桶人员必须面向桶外，严禁坐在或站在吊桶边缘。装有物料的吊桶，禁止乘人；不应用自动翻转式或底开式吊桶升降人员（抢救伤员时例外）。

（8）吊桶提升人员到井口时，待出车平台的井盖门关闭，吊桶停稳后，人员方可进出吊桶。

（9）井口、吊盘和井底工作面之间，应设置良好的联系信号。

7. 使用抓岩机的安全要求包括：

（1）作业前详细检查抓岩机各部件和悬吊的钢丝绳。

（2）爆破后，工作面应经过通风、洒水、处理浮矸、清扫井圈和处理盲炮，方可进行抓岩作业。

（3）不得抓取超过抓岩机能力的大块岩石。

（4）抓岩机卸岩时，严禁人员站在吊桶附近。

（5）不得用手从抓岩机抓片下取岩块。

（6）升降抓岩机，应有专人指挥。

8. 竖井砌碹时应遵守下列规定：

1）竖井的永久性支护与掘进工作面之间，应设必要的临时支护。

2）施工组织设计应对永久性支护及临时支护与掘进工作面的距离做出规定。

3）砌块支护时应保持砌壁平整、接口严密；岩帮与碹壁之间的空隙应用碎石填满，并用砂浆灌实。

4）砌碹支护井筒岩壁有涌水时，应用导管引出，砌碹完毕应进行封水。

2G332023   巷道安全施工的有关要求

一、《煤矿安全规程》（2022年版）有关巷道安全施工的相关内容

1. 掘进工作面严禁空顶作业。靠近掘进工作面10m内的架棚支护，在爆破前必须加固。爆破崩倒、崩坏的支架必须先行修复，之后方可进入工作面作业。修复支架时必须先检查顶、帮，并由外向里逐架进行。

2. 在松软的煤、岩层或流沙性地层中及地质破碎带掘进巷道时，必须采取前探支护或其他措施。

3. 开拓新水平的井巷第一次接近各开采煤层时，必须按掘进工作面距煤层的准确位置，在距煤层垂距10m以外开始打探煤钻孔，钻孔超前工作面的距离不得小于5m，并有专职瓦斯检查工经常检查瓦斯。岩巷掘进遇到煤线或接近地质破坏带时，必须有专职瓦斯检查工经常检查瓦斯，发现瓦斯大量增加或其他异状时，必须停止掘进，撤出人员，进行处理。

4. 修复旧井巷时，必须首先检查瓦斯。当瓦斯积聚时，必须按规定排放，只有在回风流中甲烷浓度不超过1.0%、二氧化碳浓度不超过1.5%、空气成分符合要求时，才能作业。

5. 掘进巷道在揭露老空前，必须制定探查老空的安全措施，包括接近老空时必须预留的煤（岩）柱厚度和探明水、火、瓦斯等内容。必须根据探明的情况采取措施，进行处理。

在揭露老空时，必须将人员撤至安全地点。只有经过检查，证明老空内的水、瓦斯和其他有害气体等无危险后，方可恢复工作。

6. 开凿或延深斜井、下山时，必须在斜井、下山的上口设置防止跑车装置，在掘进工作面的上方设置坚固的跑车防护装置。跑车防护装置与掘进工作面的距离必须在施工组织设计或作业规程中规定。

7. 斜井（巷）施工期间兼作行人道时，必须每隔40m设置躲避硐并设红灯。设有躲避硐的一侧必须有畅通的人行道。上下人员必须走人行道。人行道必须设红灯和语音提示装置。

8. 由下向上掘进25°以上的倾斜巷道时，必须将溜煤（矸）道与人行道分开，防止

煤（矸）滑落伤人。人行道应设扶手、梯子和信号装置。斜巷与上部巷道贯通时，必须有专项措施。

二、《金属非金属矿山安全规程》GB 16423—2020 有关巷道安全施工的重要内容

1. 斜井、平巷地表部分开口应严格按照设计施工，并及时支护和砌筑挡墙。

2. 出碴之前应检查和处理工作面顶、帮的浮石；在斜井中移动耙斗装岩机时下方不应有人。

3. 行人的提升斜井应设人行道；提升容器运行通道与人行道之间未设坚固的隔离设施的，提升时不应有人员通行。

4. 在不稳固的岩层中掘进时应进行支护；在松软、破碎或流沙地层中掘进时应在永久性支护与掘进工作面之间进行临时支护或特殊支护。

5. 井巷施工设计中应规定井巷支护方法和支护与工作面间的距离；中途停止掘进时应及时支护至工作面。

6. 斜井和平巷维修或扩大断面时，应遵守下列规定：

（1）应先加固工作地点附近的支护体，然后拆除工作地点的支护，并做好临时支护；

（2）拆除密集支架时，1 次应不超过两架；

（3）撤换松软地点的支架，或维修巷道交叉处、严重冒顶片帮区，应在支架之间加拉杆支撑或架设临时支架；

（4）清理浮石时应在安全地点作业；

（5）在斜井内作业时，应停止车辆运行，并设警戒和明显标志；

（6）在独头巷道内作业时，作业地点不应有非作业人员。

7. 喷锚支护应遵守下列规定：

（1）应对锚杆做拉力试验，对喷体做厚度和强度检查；

（2）进行锚固力试验应有安全措施；

（3）处理喷射管路堵塞时应将喷枪口朝下且不应朝向人员；

（4）在松软破碎的岩层中进行喷锚作业时应打超前锚杆，进行预先护顶；

（5）动压巷道支护应采用喷锚与金属网联合支护方式；

（6）在有淋水的井巷中喷锚应预先做好防水工作；

（7）软岩采用锚杆支护，锚杆应全长锚固。

2G332024 施工安全规程的其他内容

一、《煤矿建设安全规范》AQ 1083—2011 有关矿井施工的重要安全规定

1. 煤矿建设项目招标时应合理划分工程标段，一个建设项目单项工程（或同类专业工程），原则上发包给 1 家有相应资质的施工单位，大型及以上项目单项工程（或同类专业工程）施工单位不得超过 2 家。

2. 煤矿建设项目由 2 家施工单位共同施工的，由建设单位负责组织制定和督促落实有关安全技术措施，并签订安全生产管理协议，指定专职安全生产管理人员进行安全检查与协调。

3. 单项工程施工组织设计由项目总承包单位负责组织编制，并根据年度施工进展情况进行调整。没有实行总承包的由建设单位负责组织编制。施工组织设计需经设计、监理、施工等相关单位会审后组织实施，原设计变更的应作相应调整变更。

4. 煤矿建设项目发生生产安全事故后，施工单位必须立即报告上级主管单位和项目建设单位，由项目建设单位按国家规定向有关部门报告。

5. 矿井开工前，建设单位必须根据工程项目发包范围向施工单位提供符合国家有关规定的下列地质、测量成果、成图资料：

（1）井田勘探地质报告；

（2）井筒检查孔资料（斜井：沿与斜井纵向中心线平行线布置的检查孔不少于3个）；

（3）矿井供水水源勘探报告；

（4）井田首采（盘）区三维地震补充勘探成果资料；

（5）井田范围内的国家（或矿区）基本控制测量成果资料；

（6）近井点和井筒十字基桩点成果资料；

（7）工业广场及居住区界址点标定成果资料；

（8）井田范围的1/5000地形图；

（9）矿区范围的1/10000、1/50000地形图；

（10）钻井法施工的井筒有效断面和有效断面中心点坐标等成果资料；

（11）井田新建矿井范围内老空区及正在开发的小煤窑的有关地质、测量成果成图资料。

6. 当地质、水文地质、工程地质、瓦斯地质、勘探资料与实际情况出入较大时，建设单位必须及时安排相应的补充地质勘探工作。

7. 矿井施工期间，施工单位必须建立下列主要基础资料：

（1）井筒地质预计及实测的井筒地质柱状或剖面图，构造复杂部位或层段可增作展开图；

（2）各类井巷工程实测的地质素描剖面图，局部构造复杂部位和层段可增作展开图；

（3）施工范围的涌水量台账；

（4）井下水动态观测成果资料；

（5）掘进工程实测平面图；

（6）井巷工程的实测导线、水准成果资料；

（7）各类工程的施工测量成果资料；

（8）反映井筒有关参数的成果、成图资料（主要包括井筒断面、井壁、罐道竖直程度、提升几何关系等）；

（9）工业广场及居住区实测平面图（包括地下管线的实际敷设）；

（10）首采（盘）区的井上下对照图。

8. 单项工程、单位工程开工前，施工单位必须根据建设单位提供的地质资料，编制承包工程范围内的地质预测报告，说明施工过程中可能遇到地质灾害因素及采取的预防措施。在施工期间，施工单位应根据工程进度情况，适时编制单位工程地质预报，必须做到一工程一预报。

二、《金属非金属矿山安全规程》GB 16423—2020 有关露天矿山安全施工的重要规定

1. 露天开采应遵循自上而下的开采顺序，分台阶开采。生产台阶高度应符合表2G332024的规定。

生产台阶高度的确定　　　　表 2G332024

矿岩性质	采掘作业方式		台阶高度
松软的岩土、砂状的矿岩	机械铲装	不爆破	不大于机械的最大挖掘高度
坚硬稳固的矿岩		爆破	不大于机械最大挖掘高度的 1.5 倍

2. 露天矿山应该采用机械方式进行开采。

3. 多台阶并段时并段数量不超过 3 个，且不应影响边坡稳定性及下部作业安全。

4. 露天采场应设安全平台和清扫平台。人工清扫平台宽度不小于 6m，机械清扫平台宽度应满足设备要求且不小于 8m。

5. 采场运输道路以及供电、通信线路均应设置在稳定区域内。

三、《尾矿库安全监督管理规定》中的施工要求

（一）尾矿库设置的安全规定

1. 尾矿库的勘察单位应当具有矿山工程或者岩土工程类勘察资质。设计单位应当具有金属非金属矿山工程设计资质。安全评价单位应当具有尾矿库评价资质。施工单位应当具有矿山工程施工资质。施工监理单位应当具有矿山工程监理资质。尾矿库的勘察、设计、安全评价、施工、监理等单位还应当按照尾矿库的等别符合下列规定：

（1）一等、二等、三等尾矿库建设项目，其勘察、设计、安全评价、监理单位具有甲级资质，施工单位具有总承包一级或者特级资质；

（2）四等、五等尾矿库建设项目，其勘察、设计、安全评价、监理单位具有乙级或者乙级以上资质，施工单位具有总承包三级或者三级以上资质，或者专业承包一级、二级资质。

2. 施工中需要对设计进行局部修改的，应当经原设计单位同意；对涉及尾矿库库址、等别、排洪方式、尾矿坝坝型等重大设计变更的，应当报原审批部门批准。

3. 尾矿库建设项目安全设施试运行应当向安全生产监督管理部门备案，试运行时间不得超过 6 个月，且尾砂排放不得超过初期坝坝顶标高。试运行结束后，应当向安全生产监督管理部门申请安全设施竣工验收。

4. 尾矿库建设项目安全设施经安全生产监督管理部门验收合格后，生产经营单位应当及时按照《非煤矿矿山企业安全生产许可证实施办法》的有关规定，申请尾矿库安全生产许可证。未依法取得安全生产许可证的尾矿库，不得投入生产运行。

（二）尾矿库运行要求

1. 对生产运行的尾矿库，未经技术论证和安全生产监督管理部门的批准，任何单位和个人不得对下列事项进行变更：

（1）筑坝方式；

（2）排放方式；

（3）尾矿物化特性；

（4）坝型、坝外坡坡比、最终堆积标高和最终坝轴线的位置；

（5）坝体防渗、排渗及反滤层的设置；

（6）排洪系统的型式、布置及尺寸；

（7）设计以外的尾矿、废料或者废水进库等。

2. 未经生产经营单位进行技术论证并同意，以及尾矿库建设项目安全设施设计原审

批部门批准,任何单位和个人不得在库区从事爆破、采砂、地下采矿等危害尾矿库安全的作业。

(三)闭库规定

1. 尾矿库运行到设计最终标高或者不再进行排尾作业的,应当在一年内完成闭库。特殊情况不能按期完成闭库的,应当报经相应的安全生产监督管理部门同意后方可延期,但延长期限不得超过6个月。

库容小于10万 m^3 且总坝高低于10m的小型尾矿库闭库程序,由省级安全生产监督管理部门根据本地实际制定。

2. 尾矿库运行到设计最终标高的前12个月内,生产经营单位应当进行闭库前的安全现状评价和闭库设计,闭库设计应当包括安全设施设计,并编制安全专篇。

闭库安全设施设计应当经省级以上安全生产监督管理部门审查批准。

3. 尾矿库闭库工作及闭库后的安全管理由原生产经营单位负责。对解散或者关闭破产的生产经营单位,其已关闭或者废弃的尾矿库的管理工作,由生产经营单位出资人或其上级主管单位负责;无上级主管单位或者出资人不明确的,由安全生产监督管理部门提请县级以上人民政府指定管理单位。

四、卫生与健康方面的规定

(一)井下空气和防尘措施

1. 作业场所空气中粉尘(总粉尘、呼吸性粉尘)浓度应当符合《煤矿安全规程》(2022年版)有关要求。不符合要求的,应当采取有效措施。

2. 煤矿必须对生产性粉尘进行监测,并遵守下列规定:

(1)总粉尘浓度,井工煤矿每月测定2次;露天煤矿每月测定1次。粉尘分散度每6个月测定1次。

(2)呼吸性粉尘浓度每月测定1次。

(3)粉尘中游离 SiO_2 含量每6个月测定1次,在变更工作面时也必须测定1次。

(4)开采深度大于200m的露天煤矿,在气压较低的季节应当适当增加测定次数。

(二)防尘措施

1. 矿井必须建立完善的消防防尘供水系统,并遵守下列规定:

(1)应当在地面建永久性消防防尘储水池,储水池必须经常保持不少于200m^3的水量。备用水池贮水量不得小于储水池的一半。

(2)防尘用水水质悬浮物的含量不得超过30mg/L,粒径不大于0.3mm,水的pH值在6~9范围内,水的碳酸盐硬度不超过3mmol/L。

(3)没有防尘供水管路的采掘工作面不得生产。主要运输巷、带式输送机斜井与平巷、上山与下山、采区运输巷与回风巷、采煤工作面运输巷与回风巷、掘进巷道、煤仓放煤口、溜煤眼放煤口、卸载点等地点都必须敷设防尘供水管路,并安设支管和阀门。防尘用水均应当过滤。水采矿井不受此限。

2. 井工煤矿掘进井巷和硐室时,必须采取湿式钻眼、冲洗井壁巷帮、水炮泥、爆破喷雾、装岩(煤)洒水和净化风流等综合防尘措施。

3. 井工煤矿在煤、岩层中钻孔作业时,应当采取湿式降尘等措施。在冻结法凿井和在遇水膨胀的岩层中不能采用湿式钻眼(孔)、突出煤层或者松软煤层中施工瓦斯抽采钻孔难以采取湿式钻孔作业时，可以采取干式钻孔（眼），并采取除尘器除尘等降尘措施。

4．喷射混凝土时，应当采用潮喷或者湿喷工艺，并配备除尘装置对上料口、余气口除尘。距离喷浆作业点下风流 100m 内，应当设置风流净化水幕。

5．露天煤矿的防尘工作应当符合下列要求：

（1）设置加水站（池）。

（2）穿孔作业采取捕尘或者除尘器除尘等措施。

（3）运输道路采取洒水等降尘措施。

（4）破碎站、转载点等采用喷雾降尘或者除尘器除尘。

2G333000　二级建造师（矿业工程）注册执业管理规定及相关要求

2G333001　二级建造师（矿业工程）注册执业工程规模标准

一、规定注册建造师执业范围的依据

《注册建造师执业管理办法（试行）》（建市〔2008〕48 号）第四条规定："注册建造师应当在其注册证书所注明的专业范围内从事建设工程施工管理活动，具体执业按照本办法附件《注册建造师执业工程范围》执行。未列入或新增工程范围由国务院建设主管部门会同国务院有关部门另行规定"。第六条规定："一级注册建造师可在全国范围内以一级注册建造师名义执业。通过二级建造师资格考核认定，或参加全国统考取得二级建造师资格证书并经注册人员，可在全国范围内以二级注册建造师名义执业"。

国家对建筑工程、公路工程、铁路工程、民航机场工程、港口与航道工程、水利水电工程、矿业、市政公用工程、通信与广电工程、机电工程等 10 个专业的建造师执业工程范围分别做出了具体划分。二级注册建造师执业工程范围包括有建筑工程、公路工程、水利水电工程、矿业工程、市政公用工程、机电工程等 6 个专业。

二、矿业工程注册建造师的执业范围

矿业工程专业的工程范围见表 2G333001。按照表 2G333001 对工程范围的界定，矿业工程的工程范围包括了"矿山"工程，同时还包括了"地基与基础、土石方、高耸构筑物、消防设施、防腐保温、环保、起重设备安装、管道、预拌商品混凝土、混凝土预制构件、钢结构、建筑防水、爆破与拆除、隧道、窑炉、特种专业"等 16 项专业工程。其中的"矿山"是指"煤炭、冶金、建材、化工、有色、铀矿、黄金"7 个行业的矿山工程。这里的矿山工程是建设项目的概念，其本身又包含了许多矿山类的专业工程。7 个行业矿山工程的具体内容，按照"注册建造师执业工程规模标准（矿山工程）"部分的规定予以界定。

注册建造师执业工程范围　　　　　　　　　　表 2G333001

序号	注册专业	工程范围
7	矿业工程	矿山，地基与基础、土石方、高耸构筑物、消防设施、防腐保温、环保、起重设备安装、管道、预拌商品混凝土、混凝土预制构件、钢结构、建筑防水、爆破与拆除、隧道、窑炉、特种专业

三、规定注册建造师执业范围的作用和意义

凡是持有矿业工程专业注册执业证书的建造师，可以在以上 17 个工程领域内执业。例如，在 17 个工程领域内，对于具有独立的施工总承包或单独发包合同的"矿山"工程项目，其施工项目负责人必须是矿业专业的注册建造师，并由其履行执业的签字盖章的权力。对于"地基与基础、土石方、高耸构筑物、消防设施、防腐保温、环保、起重设备安装、管道、预拌商品混凝土、混凝土预制构件、钢结构、建筑防水、爆破与拆除、隧道、窑炉、特种专业"等专业分包工程，只要矿业专业所对应的工程范围内包括这些专业工程，并且具有独立的专业分包或专业承包合同，矿业工程专业的注册建造师同样可以担任该专业工程的施工项目负责人。

2G333002　二级建造师（矿业工程）注册执业工程范围

"注册建造师执业工程规模标准"是国家针对不同专业、不同级别的注册建造师制定的在其执业承担工程时所应遵循的有关原则。该规模标准有两个作用，一个是注册建造师在进入与其注册专业相应的工程领域（工程领域指"注册建造师执业工程范围"规定的相应工程范围）执业时，作为选择工程范围中某个工程所包含的具体内容的依据；另一个是作为选择与其注册等级允许承担相应的工程规模等级的依据。注册建造师执业工程规模标准是对注册建造师执业工程范围的延伸和具体细划。

根据建设部《关于印发〈注册建造师执业管理办法〉（试行）的通知》（建市〔2008〕48 号）第五条"大中型工程施工项目负责人必须由本专业注册建造师担任。一级注册建造师可担任大、中、小型工程施工项目负责人，二级注册建造师可以承担中、小型工程施工项目负责人。各专业大、中、小型工程分类标准按《关于印发〈注册建造师执业工程规模标准〉（试行）的通知》（建市〔2007〕171 号）执行。"的规定，矿业工程的注册建造师的执业工程规模标准应符合"注册建造师执业工程规模标准（矿山工程）"的规定。

根据"注册建造师执业工程规模标准"的规定，矿山工程规模标准包括了煤炭、冶金、建材、化工、有色、铀矿、黄金矿山等 7 个行业的矿山工程规模标准。也就是规定了 7 个行业矿山工程所包含的具体的专业工程和其大型、中型、小型规模的具体指标。

例如，煤炭矿山工程包含了"立井井筒、露天矿山剥离"等 12 项矿建工程、"矿井井筒永久提升机安装、选煤厂机电设备安装工程（机械、电气、管路）"等 11 项安装工程和"选煤厂主厂房及相应配套设施、选煤厂原料仓（产品仓）"等土建工程。

相应的大型矿建工程包括：

（1）年产＞90 万 t/年；

（2）单项工程合同额≥2000 万元；

（3）45 万～90 万 t/年矿井，相对瓦斯涌出量＞$10m^3/t$ 或绝对瓦斯涌出量＞$40m^3/min$ 的井下巷道工程。

中型矿建工程包括：

（1）年产 45 万～90 万 t/年；

（2）单项工程合同额 1000 万～2000 万元。

小型矿建工程包括：

（1）年产≤30 万 t/年；

（2）单项工程合同额＜1000万元；等等。

作为一、二级矿业专业注册建造师在准备执业时，应首先对照《注册建造师执业工程范围》中"矿业专业"所对应的工程范围来确定自己的执业工程范围，如承包的工程是煤炭矿山工程或冶金矿山（黑色、有色、黄金）工程，则属于矿业专业注册建造师合法执业的工程范围。在此基础上，对照《注册建造师执业工程规模标准》矿山部分的内容，具体从事矿山工程中的矿建工程、土建工程和安装工程的施工管理活动。一级矿业专业注册建造师承担工程的规模既可以是大型，也可以是中型和小型。如大型项目中年产90万t以上的矿井；年产45万～90万t，但相对瓦斯涌出量＞$10m^3/t$或绝对瓦斯涌出量＞$40m^3/min$的井下巷道工程等等。二级矿业专业注册建造师可以承担中型和小型规模的矿建工程、土建工程和安装工程，如中型项目中年产45万～90万t的矿井等。

2G333003　二级建造师（矿业工程）施工管理签章文件目录

《注册建造师施工管理签章文件目录》是国家针对注册建筑师在执业过程中依法履行签字盖章权时，选择签字盖章文件种类的依据。

根据建设部《关于印发〈注册建造师执业管理办法〉（试行）的通知》（建市〔2008〕48号）第十二条"担任建设工程施工项目负责人的注册建造师应当按《关于印发〈注册建造师施工管理签章文件目录〉（试行）的通知》（建市〔2008〕42号）和配套表格要求，在建设工程施工管理相关文件上签字并加盖执业印章，签章文件作为工程竣工备案的依据。"的规定，担任建设工程施工项目负责人的注册建造师要履行签字盖章权，签字盖章文件的具体种类则体现在《注册建造师施工管理签章文件目录》中。

根据《注册建造师施工管理签章文件目录》的规定，矿山工程部分的工程类别包括煤炭、冶金、建材、化工、有色、铀矿、黄金矿山等7个行业的矿山工程类别，对应每一个行业矿山工程类别的签字文件的种类包括"施工组织管理文件、施工进度管理文件、施工合同管理文件、质量管理文件、安全管理文件、现场环保文明施工管理文件、成本费用管理文件"等7大类文件。《注册建造师施工管理签章文件目录》除了规定了文件种类外，每一类文件都有与之对应的具体文件的名称，以便注册建造师执业签字盖章时对号入座。如煤炭矿山工程施工组织管理类的文件有"平硐施工组织设计、斜井施工组织设计"等50余部具体文件。

矿业专业的注册建造师在执业时，按照《注册建造师执业工程范围》和《注册建造师执业工程规模标准》，选定工程范围和具体工程后，要依据《注册建造师施工管理签章文件目录》规定的文件类别和具体文件，在相应的文件上签字并加盖本人注册建筑师的执业手章。在文件上签字盖章时，签字盖章的载体是与各种文件相配套的具体表格，表格的格式是全国统一的。矿业专业的注册建造师需在与矿山工程配套的表格上签字盖章，以履行权利和义务，同时承担国家规定的法律责任。

矿业工程师执业签章表格是依据建设部（建市〔2008〕42号）"关于印发《注册建造师施工管理签章文件目录（试行）》的通知"文的精神，汇总矿业工程专业建造师的195项执业签章文件，分类编制而成。签章表格共计七类51种，具体是：

（1）施工组织管理（第一类）表格13种；

（2）施工进度管理（第二类）表格2种；

（3）施工合同管理（第三类）表格13种；

（4）质量管理（第四类）表格10种；

（5）安全管理（第五类）表格3种；

（6）现场环保文明施工管理（第六类）表格2种；

（7）成本管理（第七类）表格8种。

矿业工程师执业签章表格考虑了煤炭矿山、冶金矿山、化工矿山、建材矿山和铀矿等行业的特点，同样适用于有色金属矿、黄金矿山等行业的矿业工程专业建造师需要，供矿业工程专业建造师执业签章用。如有未列入本表格的其他需要，可以参照本表格的相应部分选择使用。矿业工程师执业签章表格和使用办法还会随建造师制度的发展不断完善。

目　录

一、全国二级建造师执业资格考试说明

为了帮助广大应考人员了解和熟悉二级建造师执业资格考试内容和要求，现对考试有关问题说明如下：

（一）考试目的

建造师是以专业技术为依托、以工程施工管理为主业的懂管理、懂技术、懂法规，综合素质较高的专业人才。二级建造师既要具备一定的理论水平，也要有一定的实践经验和组织管理能力。为了检验建设工程施工管理岗位人员的知识结构和能力是否达到以上要求，国家对建设工程施工管理关键岗位的专业技术人员实行执业资格考试。

（二）考试性质

二级建造师执业资格考试是注册前判定申请人是否符合法定条件的一种审查程序。通过各地组织考试，成绩合格者，由人力资源和社会保障部颁发统一印制人力资源和社会保障部、住房和城乡建设部共同用印的《中华人民共和国二级建造师执业资格证书》，经注册后，可以二级注册建造师的名义担任中型及以下规模的工程施工项目负责人，也可从事其他施工活动的管理，以及法律、行政法规或国务院建设行政主管部门规定的其他业务。

（三）考试组织与考试时间

二级建造师执业资格考试实行全国统一大纲，各省、自治区、直辖市命题并组织考试的制度。住房和城乡建设部负责拟定二级建造师执业资格考试大纲，人力资源和社会保障部负责审定考试大纲。各省、自治区、直辖市人力资源和社会保障厅（局）、住房和城乡建设厅（委）按照国家确定的考试大纲和有关规定，在本地区组织实施二级建造师执业资格考试。

2023 年二级建造师执业资格考试时间预计分为 2-3 个半天，以纸笔作答方式进行（部分省份实行机试）。具体考试日期以及考试时长可参照各省发布的相关通知，大致如下表所示：

序号	科目名称	考试时长（h）	满分
1	建设工程法规及相关知识	1.5-2	100
2	建设工程施工管理	2.5-3	120
3	专业工程管理与实务	2.5-3	120

二、考试题型、评分标准与合格条件

（一）各科目考试题型

二级建造师执业资格考试分综合考试和专业考试。综合考试包括《建设工程施工管理》《建设工程法规及相关知识》两个统考科目。专业考试为《专业工程管理与实务》，该科目分建筑工程、公路工程、水利水电工程、矿业工程、机电工程、市政公用工程6个专业，考生在报名时根据工作需要和自身条件选择一个专业进行考试。

各科目的考试题型与分值如下表所示：

序号	科目名称	考试题型	满分
1	建设工程 法规及相关知识	单项选择题60道 共计60分 多项选择题20道 共计40分	100
2	建设工程 施工管理	单项选择题70道 共计70分 多项选择题25道 共计50分	120
3	专业工程 管理与实务	单项选择题20道 共计20分 多项选择题10道 共计20分 实务操作与案例分析题4道 共计80分	120

（二）评分规则

（1）单项选择题：每题1分。每题的备选项中，只有1个最符合题意，选择正确则得分。

（2）多项选择题：每题2分。每题的备选项中，有2个或2个以上符合题意，至少有1个错项。在选项中，如果有错选，则本题不得分；如果少选，所选的每个选项得0.5分。

（3）案例题：每题20分。每题通常有3～6个提问，每个提问中会涉及几个需回答的子项，总分会分摊到每个需回答的子项中。

（三）合格标准

一般情况下，每科目达到该科目总分值的60%即可通过该科目考试。考试成绩实行周期为2年的滚动管理，参加3个科目考试的人员必须在连续2个考试年度内通过3个应试科目，方能获得《中华人民共和国二级建造师执业资格证书》。

三、全国二级建造师执业资格报考条件

（一）凡遵纪守法，具备工程类或工程经济类中等专科以上学历并从事建设工程项目施工管理工作满2年的人员，可报名参加二级建造师执业资格考试（报名系统中为"考全科"级别）。

（二）符合上述（一）的报名条件，具有工程类（工程经济类）中级及以上专业技术职称或从事建设工程项目施工管理工作满15年的人员，同时符合下列条件的，可免试部分科目：

1.已取得建设行政主管部门颁发的《建筑业企业一级项目经理资质证书》，可免试《建设工程施工管理》和《建设工程法规及相关知识》科目（报名系统中为"免二科"级别）。

2.已取得建设行政主管部门颁发的《建筑业企业二级项目经理资质证书》，可免试《建设工程施工管理》科目（报名系统中为"免一科"级别）。

（一）哪些专业可以报考

大专学历：工程类或工程经济类共有18类45个专业，而这些专业也各自有不同的叫法，范围其实比想象得要广，详细内容可以在建工社微课程公众号上查看《备考指导附件——专业对照表》或咨询建工社微课程公众号上的客服或老师。

本科学历及以上：本科学历及以上的工程类或工程经济类专业可以报考。

（二）如何计算工作年限

全日制学历只能从毕业后开始计算工作年限，并在计算时计算到考试当年年底。即：无论2021年几月份本科毕业拿到证书，若自毕业后一直从事建设工程项目施工管理工作，到2023年就可以报考。而非全日制学历如自考、成考、函授等学历，拿到证书之前的工作年限也可以累加计算。

对于不了解自己是否符合报考条件和对考试有疑问的考生，可以扫描下方二维码关注公众号，点击弹出的"1V1咨询通道"与审核老师进行单独咨询。

人工1V1通道

[报考条件审核]

[考试信息咨询]

[课程免费兑换]

[在线解答疑问]

四、历年考试情况分析

自2005年举行第一次全国二级建造师执业资格考试以来，全国二级建造师考试共进行了 10 余次。全国二级建造师实行全国统一大纲、统一考试用书。

二级建造师考试大纲一般 4-5 年修订一次，自 2019 年对考试大纲进行改版后，2019 年、2020 年、2021 年、2022 年、2023 年均沿用 2019 版考试大纲。在后续备考中，考生应重点对 2019 年、2020 年、2021 年、2022 年四年的考试真题进行分析学习，以便于能够更快、更好地把握应试方向。

2023 年版考试用书沿用 2019 版的考试大纲，根据行业的发展变化情况，精简或删除国家逐步淘汰的材料或不再普遍使用的做法所对应的内容；同时，针对行业倡导和大力发展的新产业、新技术，如装配式建筑，在考试用书中予以新增；并删除已经废止的部分标准与规定。2023 年版考试用书的内容与最新大纲相对应，除保留二级建造师应掌握的基本知识、引入 2019-2022 年新实施的规范、标准，对相应内容进行调整外，其他内容也进行了较大幅度的调整，建议读者以新出版的 2023 年版考试用书为准。

五、各科目重难点分布及学习方法

（一）《建设工程法规及相关知识》科目章节重难点分布

《建设工程法规及相关知识》作为二级建造师必考公共科目，共有八章 36 节内容。

其中各章节分值及重难点分布如下表：

章	近三年考察平均分值	学习难度	考试重要性
第一章　建设工程基本法律知识	18.33	★★★★★	★★★★★
第二章　施工许可法律制度	4.67	★	★
第三章　建设工程发承包法律制度	18.33	★★★	★★★★★
第四章　建设工程合同和劳动合同法律制度	24.33	★★★★★	★★★★★
第五章　建设工程施工环境保护、节约能源和文物保护法律制度	6	★	★
第六章　建设工程安全生产法律制度	10	★★★	★★★
第七章　建设工程质量法律制度	9.67	★★★	★★★
第八章　解决建设工程纠纷法律制度	8.67	★★★★★	★★

综上可见，《建设工程法规及相关知识》科目重难点集中分布在第一、三、四章里，需要我们重点掌握。但对于其他章节，我们也不能完全松懈，应该结合自身掌握情况进行针对性学习。具体章节学习建议如下：

第一章　建设工程基本法律知识：主要涉及建设工程法律体系、建设工程法人制度、建设工程代理制度、建设工程物权制度、建设工程债权制度、建设工程知识产权制度、建设工程担保制度、建设工程保险制度、建设工程法律责任制度等知识点，本章中的知识点全部以选择题的形式考核，内容多且杂，需要大家跟着老师的节奏在理解的基础上加以记忆。其中代理制度、物权制度、担保制度为重难知识点，要求灵活运用。

　　建议此章节的学习方法为：理解性梳理整体框架、进行针对性练题、结合老师讲解的重点进行强化记忆。

　　第二章　施工许可法律制度：主要涉及建设工程施工许可制度、施工企业从业资格制度、建造师注册执业制度等知识点，分值较少，不作为重点学习章节。

　　建议此章节的学习方法为：听课、选择性学习。

　　第三章　建设工程发承包法律制度：主要涉及建设工程招标投标制度、建设工程承包制度、建筑市场信用体系建设，本章中的知识点全部以选择题的形式考核，其中招投标制度较为重要，是法规、管理、实务三门课都会考的内容，需要重点关注。

　　建议此章节的学习方法为：普遍撒网，多听多看，识记为主。

　　第四章　建设工程合同和劳动合同法律制度：主要涉及建设工程合同制度、劳动合同及劳动者权益保护制度、相关合同制度等知识点，本章中的知识点全部以选择题的形式考核，需要大家跟着老师的节奏在理解的基础上加以记忆。其中建设工程合同制度和劳动合同制度为高频高分考点，在历年真题中分值均高达8~10分，需要重点关注。另外，承揽合同、买卖合同、融资租赁合同为重难点，租赁合同、借款合同、运输合同为次重点，本节考点较多较杂，在历年真题中分值约5分，不需花费太多精力。

　　建议此章节的学习方法为：多听多看，理解＋练习。注意甄别主次，以听课练题为主，加强巩固练习。结合老师所讲进行针对性强化记忆。

　　第五章　建设工程施工环境保护、节约能源和文物保护法律制度：主要涉及施工现场环境保护制度、施工节约能源制度、施工文物保护制度等知识点，本章中的知识点全部以选择题的形式考核，本章分值较少，不作为重点学习章节。

　　建议此章节的学习方法为：听课、选择性学习。

　　第六章　建设工程安全生产法律制度：主要涉及施工安全生产许可制度、施工安全生产责任和安全生产教育培训制度、施工现场安全防护制度、施工安全事故的应急救援与调查处理、建设单位和相关单位的建设工程安全责任等知识点，本章中的知识点全部以选择题的形式考核，本章考点较多，在历年真题中分值约

10分，作为学习的次重点章节，仍需要重点关注。

建议此章节的学习方法为：多听多看，结合工作实践，加强真题训练，进行理解性记忆。

第七章 建设工程质量法律制度：主要涉及工程建设标准、施工单位的质量责任和义务、建设单位及相关单位的质量责任和义务、建设工程竣工验收制度、建设工程质量保修制度等知识点，本章中的知识点全部以选择题的形式考核，本章考点较多，在历年真题中分值约10分，与第六章安全一样作为学习的次重点章节，仍需要重点关注。

建议此章节的学习方法为：多听多看，结合工作实践，加强真题训练，进行理解性记忆。

第八章 解决建设工程纠纷法律制度：主要涉及建设工程纠纷主要种类和法律解决途径、民事诉讼制度、仲裁制度、调解与和解制度、行政强制、行政复议和行政诉讼制度等知识点，本章中的知识点全部以选择题的形式考核，本章专业度较高，是整个法规考试中最难的一章，其中，民事诉讼制度和仲裁制度是得分关键，需要大家跟着老师的节奏在理解的基础上加以记忆。

建议此章节的学习方法为：认真学习视频课程内容、尽力而为、多听课、多练习。

法规考试，首先需要对法理进行理解，然后结合实践进行运用，并通过做题进行训练，只要能全面理解教材，把握重点、难点，加强应试训练，一定会顺利通过考试。

（二）《建设工程施工管理》科目章节重难点分布

《建设工程施工管理》作为二级建造师考试必考公共科目，共有七章35节内容：第一章施工管理、第二章施工成本管理、第三章施工进度管理、第四章施工质量管理、第五章施工职业健康安全与环境管理、第六章施工合同管理、第七章施工信息管理，其中各章节分值及重难点分布如下：

章			近三年考察平均分值	学习难度	考试重要性
第一章	2Z101000	施工管理	23分	★★	★★
第二章	2Z102000	施工成本管理	23分	★★★	★★★
第三章	2Z103000	施工进度管理	18分	★★	★★★
第四章	2Z104000	施工质量管理	22分	★★	★★
第五章	2Z105000	施工职业健康安全与环境管理	14分	★★	★★
第六章	2Z106000	施工合同管理	18分	★★	★★
第七章	2Z107000	施工信息管理	2分	★★	★

综上我们可以看到，《建设工程施工管理》科目重难点集中分布在第一、二、四、六章里，需要我们重点掌握。对于其它章节，我们也不能完全松懈，应该结合自身掌握情况进行针对性学习。具体章节学习建议如下：

第一章　施工管理　主要涉及核心考点：不同参与方的目标和任务、四图两表、纠偏措施、项目经理的职责与权限、风险管理流程、监理的工作任务和方法。

建议此章节的学习方法为：以理解为主，属于常识的知识点比较多，部分内容需要记忆，相对比较简单。

第二章　施工成本管理　主要涉及核心考点：计算题【赢得值、因素分析法、材料单价、折旧费、索赔、量变调价与价变调价的计算】、费用组成、人材机三大定额、成本管理五大任务。

建议此章节的学习方法为：核心计算题要掌握的赢得值、因素分析法。对比记忆成本管理的五大任务。

第三章　施工进度管理　主要涉及核心考点：网络图、横道图的识图、网络计划的计算与概念、进度计划系统的概念。

建议此章节的学习方法为：内容会实际运用到我们的工作中，比如我们用横道图来反映我们的施工计划，可以很直观地反映出我们实际进度和计划进度的差异，及时进行调整。

网络图理解为主，要掌握计算内容。

第四章　施工质量管理　主要涉及核心考点：质量保证体系内容、质量控制基本环节、现场质量检查方法、质量验收的标准、质量事故处理程序、政府监督的实施程序。

建议此章节的学习方法为：对比进行表格记忆，现场专业内容多，建议考前集中记忆。

第五章　施工职业健康安全与环境管理　主要涉及核心考点：安全生产管理制度、应急预案的管理、安全事故处理原则、文明施工与环境保护。

建议此章节的学习方法为：主要学习一些现场的安全管理规定，记忆内容居多，但很多属于常识内容。

第六章　施工合同管理　主要涉及核心考点：发承包模式、发包人与承包人的义务、劳务分包合同的保险、专业分包人的责任、物资采购合同的交货日期、三种合同计价方式、索赔的前提条件与程序、工程保险与担保。

建议此章节的学习方法为：实际应用偏多，理解的角度记忆合同索赔等重要内容。

第七章　施工信息管理　主要涉及核心考点：信息管理部门的主要内容、

施工信息管理的方法、施工文件档案管理的主要内容、施工文件的立卷。

建议此章节的学习方法为：本章内容3分，不作为考试重点，考前简单记忆即可。

管理考试，首先需要对管理体系进行理解，然后结合实践进行运用，并通过做题进行训练，几分耕耘，几分收获，只要能全面理解教材，把握重点、难点，加强应试训练，一定会顺利通过建造考试。

（三）《专业工程管理与实务》科目章节重难点分布

由于《专业工程管理与实务》分为建筑工程、公路工程、水利水电工程、矿业工程、机电工程、市政公用工程6个专业，每个专业的重难点分布情况与学习建议皆不相同，因此，在此无法一一列举。

大家可以通过兑换《考试用书》封面上的增值服务包，或者扫描下方二维码联系客服老师获取各专业工程管理与实务科目的《科目重难点与学习规划手册》。

注意
第一步：微信关注公众号
第二步：刮开教材封面兑换码
第三步：免费兑换【导学课】、【精讲课】、【科目重难点与学习规划手册】

六、样题、练习方式与答题技巧

练题效果取决于质量而不是数量。

观察二级建造师考试历年考试的方式，已不是过去以背为主、强调死记硬背的时代。法规科目近些年来越来越细节化，出题老师尤其喜欢在个别字眼上下功夫，本来这道题考查的知识点我会，但是没有注意到有些主体的变化和关键词的变动而导致选错，最终没能通过考试。考后再翻书时，发现考点就是基础知识，如此的简单，虽然自己会，但没有注意到关键字词的变化。

因此，大家一定要在认真学习同时，多利用各类试题进行训练。训练过程中需要着重注意每个选项的表述，把握细节字词的变化及陷阱，顺利通过考试。

【样题】

（一）单项选择题（每题1分。每题的备选项中，只有1个最符合题意）

1. 下列情形中，建设工程代理行为终止的是（　　）。

A. 代理事务完成

B. 被代理人暂停委托

C. 作为代理人的自然人病重

D. 作为被代理人的法人进入破产重整程序

【答案】A

【解析】《民法典》规定，有下列情形之一的，委托代理终止：(1) 代理期限届满或者代理事务完成；(2) 被代理人取消委托或者代理人辞去委托；(3) 代理人丧失民事行为能力；(4) 代理人或者被代理人死亡；(5) 作为被代理人或者代理人的法人、非法人组织终止。建设工程代理行为的终止，主要是第 (1)(2)(5) 三种情况。

2. 某分项工程某月计划工程量为 3200m^2，计划单价为 15 元 /m^2。月末核定实际完成工程量为 2800m^2，实际单价为 20 元 /m^2。则该分项工程的已完工作预算费用（BCWP）是（　　）元。

A.48000

B.42000

C.56000

D.64000

【答案】B

【解析】成本控制的方法已完工作预算费用（BCWP）= 已完成工作量 × 预算单价 =2800×15=42000 元。

3. 甲施工企业与乙材料供应商订立了合同总价为 200 万元的买卖合同，甲向乙支付了定金 50 万元。后来乙不能按照合同约定履行交付义务，致使不能实现合同目的，甲可以向乙主张返还（　　）。

A.40 万元

B.50 万元

C.90 万元

D.100 万元

【答案】C

【解析】定金的数额由当事人约定，但不得超过主合同标的额的 20%，超过部分不产生定金的效力。给付定金的一方不履行债务或者履行债务不符合约定，致使不能实现合同目的的，无权请求返还定金，收受定金的一方不履行债务或者履行债务不符合约定，致使不能实现合同目的的，应当双倍返还定金。题中主合同标的额为200万,定金不得超过40万,甲向乙支付定金50万,其中40万为定金,10万视作预付款。

(二)多项选择题(每题2分。每题的备选项中,有2个或2个以上符合题意,至少有1个错项。错选,本题不得分;少选,所选的每个选项得0.5分)

1. 下列情形中,评标委员会应当否决投标的有( )。
A. 投标联合体没有提交共同投标协议的
B. 投标报价高于招标文件设定的最高投标限价的
C. 投标文件未经投标单位盖章和单位负责人签字的
D. 投标报价超过标底上下浮动范围的
E. 投标人不符合招标文件规定的资格条件的
【答案】ABCE
【解析】招标项目设有标底的,招标人应当在开标时公布。标底只能作为评标的参考,不得以投标报价是否接近标底作为中标条件,也不得以投标报价超过标底上下浮动范围作为否决投标的条件。有下列情形之一的,评标委员会应当否决其投标:(1)投标文件未经投标单位盖章和单位负责人签字;(2)投标联合体没有提交共同投标协议;(3)投标人不符合国家或者招标文件规定的资格条件;(4)同一投标人提交两个以上不同的投标文件或者投标报价,但招标文件要求提交备选投标的除外;(5)投标报价低于成本或者高于招标文件设定的最高投标限价;(6)投标文件没有对招标文件的实质性要求和条件作出响应;(7)投标人有串通投标、弄虚作假、行贿等违法行为。

2. 关于工程总承包单位责任的说法,正确的有( )。
A. 工程总承包单位对其承包的全部建设工程质量负责
B. 工程总承包单位有权以其与分包单位之间的保修责任划分拒绝履行保修责任
C. 工程总承包单位对承包范围内工程的安全生产负总责
D. 工程总承包单位应当依据合同对工期全面负责
E. 分包单位不服从总包单位安全生产管理导致生产安全事故的,免除总承包单位的安全责任
【答案】ACD
【解析】《房屋建筑和市政基础设施项目工程总承包管理办法》规定,工程总承包单位应当对其承包的全部建设工程质量负责,分包单位对其分包工程的

10

质量负责，分包不免除工程总承包单位对其承包的全部建设工程所负的质量责任。工程总承包单位、工程总承包项目经理依法承担质量终身责任。

工程总承包单位对承包范围内工程的安全生产负总责。分包单位应当服从工程总承包单位的安全生产管理，分包单位不服从管理导致生产安全事故的，由分包单位承担主要责任，分包不免除工程总承包单位的安全责任。

3. 下列情形中，劳动者提出或者同意续订、订立劳动合同的，除劳动者提出订立无固定期限劳动合同外，用人单位应当与劳动者订立无固定期限劳动合同的有（ ）。

A. 乙连续 2 次与某施工企业订立期限为 2 年的劳动合同，续订劳动合同的

B. 丁应聘时要求订立无固定期限劳动合同的

C. 用人单位未及时缴纳社会保险，戊要求订立无固定期限劳动合同的

D. 甲在某施工企业连续工作超过 10 年的

E. 用人单位初次实行劳动合同制度时，丙在该用人单位连续工作满 10 年且距法定退休年龄不足 10 年的

【答案】ADE

【解析】有下列情形之一，劳动者提出或者同意续订、订立劳动合同的，除劳动者提出订立固定期限劳动合同外，应当订立无固定期限劳动合同：（1）劳动者在该用人单位连续工作满 10 年的；（2）用人单位初次实行劳动合同制度或者国有企业改制重新订立劳动合同时，劳动者在该用人单位连续工作满 10 年且距法定退休年龄不足 10 年的；（3）连续订立 2 次固定期限劳动合同，且劳动者没有《劳动合同法》第 39 条和第 40 条第 1 项、第 2 项规定的情形，续订劳动合同的。

七、合理的学习方法

新形势下，建造师考试越来越注重理解与记忆、细节与实操，与前几年的临考突击重难点不同，2023 年有规划、有节奏地学习会更有利于快速掌握，消化吸收。我们通过深度研究，发现将建造师分为 4 个阶段进行分层次学习会更加高效。

三轮复习，四个阶段

阶段一：夯实基础阶段（即日起 - 2023 年 2 月 10 日）

学习方式：第一遍对教材进行精读，记忆式学习，若遇上难点可以跳过，留待后续学习。

考试常见的习题中，有 5 成以上都是可以用记忆完成学习的，基础强弱及知识点掌握程度直接影响应对考试时的难易程度。因此第一个阶段，首先建议复习《考试用书》，同时结合《复习题集》进行章节训练。

由于学习时间不一定连续，可以各章节分开学习。建议考生先结合精讲视频课程把考试用书各章节过一遍，对该章节考试用书上涉及的知识点进行基础学习。不要尝试去记住考试用书上的原话，一来太浪费时间和脑力，再者这句话会不会考查也是无法确定的，死记硬背是效率最低的方式。

在复习考试用书时，建议配合建工社的【精讲课】和【基础直播课】学习，能够帮助大家系统梳理知识框架，挑出重要知识点，学习效果将会事半功倍。

推荐课程：【精讲课】和【基础直播课】。

【精讲课】：已全部上线，正版教材可免费兑换，购视频课程系列亦可赠送。兑换方式：扫描正版教材封面二维码，关注建工社微课程公众号，点击【我的服务】-【兑换增值服务】，输入二维码下方 12 位兑换码进行兑换。

【基础直播课】：已经开课，全程 65 小时，内容包括 50 小时教材精析解读视频 +15 小时习题课，每晚直播。

阶段二：难点突破阶段（2 月 11 日 -3 月 25 日）

学习方式：第二遍对教材进行重难点突破，着重学习第一轮学习过程中未能理解的部分，同时使用真题等各类试题进行训练，检验实战能力。

考试常见的习题中，有 3 成的题目需要考生对题目提供的信息进行理解，题目的答案需要通过理解、计算、判断等各种方式得出。此阶段我们以题带点，着重练习。在做题时，一定要开卷。每道题所考核的知识点一定会在考试用书上有所对应（案例题至少有一问来自于考试用书所在章节的知识点），在解题的过程中一定要搞清楚该题考的是书上哪一个知识点。因为有第一步打基础，对照着考试用书，就能迅速做好标记。凡是有标记的地方，也就证明这句话是关键考查点。随着做题速度的加快，针对部分知识点，还可以怎么出题，你也会有一定的体会。

同时，一定要注意练习真题，真题的意义非常重大，当年的考点往往在之前的 5 年真题内都会多次体现。而且历年真题的命题水平要比其他模拟试题高，在此阶段，可通过【五年真题课】及【专题专练课】/【案例专项突破课】进行学习，举一反三，一举多得。

推荐课程：【五年真题课】、【专题专练课】、【案例专项突破课】。

【五年真题课】：已上线，通过五年真题解析，带你了解考试，剖析考点。

【专题专练课】：2023年2月下旬上线，课程旨在6小时内对公共科目进行重难点突破。通过复盘数千道习题、梳理高频知识点，以题带点，非常适用于公共课《管理》与《法规》的重难点学习。

【案例专项突破课】：2023年2月下旬上线，6小时案例突破，爆破攻克实务案例难点。用于考试拦路虎《实务》科目的案例题型训练讲解。

阶段三：冲刺提升阶段（3月26日-4月30日）

学习方式：第三遍对教材进行冲刺学习，将所有知识点再过一遍强化记忆，已经学会的部分就跳过，重点在于查漏补缺，为考试做准备。

任何知识点都应该展现在考题上才算真正掌握。很多考生做模拟试卷或历年真题时，直接翻到后面的"答案及解析"部分，每道题看起来都是如此的浅显易懂，但一合上书就头脑一片空白。这种情况下到考场，肯定是无从下笔，因为没有理清楚分析的思路，也就不会有成熟的答题方法。因此，在冲刺阶段可以全盘回顾知识点，仔细研究解题思路、答题方式、知识点考核标准，并对未理解的知识点进行强化学习，大家可以选择多做几套试卷，并通过【高频知识点透析】、【冲刺课】与【金题解析直播课】进行冲刺学习。

推荐课程：【冲刺课】和【金题解析直播课】。

【高频知识点透析】：2023年3月中旬上线，通过分析近10年真题，找出每年大几率考查的高频考点，精准高效。

【冲刺课】：预计2023年4月上旬上线，6小时冲刺重难点，归纳总结，快速拔高。

【金题解析直播课】：预计2023年2月起，以月考模式进行直播，4次月考共计10小时，习题精讲，强化冲刺。

阶段四：临考强化阶段（5月1日-考试前）

学习方式：将老师总结的重难点再看一遍，记忆一下，并且做几套模拟题培养一下题感，找一下考场状态，准备应对考试。

离考试不过一周时间，此时再去进行基础学习已无大用。对考试方向的把握、考试技巧的掌握、针对性专项提升与准备才是最重要的。建议大家根据之前的学习，找出自己的弱项，有针对性地查漏补缺。重点看考试用书上相应章节和自己标识的知识点。当然，考前一周，我们还会有三次课程，帮助大家把全书标识的重要知识点过一遍，并传授大家相应的答题技巧，这样一来大家通过考试肯定更有信心。

推荐课程：【考前集中直播课】、【考前摸底】、【突破点睛课】。

【考前集中直播课】：考前一周开课，精细化梳理考点，强化突击。每科目一天，进行 6 小时集中复习，学练测立体结合，临考加油站就在这里。

【考前摸底】：配合考前小灶卷进行考前摸底测试，三张试卷，三套精华，三次摸底，考前突击。

【突破点睛课】：考前一周开课，仅 2 小时，总结教材重要考点，传授解题思路，考前一周为大家进行一次助力，帮助大家更高效的提升。

结语

至此，相信大家也应该对考试有了一定了解。《荀子·劝学》中有云："吾尝终日而思矣，不如须臾之所学也；吾尝跂而望矣，不如登高之博见也。登高而招，臂非加长也，而见者远；顺风而呼，声非加疾也，而闻者彰。假舆马者，非利足也，而致千里；假舟楫者，非能水也，而绝江河。君子生非异也，善假于物也。"

通过视频课程学习远比埋头自学速度更快，效果更好。大家一定要记得兑换正版《考试用书》封面上的增值服务包，听配套赠送的【导学课】、【精讲课】进行学习。

另外，再次推荐大家关注建工社微课程公众号，我们还在公众号上准备了多份题库、资料、模拟卷供大家使用，并每月开设免费直播课，帮助大家更快地进行学习，备考事半功倍。

[建工社微课程]
建工社官方
建造师知识服务平台

如果对考试还有疑问，也欢迎大家随时在公众号左下角小键盘打字提问，或致电 4008188688 进行咨询。

希望 2023 年，大家都能在建工社多位课程讲师的带领下轻松学习，顺利通过考试。